聚集诱导发光丛书

唐本忠 总主编

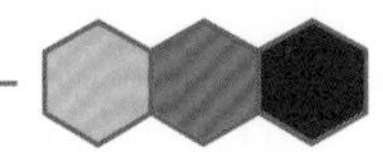

手性聚集诱导发光材料

李冰石 等 著

科学出版社

北京

内 容 简 介

本书为“聚集诱导发光丛书”分册之一。作为第一本系统地总结手性聚集诱导发光材料研究的书籍，本书邀请多位相关方向研究的学者，全面系统地介绍了手性聚集诱导发光材料的研究进展。手性是自然界的普遍特征，DNA、蛋白质等都是典型的手性分子，与生命活动息息相关。手性也是合成化学中光学活性材料制备的重要元素。手性聚集诱导发光材料兼具手性和聚集诱导发光特性，二者协同作用赋予聚集诱导发光材料独特的圆偏振发光特性和超分子组装特性，是制备 3D 显示、微/纳光电器件和光电薄膜的重要材料。本书共分为 7 章，系统全面地介绍了手性聚集诱导发光分子的发现、本质和分子聚集的驱动力；手性分子的分类、超分子及其各种手性特点；手性聚集诱导发光分子的表征方法及测试原理；不同手性聚集诱导发光分子体系，包括小分子、高分子、多元组装体系和手性聚集诱导发光液晶体系的特点和研究进展及应用研究。

本书可供高等学校及科研单位从事手性科学和聚集诱导发光研究的研究者使用，也可作为高等学校材料、化学及相关专业本科生、研究生的专业参考书。

图书在版编目（CIP）数据

手性聚集诱导发光材料 / 李冰石等著. —北京：科学出版社，2023.11

（聚集诱导发光丛书 / 唐本忠总主编）

国家出版基金项目

ISBN 978-7-03-076091-3

Ⅰ. ①手…　Ⅱ. ①李…　Ⅲ. ①发光材料—研究　Ⅳ. ①TB34

中国国家版本馆 CIP 数据核字（2023）第 142108 号

丛书策划：翁靖一

责任编辑：翁靖一　高　微 / 责任校对：杜子昂

责任印制：师艳茹 / 封面设计：东方人华

科学出版社出版

北京东黄城根北街 16 号

邮政编码：100717

http://www.sciencep.com

河北鑫玉鸿程印刷有限公司印刷

科学出版社发行　各地新华书店经销

*

2023 年 11 月第　一　版　开本：B5（720 × 1000）

2023 年 11 月第一次印刷　印张：18　1/4

字数：368 000

定价：198.00 元

（如有印装质量问题，我社负责调换）

聚集诱导发光丛书

编 委 会

总　序

光是万物之源，对光的利用促进了人类社会文明的进步，对光的系统科学研究“点亮”了高度发达的现代科技。而对发光材料的研究更是现代科技的一块基石，它不仅带来了绚丽多彩的夜色，更为科技发展开辟了新的方向。

对发光现象的科学研究有将近两百年的历史，在这一过程中建立了诸多基于分子的光物理理论，同时也开发了一系列高效的发光材料，并将其应用于实际生活当中。最常见的应用有：光电子器件的显示材料，如手机、电脑和电视等显示设备，极大地改变了人们的生活方式；同时发光材料在检测方面也有重要的应用，如基于荧光信号的新型冠状病毒的检测试剂盒、爆炸物的检测、大气中污染物的检测和水体中重金属离子的检测等；在生物医用方向，发光材料也发挥着重要的作用，如细胞和组织的成像，生理过程的荧光示踪等。习近平总书记在 2020 年科学家座谈会上提出“四个面向”要求，而高性能发光材料的研究在我国面向世界科技前沿和面向人民生命健康方面具有重大的意义，为我国“十四五”规划和 2035 年远景目标的实现提供源源不断的科技创新源动力。

聚集诱导发光是由我国科学家提出的原创基础科学概念，它不仅解决了发光材料领域存在近一百年的聚集导致荧光猝灭的科学难题，同时也由此建立了一个崭新的科学研究领域——聚集体科学。经过二十年的发展，聚集诱导发光从一个基本的科学概念成为了一个重要的学科分支。从基础理论到材料体系再到功能化应用，形成了一个完整的发光材料研究平台。在基础研究方面，聚集诱导发光荣获 2017 年度国家自然科学奖一等奖，成为中国基础研究原创成果的一张名片，并在世界舞台上大放异彩。目前，全世界有八十多个国家的两千多个团队在从事聚集诱导发光方向的研究，聚集诱导发光也在 2013 年和 2015 年被评为化学和材料科学领域的研究前沿。在应用领域，聚集诱导发光材料在指纹显影、细胞成像和病毒检测等方向已实现产业化。在此背景下，撰写一套聚集诱导发光研究方向的丛书，不仅可以对其发展进行一次系统地梳理和总结，促使形成一门更加完善的学科，推动聚集诱导发光的进一步发展，同时可以保持我国在这一领域的国际领先优势，为此，我受科学出版社的邀请，组织了活跃在聚集诱导发光研究一线的十几位优秀科研工作者主持撰写了这套"聚集诱导发光丛书"。丛书内容包括：聚集诱导发光物语、聚集诱导发光机理、聚集诱导发光实验操作技术、力刺激响应聚集诱导发光材料、有机室温磷光材料、聚集诱导发光聚合物、聚集诱导发光之簇发光、手性聚集诱导发光材料、聚集诱导发光之生物学应用、聚集诱导发光之光电器件、聚集诱导荧光分子的自组装、聚集诱导发光之可视化应用、聚集诱导发光之分析化学和聚集诱导发光之环境科学。从机理到体系再到应用，对聚集诱导发光研究进行了全方位的总结和展望。

历经近三年的时间，这套"聚集诱导发光丛书"即将问世。在此我衷心感谢丛书副总主编彭孝军院士、田禾院士、于吉红院士、秦安军教授、王东教授、张浩可研究员和各位丛书编委的积极参与，丛书的顺利出版离不开大家共同的努力和付出。尤其要感谢科学出版社的各级领导和编辑，特别是翁靖一编辑，在丛书策划、备稿和出版阶段给予极大的帮助，积极协调各项事宜，保证了丛书的顺利出版。

材料是当今科技发展和进步的源动力，聚集诱导发光材料作为我国原创性的研究成果，势必为我国科技的发展提供强有力的动力和保障。最后，期待更多有志青年在本丛书的影响下，加入聚集诱导发光研究的队伍当中，推动我国材料科学的进步和发展，实现科技自立自强。

唐本忠
中国科学院院士
发展中国家科学院院士
亚太材料科学院院士
国家自然科学奖一等奖获得者
香港中文大学（深圳）理工学院院长
Aggregate 主编

前　言

手性科学是一门交叉学科，从巴斯德提出手性这一概念至今已有 170 多年的历史。手性科学与材料、化学、生物、医药等学科相互渗透、相互促进。聚集诱导发光从概念的提出至今仅有二十几年的历史，但已发展成为化学和材料领域的研究热点。手性与聚集诱导发光的结合，不仅赋予聚集诱导发光材料更多优异的光学性质和定向组装特性，同时也使手性科学焕发出新的活力。聚集诱导发光材料与手性的交叉研究使激发态手性和圆偏振发光材料的研究再次引起广泛关注，研究内容涉及圆偏振发光特性机理，圆偏振发光材料设计，手性微/纳米结构的构筑，利用聚集诱导发光特性对手性物质的识别和检测等研究领域。手性聚集诱导发光材料的研究将极大地推动圆偏振发光材料在光电器件、可调制激光器、3D 显示等领域的发展，并在手性分子和特定离子检测方面提出了新颖便捷的检测方法。

本书以聚集诱导发光分子的发现和手性科学的产生为出发点，系统介绍了手性与聚集诱导发光分子的特点，基态和激发态手性光学特征及表征方法，小分子、高分子、液晶等一元/多元圆偏振发光体系组成特点和分子组装结构的形成和调控规律，以及手性 AIE 分子的应用。本书对手性聚集诱导发光分子的研究进展进行系统总结和梳理，是多位致力于手性科学和聚集诱导发光材料研究方向的学者合作的结晶。本书共七章，分别为绪论，分子手性与超分子手性，手性 AIE 分子的光谱学性质，手性 AIE 小分子的设计合成、光学性质及组装结构，手性 AIE 高分子，基于手性 AIE 分子的圆偏振发光液晶和基于手性 AIE 体系的应用研究。第 1 章、第 6 章和第 7 章由深圳大学李冰石教授负责撰写。第 2 章由中国科学院化学研究所张莉研究员撰写。第 3 章由厦门大学章慧教授负责撰写。第 4 章由苏州大学李红坤教授负责撰写。第 5 章由南京大学成义祥教授负责撰写，李冰石教授负责全书的统稿。衷心感谢以上各位老师在本书撰写过程中的辛勤工作和付出，同时感谢参与本书编辑工作的研究生。同时，感谢丛书总主编唐本忠院士，常务副总主编秦安军教授，科学出版社丛书策划翁靖一编辑等对本书出版的大力支持。

本书从手性聚集诱导发光材料这一角度，系统总结了手性材料的研究成果及有关研究进展，对手性材料的研究与发展具有重要的参考价值。本书可供高等学校及科研单位从事手性科学研究的研究者使用，也可作为高等学校材料、化学及相关专业本科生、研究生的专业参考书。我们希望通过本书系统介绍手性 AIE 分子体系研究的最新进展，推动科研工作者对圆偏振发光材料的科研兴趣，由于篇幅和出版周期限制，本书难以涵盖最全、最新的研究进展，未能对一些最新研究进展进行介绍，敬请相关读者给予谅解。另外，书中难免有不妥之处，欢迎各位读者批评指正!

李冰石

2023 年 9 月于深圳大学

目　录

第1章 绪 论

1.1 AIE分子的发现

有机发光分子往往具有平面型共轭结构，在稀溶液中发射强荧光，而在高浓度溶液中或发生聚集后（纳米颗粒、胶束、固体薄膜或粉末）荧光变弱甚至完全消失，此即为斯托克斯和弗斯特（T. Förster）等定义的浓度猝灭效应（concentration quenching effect）。导致浓度猝灭的主要原因是分子聚集形成激子，发生非辐射能量转移使荧光猝灭。这种现象也常被称为“聚集导致荧光猝灭”（aggregation-caused quenching，ACQ）效应[图1-1（a）][1]。自1954年ACQ现象被发现以来，浓度猝灭效应一直被认为是有机荧光分子普遍具有的特征，也是光学领域占主导地位的经典理论。ACQ是有机发光分子应用的瓶颈之一。避免ACQ的常用方法是通过化学方法（如引入位阻较大的非芳环或脂肪链进行结构修饰）或物理掺杂等方法，降低分子间的聚集，抑制有机发光体的ACQ效应。然而，单分散态下分子优异的光学性能在处理后往往大打折扣。

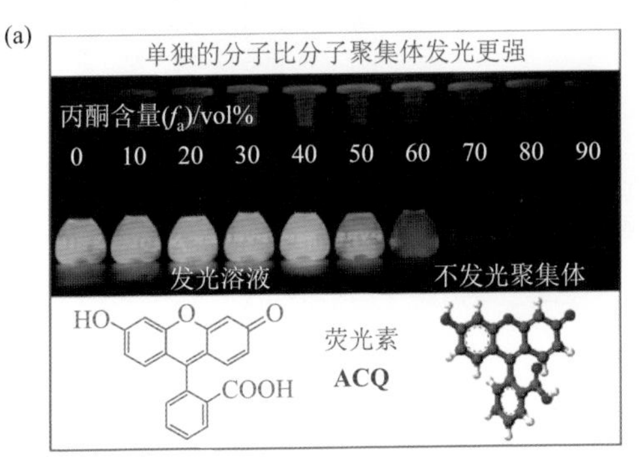

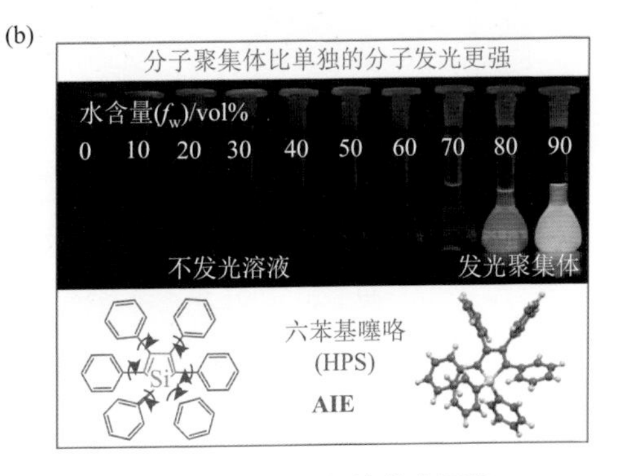

图1-1 不同丙酮含量的荧光素（a）和不同水含量的噻咯分子（b）的荧光图像

vol%代表体积分数

2001 年，唐本忠教授课题组偶然发现六苯基噻咯（hexaphenyl silole，HPS）分子具有完全不同于 ACQ 的独特发光性质：它在稀溶液中几乎不发光，而在聚集状态或固体薄膜状态下发光显著增强[图 1-1（b）]。聚集诱导发光（AIE）现象的发现充满了戏剧性，它完美诠释了偶然发现在重大科学研究中的必然性[2]。笔者当时作为唐本忠院士课题组的一员（图 1-2），有幸见证了当年 AIE 现象发现时戏剧性的一幕。时隔多年，笔者依然清晰记得当时组会上罗敬东博士汇报时的困惑，实验结果经过多次验证确凿可信，但就是和多数文献报道的浓度猝灭效应不一致。唐本忠院士听完他的汇报后，非常兴奋。他不断给罗博士打气，“不一样是好事啊，科学研究的重大突破就是发现和别人不一样的现象和性质”。他一边鼓励罗博士抓紧时间发表六苯基噻咯这一独特的光学性质，一边又率领团队对此类发光现象的机理进行深入探索。后续的研究结果正如唐本忠院士所推测的，噻咯分子在固态下的发光增强正是由于分子独特的发光机理所致，确实存在与浓度猝灭截然不同的聚集诱导发光增强机理，而且除噻咯外的很多分子在聚集态时均具有类似的荧光增强性质，这一性质被命名为“聚集诱导发光”（aggregation-induced emission，AIE），唐本忠院士也因此被称为 AIE 之父[2, 3]。

图 1-2　2001 年香港科技大学唐本忠院士课题组于组会后合影

左二为李冰石，左三为罗敬东博士，左四为唐本忠院士

AIE 的发展是让人惊叹的，一个当初让学生有些失望的偶然发现，由于唐本忠院士敏锐的洞察力，不仅没有被放弃、搁浅，还发展成为材料和化学领域炙手可热的前沿方向。在唐本忠院士的带领下，在众多科研工作者的共同努力下，这

一研究方向不断被挖掘和拓宽，成为首屈一指的华人引领的科学前沿领域。AIE现象的发现是偶然的，但它给予我们的启示却是深远的。遵循着新生事物的发展规律，AIE 现象发现的初期并没有引起广泛关注，它的科学内涵和科学意义饱经质疑，甚至一度被轻视。柳暗花明，随着 AIE 理论逐步确立，AIE 材料不断拓宽，它的科学内涵和深远影响逐渐引起广泛关注，AIE 性质逐渐被接受并展示出极为丰富的科学内涵，它与生物、医学等学科分支交叉和融合更是展现出极大的应用潜力。而颇为戏剧化的是，随着研究者对历史文献的追溯，聚集态下分子发光增强现象并非新现象，而早在几百年前就已被发现。例如，英国的哲学家培根就曾描述过纤维素、白糖等物质在聚集态下发出荧光的现象。遗憾的是这些发现当时并未引起关注，更鲜有人探究其中的科学原理。聚集态下分子发光性质作为一个重要的科学问题的提出，并作为新的发光机理被深入研究，真正开始于唐本忠院士率先提出 AIE 这一概念。在他的引领下，以中国科学家为主力的研究团队开展了一系列深入系统的研究，揭示了看似反常的发光现象背后的独特发光机理。二十多年前，如果没有唐院士敏锐的洞察力和打破砂锅问到底的溯源精神，没有持之以恒、百折不挠的坚持，噻咯分子不同寻常的发光现象，或许和几百年前白糖发光的发现一样，不过是众多历史文献中波澜不惊的一篇。

重大科学现象的发现往往来源于偶然的发现，但突破性理论的取得则是深厚的科学沉淀积累的结果，这就是人们常说的“成功总是留给有准备的人”。科学史中记载的类似事件不胜枚举，有很多我们从小就耳熟能详的科学小故事。例如，牛顿看到苹果从树上掉下来发现万有引力定律，凯库勒梦到咬住自己尾巴的蛇而推测出苯分子的环状结构。科学本质往往隐藏于司空见惯的日常现象或极为偶然的发现，揭示其科学本质则需要深厚的科学素养和执着的探索精神。只有这样才能透过现象揭示那些看似理所当然或不合常理的现象背后的科学原理。

AIE 现象的独特性在于它看似简单，易于理解，但科学内涵却极为丰富，它广泛渗透到各学科中，与其交叉融合激发出一系列创新成果。从不同寻常的实验现象的发现，到分子结构的设计和结构参数的优化，再到理论计算的深入展开，AIE 的机理在不断完善中。AIE 性质的研究历程充分展示了一个从个别现象发现到普适原理的揭示过程，从分子结构到电子能态，从分子本体结构到分子与外部环境协同作用，不断深入和不断扩展。其核心是分子聚集状态改变对非辐射跃迁渠道的重要影响，围绕这一核心思想的分子设计，随着 AIE 在诸多领域的应用，AIE 分子体系在不断被拓展。

AIE 从发现到目前虽然只经历了短短二十几年的发展历程，但发展迅猛，在材料和化学等领域已经取得令人瞩目的成果。更令人欣慰的是，在这一领域，中国科学家的研究占绝对主导地位，是为数不多的中国科学家领跑的科研领域。AIE相关研究在飞速发展的同时也推动了它与其他学科的交叉融合，尤其在生物、医学、环境、微电子器件制造等领域极具应用潜力，有望取得重大突破。AIE 分子除可以作为各类离子、分子检测的化学传感器，还是生物领域的细胞和组织成像、微生物检测、临床医学中肿瘤标志物检测的重要荧光染料，在指纹检测、爆炸物检测、多刺激响应材料、圆偏振发光材料等领域都具有重要应用前景（图 1-3）[3]。随着 AIE 分子体系的不断拓宽，与其他学科的交叉融合，AIE 作用机理在不断被完善，应用领域还在被拓宽，相关研究论文逐年大幅增加。未来的发展中 AIE 现象将引领研究者最终建立 AIE 机理的统一理论构架，贡献更多、更高效的发光材料，在化学、材料科学、生命科学等领域获得广泛的应用。

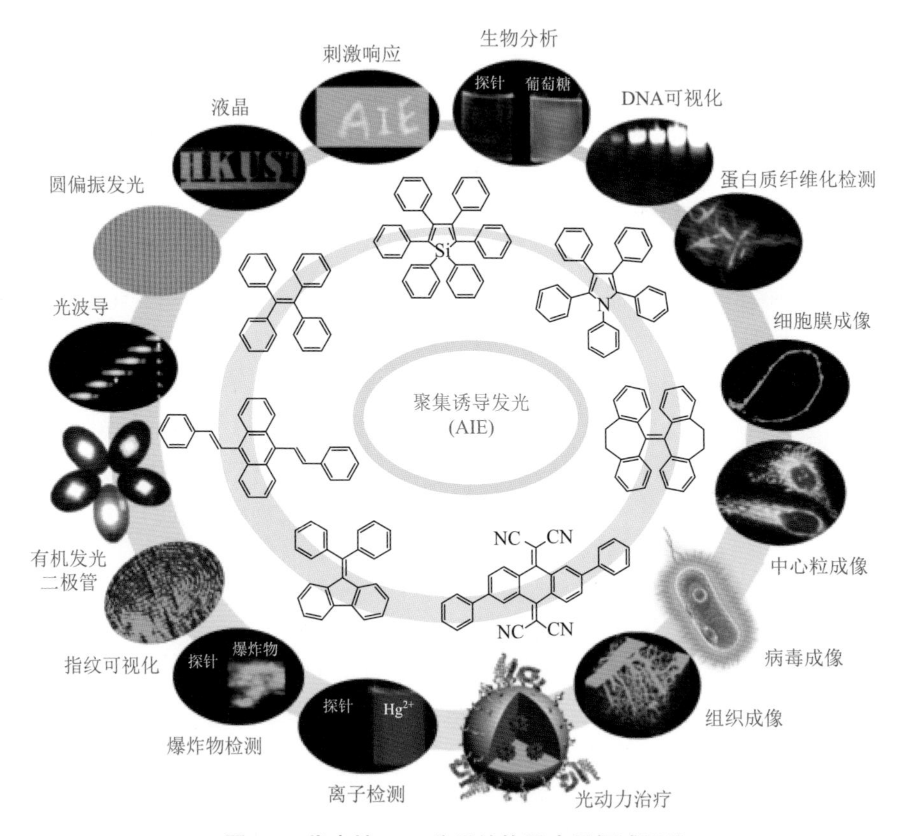

图 1-3　代表性 AIE 分子结构及应用领域汇总

根据谷歌学术搜索（Google Scholar）的统计数据，从 AIE 发现之初的每年不到 400 篇论文到仅 2021 年一年就发表 7000 多篇论文，总引用数超过 7 万次（图 1-4），AIE 的迅速发展及其产生的深远影响令世界瞩目。本章作为 AIE 的绪论部分仅筛选 AIE 自发现以来部分代表性的成果进行介绍，由于篇幅有限，难以涵盖 AIE 的全部重要成果，难免有所疏漏，还请各位读者见谅。

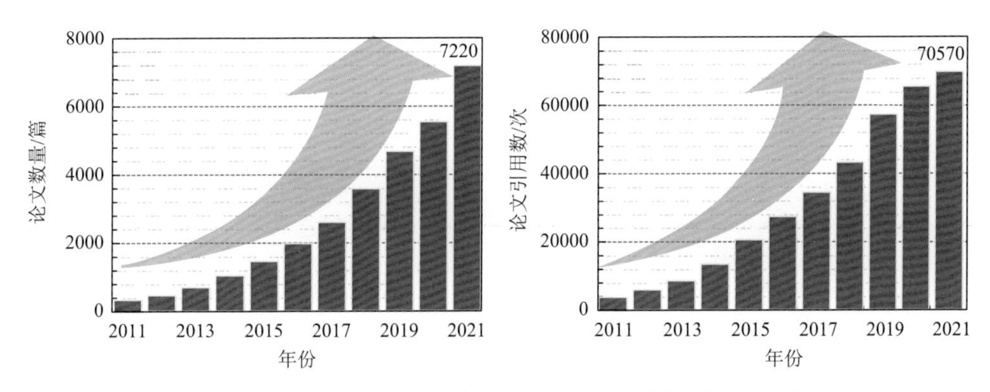

图 1-4 截至 2021 年每年发表的 AIE 论文数量和引用数统计

1.2 AIE 分子体系的发光增强机理

从 AIE 现象发现以来，人们共同关注的问题就是“什么样的分子结构具有 AIE 性质？AIE 分子的特征结构是什么？”。传统荧光生色团大多具有平面结构，在聚集体中很容易沿分子长轴方向平行堆积，即以 π-π 堆积的方式形成 H 聚集体，导致聚集猝灭。H 聚集体的形成有两个必要条件：两个相邻共轭体系有一定重叠，且间距小于 3.6 Å。由 AIE 经典分子噻咯分子晶体结构图（图 1-5）可以看出[4]，两个相邻五元环之间的距离约为 10 Å，两个相邻分子之间没有任何空间上的重叠且距离小于 3.6 Å，相邻分子很难发生分子间 π-π 堆积，难以生成导致聚集猝灭的 H 聚集态。而且噻咯扭曲的构象可以有效抑制分子内苯环旋转，降低非辐射能量转移。噻咯环中 Si 原子和五元环结构是否为 AIE 分子的特征结构呢？为回答这一问题，研究者从分子设计的角度出发，将噻咯的 Si 原子替代为 Ge、Sn、S、P 和 O 后得到的分子都具有 AIE 特征[5-9]。可见，Si 原子并非噻咯环具有 AIE 分子的必要元素；随着更多的分子陆续被发现具有 AIE 性质，如早期发现的 AIE 明星分子四苯乙烯（tetraphenylethene，TPE），AIE 性质显然并不局限于噻咯类五元环的衍生物。

早期发现的具有 AIE 性质的噻咯、四苯乙烯类衍生物都具有非共平面的芳香族取代基，分子具有类似螺旋桨状的扭曲分子构象。这些分子结构的外围都有多个可旋转芳香族取代基与一个共轭中心相连具有螺旋桨的形状，分子发生聚集时可以有效抑制分子间 π-π 堆积和激基缔合物的形成，表现出 AIE 特性。AIE 研究领域最受青睐的明星分子——四苯乙烯分子，由于结构简单、合成方便、衍生物种类丰富，成为众多研究中常用的 AIE 骨架。围绕四苯乙烯基本单元进行的结构拓展，如以丁二烯[10]、富烯[11, 12]及乙烯双键[13, 14]作为共轭中心，具有多个旋转的苯环侧基的化合物（TPB、FPE、TPE、TPE-TPE、2PB-2PE）都具有典型的 AIE 性质（图 1-6）。

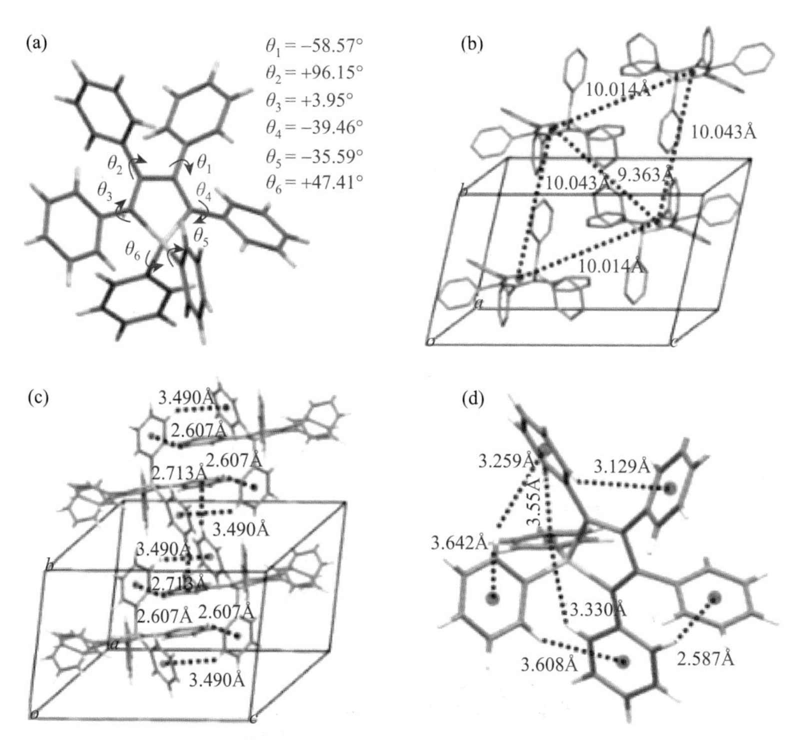

图 1-5　噻咯的结构式和晶体结构

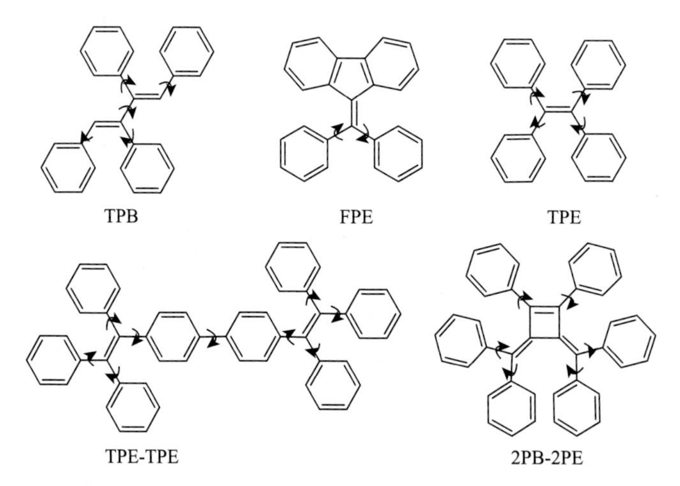

图 1-6　基于丁二烯、富烯及以乙烯双键作为共轭中心的衍生物

非共平面芳香共轭结构似乎是具有 AIE 性质的分子的一个典型特征，这样的扭曲构象可以有效抑制激基缔合物的形成和非辐射能量转移。随着纤维素、淀粉、蛋白质等完全由脂肪族分子组成的物质也陆续被报道具有 AIE 特征，非共平面芳香

共轭结构这一特点显然也无法全面涵盖 AIE 的本质特征[15]。基于脂肪族分子聚集发光的簇发光理论逐步建立起来，芳香族取代基被证实并非分子聚集发光的必要结构。一系列新型聚集诱导发光体系的发现不断刷新人们对发光机理的认识。决定分子发光的主要因素是什么？聚集诱导发光分子的本质特征究竟是什么？这些最初困扰化学家的问题，随着越来越多的 AIE 分子体系的发现日益复杂起来，通过简单的分子结构的划分显然不能全面地解释 AIE 的本质特征。相信随着 AIE 研究的深入开展和日臻完善，这些问题的答案最终会被揭示出来。

1.2.1 分子内运动受限假说

分子聚集导致分子荧光几十倍甚至数百倍的增强，分子的荧光寿命呈数量级增长。相比于聚集态，稀溶液中的分子则可进行自由振动或转动，将能量以热能等形式耗散，以光的形式输出的能量比例则相应减小，荧光寿命和量子产率降低。以噻咯分子为例，在良溶剂中它的荧光寿命为 40 ps，而在水含量为 90 vol%时，则延长至 7 ns[16]。再次回归 AIE 现象的核心——分子聚集，其本质是分子间通过非共价键作用的超分子组装过程。超分子组装结构的形成使整个分子体系的刚性显著增强，分子转动或振动被有效抑制，以热运动形式耗散的能量比例降低，而以光的形式输出的能量比例则相应增加，分子荧光显著增强。再以四苯乙烯分子为例（图 1-7），稀溶液中，四个苯环分子主要以内旋转的方式耗散分子的能量，分子不发光；而当分子发生聚集时，分子转动被有效抑制，非辐射能量转移被阻断，分子荧光显著增强。

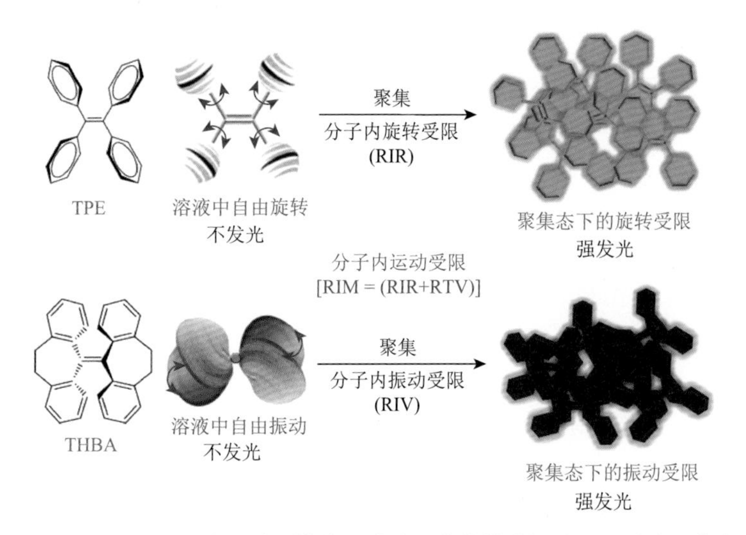

图 1-7 TPE 和 THBA 由于分子聚集导致分子内旋转或振动受限使分子荧光增加

苯环被锁定后的壳状分子 THBA（图 1-7，THBA = 10, 10′, 11, 11′-四氢-5, 5′-二苯基[*a*, *d*] [7]轮烯亚基），分子的内旋转被抑制，却可以通过分子振动的方式耗散非辐射能量，分子在溶液中仍不发光；当分子发生聚集，分子振动被有效抑制后，分子才发射强荧光。分子内运动受限（restriction of intramolecular motion，RIM）假说由唐本忠课题组提出，被大量实验验证和理论模拟证实，日趋完善，是目前得到广泛认可并最具影响的 AIE 理论[3]。

李振等早期经典的空间位阻实验，验证分子内旋转被抑制导致分子荧光增强，是 AIE 理论的有力证据[17]。在噻咯分子 2, 3, 4, 5-位苯环上分别修饰上异丙基，通过修饰位点的改变实现对噻咯环上苯环不同程度的转动限制。3, 4-位的修饰比 2, 4-位和 2, 5-位修饰更有效地抑制噻咯苯环的转动[图 1-8（d）]，其旋转位垒超过 50 kcal/mol（1 cal = 4.1868 J），苯环的旋转被有效遏制，非辐射能量转移被阻断，分子荧光显著增强，荧光量子产率高达 83%，即使在良溶剂中分子也具有强荧光发射[17]，而噻咯本体的荧光量子产率仅为 0.1%。

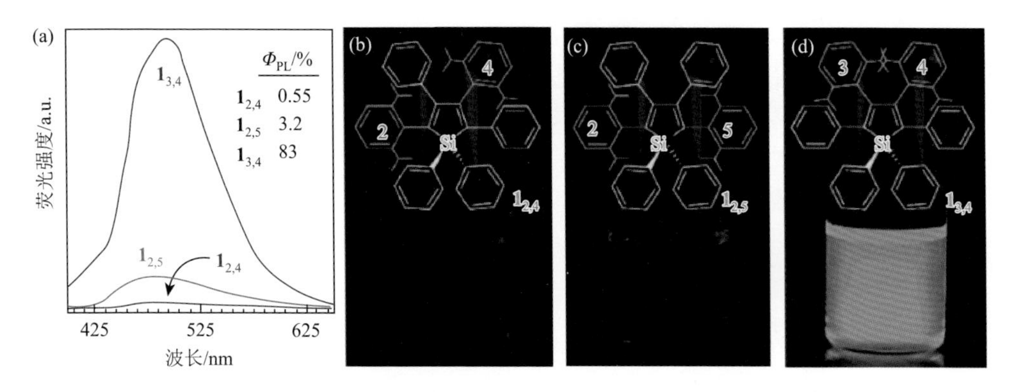

图 1-8　（a）不同取代方式异丙基修饰的噻咯分子在丙酮中的荧光光谱；（b～d）异丙基不同取代位置的分子结构和对应的荧光照片

再以四苯乙烯为例，在四苯乙烯的苯环上修饰甲基增加空间位阻（图 1-9），甲基有效地抑制苯环的旋转，阻断非辐射能量转移，所得到的衍生物分子失去了 AIE 性质，在溶液中即发射强荧光[18]。在四苯乙烯上进行顺式和反式取代，分别引入联苯取代基，所得到的衍生物荧光性质显著不同：反式取代的联苯取代分子在溶液中依然可以进行自由转动[图 1-10（a）][19]，在溶液状态下只有 0.62%的荧光量子产率，只有在不良溶剂存在下分子发生聚集时苯环旋转才能被有效抑制，分子才发射强荧光，具有典型的 AIE 性质[图 1-10（c）]。而顺式取代的分子由于具有较大的空间位阻[图 1-10（b）]，在溶液状态下苯环的转动即受到部分抑制，具有较高的荧光量子产率（42%），AIE 性质消失；不良溶剂中分子聚集进一步抑制芳香基团的运动使分子的荧光进一步增强[图 1-10（d）]。

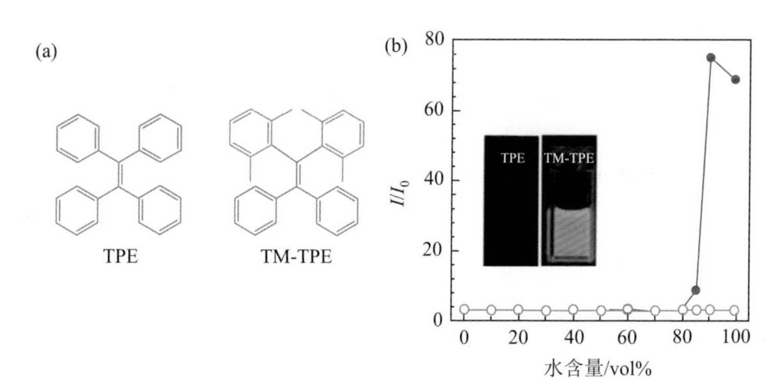

图 1-9 （a）四苯乙烯及甲基修饰的四苯乙烯的结构式；（b）修饰甲基前后的四苯乙烯随不良溶剂比例增加的荧光强度变化，插图为稀溶液下两种分子的荧光照片

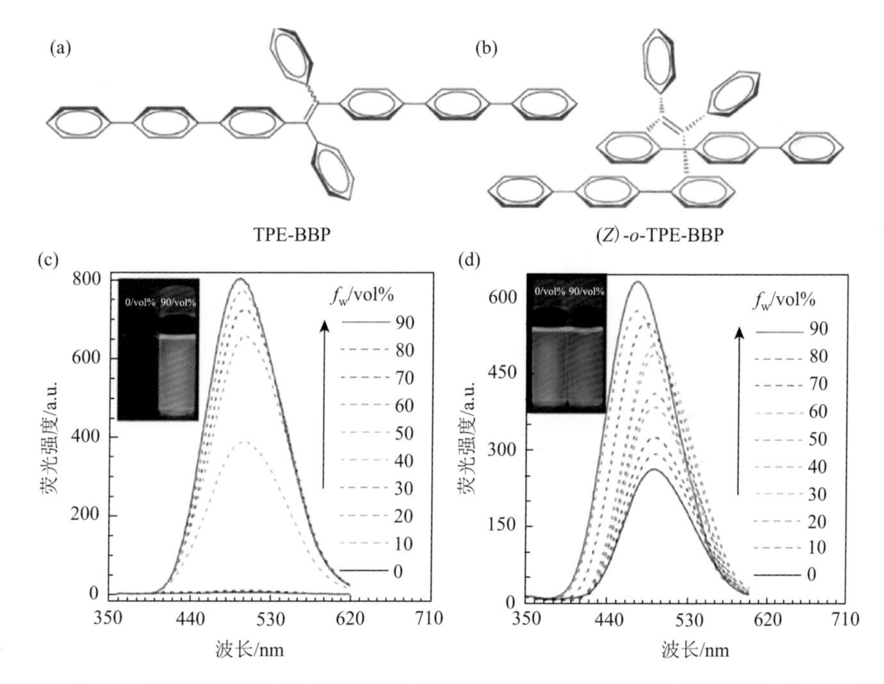

图 1-10 （a，b）四苯乙烯的反式和顺式分别进行联苯分子修饰后的分子结构；（c，d）两种分子在不同比例不良溶剂中的荧光光谱和 90 vol%不良溶剂中的荧光照片

除引入空间位阻可以使分子内旋转受限实现荧光增强，降低体系的温度也同样可以有效抑制分子的运动，阻断非辐射能量转移，使分子的荧光增强。还是以噻咯为例，如图 1-11（a）所示，陈军武等研究发现当体系温度降到–180℃，荧光强度

显著增强。在二氯甲烷溶液中噻咯分子自由旋转引起分子构象快速变化，在核磁共振谱图上表现为尖锐的信号峰。随着温度的下降，分子内旋转自由度降低，构象变化越来越缓慢，核磁信号峰逐渐变宽[图 1-11（b）][4]。当温度进一步降低时，分子热运动的能量不足以克服分子内旋转势垒，苯环的旋转被冻结，荧光强度显著增强。将体系的介质由甲醇溶剂逐渐替换为黏度较大的甘油，在甘油含量小于 50 vol%时，甲醇/甘油混合溶剂中的噻咯仍处于单分散状态，分子发光强度增大主要是由于黏度增加阻碍了单个分子的内旋转。随着甘油比例进一步增大，噻咯在甘油溶剂中的溶解性变差而发生聚集，导致更为显著的荧光增强[图 1-12（a）][20]。

体系的压强相比于体系温度和黏度对分子 AIE 特性具有更为复杂的影响。范兴等测试了噻咯薄膜在不同外加压强下的荧光光谱[图 1-12（b）][21]。研究发现

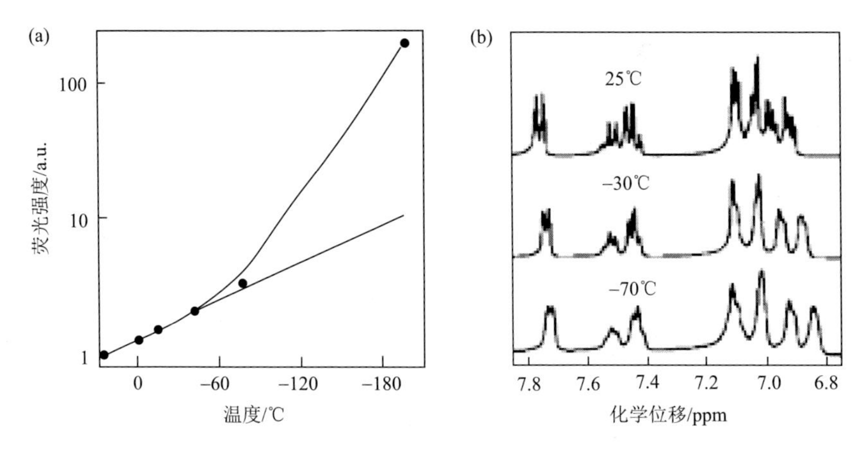

图 1-11　（a）噻咯溶液在不同温度下的荧光强度；（b）在不同温度下溶剂的核磁共振谱图

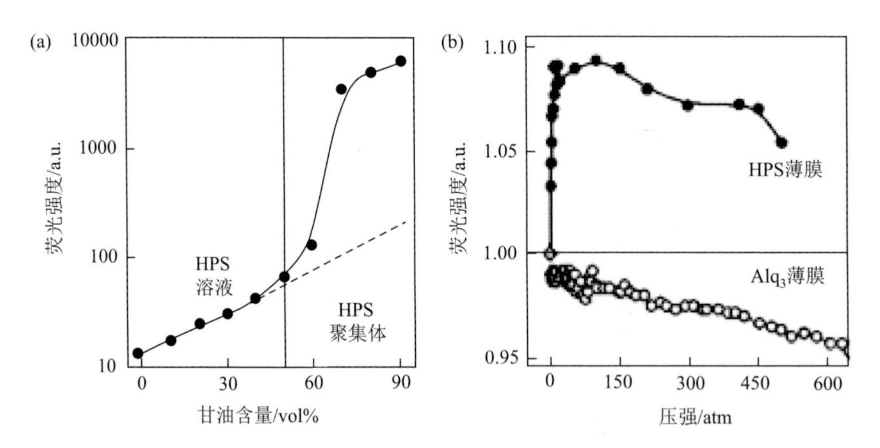

图 1-12　（a）噻咯在不同甲醇/甘油混合溶剂中的荧光强度；（b）在不同外加压强下的荧光强度

Alq_3：8-羟基喹啉铝

当压强小于 104 atm（1 atm = 1.01325×10^5Pa）时，随着压强的增大，噻咯荧光强度急剧增强；而当压强继续增大时，噻咯荧光强度开始缓慢下降。但在压强小于 600 atm 时，噻咯荧光强度仍高于未加压时的荧光强度。增大压强具有双重效应：一方面使邻近分子之间的距离减小，使分子的自由体积减小，限制了分子内运动，使荧光增强；另一方面增加了分子间相互作用，使激基缔合物更容易形成，导致荧光减弱。因此，噻咯薄膜的荧光强度随着压强增大呈先增强后减弱的现象。

以上研究结果表明，无论是增加不良溶剂的比例，还是增加体系黏度和压强或降低体系温度，都可以使分子运动受限，抑制非辐射能量转移，使分子荧光显著增强。Ren 等进一步采用时间分辨荧光光谱对噻咯分子的荧光衰减动力学进行研究，发现不良溶剂水在提高分子荧光强度的同时使分子的荧光寿命也大幅度提升[20]。激发态分子的衰减一般通过快和慢两条不同的渠道进行，在纯 *N*, *N*-二甲基甲酰胺（DMF）中，噻咯主要通过非辐射衰变渠道快速衰减，荧光寿命非常短，仅为 40 ps；加入 70 vol%不良溶剂水后，分子通过快和慢两条不同渠道的衰减比例相当；而加入 90 vol%的不良溶剂水后，慢松弛成为激发态分子的主要衰变渠道，分子荧光寿命相应地延长到 7.16 ns。时间分辨荧光光谱的实验结果同样为分子运动受限机理提供了强有力的证据。

除实验证据外，针对 AIE 分子体系的理论模拟也进一步证实了分子运动受限导致荧光增强的机理。帅志刚研究组通过第一性原理计算了噻咯分子的激子-振动耦合系数，发现这类分子的外围苯环取代基的低频扭转模式与激子间有强烈的耦合，是影响非辐射跃迁的关键因素。聚集后 AIE 分子苯环的扭转运动受到抑制，表现为 AIE 性质；而传统的平面型荧光分子的激发子和共轭振动耦合则进一步增强，使荧光发生猝灭，表现为 ACQ 性质[22-25]。

AIE 效应除具有分子内运动受限导致分子荧光增强的典型特征，还受到共轭效应的影响。还是以噻咯为例，如图 1-13 所示，在噻咯的 2, 5-位分别引入大的蒽

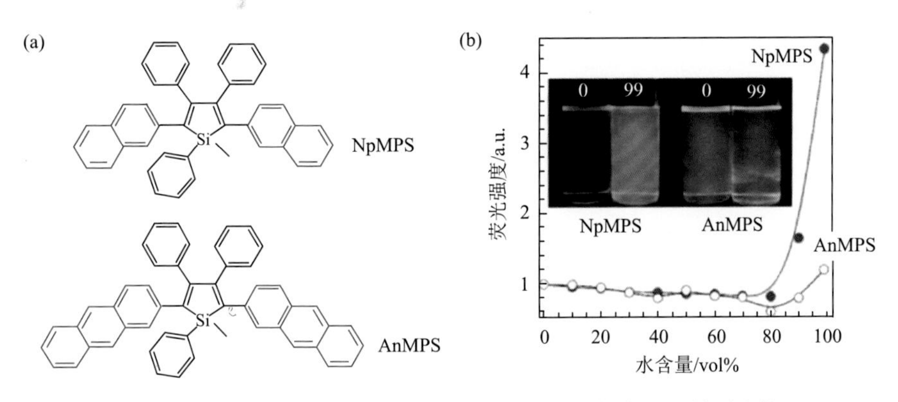

图 1-13 蒽和醌分别取代的噻咯分子结构及二者的 AIE 性质比较

和醌取代基增加分子的共轭效应，得到衍生物 NpMPS 和 AnMPS。与取代前相比，二者在溶液中量子产率得到不同程度的提高［$\Phi_{(NpMPS)} = 2.4\%$，$\Phi_{(AnMPS)} = 11\%$］，而固体薄膜下分子 NpMPS 的量子产率增加 15 倍，AnMPS 的量子产率［$\Phi_{(AnMPS)} = 14\%$］较溶液状态下变化不大。这是因为虽然分子聚集使分子内运动受限，但醌取代基所具有的 π-π 堆积作用较强，仍可以导致激子形成，使荧光猝灭[26]。

再以四苯乙烯为例，将其四个苯环取代基以萘环进行系统取代获得四种衍生物 NTPE、DNTPE、TNPE 和 TNE（图 1-14）。萘环取代基依然可以自由旋转，四种分子依然保持 AIE 性质[27]。但萘环取代的分子共轭效应显著增强，四种衍生物的吸收和发射波长随萘环取代数目增加出现红移，吸收波长从未取代时的 299 nm 增加到单取代的 324 nm，再增加到四个萘环取代的 349 nm。稀溶液中，由于萘环比苯环具有更大的空间位阻效应影响其内旋转，萘环旋转所消耗的非辐射能量远小于四苯乙烯，四种衍生物具有显著优于四苯乙烯的荧光量子产率；薄膜状态下，分子聚集有效抑制了四苯乙烯苯环的旋转，抑制非辐射能量转移，其量子产率显著提高；而四种衍生物的分子聚集虽然可以抑制萘环旋转导致的非辐射能量耗散，但由于萘环具有较大的共轭平面，分子聚集导致部分萘环发生 π-π 堆积形成激子，使非辐射能量耗散。两种作用抗衡的结果是，四种衍生物虽具有 AIE 性质，但在薄膜态下的荧光量子产率均显著低于四苯乙烯分子本体，尤其是共轭效应最强的四取代的分子 TNE 具有最低的荧光量子产率。

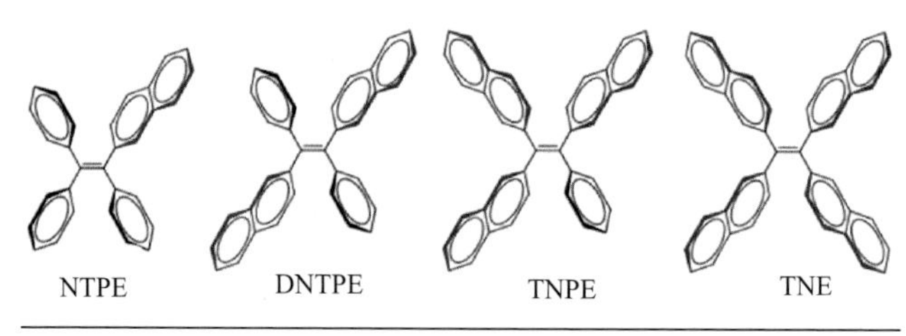

化合物	λ_{abs}/nm 溶液	λ_{em}/nm		Φ_F/%		α_{AIE}[e]
		溶液[a]	薄膜[b]	溶液[c]	薄膜[d]	
TPE	299	—	475	0.24	49.2	205
NTPE	324	392	487	0.81	45.0	56
DNTPE	333	393	491	1.09	30.1	28
TNPE	341	393	493	1.64	37.4	23
TNE	349	394	494	1.66	22.4	13

a. 在四氢呋喃溶液中。b. 在石英片表面滴液成膜。c. 在四氢呋喃溶液中以 9, 10-二苯基蒽作为标准物进行测定($\Phi_F = 90\%$在环己烷中测定)。d. 在无定形薄膜中通过积分球进行测定。e. $\alpha_{AIE} = \Phi_{F,A}/\Phi_{F,S}$。

图 1-14　以萘取代基系统取代四苯乙烯苯环得到的四种衍生物的分子结构及其光物理性质

1.2.2　从 ACQ 向 AIE 的转化

传统的发光分子由于具有平面结构，在聚集体中很容易沿分子长轴方向进行 π-π 堆积，分子之间以面-面方式排列形成 H 聚集体，导致荧光猝灭。如果破坏其面-面堆积的方式，将进行平行堆积的分子沿长轴方向平移，当平移的距离足够长时分子进行错位平行排列就形成了 J 聚集体。这种堆积方式中偶极相互作用形成具有较低激发态能级的跃迁允许能级，有利于聚集体发光。反式-1, 2-二联苯乙烯分子 CN-MBE（氰基二联苯乙烯）是一种具有典型 AIE 性质的化合物，而不具有氰基取代的同系物 MBE 则表现出明显的 ACQ 特征（图 1-15）[28]。氰基修饰对 J 聚集体的形成非常重要，它破坏了分子间面-面相互作用，从而使分子产生错位排列。由于联苯基团和氰基取代基的空间位阻效应，分子呈扭曲状态，两个苯环之间的二面角为 42°～45°。在四氢呋喃（THF）/水混合溶剂中，随着水含量增加，吸收光谱峰位发生红移，分子形成典型的 J 聚集体；而未经氰基修饰的分子发生聚集后，吸收光谱出现蓝移，具有 H 聚集体特征；分子荧光强度下降，并在长波方向上出现一个新的由聚集体激基缔合物形成的荧光峰。

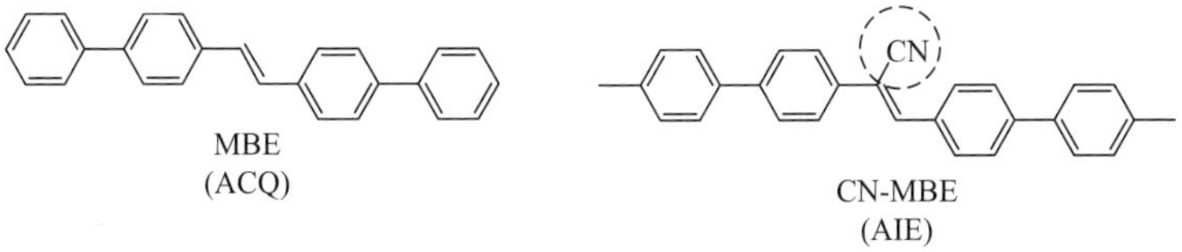

MBE
(ACQ)

CN
CN-MBE
(AIE)

图 1-15　氰基取代基对二苯乙烯分子光学性质的影响

未取代时为 ACQ，而取代后（CN-MBE）则为 AIE

除了通过简单的官能团修饰破坏分子的平面结构诱导 AIE 特征，还可以在传统的平面型 ACQ 分子上直接引入 AIE 分子骨架进行结构修饰，利用 AIE 分子的扭曲结构使分子聚集态下分子内运动受限，实现分子聚集态从 H 聚集体向 J 聚集体的转变，分子荧光从 ACQ 到 AIE 的转变。这样不仅可以保留传统 ACQ 分子本体发光强的优势，同时赋予分子 AIE 特性，可谓一举两得的策略使 AIE 分子的种类大大拓宽。

例如，在具有 ACQ 性质的传统荧光生色团芘上连接具有 AIE 性质的四个 TPE 单元，化合物具有典型的 AIE 性质：在溶液中不发光，而在薄膜状态则有 70% 的量子产率（4TPE-Py，图 1-16），并且保留了芘原有的强的发光性质[29]。而且在芘和 TPE 的数目比降为 1∶1（TPE-Py）和 2∶1（TPE-2Py）时，AIE 性质仍然显著，二者在溶液中具有低于 1%的量子产率，而在薄膜状态具有高达 100%的量子产率。这样优异的发光性能无疑在发光器件制备方面具有优异的应用前景。类似的例子还有 TPE 修饰的苝酰亚胺衍生物，在苝的 1, 7-位上通过单键或氧原子连接 TPE，得到的一系列衍生物都具有 D-A-D 结构（图 1-16 中的 2TPE-PBICH、2TPE-O-PBICH、2TPE-PBIB 和 TPE-PBIB），其中 TPE 作为电子给体，苝作为电子受体。这一结构在生物学方面极具应用潜力。进一步的实验揭示 TPE 的数目对苝的量子产率具有重要影响，单取代的苝具有更高的量子产率。

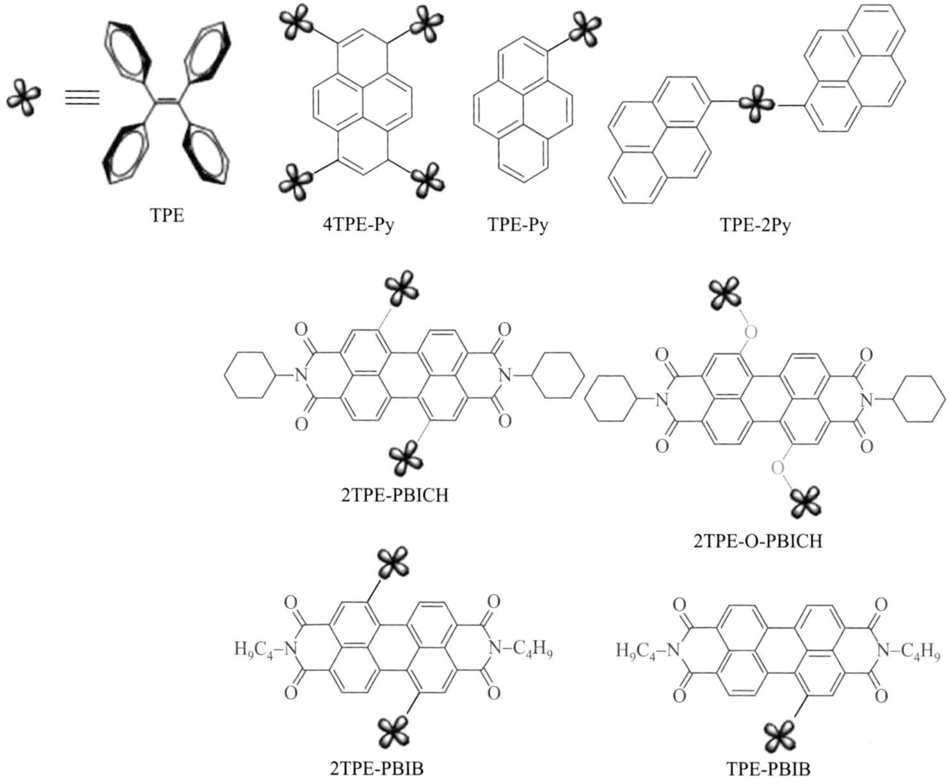

图 1-16　基于四苯乙烯修饰的芘（4TPE-Py、TPE-Py 和 TPE-2Py）和苝酰亚胺衍生物（2TPE-PBICH、2TPE-O-PBICH、2TPE-PBIB 和 TPE-PBIB）

在典型的 ACQ 结构三苯胺（triphenylamine，TPA）上修饰不同数目的四苯乙烯取代基，获得的衍生物也表现出 AIE 性质（图 1-17），分子 3TPE-TPA、TPE-TPA 和 TPE-2TPA 在薄膜状态下分别具有 92%、100%和 100%的量子产率，远远高于溶液状态下的量子产率[30, 31]。

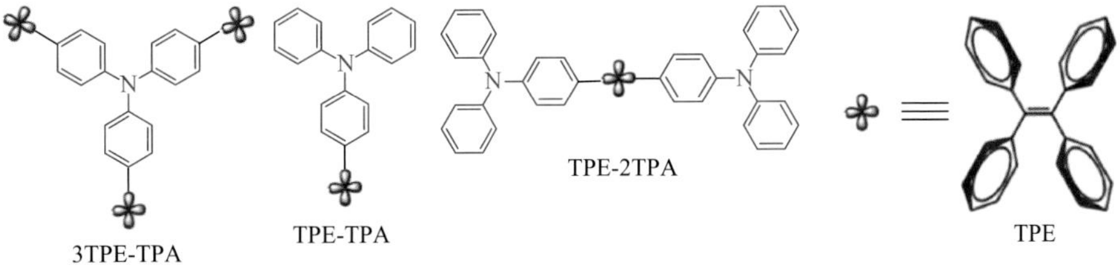

3TPE-TPA TPE-TPA TPE-2TPA TPE

图 1-17 四苯乙烯修饰的三苯胺

既然将 AIE 官能团引入 ACQ 分子可以赋予 ACQ 分子 AIE 特性，将 AIE 分子的部分官能团取代后，分子是否还保留 AIE 特性呢？答案也是肯定的。例如，把 TPE 分子的一个苯环以氢原子或氰基取代，所得到的分子 TPEH 或 TPAN 依然保持 AIE 特性（图 1-18）。进一步以螺双芴取代四苯乙烯的苯环，所得到的分子 TPE-SF 依然保持高度扭曲的分子构象，在聚集后可以有效抑制苯环分子的内旋，使荧光显著增强（图 1-18）。类似的例子，以典型的 ACQ 基团三苯胺、咔唑和噻吩取代四苯乙烯的一个苯环，其衍生物薄膜分别具有 97.6%（TPE-TPA）、55.7%（TPE-N-CZ）和 33.1%（TPE-C-CZ）的量子产率[32]。其中，咔唑取代的衍生物无论是以 C 键相连还是以 N 键相连，都表现出较为显著的 AIE 特性。而且这三类衍生物均具有其母体分子咔唑或噻吩极为优异的空穴传输特性，是极具应用潜力的电致发光材料。

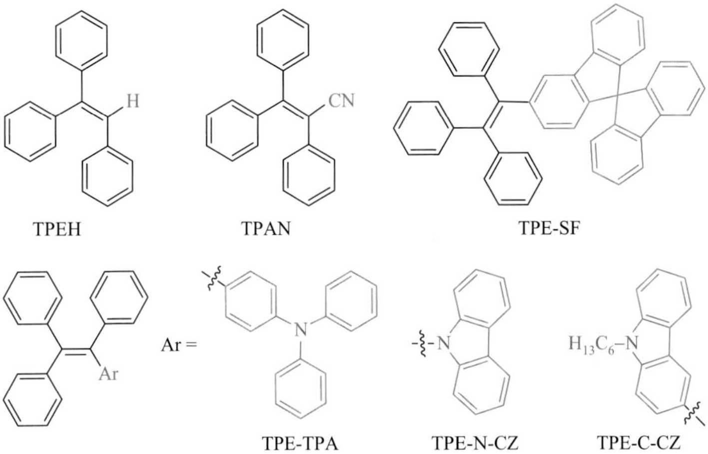

TPEH TPAN TPE-SF

Ar = TPE-TPA TPE-N-CZ TPE-C-CZ

图 1-18 四苯乙烯的苯环被单原子或 ACQ 官能团三苯胺、咔唑和噻吩取代得到的衍生物

当 AIE 分子骨架上的取代基数目增加时，AIE 分子能否继续保持 AIE 特性呢？以典型的 AIE 骨架四苯乙烯为例，将其苯环进行双取代，考察其 AIE 性质。当 TPE 的两个苯环被氰基取代时，所得到的双氰基取代二苯乙烯分子（TP2AN）

同样保持 AIE 特性（图 1-19），并成为常用的新型 AIE 分子骨架。当以芴取代苯环后，所得的衍生物 TP-2SF 具有典型的螺旋桨状构型，当分子聚集时可以有效抑制分子间的 π-π 堆积，因而具有典型的 AIE 性质。其溶液状态只具有约 0.7%的荧光量子产率，远低于其母体分子芴的荧光量子产率（30%）[33-38]。而在聚集态下，分子的荧光量子产率高达 100%，以该分子作为发射层制备的有机发光二极管（OLED）具有 20520 cd/m^2 的发光亮度和 10 cd/A 的电流效率。以其他的 ACQ 取代基（咪唑、二苯基呋喃、二苯基噻吩和三苯胺）取代 TPE 上的苯环，获得的衍生物 TPE-2CZ、TPE-2BFu、TPE-2Bt、TPE-2TPA、TPE-2SF-2TPA 也同样具有典型的 AIE 特性（图 1-19）。

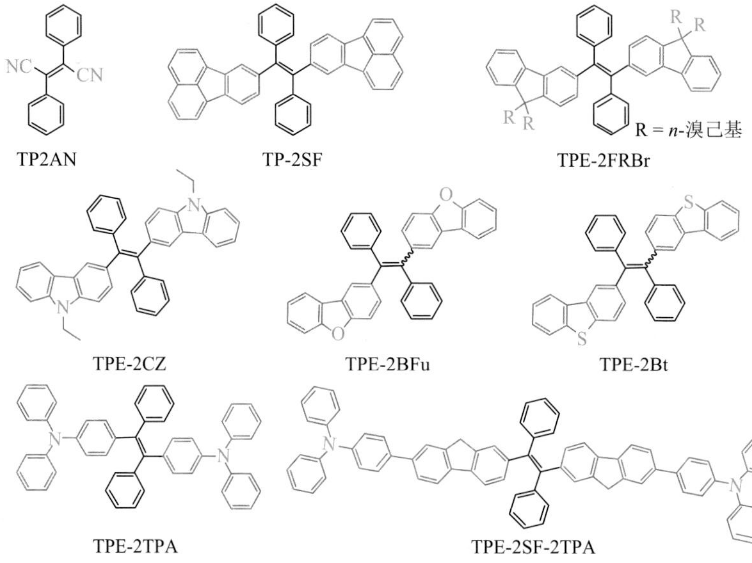

TP2AN　TP-2SF　TPE-2FRBr（R = *n*-溴己基）
TPE-2CZ　TPE-2BFu　TPE-2Bt
TPE-2TPA　TPE-2SF-2TPA

图 1-19　四苯乙烯的两个苯环被不同数目 ACQ 取代基取代的衍生物（氰基、荧蒽、芴、咔唑、二苯基呋喃、二苯基噻吩及三苯胺）

1.3　几类代表性的 AIE 分子体系简介

随着 AIE 性质在新的分子体系中的发现，AIE 分子类型已由最初的噻咯和四苯乙烯为主的体系拓宽到高分子、小分子及金属团簇等多种体系，下面对几类最具代表性的 AIE 分子体系进行简单介绍。

1.3.1　基于碳氢原子的 AIE 分子体系

AIE 体系的明星分子四苯乙烯分子可以说是研究最为广泛的碳氢 AIE 分子体

系。除此之外，Shimizu 等还合成出一系列基于 1, 3, 5-己三烯内核的 AIE 分子体系（图 1-20）[39]。

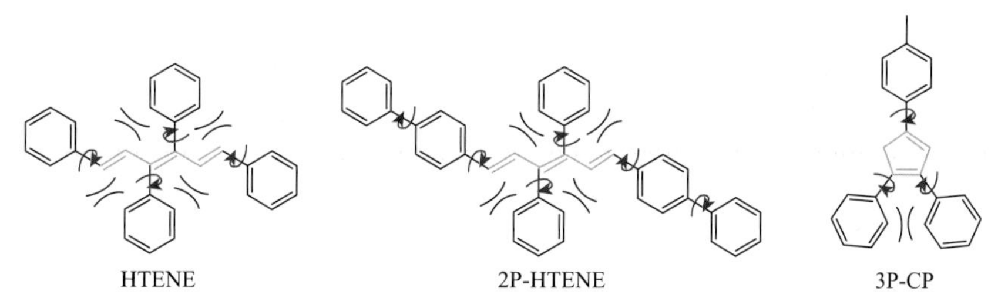

图 1-20 基于碳氢原子的新型 AIE 分子体系

HTENE 晶体结构显示分子具有近乎平面结构的空间构型，具有小于 2°的二面角，长轴方向取代的两个苯环分子分别与水平方向倾斜成 15.1°和 15.77°，而短轴方向的苯环因位阻效应与共轭平面几乎正交，分别形成 82.31°和 99.82°的二面角，与共轭平面只形成较弱的共轭作用，苯环依然可以自由旋转消耗分子激发态能量。而长轴方向的两个苯环虽然与己三烯共轭骨架形成更强的共轭，但与共轭面通过单键连接，可以发生自由扭曲运动，耗散激发态的能量。因此，良溶剂中处于分散状态的分子不发光；而聚集态下，正交方向的苯环和水平方向的苯环协同作用破坏了所获得的分子 2P-HTENE π-π 堆积作用，限制了分子的内旋转，使分子发射荧光。分子增加了两个苯环后具有类似的 AIE 特性。除了通过线型的多烯连接苯环的 AIE 分子，在环状多烯分子（如环戊二烯等）周边连接苯环（3P-CP，图 1-20）也可以赋予分子 AIE 特性[40-44]。

1.3.2 基于杂原子的 AIE 分子体系

1. *五元环体系*

噻咯是最早被报道具有 AIE 特征的经典分子，其五元环上的苯环取代基具有独特的螺旋桨状分子构象广为人知。将噻咯的 Si 原子替代为 Ge、Sn、S、P 和 O 后得到的一系列衍生物（GePh、SnPh、SPh、POPh、POhPh）也都具有 AIE 特征（图 1-21）[5, 6]。Ge 取代的衍生物与噻咯类似，在 1, 1-位进行甲基或苯基取代后，

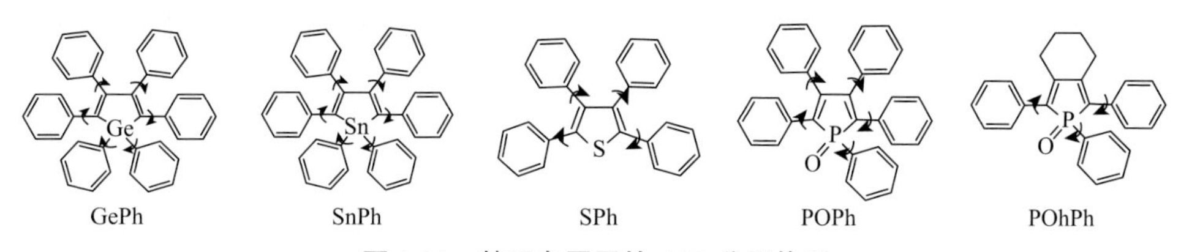

图 1-21 基于杂原子的 AIE 分子体系

分子在溶液中具有极低的量子产率（0.14%或 0.29%），而在聚集态下量子产率数十倍增强（21 倍或 32 倍）。由此也证明 Si 原子并非噻咯环具有 AIE 分子的必要元素。

2. 硼系类化合物

硼原子具有独特的电子结构，有机硼烷具有独特的光电性质，其缺电子特征是设计 D-A 型化合物的理想选择，在光电器件制备方面具有重要意义。传统的有机硼类分子多受 ACQ 效应影响，极大地限制其应用。在有机硼分子中引入 AIE 分子骨架则可以有效解决 ACQ 的问题，对拓宽 AIE 分子类型和应用都具有重要意义。例如，Chujo 和 Kokado 报道了几类带有 σ-硼烷取代基的新型 AIE 分子（图 1-22），分子由 σ-硼烷和二十面体硼簇化合物组成，其 σ-位高度可极化的芳香性和 C-取代部分的强吸电子能力协同作用，使分子具有更为丰富的化学结构拓展性[45-47]。

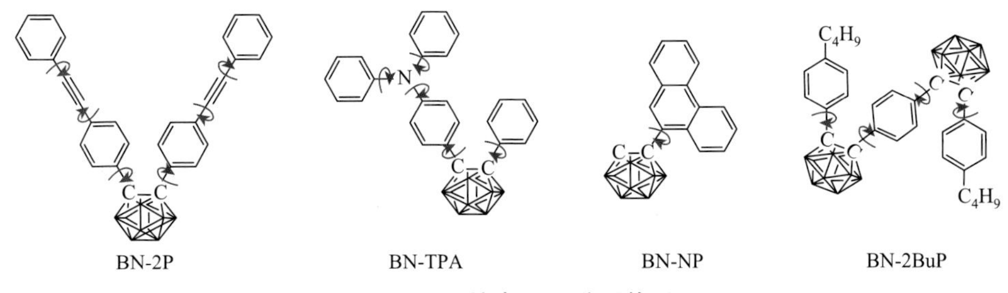

图 1-22 硼烷类 AIE 分子体系

例如，在 σ-硼烷的 1, 2-位连接上二苯乙炔（BN-2P，图 1-22），苯环间没有形成良好的共轭，分子具有扭曲的构象，具有典型的 AIE 特征。苯环的自由旋转耗散了分子激发态的能量，使其在 THF 溶液中具有极低的量子产率（<0.02%）；而分子聚集后分子间 π-π 作用被抑制，量子产率提高到 12%。在 σ-硼烷上通过单键修饰上三苯胺（BN-TPA）或更大的芳香基团菲（BN-NP）或连接丁基苯（BN-2BuP），分子依然具有 AIE 性质。

3. 席夫碱类

席夫碱类分子通过单键连接可自由旋转的官能团就成为新的 AIE 发光基元。如图 1-23 所示，通过苯肼和氮杂化冠醚反应合成的分子，具有两个通过 N—N 单键相连的共轭骨架及柔性可旋转的冠醚取代基，在溶液中只有 0.09%的量子产率，而聚集后量子产率增强 88.9 倍。该分子的 AIE 特性与氮杂化冠醚密切相关，以二乙基胺取代氮杂化冠醚后，分子不再具有 AIE 性质[48]。

晶体结构显示，冠醚取代基存在两个作用，分子处于单分散状态时，氮杂化冠醚的旋转和振动连同苯环的旋转一起耗散分子激发态的能量，而聚集态时氮杂化冠醚较大的位阻效应抑制了分子间的 π-π 堆积和由此产生的荧光猝灭。分子采用一种更有助于增强分子刚性的堆积方式相互作用，通过相邻的冠醚和苯环间的相互作用，以及通过中心部分的—C═N—N═C—和相邻的两个苯环，形成多个 C—H… π、C—H…O 和 C—H…N 作用，冠醚和 N—N 键的旋转都被有效抑制，非辐射能量转移被有效阻断，分子荧光增强。

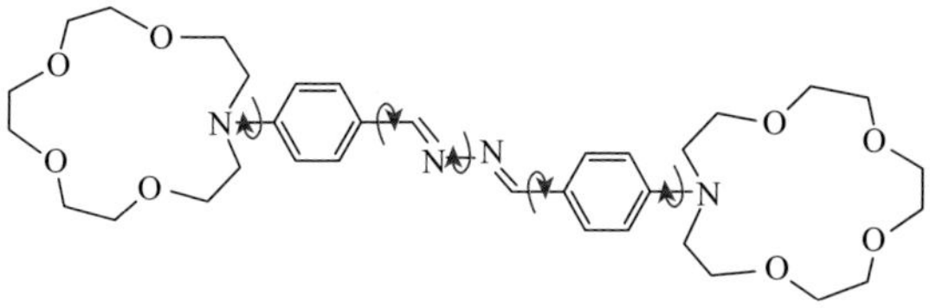

图 1-23 典型的席夫碱化合物

4. 激发态分子内质子转移体系

激发态分子内质子转移（excited-state intramolecular proton transfer，ESIPT）体系的主要特征是形成分子内氢键，在没有自吸收时产生大的斯托克斯位移。利用 ESIPT 效应可以制备光稳定剂、荧光染料和分子探针等。将 AIE 特性和 ESIPT 效应集成起来将赋予分子新的性质[49-52]。绝大多数 ESIPT 分子体系以羟基作为质子给体，以 N 原子作为质子受体。当 ESIPT 处于抑制状态，光激发后醇式（E）将进行 E—E^*—E 的转化过程，具有较小的斯托克斯位移，与多数荧光分子相似。典型的 ESIPT 的路径是通过快速的四阶段的质子环化转移过程（E—E^*—K^*—K）进行[图 1-24（a）]，形成分子内氢键。激发态下的醇式 E^*发生互变异构，形成更低的能级态酮式 K^*，从 E^*到 K^*的异构，再返回基态 K，几个能级的能带差较非 ESIPT 过程时显著降低，所以 ESIPT 过程的开启将出现发射峰红移和更大的斯托克斯位移。具有典型的 ESIPT 过程的化合物如图 1-24（a）所示，经过从醇式到酮式的异构。分子在良溶剂中由于分子的运动及构象导致的结构柔性，使荧光发生猝灭，而聚集后分子发生 ESIPT 过程，荧光增强[53-55]。

另一种 ESIPT 的过程如图 1-24（b）所示，羟基较稳定，只发生分子内质子转移（intramolecular proton transfer，IPT）将 H 原子转移到氨基上，形成中间态的分子内氢键，分子经历 E—E^*—IPT^*—IPT 四个阶段，出现发射峰红移和更大的斯托克斯位移，与醇-酮互变异构 ESIPT 类似。无论分子以哪种方式进行 ESIPT，AIE 性质与 ESIPT 都具有极大的兼容性，多数具有 AIE 性质的席夫碱体系可以通过第一种路径进行 ESIPT 过程，而采用第二种路径进行 ESIPT 的分子相对较少[56]。

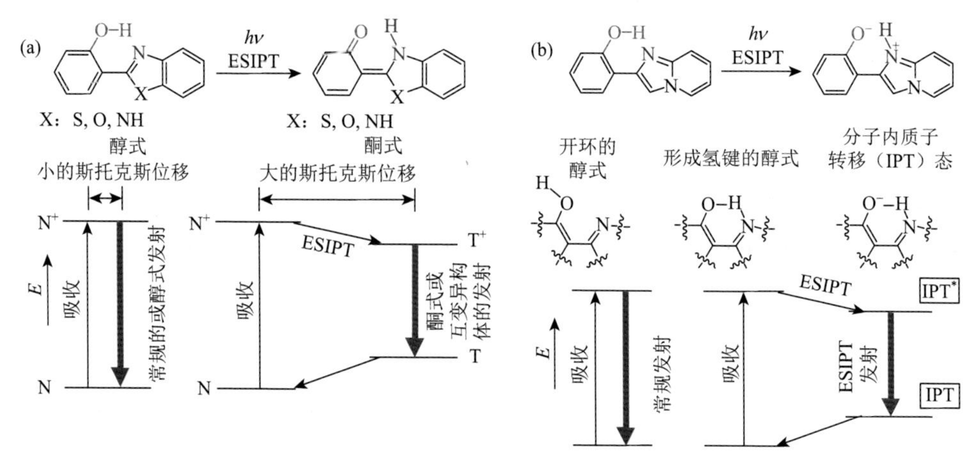

图 1-24　两种 ESIPT 的代表性分子和发生的路径

5. 腈类化合物

腈类化合物由于分子结构简单、极性高，是设计光电材料的常用化合物。利用氰基修饰，相应产生很多新的 AIE 基元，虽然氰基的位阻效应不及苯环，但其刚性结构仍然可以增加空间拥挤度，对相邻原子形成位阻效应，使分子产生扭曲构象，限制分子的旋转和运动。例如，本章提到的氰基二苯乙烯就是在二苯乙烯分子中引入氰基，形成空间位阻效应，使分子具有扭曲型空间构象，分子聚集时有效阻断分子间的 π-π 堆积。又如，将三苯胺与氰基二苯乙烯相连（TPA-CN，图 1-25），氰基的空间效应和强的吸电子效应对分子的荧光发射都产生影响，分子同时具有 AIE 效应和扭曲分子内电荷转移（TICT）效应，在溶液中仅有 2%的量子产率，而在晶体或粉末状态分别有 31%和 33%的量子产率[57]。在溶液状态下，苯环的旋转耗散分子的能量，而在聚集态下，分子间 C—H⋯N 和 C—H⋯π 协同作用，阻断了分子运动导致的非辐射能量转移。使分子荧光显著增强类似的例子还有三苯胺与丙烯酰胺（TPA-AN）或偏二氰乙烯相连所制备的分子（TPA-2CN）（图 1-25）[58, 59]。

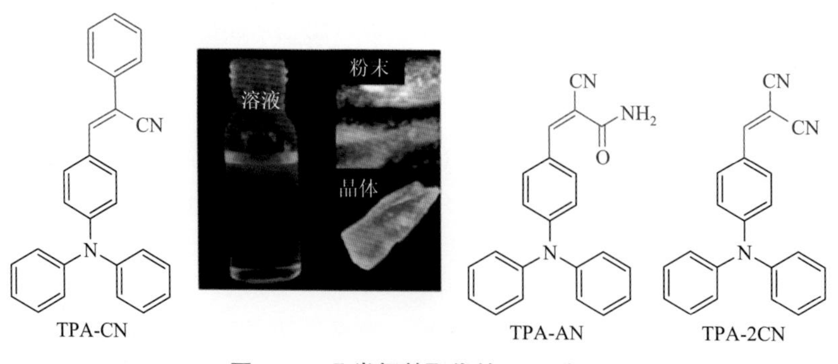

图 1-25　几类氰基取代的 AIE 分子

1.3.3 金属配合物 AIE 分子体系

AIE 分子通过与金属原子间的配位键连接而形成的化合物可以归类为 AIE 的金属配合物。配合物具有一个或多个金属配位中心，涉及的金属原子类型包括 Au、Ag、Zn、Ir、Pt、Pd 和 Cu 等。AIE 分子与过渡金属之间的结合使 AIE 分子的荧光发射范围大大拓宽，不仅涵盖了整个可见光区，甚至达到近红外区域[60-64]。例如，巯基连接的配体谷胱甘肽保护的金硫寡聚物 Au-GSH［图 1-26（a）］，在水溶液中无荧光，加入不良溶剂乙醇后分子的水合层被破坏，分子呈电中性发生聚集形成致密刚性聚集体，发射强荧光，可以通过调节不良溶剂比例实现其荧光颜色从红色到黄色的转变[63]，通过凝胶电泳可以将不同尺寸的金团簇聚集体分离开。此外，以 Koshevoy 和 Chou 为代表的课题组还报道了具有多个金属中心的金配合物体系 Au-R-OH［图 1-26（b）］，该分子在溶液中不发光，而在固态下具有高达 95%的荧光量子产率。金-二炔分子单元在金属离子的作用下发生扭曲，在 π—C≡C—Cu 的金属骨架的桥梁作用和分子间 O···H—O 氢键的协同作用下，分子聚集发射磷光[64]。

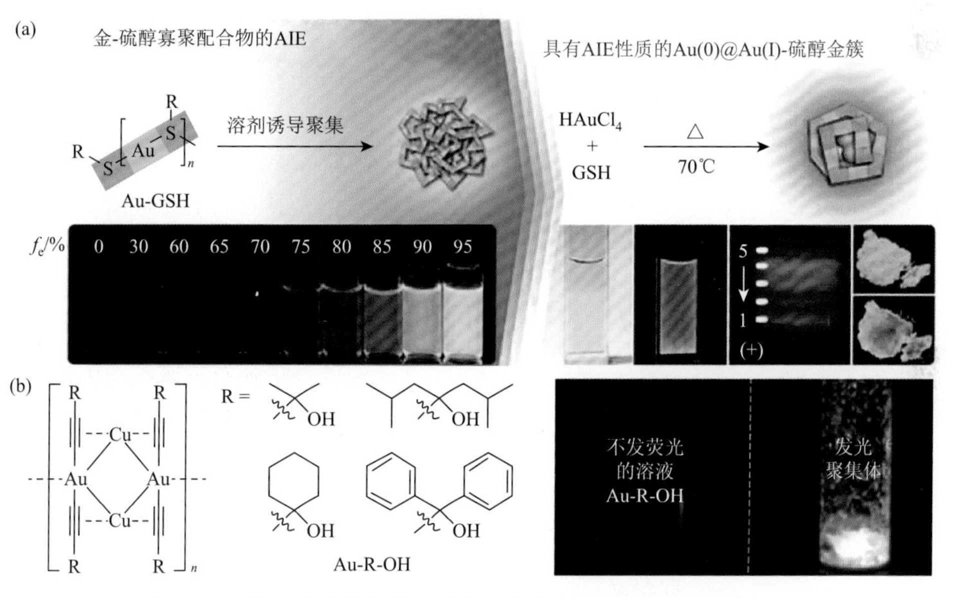

图 1-26 基于单个核多个金属中心的金配合物的 AIE 分子体系

1.3.4 基于 AIE 的高分子体系

1. 主链 AIE 骨架的线型高分子体系

AIE 主链高分子体系的设计主要是将典型的 AIE 分子骨架（如四苯乙烯和噻

咯）引入高分子链。一种方法就是将 AIE 分子直接与高分子单体相连。例如，将四苯乙烯与高分子单体通过铃木（Suzuki）偶联反应连接起来获得的化合物 P1，在溶液中仅有 2.1%的荧光量子产率，而在聚集状态下，荧光强度提高 67 倍[65]。另一种是将 AIE 单元与其他传统的生色团单元进行共聚，如分子 P2。该分子在溶液中具有 1.4%的荧光量子产率，而在聚集态时量子产率达到 27%。与其他共轭型高分子相比，共聚型分子在溶液中的量子产率稍高，这是因为四苯乙烯处于主链的刚性结构单元中，苯环旋转被部分抑制（图 1-27）[66]。除采用铃木偶联反应制备主链 AIE 高分子，还可以通过新型的聚合方法将 AIE 分子骨架引入高分子主链进行制备。例如，分子 P3 的制备采用的是无催化的点击聚合法把四苯乙烯骨架引进高分子[67]。此外，还可以通过炔类聚合的方法进行制备，如将二炔、二醛和胺通过三元聚合偶联法在三价铟的催化下制备分子 P4 和 P5[68]。以上几种方法可以用于制备主链具有 AIE 基元的均聚或共聚高分子，所制备的高分子具有 AIE/AIEE（聚集诱导发光增强）特性。AIE 基元使分子激发态的能量通过非辐射形式耗散，高分子在溶液状态不发射荧光，而聚集后分子内旋转被抑制，非辐射能量以光能的形式释放出来，分子发射较强的荧光。AIE 基元在防止主链上的传统生色团发生 π-π 堆积、阻断激子的形成等方面具有重要作用，而且通过调节 AIE 基元在聚合物中的比例可以调节分子的 AIE 特性。

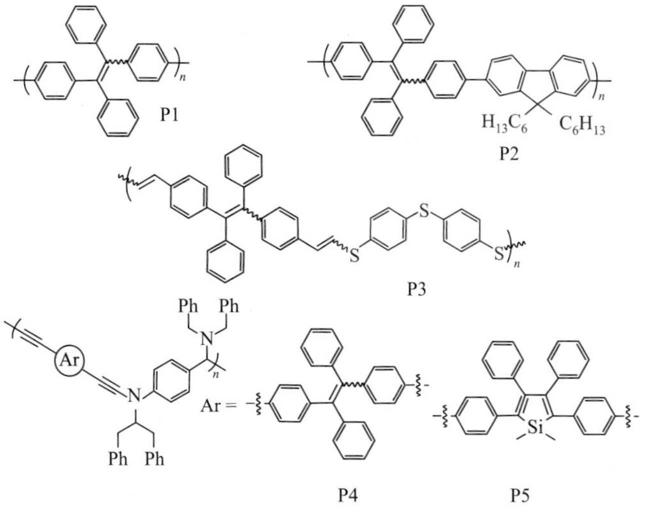

P1

$H_{13}C_6$ C_6H_{13}

P2

P3

Ph Ph N Ar N Ph Ph Ar = Si

P4 P5

图 1-27 典型的主链取代 AIE 高分子体系

2. 侧链 AIE 分子骨架的线型高分子体系

具有 AIE 侧基的聚合物的制备通常有两种方式，一种是对单体先进行结构修饰，再进行聚合。例如，将四苯乙烯、噻吩等分子骨架作为高分子的侧链引入高分子单体进行聚合。例如，通过可逆加成-断裂链转移（reversible addition-fragmentation chain transfer，RAFT）的聚合方法，将带有四苯乙烯取代基的烯烃单体以自由基活性聚合的方式聚合成高分子 P6（图 1-28），RAFT 方法在控制重复单元的数量方面具有绝对优势[69]。同样通过自由基聚合改变烯烃取代基的 AIE 基元，可以制备分别带有四苯基噻吩和喹啉的 AIE 侧链聚合物 P7 和 P8。聚合物 P7 分子具有优异的电致发光性能，是制备 OLED 发射层的理想材料[70, 71]。由四苯乙烯取代乙炔单体聚合而成的具有共轭主链的高分子 P9，其荧光可以被苦味酸猝灭，可以用来制备检测爆炸物的传感器[72]。

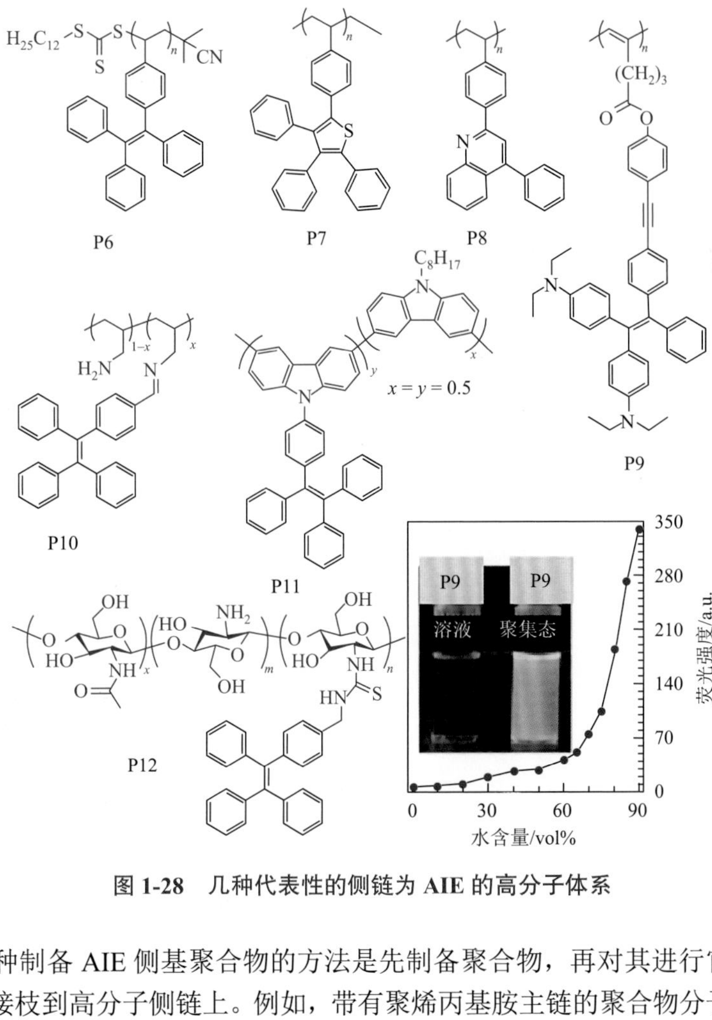

图 1-28 几种代表性的侧链为 AIE 的高分子体系

另一种制备 AIE 侧基聚合物的方法是先制备聚合物，再对其进行官能化，将 AIE 基元接枝到高分子侧链上。例如，带有聚烯丙基胺主链的聚合物分子 P10 的制备，就是将四苯乙烯通过席夫碱反应接枝到聚烯丙基胺侧链上[73]。对于具有 ACQ

特性的共轭主链，将 AIE 结构引入其侧基同样可以赋予 ACQ 聚合物 AIE 特性。例如，AIE 聚合物 P11 的制备（图 1-28），是将 ACQ 分子咔唑和四苯乙烯取代的咔唑以 1∶1 的配比，在镍催化下通过 Yamamoto 偶联反应共聚而成的。四苯乙烯侧基所具有的位阻效应和扭曲型构象对聚合物的聚集方式起主导作用，破坏了咔唑单元的 π-π 堆积方式，有效抑制了 ACQ 效应，使整个高分子表现为 AIE 特性[74]。

将四苯乙烯修饰在天然高分子侧基同样可以诱导分子具有 AIE 特性。例如，分子 P12 是通过异硫氰酸酯与壳聚糖上脱乙酰伯胺反应修饰上四苯乙烯取代基，修饰后的高分子可溶于酸性介质，发射弱荧光；四苯乙烯的苯环与壳聚糖通过共价键连接后，其苯环的旋转受到限制，分子在自然挥发后的聚集态及不良溶剂诱导的纳米颗粒态都发射较强的荧光[75]。

3. AIE 树枝状高分子体系

树枝状高分子是由一个位于中心的内核逐级向四周扩展成具有多级树枝状结构的高分子。其独特的空间结构，在药物化学、超分子组装、纳米科技和催化等领域具有重要应用[76-79]。基于 AIE 分子骨架的树枝状高分子的制备主要有两种途径。

一种是以 AIE 骨架为内核逐级修饰上树枝状结构。例如，具有氧化磷杂茂内核的分子 P13（图 1-29）。在 THF 溶液中，其 G_0 代分子不发射荧光，G_1 代和 G_2 代只发射较弱的荧光，而在不良溶剂中发射强荧光[79]。G_3 代和 G_4 代在 THF 溶液中分子也发射强荧光；G_4 代的荧光量子产率是 G_1 代的 23 倍。同样，以四苯乙烯为内核，在其外围修饰上位阻较大的树枝状分子，也可以制备具有 AIE 性质的树枝状分子。多级树枝状结构不仅将溶剂分子屏蔽在四苯乙烯内核之外，同时也有效抑制分子内旋转，所以分子在 THF 溶液中也可以发射强荧光[80]。

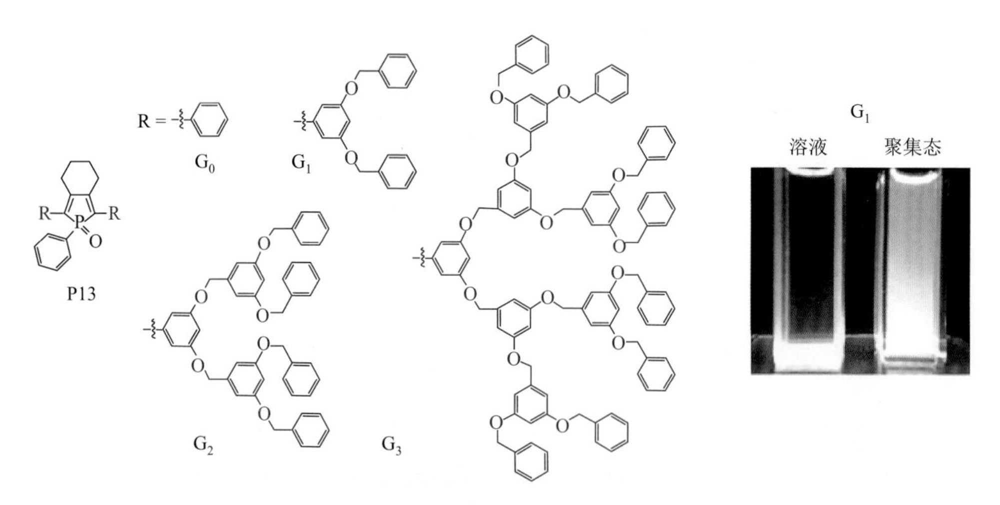

图 1-29 具有氧化磷杂茂 AIE 骨架的枝化分子

另一种制备带有AIE分子骨架的树枝状高分子的途径则是由树枝状高分子出发，修饰上 AIE 取代基。例如，带有聚环氧乙烷内核的枝化分子通过点击聚合连接起来的树枝状分子，其内核端基的叠氮易与脂肪炔类 AIE 分子发生叠氮-炔铜偶联反应，通过这一方法可以将四苯乙烯分子修饰在树枝状分子末端（P14）（图 1-30）[81]。

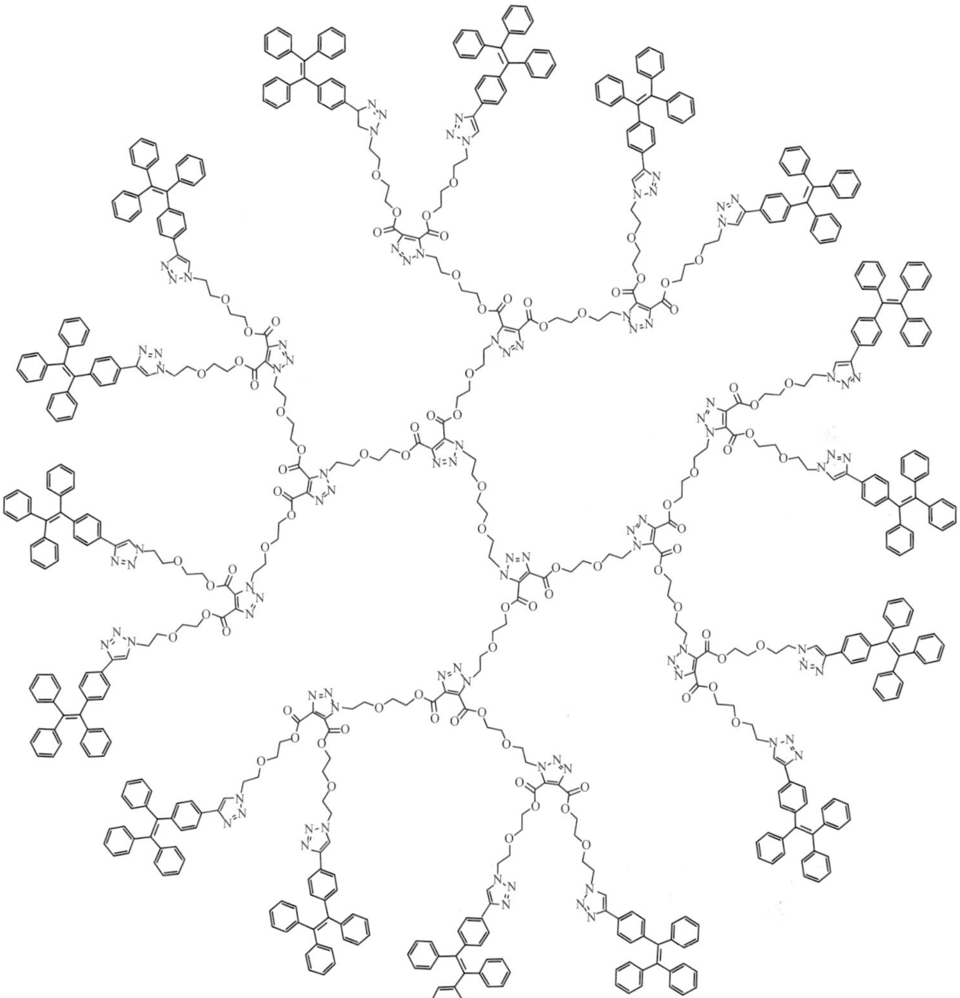

P14

图 1-30 端基修饰四苯乙烯的树枝状 AIE 高分子

AIE 分子对空间位阻效应十分敏感，枝化代数增加导致更大的空间位阻，使分子的荧光增强。根据这一特点，AIE 分子修饰的树枝状分子可以用于考察树枝状结构的代数及随着枝化代数增加枝化分子周边基团的拥挤程度。张德清等设计合成的带有四苯乙烯取代基的树枝化聚合物[80]，从 G_0 代到 G_3 代的枝化分子都具有 AIE 性质，即在良溶剂中不发射荧光，而随着不良溶剂加入，荧光逐渐增强。随着枝化代数增大，荧光发射的临界不良溶剂比例显著下降，从 G_0 代到 G_3 代临界比例分别为 50%、30%和 15%。低代数中分子的空间位阻较小，无法有效抑制四苯乙烯苯环的内旋转，需要更大比例的不良溶剂协同作用才可以有效抑制苯环旋转和非辐射能量转移；而较高代数的树枝状分子，本身已经具有较大的空间位阻效应，使四苯乙烯苯环的旋转受到部分抑制，在少量不良溶剂的协同作用下苯环旋转就可以被有效抑制，从而阻断非辐射能量跃迁，使分子荧光显著增强。

4. 超支化 AIE 高分子

超支化 AIE 高分子与树枝状高分子具有类似的多级结构，但在合成方面更为简单。采用独特的一锅法进行制备，分子具有良好的溶解性、低黏度和三维空间

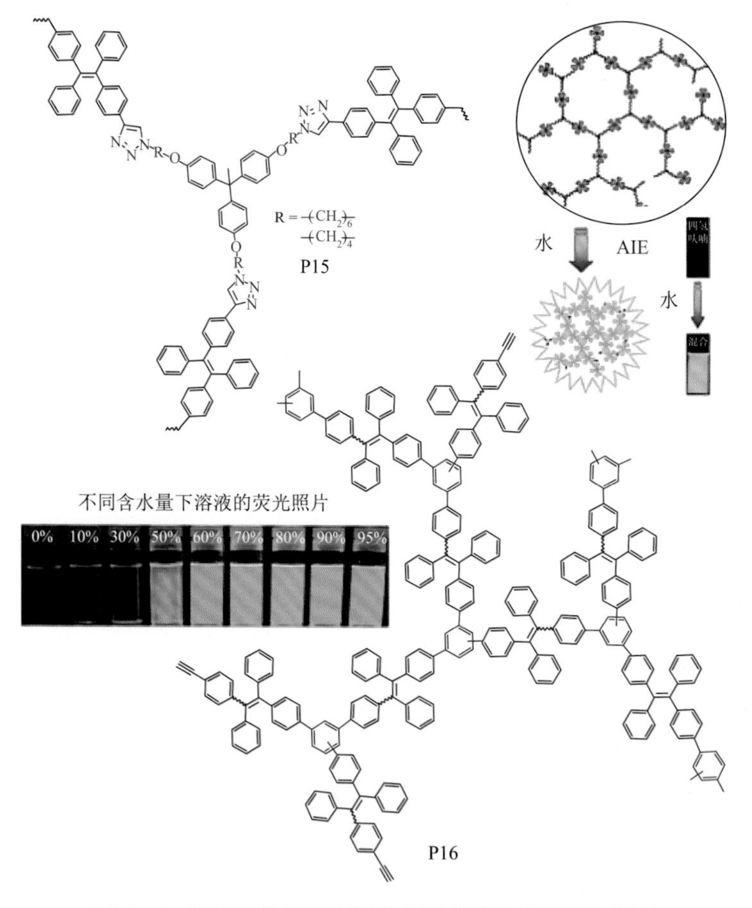

图 1-31 超支化分子及分子产生荧光增强的原理示意图

结构。分子带有反应活性端基有利于将不同 AIE 分子骨架引入聚合物中，拓展超支化分子体系。一些共轭型的超支化发光聚合物在经过 AIE 分子修饰之后都具有 AIE 性质，这些具有 AIE 性质的超支化聚合物在爆炸物检测、聚合物 LED 光限幅等方面具有重要应用（P15，P16，图 1-31）[82, 83]。

1.3.5 非常规 AIE 发光分子体系

对于有机发光分子体系，共轭结构是典型的结构特征，分子具有足够的电子共轭效应，通常被认为是发光分子的基本结构。然而一些不具有电子共轭结构的分子相继被发现可以发光，例如，稻米可以发出磷光。稻米的主要成分淀粉分子，完全由脂肪族结构组成。研究发现它在溶液中或溶液挥发后的薄膜均不发光，而在粉末状态下则发出强磷光。除稻米外，自然界中的天然分子淀粉、纤维素、蛋白质等分别在 470 nm、427 nm 和 418 nm 处发射荧光，而且其荧光寿命分别为 5.7 μs、4.7 μs 和 4.8 μs（图 1-32）[15]。这三种天然分子并不含有生色团，但分子中富含电子云密度较大的 O 和 N 元素，二者对分子的荧光作出主要贡献。当分子未发生聚集时，由于分子不具有生色团，分子之间没有产生共轭效应，不发射荧光。而当分子发生聚集后，富含电子的原子形成簇发光光源，具有更小的能带和更广泛的共轭。而且这些分子中含有大量的羟基及氧原子，可以形成多个强的分子间氢键作用，有效降低激子振动消耗的能量（图 1-33）。

以纤维素为例，晶体结构表明分子间氧原子的间距只有 2.261～2.987 Å，在其孤对电子间存在较强的相互作用，形成基于空间的共轭效应，形成簇发光光源。而聚集后分子间大量的氢键形成使分子刚性加大，有效地限制分子内旋转和振动，稳定簇发光。

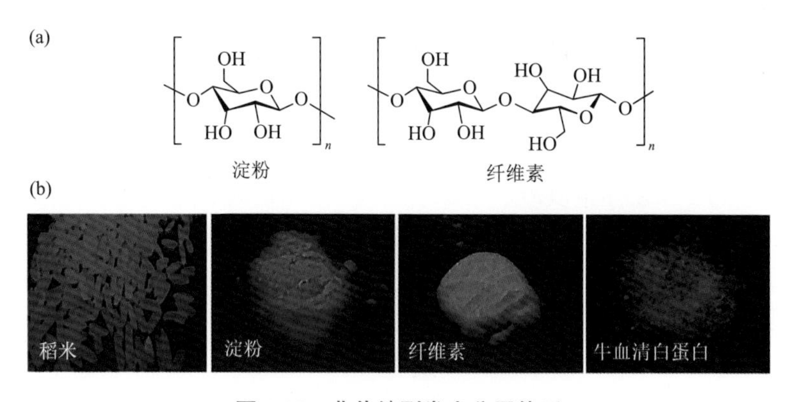

图 1-32 非传统型发光分子体系

(a)

(b)

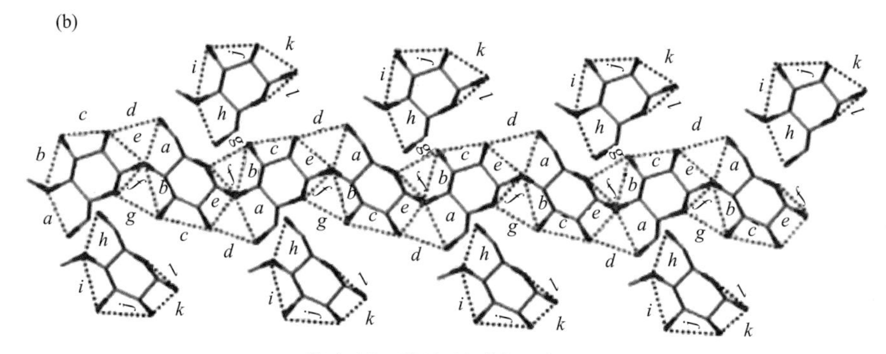

带孤对电子的原子间的短距离

a = 2.894 Å	b = 2.987 Å	c = 2.780 Å	d = 2.864 Å	e = 2.822 Å	f = 2.261 Å
g = 2.704 Å	h = 2.789 Å	i = 2.954 Å	j = 2.985 Å	k = 2.797 Å	l = 2.268 Å

图 1-33　纤维素间的氢键作用（a）和含有孤对电子的原子间距离（b）

1.4 基于 AIE 分子的聚集体的形成

AIE 的核心环节是分子聚集，聚集体形成的过程实质上是超分子组装的过程。最初报道的 AIE 分子体系以疏水性分子结构为主导，不良溶剂中以疏溶剂作用为主导的驱动力下分子发生聚集，形成纳米颗粒聚集体，粒径分析仪揭示随不良溶剂比例增加，聚集体粒径发生相应的变化。随着更多的两亲性 AIE 体系、手性 AIE 体系、多元共组装体系被报道，AIE 分子的聚集体驱动力涉及更多类型的非共价键作用，聚集体的形态也更为丰富，复杂的超分子组装结构陆续出现，如微囊、纳米棒、纳米纤维、螺旋纤维、螺旋纳米管、微米纤维等。其中具有手性特征的 AIE 分子组装独树一帜，近几年引起普遍关注。

1.5 AIE 分子聚集的驱动力

随着两亲性 AIE 分子与生物医学等领域的交叉和融合，AIE 分子的聚集已不再局限于不良溶剂的诱导或溶剂挥发分子本体的相互作用；分子聚集受诸多因素的调控，如 pH、金属离子、蛋白质分子、DNA 分子，细胞膜中的质粒分子等都可以诱导 AIE 分子聚集。AIE 分子的聚集体形成的驱动力涉及多种类型的非共价键作用，包括疏溶剂作用、静电作用、氢键作用、配位作用。在分子结构设计中通过共价键连接引入特定官能团，实现分子间非共价键作用。AIE 分子的聚集还可以通过多元共组装，通过分子间非共价键的作用实现分子的聚集。一些生物分子具有与 AIE 分子相反的电荷，可以通过静电作用与 AIE 分子作用，成为 AIE 分子定向组装的模板。

1.5.1 疏溶剂作用

最初发现具有 AIE 性质的分子噻咯，具有疏水性骨架。当加入不良溶剂时，分子的荧光呈几十倍甚至数百倍增强。粒径分析仪和扫描电子显微镜结果揭示，分子形成纳米颗粒状聚集体，随不良溶剂比例增加，纳米颗粒的粒径分布发生变化，这是疏水性 AIE 分子在疏溶剂作用下发生聚集的典型结构形态[4]。

除疏溶剂作用导致分子发生聚集，还可以利用某些分子形成的疏水性微结构，诱导 AIE 分子插入疏水性结构中，以疏水微结构为模板发生聚集，使荧光显著增强。利用这一原理可以将 AIE 分子用于微胶束体系临界胶束浓度的测定。某些生物分子具有疏水性空腔，有利于 AIE 分子插入发生聚集，使其荧光显著增强。例如，G-四链体 DNA 分子在钾离子存在时形成疏水性空腔结构，而当溶液中缺少钾离子则输水性空腔难以形成，AIE 分子在两种条件下形成显著的“光开关”效应；钾离子的浓度变化对 G-四链体 DNA 形成具有重要影响，离子浓度与荧光强度之间呈线性关系，据此可以实现对钾离子的检测和浓度确定[84]。利用类似的原理，可以实现对溶液中特定离子和分子的检测。

1.5.2 静电作用

在 AIE 分子骨架上修饰带有电荷的官能团，使分子具有良好的水溶性，则分子在水溶液中荧光几乎为零；当加入带相反电荷的分子或调节体系的 pH，二者通过分子间静电作用形成聚集体，使荧光显著增强，形成光开关效应，依据此原理可以制备水溶性 AIE 分子探针。同理，当出现第三种离子或分子改变二者聚集，则荧光强度发生改变，据此可实现对第三种离子或分子的检测。

在 AIE 骨架上修饰与待测生物分子带相反电荷的官能团，利用 AIE 分子与待测分子间的静电作用可以实现对生物分子的检测，带负电荷的磺酸基取代基的四苯乙烯分子是此类生物分子检测的明星分子（TPE-O-SO_3，图 1-34）。利用带有磺酸钠取代的四苯乙烯分子与壳聚糖组成的共混体系可以成功实现对 CO_2 的检测。壳聚糖分子中的氨基在一定浓度的 CO_2 条件下质子化带正电，与带负电的磺酸基发生静电作用导致分子聚集，使体系荧光增强，实现对 CO_2 的检测（图 1-34）[85]。

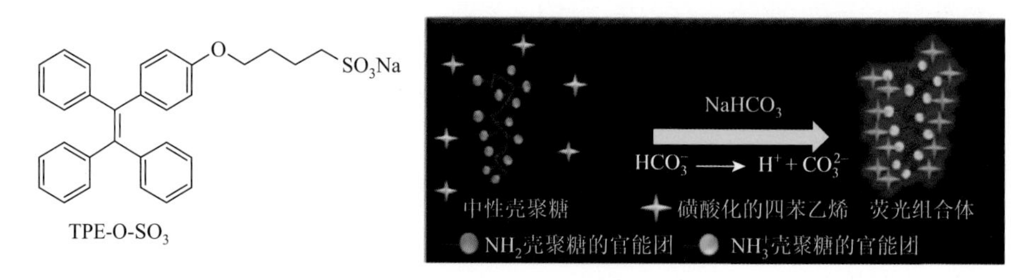

图 1-34　磺酸基取代的四苯乙烯分子/壳聚糖共混体系用于 CO_2 的检测

另一个基于分子间静电作用的经典例子是对乙酰胆碱酯酶（AChE）的检测。磺酸基与乙酰胆碱之间的静电作用使体系荧光增强（图 1-35）；而当加入乙酰胆碱酯酶使乙酰胆碱解聚时，荧光减弱甚至猝灭，分子荧光与乙酰胆碱酯酶浓度呈线性关系，据此可以确定乙酰胆碱酯酶的浓度[86]。

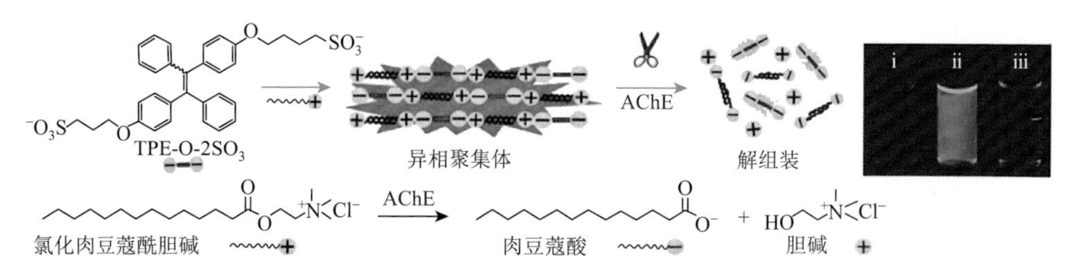

图 1-35　磺酸基修饰的四苯乙烯分子检测乙酰胆碱酯酶的示意图；荧光照片：i 为乙酰胆碱溶液，ii 为加入磺酸化四苯乙烯的乙酰胆碱溶液，iii 为 i 进一步加入乙酰胆碱酯酶的溶液

1.5.3　氢键作用

氢键是一类非常重要的分子间非共价键作用，在超分子结构和分子聚集的形成中具有重要意义。发光基团间氢键的形成使分子形成更强的刚性结构，更有效地限

制分子的旋转，降低分子的非辐射能量转移。可以在 AIE 骨架上通过共价键修饰形成分子间氢键的官能团，如氨基、羧基等，也可以直接修饰上天然分子，如氨基酸。这些官能团在与噻咯、四苯乙烯、席夫碱等通过共价键连接时［TPE-OA，A_2HPS，图 1-36（a）和（b）］，可以有效构筑分子间氢键，实现分子的定向组装，构筑规则的纳米、微米结构（第 4 章将系统讨论）。此外，在四苯乙烯骨架上通过吡啶、嘧啶等基团连接具有特定序列的单链 DNA，利用 DNA 分子间的氢键作用可以实现对互补 DNA 序列的检测，如图 1-36（c）和（d）所示[87-90]。

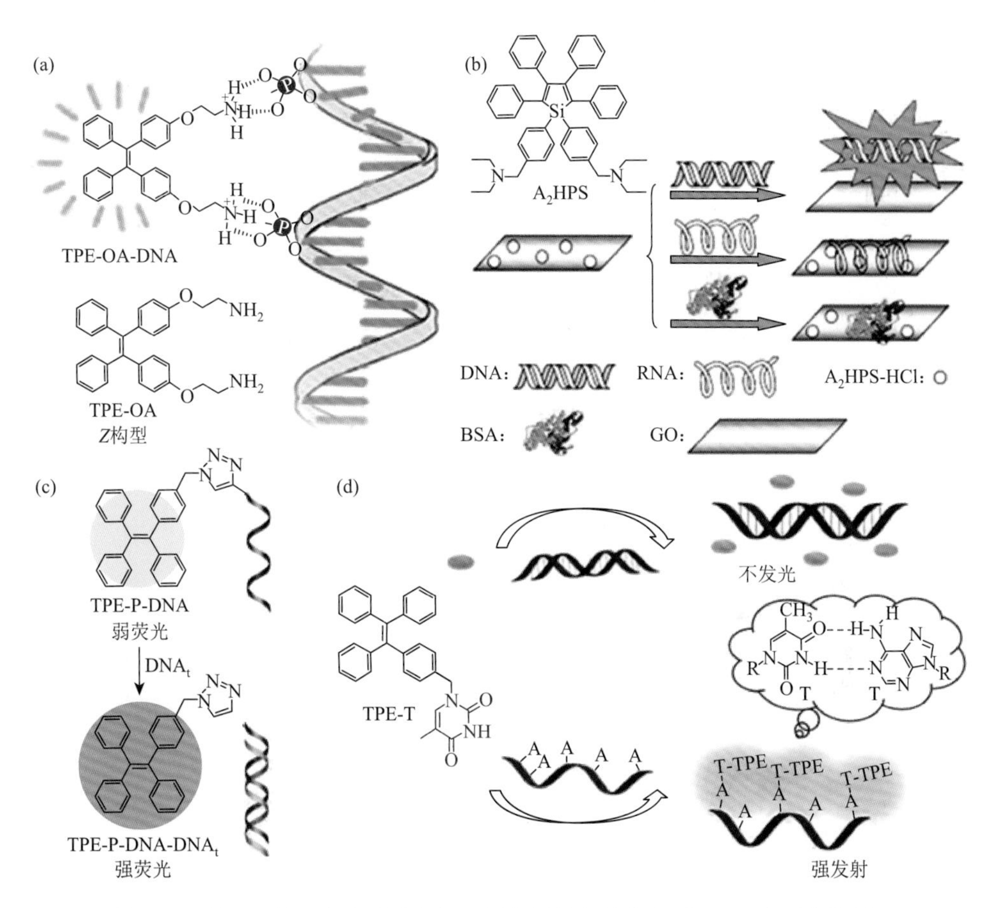

图 1-36 基于四苯乙烯和噻咯骨架利用分子间氢键作用对 DNA 序列的检测

此外，加入具有多官能团的小分子，通过小分子的桥梁作用，在无法形成氢键的分子间构筑分子间氢键，也是行之有效的策略。例如，分子 Py-Ps（图 1-37）在良溶剂中发光很弱，本身无法形成氢键；通过 L-型酒石酸的桥梁作用可以与吡啶端基形成分子间的氢键，形成有机凝胶，使分子的荧光显著增强[91]。

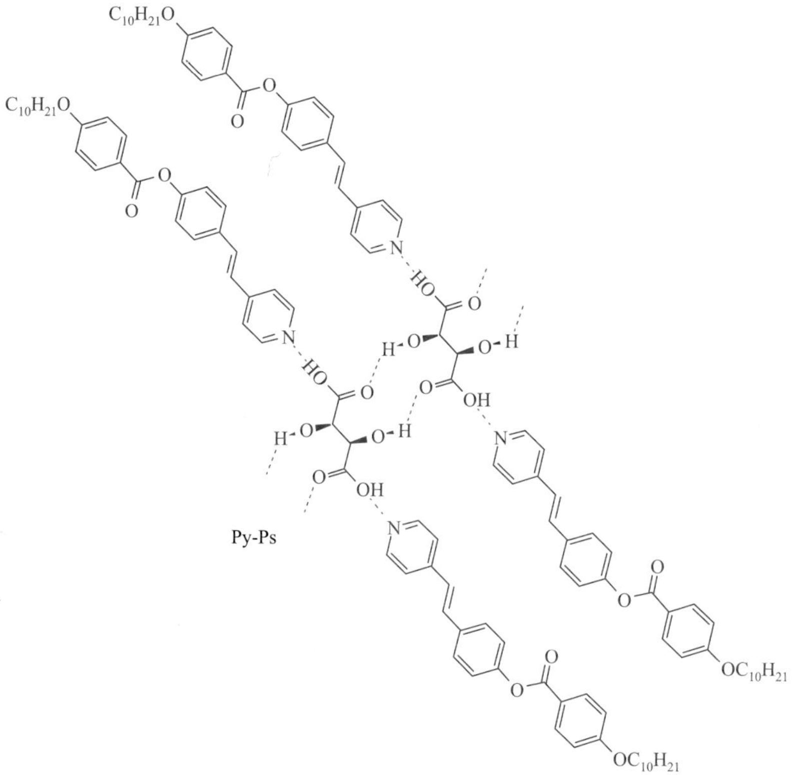

图 1-37 分子 Py-Ps 以酒石酸分子为桥梁形成分子间氢键

1.5.4 配位作用

在 AIE 分子骨架上修饰多取代的氨基、羧基等可以与金属离子进行配位的基团，金属离子与这些官能团通过配位作用形成配位化合物，据此可以实现对金属离子的检测。例如，在四苯乙烯骨架上修饰可以与锌离子形成螯合物的官能团，如吡啶、羧基（Zn-TPE-2Pr，Zn-4NA，图 1-38），锌离子与这些官能团配位使 AIE 分子发生聚集，增强 AIE 分子的刚性，使分子荧光增强[92-95]。

在四苯乙烯骨架上修饰脲嘌呤（TPE-2O-NN，图 1-39），利用脲嘌呤与银离子的配位作用可实现对银离子的检测[96]。而在四苯乙烯上修饰 1, 2-二氨基苯，利用苯环上氨基与铜离子之间的配位作用可以实现多分子与铜离子的配位作用，使分子聚集荧光猝灭[97]。同理利用 AIE 分子上配位官能团与金属离子的配位作用可以实现对 Zn^{2+}、Fe^{3+}、Hg^{2+}等离子的检测[98-100]。

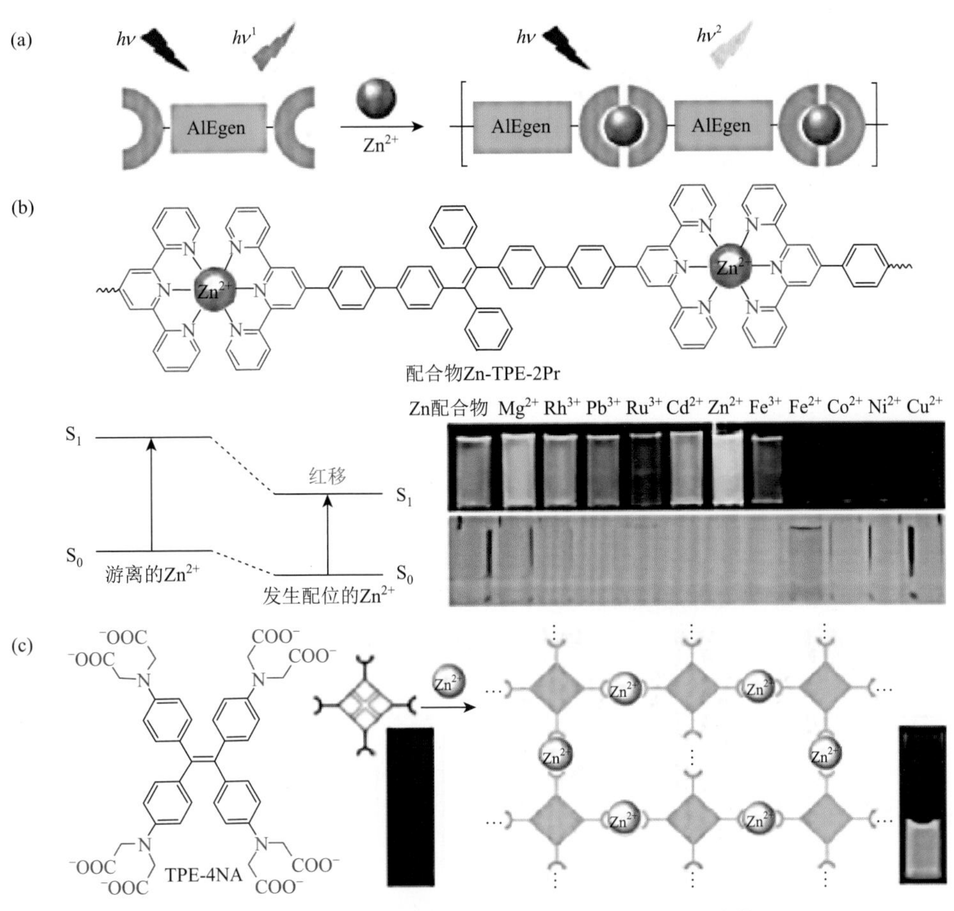

图 1-38 基于 AIE 分子与锌离子配位实现对锌离子的检测

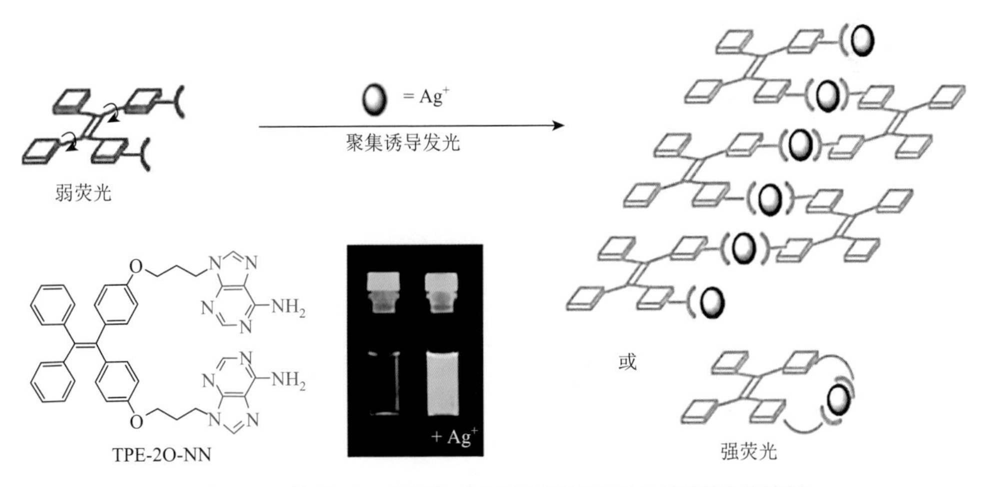

图 1-39 基于 AIE 分子与金属离子配位实现对银离子的检测

1.6 独特的手性 AIE 分子体系

1.6.1 引言

手性 AIE 分子体系，包含前面介绍过的多种分子体系，如杂环分子、腈类、ESIPT、席夫碱类、金属纳米团簇和高分子类等，分子之间的作用力涵盖上述分子体系的多种类型的非共价键作用。分子的手性与 AIE 性质具有高度的相容性，AIE 分子体系独特的扭曲构象赋予分子自发的手性特征，很多 AIE 分子是外消旋体，经过手性修饰或外加手性不对称力场，AIE 分子体系被赋予手性特征。分子手性与 AIE 性质的整合和协同作用使分子同时具有基态和激发态的手性特征，即圆二色性（circular dichroism，CD）和圆偏振发光（circular polarized luminescence，CPL）特性。与其他的 AIE 分子体系相比，手性 AIE 分子体系相关研究开展较晚。本书将对相关研究进展进行系统介绍，包括手性的起源和光学性质（第 2 章），手性 AIE 分子的光谱学表征（第 3 章），手性 AIE 小分子体系（第 4 章），手性 AIE 高分子体系（第 5 章），手性 AIE 液晶体系（第 6 章）和手性 AIE 分子的应用研究（第 7 章）。

1.6.2 圆偏振发光材料简介

手性 AIE 分子体系的独特性质之一圆偏振发光特性，是指手性发光物质激发态发射出左旋或右旋圆偏振光的现象。具有圆偏振发光性质的材料由于在 3D 显示、光学存储、不对称光电催化、光学防伪及不对称合成等方面的重要应用，受到广泛关注。设计和制备可控圆偏振发光材料成为近年来手性材料领域的研究新热点。表征材料圆偏振发光性质的两个重要参数是不对称因子（g_{lum}）和发光量子产率（Φ_{PL}）。其中，不对称因子是由电偶极矩和磁偶极矩决定的。在有机圆偏振发光材料中，一般电偶极矩远大于磁偶极矩。因此，具有较大电偶极矩的有机小分子往往发光量子产率高，但是不对称因子很小。增大有机体系圆偏振发光的不对称因子，并构筑兼具高不对称因子和高发光量子产率的有机材料，是这一研究领域的关键性问题。

构建圆偏振发光材料的关键在于发光基元的手性排列，这是影响其电偶极矩和磁偶极矩的核心要素。发光单元的手性特征可以来源于分子层面的手性，或是有机分子形成的组装体的对称性破缺引起的超分子手性。分子手性自组装是一种有效的诱导发光基元实现手性排列，赋予分子圆偏振发光特性的方法。传统有机小分子圆偏振发光多数具有 ACQ 性质，在聚集后或固态薄膜状态时材料的发光量子产率大大降低，因此具有 AIE 性质的圆偏振发光材料具有独特的光学特性。

目前报道的基于 AIE 分子的圆偏振发光分子的制备方法主要有两种：①本征圆偏振发光材料，其手性特征既可以来源于分子尺度上的中心手性、轴手性或者面手性，也可以来源于这些分子组装形成的聚集态手性；②诱导型手性发光材料，发光分子本身不具有手性特征，但通过特定的方式复合在手性模板中，如手性凝胶或者手性液晶介质，通过手性模板诱导发光分子产生不对称性荧光发射，产生圆偏振发光。相对于基于分子本征结构的圆偏振发光材料，模板法诱导圆偏振发光材料的研究工作还处于起步阶段。通过合适的模板来诱导非手性发光分子形成手性排列，制备圆偏振发光材料，一方面避免了繁琐的化学合成过程，另一方面也为材料的圆偏振发光特性的调控提供了可能。在第 2 章中将系统介绍这方面的研究。

手性特征在自然界中广泛存在，生物分子如 DNA 和蛋白质，因具有手性结构可以形成多级组装结构，如众所周知的 DNA 分子的二级螺旋结构。螺旋结构的形成对于生物分子实现特定生物功能具有重要意义。以 AIE 分子作为本征圆偏振发光材料的研究主要是在 AIE 分子结构中修饰上手性取代基，通过分子间非共价键作用将手性传递到 AIE 分子骨架，分子发生定向聚集，形成规则的微、纳组装结构。AIE 分子除保持原有的 AIE 特征外，还可以形成具有手性聚集体，兼具基态和激发态的手性光谱特征，表现出圆二色性和圆偏振发光特性。基于 AIE 分子的手性组装大致分为几个研究方向：一是通过共价键连接 AIE 分子骨架和手性基元，使 AIE 骨架具有本征手性；二是在外加手性不对称力场作用下分子发生扭转，并在聚集过程中进一步放大手性信号，典型的手性基元可以是轴手性分子和中心手性分子。此外，还可以通过外加手性源或发光基元，通过非共价键作用与非手性 AIE 分子作用，形成手性超分子组装体。

1.7 基于定向组装的手性 AIE 分子体系

传统的圆偏振发光分子设计生色团局限于平面结构[图 1-40（a）][101]，在溶液中具有强发光，而聚集时容易发生 ACQ 现象，分子的圆偏振光强度随之显著下降。而基于 AIE 分子体系的圆偏振发光分子设计，采用 AIE 分子骨架作为生色团，其扭曲的分子构象在分子聚集时有效避免了 ACQ 现象的发生[图 1-40（b）]，同时分子的荧光显著增强，在固态粉末或薄膜状态时具有较强的圆偏振发光特性，针对大多数发光器件的应用条件具有更大的应用前景。

基于手性 AIE 分子组装体系大致分为以下几种类型。

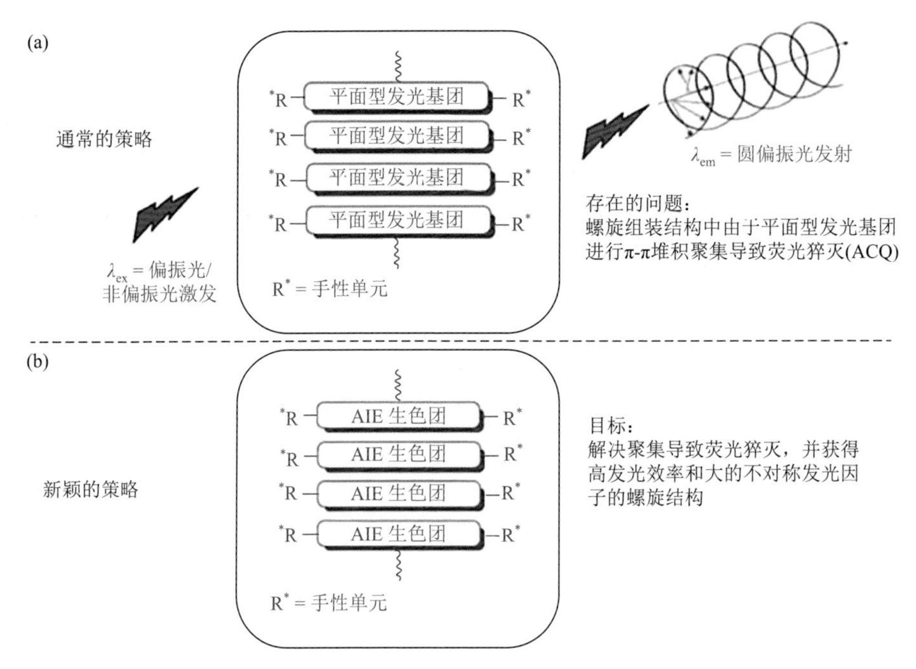

图 1-40　基于手性 AIE 分子的圆偏振发光体系的设计

1.7.1　一元手性 AIE 组装体系

典型的共价键连接的手性 AIE 分子主要包括中心手性和轴手性两种取代基。中心手性 AIE 分子主要是具有氨基酸取代的四苯乙烯、噻咯分子以及席夫碱类分子[102-106]，而轴手性则是以联二萘酚为代表的一系列衍生物[107-109]，在第 4 章将进行详细介绍。手性 AIE 聚合物的研究相对较少，主要是以四苯乙烯或联二萘为主链的手性 AIE 聚合物[110-112]，在第 5 章将进行详细介绍。相对于小分子手性 AIE 分子体系，高分子体系在成膜加工方面具有更大的优势，但在量子产率方面还不尽如人意，如何提高手性高分子的量子产率是这个研究领域面临的主要问题。

1.7.2　多元手性 AIE 组装体系

多元手性 AIE 组装体系往往由手性诱导剂和 AIE 发光基元，或手性 AIE 分子、传统发光分子及手性诱导剂组成。通过分子间协同作用形成手性 AIE 超分子组装体系。例如，刘鸣华课题组通过带有氨基酸修饰的凝胶因子诱导组装实现手性纳米管的构筑，通过控制成胶条件对管内径大小进行调控。再进一步将 AIE 小分子包覆在手性纳米管中，通过纳米管的手性不对称力场诱导其发生手性聚集，产生圆偏振发光特性[113]。该方法的特点是 AIE 单元不需要化学修饰，避免复杂的合成。

而且简单地替换不同发光颜色的AIE单元就可以实现组装体发射不同波长的圆偏振发光信号。这一研究策略为构筑具有圆偏振发光特性的超分子螺旋结构提供了一个全新的思路。唐本忠课题组以手性联二萘酚为手性源，以不同发射波长的非手性AIE分子为发光基元，通过二者间的非共价键作用实现了构筑基于多元体系的超分子组装结构，并成功诱导其多波长的圆偏振发光特性[114]。以上内容将在第4章和第5章进行详细介绍。

1.7.3 多元手性AIE液晶组装体系

液晶分子作为介质，比溶剂更有效地实现手性传递和放大[115, 116]。在过去的三十年中，液晶的手性放大作用研究主要集中在两个方面：一是发展具有大的螺旋扭矩的手性掺杂剂、液晶掺杂体系；二是发展外加刺激下形状可调的手性分子/液晶共混体系。成义祥和段鹏飞等课题组利用手性AIE分子和非手性液晶共混，在多元手性超分子圆偏振发光体系的研究中取得一系列重要进展。液晶态时超分子体系形成规整的超分子液晶排列，将更高效地实现分子手性传递和放大，使其圆偏振发光不对称因子成百倍甚至上千倍的放大。利用这一方法制备的多元超分子体系的圆偏振发光不对称因子取得重大突破，成义祥课题组报道的基于轴手性AIE分子诱导的三元组装体系的发光不对称因子达到1.26[117]。这些手性AIE超分子组装体系构筑是圆偏振发光材料制备的重要突破，可以预期，相关手性传递和放大机理的进一步揭示和完善将对手性AIE液晶共混体系的发展具有更大的推动作用。这部分内容将在第6章进行详细介绍。

1.8 基于手性AIE分子体系的应用研究

基于手性AIE分子体系的应用包括各种圆偏振发光器件，如圆偏振液晶显示器、圆偏振-有机发光二极管和圆偏振激光发射器等。手性AIE分子在金属离子的检测、手性分子的识别、对映体混合物中各构型含量的确定等方面也显示出独特的优势，与传统的核磁共振谱、圆二色谱和高效液相色谱相比，具有简便易行、高效快速等特点。以上几方面应用研究将在第7章进行详细介绍。

1.8.1 在圆偏振-有机发光二极管方面的应用

基于手性AIE的分子体系在有圆偏振-有机发光二极管（CP-OLED）方面具有重要的应用，相比于配合物体系具有可扩展性强、加工性好等优势。唐本忠课题组率先开展了基于联二萘酚衍生物的CP-OLED光电器件的研究[118]；成义祥、郑佑轩等课题组在制备四苯乙烯与联二萘酚类衍生物的 CP-OLED 光电器件的研究方面做了大量系统性的工作[119, 120]，利用延迟荧光和圆偏振发光特性结合，将 CP-OLED 的性能进一步提升。此部分内容将在第 7 章中进行详细介绍。唐本忠课题组在圆偏振液晶显示器方面开展了系统性的研究，将非手性 AIE 液晶分子与手性液晶分子掺杂，通过手性液晶分子诱导赋予 AIE 液晶分子圆偏振发光特性。将其掺杂到具有右手螺旋的手性向列型商业液晶 5CB 分子中，制备出具有 AIE 特性的手性向列型液晶超分子体系。采用该超分子体系所制备的反射式发光手性向列型液晶显示设备可以在阳光直射或黑暗处显示，不仅节约了背光源，而且省去了彩色滤波片[121]。这一研究为未来节能显示器的研制提供了新途径。

1.8.2 在分子识别方面的应用

郑炎松课题组利用手性 TPE 衍生物、氰基二苯乙烯衍生物对手性羧酸、氨基酸、醇类、胺类等对映体的识别进行了系统研究，探索了利用分子 AIE 特性和简单的荧光光谱检测对映体分子和准确测定对映体含量的方法[122, 123]。手性 AIE 在离子检测和 DNA 检测方面也具有潜在应用，一些探索性的研究刚刚开展。以上基于手性 AIE 分子应用的探索，为手性 AIE 分子的研究指明了应用方向，并注入新的活力。

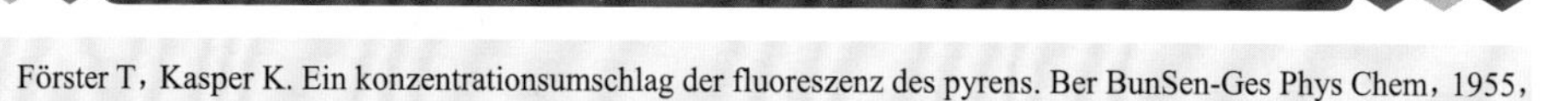

参考文献

[1] Förster T，Kasper K. Ein konzentrationsumschlag der fluoreszenz des pyrens. Ber BunSen-Ges Phys Chem，1955，59（10）：976-980.

[2] Luo J D，Xie Z L，Lam J W Y，et al. Aggregation-induced emission of 1-methyl-1, 2, 3, 4, 5-pentaphenylsilole. Chem Commun，2001，（18）：1740-1741.

[3] Mei J，Hong Y N，Lam J W Y，et al. Aggregation-induced emission：the whole is more brilliant than the parts. Adv Mater，2014，26：5429-5479.

[4] Chen J W，Law C C W，Lam J W Y，et al. Synthesis，light emission，nanoaggregation，and restricted intramolecular rotation of 1, 1-substituted 2, 3, 4, 5-tetraphenylsiloles. Chem Mater，2003，15：1535-1546.

[5] Tracy H J，Mullin J L，Klooster W T，et al. Enhanced photoluminescence from group 14 metalloles in aggregated and solid solutions. Inorg Chem，2005，44：2003-2011.

[6] Mullin J L，Tracy H J，Ford J R，et al. Characteristics of aggregation induced emission in 1, 1-dimethyl-2, 3, 4, 5-tetraphenyl and 1, 1, 2, 3, 4, 5-hexaphenyl siloles and germoles. J Inorg Organomet Polym Mater，2007，17：201-203.

[7] Lai C T，Hong J L. Aggregation-induced emission in tetraphenylthiophene-derived organic molecules and vinyl polymer. J Phy Chem B，2010，114：10302-10310.

[8] Fukazawa A，Ichihashi Y，Yamaguchi S，et al. Intense fluorescence of 1-aryl-2, 3, 4, 5-tetraphenylphosphole oxides in the crystalline state. New J Chem，2010，34：1537-1540.

[9] Shiraishi K，Kashiwabara T，Sanji T，et al. Aggregation-induced emission of dendritic phosphole oxides. New J

Chem，2009，33：1680-1684.

[10] Chen J W，Xu B，Ouyang X Y，et al. Aggregation-induced emission of *cis*，*cis*-1, 2, 3, 4-tetraphenylbutadiene from restricted intramolecular rotation. J Phys Chem A，2004，108：7522-7526.

[11] Tong H，Dong Y Q，Häußler M，et al. Tunable aggregation-induced emission of diphenyldibenzofulvenes. Chem Commun，2006，(10)：1133-1135.

[12] Tong H，Dong Y Q，Hong Y N，et al. Aggregation-induced emission：effects of molecular structure，solid-state conformation，and morphological packing arrangement on light-emitting behaviors of diphenyldibenzofulvene derivatives. J Phys Chem C，2007，111：2287-2294.

[13] Dong Y Q，Lam J W Y，Qin A J，et al. Aggregation-induced emissions of tetraphenylethene derivatives and their utilities as chemical vapor sensors and in organic light-emitting diodes. Appl Phys Lett，2007，91：011111.

[14] Tong H，Hong Y N，Dong Y Q，et al. Protein detection and quantitation by tetraphenylethene-based fluorescent probes with aggregation-induced emission characteristics. J Phys Chem B，2007，111：11817-11823.

[15] Gong Y Y，Tan Y Q，Mei J，et al. Room temperature phosphorescence from natural products：crystallization matters. Sci China Chem，2013，56：1178-1182.

[16] Ren Y，Lam J W Y，Dong Y Q，et al. Enhanced emission efficiency and excited state lifetime due to restricted intramolecular motion in silole aggregates. J Phys Chem B，2005，109：1135-1140.

[17] Li Z，Dong Y Q，Mi B X，et al. Structural control of the photoluminescence of silole regioisomers and their utility as sensitive regiodiscriminating chemosensors and efficient electroluminescent materials. J Phys Chem B，2005，109：10061-10066.

[18] Zhang G F，Chen Z Q，Aldred M P，et al. Direct validation of the restriction of intramolecular rotation hypothesis via the synthesis of novel ortho-methyl substituted tetraphenylethenes and their application in cell imaging. Chem Commun，2014，50：12058-12060.

[19] Zhao Z J，He B R，Nie H，et al. Stereoselective synthesis of folded luminogens with arene-arene stacking interactions and aggregation-enhanced emission. Chem Commun，2014，50：1131-1133.

[20] Ren Y，Lam J W Y，Dong Y Q，et al. Enhanced emission efficiency and excited state lifetime due to restricted intramolecular motion in silole aggregates. J Phys Chem B，2005，109：1135-1140.

[21] Fan X，Sun J L，Wang F Z，et al. Photoluminescence and electroluminescence of hexaphenylsilole are enhanced by pressurization in the solid state. Chem Commun，2008，14 (26)：89-91.

[22] Yu G，Yin S W，Liu Y Q，et al. Structures，electronic states，photoluminescence，and carrier transport properties of 1, 1-disubstituted 2, 3, 4, 5-tetraphenylsiloles. J Am Chem Soc，2005，127：6335-6346.

[23] Yin S W，Peng Q，Shuai Z，et al. Aggregation-enhanced luminescence and vibronic coupling of silole molecules from first principles. Phy Rev B，2006，73：205409.

[24] Peng Q，Yi Y P，Shuai Z G，et al. Toward quantitative prediction of molecular fluorescence quantum efficiency：role of duschinsky rotation. J Am Chem Soc，2007，129：9333-9337.

[25] Yin S W，Peng Q，Shuai Z，et al. Aggregation-enhanced luminescence and vibronic coupling of silole molecules from first principles. Phy Rev B，2006，73：205409.

[26] Chen B，Nie H，Lu P，et al. Conjugation versus rotation：good conjugation weakens the aggregation-induced emission effect of siloles. Chem Commun，2014，50：4500-4503.

[27] Zhou J，Chang Z F，Jiang Y B，et al. From tetraphenylethene to tetranaphthylethene：structural evolution in AIE luminogen continues. Chem Commun，2013，49：2491-2493.

[28] An B K，Kwon S K，Jung S D，et al. Enhanced emission and its switching in fluorescent organic nanoparticles. J Am Chem Soc，2002，124：14410-14415.

[29] Zhao Z J，Lu P，Lam J W Y，et al. Molecular anchors in the solid state：restriction of intramolecular rotation boosts emission efficiency of luminogen aggregates to unity. Chem Sci，2011，2：672-675.

[30] Yuan W Z，Lu P，Chen S M，et al. Changing the behavior of chromophores from aggregation-caused quenching to aggregation induced emission：development of highly efficient light emitters in the solid state. Adv Mater，2010，22：2159-2163.

[31] Liu Y，Chen S M，Lam J W Y，et al. Tuning the electronic nature of aggregation-induced emission luminogens with enhanced hole-transporting property. Chem Mater，2011，23：2536-2544.

[32] Huang J，Yang X，Wang J Y，et al. New tetraphenylethene-based efficient blue luminophors：aggregation induced emission and partially controllable emitting color. J Mater Chem，2012，22：2478-2484.

[33] Liu Y，Lv Y，Zhang X Y，et al. From a fluorescent chromophore in solution to an efficient emitter in the solid state. Chem-Asian J，2012，7：2424-2428.

[34] Kwok R T K，Geng J L，Lam J W Y，et al. Water-soluble bioprobes with aggregation-induced emission characteristics for light-up sensing of heparin. J Mater Chem B，2014，2：4134-4141.

[35] Liu Y，Ye X，Liu G F，et al. Structural features and optical properties of a carbazole-containing ethene as a highly emissive organic solid. J Mater Chem C，2014，2：1004-1009.

[36] Xie N，Liu Y，Hu R R，et al. Synthesis，aggregation-induced emission，and electroluminescence of dibenzothiophene- and dibenzofuran-containing tetraarylethenes. ISR J Chem，2014，54：958-966.

[37] Liu Y，Chen X H，Lv Y，et al. Systemic studies of tetraphenylethene-triphenylamine oligomers and a polymer：achieving both efficient solid-state emissions and hole-transporting capability. Chem Eur J，2012，18：9929-9938.

[38] Liu Y，Lv Y，Xi H，et al. Enlarged tetrasubstituted alkenes with enhanced thermal and optoelectronic properties. Chem Commun，2013，49：7216-7218.

[39] Shimizu M，Tatsumi H，Mochida K，et al. Synthesis，crystal structure，and photophysical properties of (1*E*, 3*E*, 5*E*)-1, 3, 4, 6-tetraarylhexa-1, 3, 5-trienes：a new class of fluorophores exhibiting aggregation-induced emission. Chem-Asian J，2009，4：1289-1297.

[40] Yang L J，Ye J W，Xu L F，et al. Synthesis and properties of aggregation-enduced emission enhancement compounds derived from triarylcyclopentadiene. RSC Adv，2012，2：11529-11535.

[41] Ye J W，Deng D，Gao Y，et al. Synthesis，molecular structure and photoluminescence properties of 1，2-diphenyl-4-(3-methoxyphenyl)-1, 3-cyclopentadiene. Spectrochim Acta A Mol Biomol Spectrosc，2015，134：22-27.

[42] Zhang X D，Ye J W，Xu L F，et al. Synthesis，crystal structures and aggregation-induced emission enhancement of aryl-substituted cyclopentadiene derivatives. J Lumin，2013，139：28-34.

[43] Zhang Z，Xu B，Su J，et al. Color tunable solid-state emission of 2, 2′-biindenyl-based fluorophores. Angew Chem Int Ed，2011，50：11654-11657.

[44] Yu Y，Luo Z T，Chevrier D M，et al. Identification of a highly luminescent $Au_{22}(SG)_{18}$ nanocluster. J Am Chem Soc，2014，136：1246-1249.

[45] Kokado K，Chujo Y. Emission via aggregation of alternating polymers with *o*-carborane and *p*-phenylene-ethynylene sequences. Macromolecules，2009，42：1418-1420.

[46] Kokado K，Chujo Y. Multicolor tuning of aggregation-induced emission through substituent variation of diphenyl-*o*-

carborane. J Org Chem，2011，76：316-319.
[47] Kokado K，Chujo Y. A luminescent coordination polymer based on bisterpyridyl ligand containing *o*-carborane：two tunable emission modes. Dalton Trans，2011，40：1919-1923.
[48] Yu Z P，Duan Y Y，Cheng L H，et al. Aggregation induced emission in the rotatable molecules：the essential role of molecular interaction. J Mater Chem，2012，22：16927-16932.
[49] Douhal A，Lahmani F，Zewail A H，et al. Proton-transfer reaction dynamics. Chem Phys，1996，207：477-498.
[50] Lochbrunner S，Schultz T，Schmitt M，et al. Dynamics of excited-state proton transfer systems via time-resolved photoelectron spectroscopy. J Chem Phys，2001，114：2519-2522.
[51] Goodman J，Brus L E. Proton transfer and tautomerism in an excited state of methyl salicylate. J Am Chem Soc，1978，100：7472-7474.
[52] Ormson S M，Brown R G. Excited-state intramolecular proton transfer. Part 1：ESIPT to nitrogen. Prog React Kinet，1994，19：45-91.
[53] Zhao J Z，Ji S M，Chen Y H，et al. Excited state intramolecular proton transfer（ESIPT）：from principal photophysics to the development of new chromophores and applications in fluorescent molecular probes and luminescent materials. Phys Chem Chem Phys，2012，14：8803-8817.
[54] Kim T I，Kang H J，Han G，et al. A highly selective fluorescent ESIPT probe for the dual specificity phosphatase MKP-6. Chem Commun，2009：5895-5897.
[55] Rodembusch F S，Campo L F，Stefani V，et al. The first silica aerogels fluorescent by excited state intramolecular proton transfer mechanism(ESIPT). J Mater Chem，2005，15：1537-1541.
[56] Mutai T，Tomoda H，Ohkawa T，et al. Switching of polymorph-dependent ESIPT luminescence of an imidazo[1, 2-*a*] pyridine derivative. Angew Chem Int Ed，2008，47：9522-9524.
[57] Zhao X，Xue P C，Wang K，et al. Aggregation-induced emission of triphenylamine substituted cyanostyrene derivatives. New J Chem，2014，38：1045-1051.
[58] Song Q B，Chen K，Sun J W，et al. Mechanical force induced reversible fluorescence switching of two 3-aryl-2-cyano acrylamide derivatives. Tetrahedron Lett，2014，55：3200-3205.
[59] Cao Y L，Xi W G，Wang L K，et al. Reversible piezofluorochromic nature and mechanism of aggregation-induced emission-active compounds based on simple modification. RSC Adv，2014，4：24649-24652.
[60] Javed I，Zhou T L，Muhammad F，et al. Quinoacridine derivatives with one-dimensional aggregation-induced red emission property. Langmuir，2012，28：1439-1446.
[61] Liang J H，Chen Z，Yin J，et al. Aggregation-induced emission（AIE）behavior and thermochromic luminescence properties of a new gold(Ⅰ) complex. Chem Commun，2013，49：3567-3569.
[62] Fujisawa K，Okuda Y，Izumi Y，et al. Reversible thermal-mode control of luminescence from liquid-crystalline gold(Ⅰ) complexes. J Mater Chem C，2014，2：3549-3555.
[63] Luo Z T，Yuan X，Yu Y，et al. From aggregation-induced emission of Au(Ⅰ)-thiolate complexes to ultrabright Au(0)@Au(Ⅰ)-thiolate core-shell nanoclusters. J Am Chem Soc，2012，134：16662-16670.
[64] Koshevoy I O，Chang Y C，Karttunen A J，et al. Solid-state luminescence of Au-Cu-alkynyl complexes induced by metallophilicity-driven aggregation. Chem Eur J，2013，19：5104-5112.
[65] Hu R R，Maldonado J L，Rodriguez M，et al. Luminogenic materials constructed from tetraphenylethene building blocks：synthesis，aggregation-induced emission，two-photon absorption，light refraction，and explosive detection. J Mater Chem，2012，22：232-240.

[66] He B R，Ye S H，Guo Y J，et al. Aggregation-Enhanced emission and efficient electroluminescence of conjugated polymers containing tetraphenylethene units. Sci China：Chem，2013，56：1221-1227.
[67] Yao B C，Mei J，Li J，et al. Catalyst-free thiol-yne click polymerization：a powerful and facile tool for preparation of functional poly(vinylene sulfide)s. Macromolecules，2014，47：1325-1333.
[68] Chan C Y K，Tseng N W，Lam J W Y，et al. Construction of functional macromolecules with well defined structures by indium-catalyzed three-component polycoupling of alkynes，aldehydes，and amines. Macromolecules，2013，46：3246-3256.
[69] Ma C P，Ling Q Q，Xu S D，et al. Preparation of biocompatible aggregation-induced emission homopolymeric nanoparticles for cell imaging. Macromol Biosci，2014，14：235-243.
[70] Chien R H，Lai C T，Hong J L，et al. Enhanced aggregation emission of vinyl polymer containing tetraphenylthiophene pendant group. J Phys Chem C，2011，115：5958-5965.
[71] Chou C A，Chien R H，Lai C T et al，Complexation of bulky camphorsulfonic acid to enhance emission of organic and polymeric fluorophores with inherent quinoline moiety. Chem Phys Lett，2010，501：80-86.
[72] Yuan W Z，Zhao H，Shen X Y，et al. Luminogenic polyacetylenes and conjugated polyelectrolytes：synthesis，hybridization with carbon nanotubes，aggregation-induced emission，superamplification in emission quenching by explosives，and fluorescent assay for protein quantitation. Macromolecules，2009，42：9400-9411.
[73] Wang T X，Cai Y B，Wang Z P，et al. Decomposition-assembly of tetraphenylethylene nanoparticles with uniform size and aggregation-induced emission property. Macromol Rapid Commun，2012，33：1584-1589.
[74] Dong W Y，Fei T，Palma-Cando A，et al. Aggregation induced emission and amplified explosive detection of tetraphenylethylene-substituted polycarbazoles. Polym Chem，2014，5：4048-4053.
[75] Wang Z K，Chen S J，Lam J W Y，et al. Long-term fluorescent cellular tracing by the aggregates of AIE bioconjugates. J Am Chem Soc，2013，135：8238-8245.
[76] Bosman A W，Janssen H M，Meijer E W，et al. About dendrimers：structure，physical properties，and applications. Chem Rev，1999，99：1665-1688.
[77] Grayson S M，Frechet J M J. Convergent dendrons and dendrimers：from synthesis to applications. Chem Rev，2001，101：3819-3868.
[78] Li W S，Aida T. Dendrimer porphyrins and phthalocyanines. Chem Rev，2009，109：6047-6076.
[79] Astruc D，Boisselier E，Ornelas C. Dendrimers designed for functions：from physical，photophysical，and supramolecular properties to applications in sensing，catalysis，molecular electronics，photonics，and nanomedicine. Chem Rev，2010，110：1857-1959.
[80] Huang G X，Ma B D，Chen J M，et al. Dendron-containing tetraphenylethylene compounds：dependence of fluorescence and photocyclization reactivity on the dendron generation. Chem Eur J，2012，18：3886-3892.
[81] Arseneault M，Leung N L C，Fung L T. Probing the dendritic architecture through AIE：challenges and successes. Polym Chem，2014，5（20）：6087-6096.
[82] Voit B，Lederer A. Hyperbranched and highly branched polymer architectures-synthetic strategies and major characterization aspects. Chem Rev，2009，109：5924-5973.
[83] Häußler M，Qin A J，Tang B Z，et al. Acetylenes with multiple triple bonds：a group of versatile A(n)-type building blocks for the construction of functional hyperbranched polymers. Chem Rev，2015，115：11718-11940.
[84] Hong Y N，Häußler M，Lam J W Y，et al. Label-free fluorescent probing of G-quadruplex formation and real-time monitoring of DNA folding by a quaternized tetraphenylethene salt with aggregation-induced emission

characteristics. Chem Eur J，2008，14：6428-6437.

[85] Khandare D G，Joshi H，Banerjee M，et al. Fluorescence turn-on chemosensor for the detection of dissolved CO_2 based on ion-induced aggregation of tetraphenylethylene derivative. Anal Chem，2015，87：10871-10877.

[86] Wang M，Gu X G，Zhang G X，et al. Convenient and continuous fluorometric assay method for acetylcholinesterase and inhibitor screening based on the aggregation-induced emission. Anal Chem，2009，81：4444-4449.

[87] Xu L，Zhu Z C，Zhou X，et al. A highly sensitive nucleic acid stain based on amino-modified tetraphenylethene：the influence of configuration. Chem Commun，2014，50：6494-6497.

[88] Xu X J，Li J J，Li Q Q，et al. A strategy for dramatically enhancing the selectivity of molecules showing aggregation-induced emission towards biomacromolecules with the aid of graphene oxide. Chem Eur J，2012，18：7278-7286.

[89] Li Y Q，Kwok R T K，Tang B Z，et al. Specific nucleic acid detection based on fluorescent light-up probe from fluorogens with aggregation-induced emission characteristics. RSC Adv，2013，3：10135-10138.

[90] Lou X D，Leung C W T，Dong C，et al. Detection of adenine-rich ssDNA based on thymine-substituted tetraphenylethene with aggregation-induced emission characteristics. RSC Adv，2014，4：33307-33311.

[91] Bao C Y，Lu R，Jin M，et al. L-tartaric acid assisted binary organogel system：strongly enhanced fluorescence induced by supramolecular assembly. Org Biomol Chem，2005，3：2508-2512.

[92] Xu Z C，Yoon J Y，Spring D R，et al. Fluorescent chemosensors for Zn^{2+}. Chem Soc Rev，2010，39：1996-2006.

[93] Yin S C，Zhang J，Feng H K，et al. Zn^{2+}-selective fluorescent turn-on chemosensor based on terpyridine-substituted siloles. Dyes Pigments，2012，95：174-179.

[94] Sun F，Zhang G X，Zhang D Q，et al. Aqueous fluorescence turn-on sensor for Zn^{2+} with a tetraphenylethylene compound. Org Lett，2011，13：6378-6381.

[95] Xie D X，Ran Z J，Jin Z，et al. A simple fluorescent probe for Zn(Ⅱ) based on the aggregation-induced emission. Dyes Pigments，2013，96：495-499.

[96] Liu L，Zhang G X，Xiang J F，et al. Fluorescence “turn on” chemosensors for Ag^+ and Hg^{2+} based on tetraphenylethylene motif featuring adenine and thymine moieties. Org Lett，2008，10：4581-4584.

[97] Feng H T，Song S，Chen Y C，et al. Self-assembled tetraphenylethylene macrocycle nanofibrous materials for the visual detection of copper(Ⅱ) in water. J Mater Chem C，2014，2：2353-2359.

[98] Zhang H，Qu Y，Gao Y T，et al. A red fluorescent “turn-on” chemosensor for Hg^{2+} based on triphenylamine-triazines derivatives with aggregation-induced emission characteristics. Tetrahedron Lett，2013，54：909-912.

[99] Ma K，Li X，Xu B，et al. A sensitive and selective “turn-on” fluorescent probe for Hg^{2+} based on thymine-Hg^{2+}-thymine complex with an aggregation-induced emission feature. Anal Methods，2014，6：2338-2342.

[100] Zhang Y Q，Li X D，Gao L J，et al. Silole-infiltrated photonic crystal films as effective fluorescence sensor for Fe^{3+} and Hg^{2+}. ChemPhysChem，2014，15：507-513.

[101] Liu J，Su H，Meng L，et al. What makes efficient circularly polarised luminescence in the condensed phase：aggregation-induced circular dichroism and light emission. Chem Sci，2012，3：2737-2747.

[102] Li H K，Cheng J，Zhao Y H，et al. L-valine methyl ester-containing tetraphenylethene：aggregation-induced emission，aggregation-induced circular dichroism，circularly polarized luminescence，and helical self-assembly. Mater Horiz，2014，1：518-521.

[103] Li H K，Cheng J，Deng H Q，et al. Aggregation-induced chirality，circularly polarized luminescence，and helical self-assembly of a leucine-containing AIE luminogen. J Mater Chem C，2015，3：2399-2404.

[104] Li H K，Zheng X Y，Su H M，et al. Synthesis，optical properties，and helical self-assembly of a bivaline-containing tetraphenylethene. Sci Rep，2016，6：19277.

[105] Li H K，Wei Y，He H X，et al. Circularly polarized luminescence and controllable helical self-assembly of an aggregation-induced emission luminogen. Dyes Pigments，2017，138：129-134.

[106] Shi Y，Yin G Q，Yan Z P，et al. Helical sulfono-γ-AApeptides with aggregation-induced emission and circularly polarized luminescence. J Am Chem Soc，141：12697-12706.

[107] Zhang H K，Li H K，Wang J，et al. Axial chiral aggregation-induced emission luminogens with aggregation-annihilated circular dichroism effect. J Mater Chem C，2015，3：5162-5166.

[108] Zhang S W，Wang Y X，Meng F D，et al. Circularly polarized luminescence of AIE-active chiral O-BODIPYs induced via intramolecular energy transfer. Chem Commun，2015，51：9014-9017.

[109] Feng H T，Gu X，Lam J W Y，et al. Design of multi-functional AIEgens：tunable emission，circularly polarized luminescence and self-assembly by dark through-bond energy transfer. J Mater Chem C，2018，6：8934-8940.

[110] Liu X H，Jiao J M，Jiang X X，et al. A tetraphenylethene-based chiral polymer：an AIE luminogen with high and tunable circular polarized luminescence dissymmetry factor. J Mater Chem C，2013，1：4713-4719.

[111] Liu Q M，Xia Q，Wang S，et al. *In situ* visualizable self-assembly，aggregation-induced emission and circularly polarized luminescence of tetraphenylethene and alanine-based chiral polytriazole. J Mater Chem C，2018，6：4807-4816.

[112] Liu Q M，Xia Q，Xiong Y，et al. Circularly polarized luminescence and tunable helical assemblies of aggregation-induced emission amphiphilic polytriazole carrying chiral L-phenylalanine pendants. Macromolecules，2020，53：6288-6298.

[113] Han J L，You J，Li X G，et al. Full-color tunable circularly polarized luminescent nanoassemblies of achiral AIEgens in confined chiral nanotubes. Adv Mater，2017，29：1606503.

[114] Zhang J，Liu Q M，Wu W J，et al. Real-time monitoring of hierarchical self-assembly and induction of circularly polarized luminescence from achiral luminogens. ACS Nano，2019，13（3)：3618-3628.

[115] Yan J L，Ota F，San Jose B A，et al. Chiroptical resolution and thermal switching of chiralityin conjugated polymer luminescence via selective reflection using a double-layered cell of chiral nematic liquid crystal. Adv Funct Mater，2017，27：1604529.

[116] San Jose B A，Yan J L，Akagi K，et al. Dynamic switching of the circularly polarized luminescence of disubstituted polyacetylene by selective transmission through a thermotropic chiral nematic liquid crystal. Angew Chem Int Ed，2014，53：10641-10644.

[117] Li X J，Hu W R，Wang Y X，et al. Strong CPL of achiral AIE-active dyes induced by supramolecular self-assembly in chiral nematic liquid crystals (AIE-N*-LCs). Chem Commun，2019，55：5179-5182.

[118] Song F Y，Xu Z，Zhang Q S，et al. Highly efficient circularly polarized electroluminescence from aggregation-induced emission luminogens with amplified chirality and delayed fluorescence. Adv Funct Mater，2018，28：1800051.

[119] Wu Z G，Yan Z P，Luo X F，et al. Non-doped and doped circularly polarized organic light-emitting diodes with high performances based on chiral octahydro-binaphthyl delayed fluorescent luminophores. J Mater Chem C，2019，7：7045-7052.

[120] Wang Y X，Zhang Y，Hu W R，et al. Circularly polarized electroluminescence of thermally activated delayed

fluorescence-active chiral binaphthyl-based luminogens. ACS Appl Mater Interfaces，2019，11：26165-26173.

[121] Zhao D Y，He H X，Gu X G，et al. Circularly polarized luminescence and a reflective photoluminescent chiral nematic liquid crystal display based on an aggregation-induced emission luminogen. Adv Opt Mater，2016，4：534-539.

[122] Li D M，Zheng Y S. Single-hole hollow nanospheres from enantioselective self-assembly of chiral AIE carboxylic acid and amine. J Org Chem，2011，76：1100-1108.

[123] Li D M，Zheng Y S. Highly enantioselective recognition of a wide range of carboxylic acids based on enantioselectively aggregation-induced emission. Chem Commun，2011，47：10139-10141.

第2章 分子手性与超分子手性

2.1 引言

手性一词来源于希腊语“手”，是自然界的基本属性之一。如果一个物体不能与其镜像重合，则该物体就是一个手性物体。1848 年，法国生物学家 Pasteur 从外消旋混合物中分离了（+）-/（−）-酒石酸的钠铵盐晶体，随后发现对映形态的晶体的溶液能使偏振光的平面发生旋转，一种溶液使偏振光向左旋转，另一种溶液使偏振光向右旋转。他提出偏振光的旋转是由非对称性引起的，这意味着一个实物与其镜像的非等同性。1874 年，J. H. van't Hoff 和 Hoff J. A. LeBel 都提出了原子的三维取向问题：具有四个键的碳原子是四面体，碳的四面体模型是分子非对称性和旋光的起因。生物机体的基本组成与手性现象有着密切的相关性。例如，蛋白质的高级结构与其生理活性的关系，控制遗传信息的 DNA 和 RNA 与碱基的对应关系，酶催化过程的活性点与机制之间的关系，激素、维生素与其生理活性的关系等，都与生物分子的立体构型和构象有关。

当一个手性化合物进入生命体时，它的两个对映体通常会表现出不同的生物活性。对于手性药物，一个异构体可能是有效的，而另一个异构体可能是无效甚至是有害的。20 世纪 50 年代，德国一家制药公司开发了一种治疗孕妇早期不适的药物——沙利度胺（thalidomide）作为镇静剂消除孕妇早期反应，以消旋体在欧洲批准上市，此药药效很好，但很快发现服药后的孕妇生出的婴儿很多四肢残缺。各国立即停止了药品的生产和销售，但已经造成了数以万计的儿童畸形。以后有的药理研究报告称（*S*）-异构体具有致畸作用，而（*R*）-异构体则具有镇静作用。因此，药物审批部门对于新药申请除了药物的有效性检查之外，还进一步加强了安全性的检查，开始重视对手性药物立体异构体之间不同的药理和毒理作用。很明显，研究手性化合物对于科学研究及人类健康有着重要意义。近年来，由旋光活性单体聚合而成的旋光高聚物作为新型材料引起人们的关注。旋光高聚物具有高熔点，例如，α 取代或 β 取代的旋光性丙内酯聚合物的熔点比相应的外消旋体聚合物高得多。100%光活性的 β-三氯甲基-β-丙内酯聚合物的熔点是 275℃，相应的外消旋体聚合物在 200℃分解。旋光高聚物在力学性能、光学性能和电学性能等方面表现出特殊的优越性能，因此被作为新材料的研究热点。手性分子作为液晶材料和非线型材料在信息的记录、存储方面具有重要的作用。由上可知，手性分子在生命科学和材料科学的研究中具有重要的意义。

2.2 手性分子的分类

如果有基团与手性分子连接，按照这些基团的不同空间取向，手性分子可被分为以下几种类型。

2.2.1 中心手性

自 20 世纪 50 年代起，随着测定围绕手性中心的四个基团绝对取向方法的确立，Fischer 惯例的局限性日益显现，系统地描述立体异构体已变得十分必要。描述立体异构体的新系统 Cahn-Ingold-Prelog（CIP）惯例，可以明确地描述化合物构造的名称。该惯例是以顺序规则为基础，画出代表分子真实结构的立体图。

假设当中心原子 C 所连接的 x、y、z 和 w 是不同的基团时，Cxyzw（1）没有对称性，则称为中心手性体系。对于不对称碳原子，假定 w、x、y 和 z 连接到手性中心 C 上，并且这四个基团按照 CIP 顺序规则以 x＞y＞z＞w 的顺序排列，如果从 C 到 w 的方向观察到 x→y→z 是顺时针方向，则这个碳的构型被定义为 *R*；否则，就定义为 *S*。图 2-1 中的分子被定义为 *R* 构型。

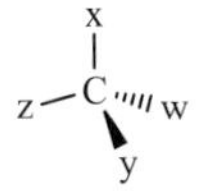

x
z—C‴w
y

图 2-1　中心手性分子示意图

在 CIP 命名系统中，键合在手性中心的原子或基团首先按顺序规则编排顺次。这些规则如下：①有较高原子序数的原子排在有较低原子序数的原子的前面。对于同位素原子，有较高质量的同位素排在有较低质量的同位素的前面。②如果两个或多个相同的原子直接连接在不对称原子上，按相同的顺序规则对侧链原子进行比较。如果在侧链中没有杂原子，则烷基的顺序是叔基＞仲基＞伯基。当两个基团有不同的取代基时，先比较在每个基团中具有最高原子序数的取代基，依据这些取代基的顺序来决定这些基团的顺序，含有优先取代基的基团有最高的优先权，对于含有杂原子的基团，可以应用类似的规则。③对于多重键，以双键或三键连接的原子对它所连接的原子作一次或二次重复，这些重复原子的余键被认为是原子序数为 0 的假定原子（或幻原子），这也适用于芳香族体系。④对于取代的烯基，具有 *Z* 构型的基团比具有 *E* 构型的基团优先。

2.2.2 轴手性

对于四个基团围绕一根轴排列在平面之外的体系，当每对基团不同时，有可能是不对称的，这样的体系称为轴手性体系。这种体系主要有 5 种类型的轴手性分子，分别是丙二烯类、亚烷基环己烷类、螺烷类、联芳烃类和金刚烷类，以及它们各自的同形体。因此，该体系结构也可认为是中心手性的延伸。

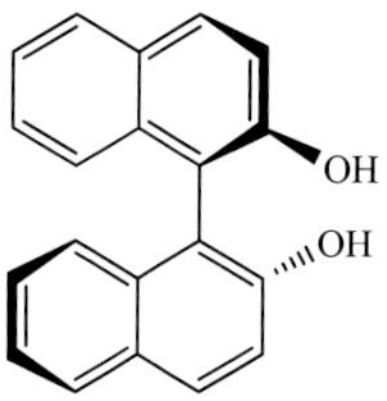

沿着轴的方向看，靠近观察者的这对配体在优先顺序中排在头两位，另一对配体排在第 3 位和第 4 位（如所看到的，从哪一端观察实际上并不很重要），并按照适用于中心手性体系的相似规则进行命名。因此，图 2-2 中的化合物具有 *R* 构型。

图 2-2 轴手性分子示意图

2.2.3 平面手性

平面手性通过对称平面的失对称作用而产生，它的手性取决于平面的一边与另一边之间的差别，还取决于三个基团的种类。这种手性体系在定义时，第一步是选择手性平面，第二步是确定平面的优先边。这个优先边可以通过按标准的顺序规则在直接连接到平面原子的原子中找到哪一个是最优先的来确定。连接到平面的所有原子中的最优先原子，即先导原子或“导向”原子标记了平面的优先边（标记为 1 号），第二优先（标记为 2 号）给予手性平面直接与 1 号基团成轴连接的原子，等等。对于 1→2→3 为顺时针方向的，指定为 *RP* 构型；如果这 3 个原子或基团为逆时针方向，用 *SP* 表示。因而，图 2-3 中的分子是 *RP* 构型。

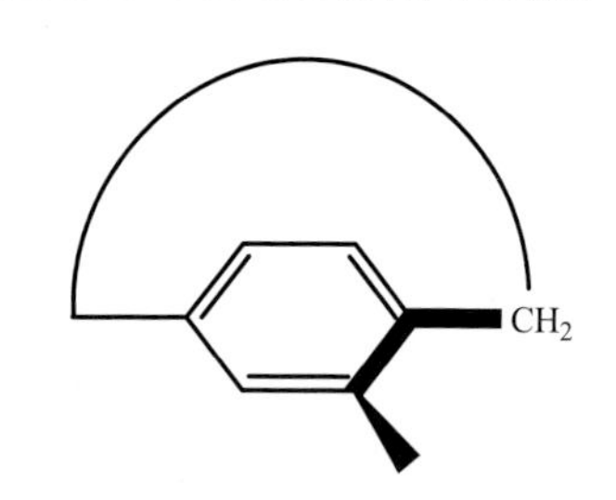

图 2-3 平面手性分子示意图

对于平面手性而言，手性柱芳烃是一种典型的平面手性体系。柱芳烃[1]是由对苯二酚或对苯二酚醚通过亚甲基桥在苯环的对位连接而成的类似柱状的大环主体分子。手性柱芳烃是柱芳烃研究的重要组成部分，同时也成为目前超分子领域的研究热点之一。柱芳烃分子具有固有手性，其两个互为对映异构的构象在溶液中通过芳环翻转实现快速交换，因而柱芳烃分子表现为外消旋化合物。通过外界的刺激，可改变不同构象间的动态平衡使柱芳烃表现手性特性，或通过引入大位阻基团和机械键，阻止异构体间的转换，由此产生了一对可分离的对映体。

固有手性柱芳烃可以用 *P*/*M* 来定义其手性，如图 2-4 所示：根据 CIP 顺序规则确定芳环上缘取代基的优先顺序，如果序列按照顺时针排列，则认为该柱芳烃的绝对构型为 *P* 型（*P* 即 plus，顺时针）；相反，如果序列按照逆时针排列，则为 *M* 型（*M* 即 minus，逆时针）。

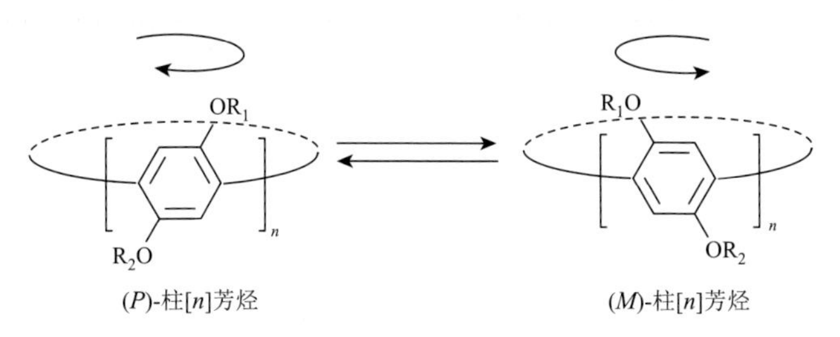

图 2-4　柱芳烃的固有手性结构

2.2.4　螺旋手性

螺旋性是手性的一个特例，其中分子的形状就像右手螺旋或左手螺旋螺杆或盘旋扶梯。按照螺旋的旋转方向可将构型分为 *M* 和 *P*。从旋转轴的上面观察，看到的螺旋是顺时针方向的定义为 *P* 构型（右手螺旋），而逆时针取向的则定义为 *M* 构型（左手螺旋）。因此，图 2-5 中的化合物定义为 *M* 构型。

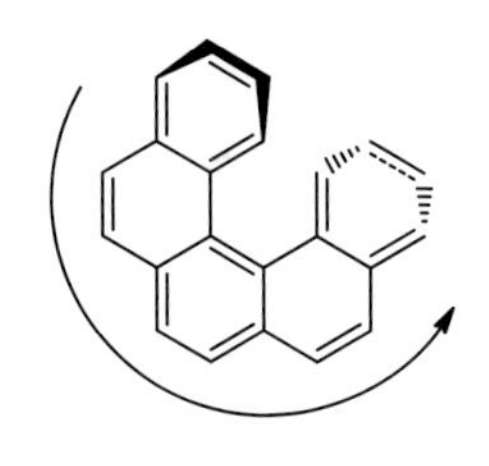

图 2-5　具有螺旋手性的分子示意图

2.2.5　八面体结构

以顺序规则为基础可以排列八面体结构，即按优先的顺序将配体排成八面体。从由前 3 个优先原子/基团（1、2、3）形成的面，向由 4、5、6 形成的面观察基团 1、2、3，按顺时针方向排列的是 *R* 构型，按逆时针方向排列的是 *S* 构型（图 2-6）。

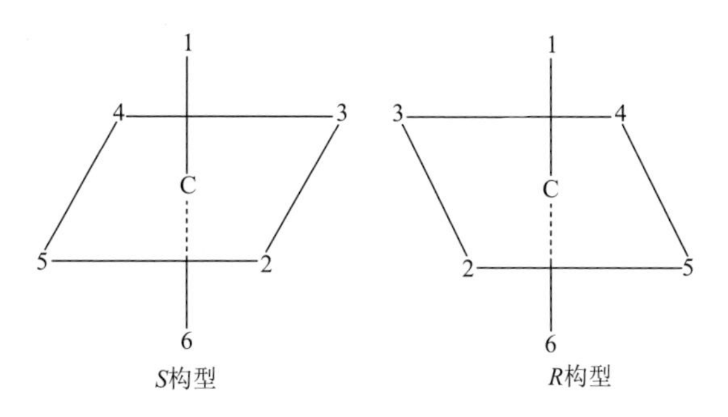

图 2-6　具有八面体结构的分子示意图

2.3 手性分子中的常用术语

2.3.1 对映体和非对映体

（1）立体异构体：是指分子由相同数目和相同类型的原子组成，具有相同的连接方式但构型不同的化合物。

（2）对映体：是指分子为互相不可重合的镜像的立体异构体。例如，左旋乳酸与右旋乳酸是一对对映体。

（3）非对映体：是指分子具有两个或多个手性中心，并且分子间为非镜像关系的立体异构体，如 D-赤藓糖和 D-苏糖。

2.3.2 对映体过量和对映选择性

（1）对映体过量（*ee*）：是指在两个对映体的混合物中，一个对映体 E1 过量的百分数：

$$ee = [(E1-E2)/(E1 + E2)]\times 100\%$$

E1 为对映体 E1 的量；E2 为对映体 E2 的量。

（2）对映选择性：是指反应优先生成一对对映体中的某一种，或者反应优先消耗对映体反应物（外消旋体）中某一对映体。

2.3.3 外消旋体、内消旋化合物和外消旋化

（1）外消旋体：以外消旋体或两种对映体的 50∶50（对映体的摩尔比）混合物存在；也表示为 *dl*（不鼓励使用）或（±）（较好）。外消旋体也称为外消旋混合物或外消旋物。

（2）内消旋化合物：是指分子内具有 2 个或多个非对称中心但又有对称面，因而不能以对映体存在的化合物，如内消旋酒石酸。内消旋化合物用前缀 *meso* 表示。

（3）外消旋化：是指一种对映体转化为两个对映体的等量混合物。

2.3.4 光学活性、光学异构体和光学纯度

（1）光学活性：实验观察到的一种物质将单色平面偏振光的平面向观察者的右边或左边旋转的性质。

（2）光学异构体：对映体的同义词，现已不常用，因为一些对映体在某些光波长下并无光学活性。

（3）光学纯度：根据实验测定的旋光度，在两个对映体混合物中一个对映体所占的百分数；不能用于叙述由其他方法测定的对映体纯度。

2.4 超分子与超分子手性

人们熟知的主要化学研究是以共价键相结合的分子的合成、结构、性质和变换规律。以 J. M. Lehn 为代表的学者所倡导的超分子化学研究的是基于分子间非共价键作用的化学，是化学发展的另一个全新的领域。超分子通常是指由两种或两种以上分子依靠分子间相互作用结合在一起，组成复杂的、有组织的聚集体，并保持一定的完整性使其具有明确的微观结构和宏观特性。

超分子化学是基于非共价键的化学，超分子手性是由分子通过非共价键的非对称排列产生的，是分子通过非共价键作用组装形成的与其镜像不能重合的结构。从组装单元来讲，超分子手性可以由手性分子、手性分子与非手性分子结合而成，或单独由非手性分子产生。超分子手性在很大程度上取决于分子组分的组装方式，但在超分子体系中，组成分子的手性对这种组装方式起着重要的决定作用。一般地，手性分子倾向于形成特定的手性结构，具有确定的超分子手性。在手性分子和非手性分子的结合中，如果手性分子和非手性分子之间存在强相互作用，则非手性分子可以被诱导成手性组装体。在大多数情况下，系统的超分子手性也是确定的，并可能随着手性分子的手性而变化。在纯非手性组分的情况下，超分子手性可以随超分子体系的形成而产生，但由此产生的宏观体系一般为外消旋。

表 2-1 列出了分子手性和超分子手性的简单比较。两者具有一些共同的特征，并且有很强的相关性。当涉及超分子手性时，也要考虑分子手性。例如，在多肽中，手性单体共价聚合成聚合物，形成手性一级结构，然后通过非共价键自组装成二级和三级结构，其中包括分子手性和超分子手性。它们区别的关键在于共价键和非共价键的不同。超分子手性具有一些独特的特点，例如，超分子手性一般是动态的，会随着外界刺激和环境的变化而变化。手性记忆效应也存在于许多超分子体系中。分子手性可以来源于某些原子的四面体几何结构或不对称轴面，而超分子手性可以来源于自组装的螺旋结构、螺旋结构的手性片或手性域的表面结构。需要注意的是，这里的分子手性一般指小分子的手性。如果考虑聚合物体系的手性，这种手性和超分子手性之间的区别就不那么明显了。例如，将军-士兵规则和手性的多数规则最初是基于聚合物提出的，也适用于超分子体系。

表 2-1　分子手性与超分子手性的比较

类别	分子手性	超分子手性
结构单元	原子或原子团	具有组装能力的分子构筑子（tacton）
结合力	共价键	非共价键
手性的几何构型	四面体、轴、面	螺旋结构，螺旋结构的手性片或手性域的表面结构
手性的表现	点、轴、面	二级和三级结构构象、螺旋性、诱导手性等
命名规则	*R*/*S*，L/D，*M*/*P*	*M*/*P*
种类特征	固有手性、手性识别	动态、将军-士兵规则、多数规则、手性记忆、手性识别

手性超分子化学跨越了超分子和分子手性两个学科领域，日益引起人们的广泛兴趣，主要研究基于非共价键弱相互作用力键合起来的复杂有序且具有特定功能的分子集合体的非对称性。与基于共价键结合的分子的手性主要以“*R*、*S*”表征不同，超分子的手性以“*P*、*M*”表示。

与手性分子类似，手性超分子通常也存在对映体和非对映体两种基本形式。根据构型不同，可以分别用“*P*、*M*”来区分一对超分子对映体，如图 2-7 所示。根据半经验的激子耦合理论，由近及远发色团外缘沿顺时针方向扭曲表现为正的手性，记为“*P*”，沿逆时针方向扭曲为负的手性，用“*M*”表示。

另外，对于金属配位形成的手性超分子，通常以“*Δ*”和“*Λ*”来区分对映体。与前面的定义比较类似，根据中心金属离子上所连的配体分子由近及远的扭曲方向不同，顺时针扭曲定义为正手性，用“*Δ*”表示，逆时针扭曲定义为负手性，用“*Λ*”表示，如图 2-8 所示。对于有多个不对称中心的配位超分子化合物，则用多个“*Δ*”或“*Λ*”对每个不对称的金属离子进行逐一标记。

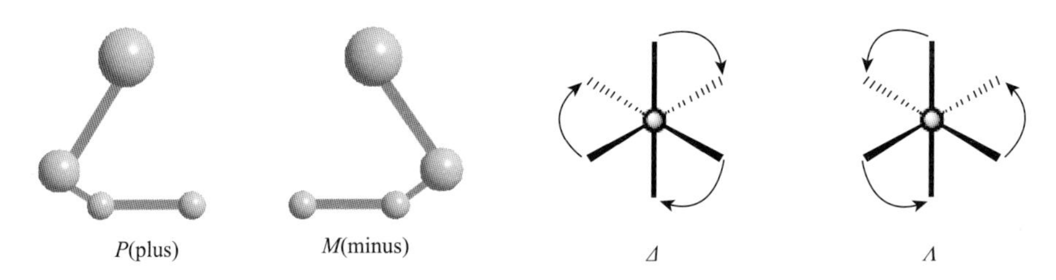

图 2-7　超分子手性立体构型的符号表示　　图 2-8　金属配位化学中手性立体构型的符号表示

2.5 对称性破缺产生的超分子手性

除了手性分子外，完全的非手性分子也能通过自组装形成超分子手性组装体，非手性分子所形成的超分子手性组装体主要有两大类：一类是形成的对映组装体等比例产生，整个体系是外消旋的，不显示光学活性；另一类是组装过程中由于对称性被随机打破而形成某一对映组装体过量或仅仅单一手性对映组装体，使整个体系表现出超分子手性或者光学活性，这种现象被称为“手性对称性破缺”[2]。通常，不对称的环境是手性对称性破缺发生的必要条件。但是，在非手性环境下，某些分子自组装体系也可发生自发对称性破缺而产生超分子手性，这是超分子手性研究中最有趣的现象。下面将列举一些手性对称性破缺的实例，主要介绍液晶、MOF 等晶体材料、溶液中自组装体系、超分子凝胶体系和气/液界面体系。

2.5.1　液晶

液晶是介于液态与结晶态之间的一种物质状态，除了兼有液体和晶体的某些性质（如流动性、各向异性等）外，还有其独特的性质，对液晶的研究现已发展成为一个引人注目的学科。手性液晶是目前液晶领域的研究热点之一，因其独特的光学、电学性质而日益受到广泛关注。手性液晶相通常由手性液晶分子产生，其液晶类型一般为胆甾相或手性近晶相。Young 和同事首先报道了液晶体系中的手性对称性破缺现象。他们设计合成了一系列二苯基乙烯衍生物，研究这些分子自组装形成向列相液晶的可能性，对于二苯基乙烯衍生物的外消旋物，在偏光显微镜下观察到向列相液晶场中有小的胆甾相液晶区域[3]。为了获得手性液晶，最令人满意的非手性液晶构筑基元是香蕉型或者弯曲型分子。例如，Tschierske 课题组研究了含硅的弯曲型非手性分子所形成的近晶相液晶，发现温度可以诱导手性反转[4]。Clark、Takezoe 和 Jakli 等在香蕉型非手性分子形成手性液晶领域也做出了非常有意义的工作[5-7]。Cheng 课题组通过非手性分子 BPCA-Cn-PmOH 的自组装构筑了手性螺旋桨结构。该非手性分子是由 4-联苯甲酸和苯酚通过不同长度的烷氧基链连接得到，可以形成独立的头对头二聚体，该二聚体的扭转导致手性向列相液晶的形成。该研究表明，分子手性或者分子弯曲都不是手性液晶相形成的必需条件[8]。

2.5.2　MOF 等晶体材料

金属有机骨架（metal-organic framework，MOF）材料是指过渡金属离子与有机配体通过自组装形成的具有周期性网络结构的晶体多孔材料。共价有机骨架（covalent-organic framework，COF）材料是以轻元素 C、O、N、B 等以共价键连接而构建，经热力学控制的可逆聚合形成的有序多孔结构的晶态材料。目前 MOF 和 COF 材料在催化、储能和分离方面都有广泛应用。手性 MOF 和 COF 材料是目前该领域的研究热点之一，可用于手性化合物的选择性分离和不对称催化。张庆富等设计并制备了一种二羧酸配体，含有一个作为荧光核心的π共轭萘环、两个作为配位点的羧酸基团和酰胺基团[9]。该配体可与 $Cd(NO_3)_2 \cdot 4H_2O$ 和 4, 4′-联吡啶反应，通过自发的对称性破缺结晶，形成均一手性的三维发光 MOF，可用于手性识别水中的 D/L-青霉胺。李丹等在不同的溶剂热条件下，从非手性前体获得了 Co(Ⅱ)金属有机骨架的外消旋聚集体和对映体样品[10]，单晶 X 射线衍射和 CD 光谱表征证明，在没有任何手性添加剂的情况下，通过不对称的结晶产生了均一手性的 MOF。

无机物质经历自发的对称性破缺也可以展现出手性组装性质。清华大学王训课题组报道了基于亚纳米级的羟基氧化钆（GdOOH）纳米纤维组装形成的宏观螺旋体[11]。GdOOH 纳米纤维在离心管中分散后，经溶剂挥发即可形成具备宏观的超分子组装体，并且其可以自发地形成具备左手或右手螺旋的形貌。分子动力学模拟结果表明，体相中具备高对称性的 GdOOH 在形成纳米线结构时，其原子排列可能发生自发的扭曲，多股纳米线经缠绕后共同组装形成了宏观可见的手性结构。

2.5.3 溶液中自组装体系

溶液体系中对称性破缺可以用 CD 光谱技术检测并跟踪。1996 年，DeRossi 和同事发现含长烷基链的非手性带电染料分子在溶液中能形成超分子手性组装体，其中两类非共价键作用起到了非常重要的作用，即有机染料的自缔合和长烷基链间的疏水作用使该非手性分子形成 J 聚集体[12]。Lehn 和同事报道了一种折叠体在二氯甲烷溶液中自发组装成超分子手性的纤维聚集体，并提出了二次成核生长机理用来解释手性组装体的去消旋化现象[13-15]。刘鸣华课题组首次报道了非手性卟啉分子在油/水体系中基于表面活性剂辅助自组装方法形成手性聚集体的现象[16]。在搅拌情况下，将非手性卟啉分子的氯仿溶液逐滴滴加到十六烷基三甲基溴化铵（CTAB）水溶液中，组装过程中氯仿挥发形成微乳液，最终形成不同纳米结构的超分子组装体。研究表明，通过改变表面活性剂的浓度和熟化时间可以分别制备卟啉纳米球、纳米管和纳米线，而且在合适表面活性剂浓度下所制备的纳米棒表现出明显的超分子手性信号。Mineo、Meijer、Scolaro 和 Sun 等也报道了不同类型的非手性分子在溶液中的对称性破缺现象[17-21]。

2.5.4 超分子凝胶体系

作为一类重要且具有潜在应用价值的软物质材料，基于非共价键作用的超分子凝胶最近受到了广泛关注。通常，手性超分子凝胶由手性凝胶因子制备并展示宏观光学活性；但是，个别非手性分子组装过程中发生对称性破缺也能形成有光学活性的超分子凝胶。配位键是一种较强的非共价键作用，并且具有很强的方向性和立体几何特征，游劲松课题组发现一种咪唑的衍生物与银离子通过配位作用可以在各种溶剂中形成有光学活性的超分子凝胶，微观结构是具有单一手性的螺旋纳米管[22]。通过理论计算结合形貌表征，他们对分子的堆积方式进行了解释，同时发现产生的螺旋纳米管的手性是随机的，也就是说不同批次的凝胶的超分子手性可能是完全相反的，这是首次报道在超分子凝胶体系中自发对称性破缺的组装行为。Kimura 课题组合成了一种含咪唑基团的非手性的盘状分子，该非手性分子在 2-甲氧基乙醇中形成超分子凝胶，微观形貌是细长的扭曲的纳米纤维，CD 光谱表征说明其超分子凝胶具有光学活性。他们认为咪唑基团对于该非手性分子的对称性破缺起到了非常重要的作用，因为它增加了分子构筑基元的不对称特征，并有助于氢键的形成[23]。

刘鸣华课题组在超分子凝胶体系对称性破缺设计、调控和应用方面开展了一系列重要工作。他们选择具有聚集特性的π-共轭基团（如肉桂酸酯和苯甲酸）作为侧链基团，设计合成了一系列非手性 C_3 对称分子，通过调控组装条件（如溶剂种类、溶剂组成、温度等），驱动非手性 C_3 对称分子自组装形成多级次螺旋组装体，揭示了其组装规律，并通过掺杂手性小分子和机械剪切等方式调控放大组装体的超分子手性，拓展了其在圆偏振发光和不对称催化领域的应用[24-27]。他们设计合成了一系列非手性的 1, 3, 5-苯基-三酰胺衍生物（图 2-9），侧链为肉桂酸酯基团，发现只有乙酯衍生物 BTAC2 分子在氢键和 π-π 作用的协同驱动下可以自组装形成稳定的螺旋纳米带结构，相应的超分子凝胶也表现出较强的手性信号[24]。他们深入研究了烷基尾链长度、酰胺键和分子对称性等分子结构因素对螺旋组装体形成的影响，从实验和理论上阐明了分子结构与螺旋组装的关系，为高效制备结构稳定的螺旋组装体提供了新策略。为了进一步验证分子结构微小变化对螺旋组装有至关重要的影响，设计合成了一系列非手性的 1, 3, 5-苯基-三酯衍生物（图 2-9），其侧链也是肉桂酸酯基团[25]。实验研究和理论模拟表明只有甲酯衍生物 BTEC1 能在环己烷中自组装形成双螺旋纳米纤维结构并凝胶化，而另外三种衍生物由于长烷基链的空间位阻不能形成手性结构。该工作表明除氢键和静电等较强的非共价键作用外，较弱的π-π相互作用也可以驱动多级次螺旋结构的组装。

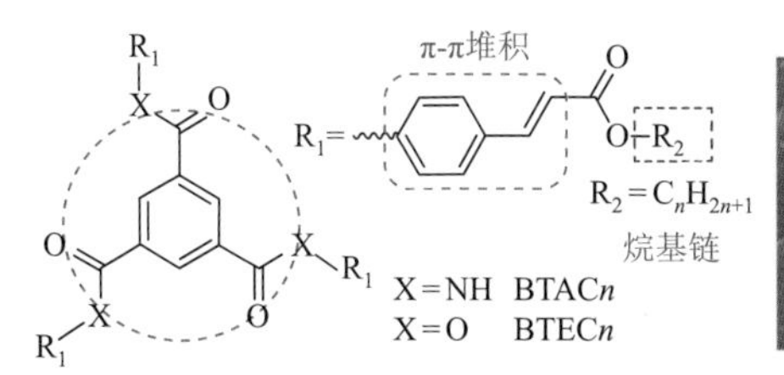

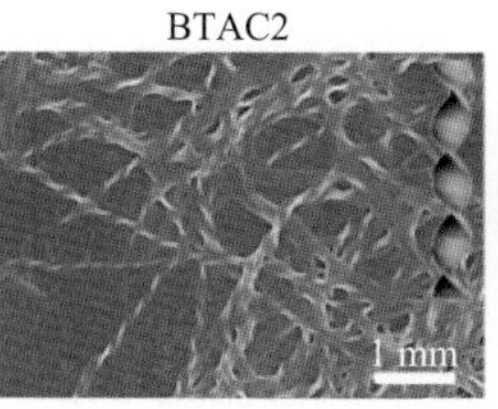

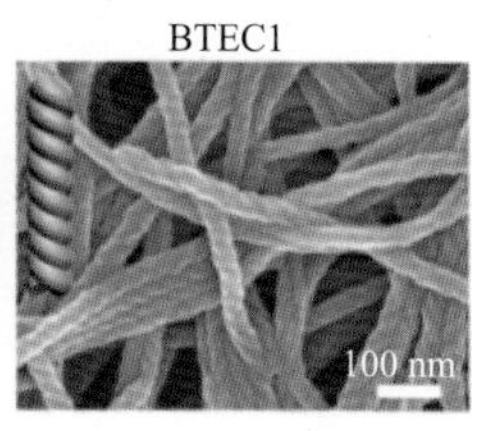

图 2-9 非手性 C_3 对称分子 1, 3, 5-苯基-三酰胺衍生物和 1, 3, 5-苯基-三酯衍生物及自组装形成的多级次螺旋组装体

由非手性分子形成的手性组装体的超分子手性往往是随机的、不可控的，左手性和右手性异构体同时存在。刘鸣华课题组利用手性诱导原理，发展了掺杂手性小分子和手性溶剂精准调控组装体超分子手性的方法，实现了单一手性组装体的高效制备。含有酯键的化合物可以和含有氨基的化合物发生酯-酰胺交换反应，生成含有酰胺基团的化合物。BTAC2 分子含有酯键，所以选择向体系中加入手性小分子有机胺，通过酯-酰胺交换反应在BTAC2分子侧链引入少量手性基团，从而利用“将军-士兵规则”控制螺旋纳米带的螺旋手性方向和凝胶的光学活性信号[24]。BTEC1在环己烷中组装形成双螺旋纳米纤维结构的驱动力是弱的 π-π 相互作用，通过向体系中加入少量手性溶剂的方法来创造手性环境，实现了单一手性双螺旋纳米纤维的构筑；更重要的是，真空干燥完全移除手性溶剂后，该手性组装体也不会坍塌，体系的宏观手性信号和双螺旋纳米纤维的微观手性结构都保持不变，即显示了超分子手性记忆效应[25]。此外，受天然岩石微孔的启发，刘鸣华课题组设计了一种可以产生层状手性微涡流的微流控装置，可以控制对称性破缺组装体的超分子手性[26]。

不对称金属催化被广泛用于手性小分子的高效合成，一直是手性领域的研究热点。受不对称金属催化启发，刘鸣华课题组设计筛选出外围带有羧酸基团的非手性 C_3 对称分子（图 2-10），在其多级次组装过程中，施加搅拌、超声等机械剪切作用，创造不平衡的组装环境，使其进行单一手性的组装，从而获得了单一手性螺旋纳米带。该单一手性螺旋纳米带络合铜离子后，可用于催化不对称 Diels-Alder 反应（D-A 反应），并显示了较理想的对映选择性[27]。

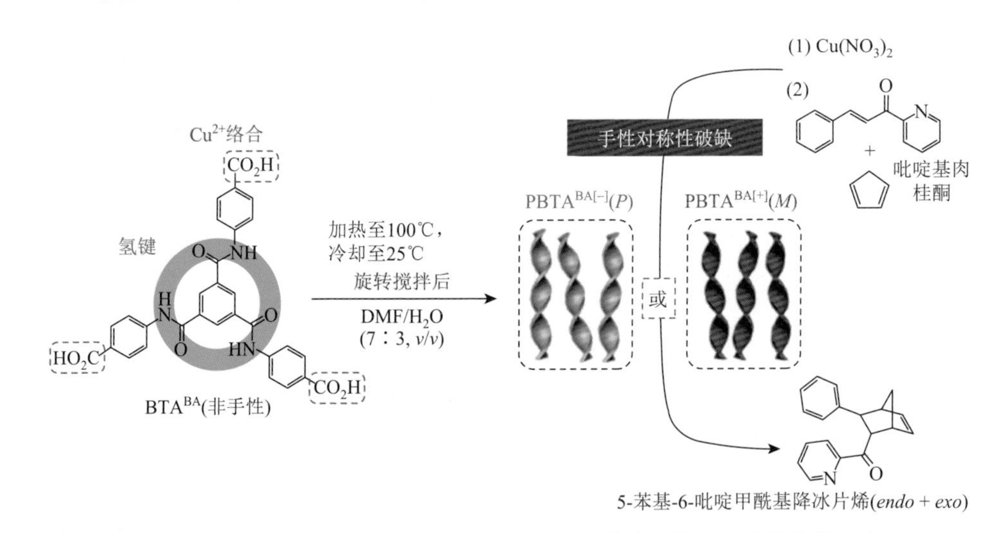

图 2-10 非手性分子自组装形成单一手性螺旋组装体及其不对称催化的示意图

非手性的 BTA^{BA}［均苯三甲酰（4-氨基苯甲酸）］在氢键驱动的自组装中产生手性对称性破缺，得到 P 或 M 的单一手性螺旋组装体［加热 BTA^{BA}（溶剂条件 DMF/H_2O，体积比 7∶3）至 100℃再冷却至 25℃后，搅拌］，BTA^{BA} 分子中的羧基和 Cu^{2+}配位，可不对称催化 D-A 反应

2.5.5　气/液界面体系

空气/水界面也是分子对称性打破的重要场所。1994 年，Viswanathan 等发现了花生酸 LB（Langmuir-Blodgett）膜中的对称性破缺现象，观测其 LB 膜的原子力显微镜（AFM）图像，发现花生酸分子呈现出相反排列的晶格结构，表明在转移膜中形成了手性畴区[28]。Werkman 等发现非手性的联二炔衍生物分子能够在空气/水界面形成二维螺旋结构，通过布儒斯特（Brewster）角显微镜观察到在界面形成了螺旋的羽状形貌，表明该分子在界面上由于对称性破缺而形成手性的螺旋排列[29]。近年来，刘鸣华课题组在空气/水界面非手性分子组装超分子手性聚集体方面做了一系列研究工作，发现一些具有特殊结构的非手性分子在组装过程中发生对称性破缺，形成超分子手性的分子组装体，其超分子手性的方向是随机的、不可控的。例如，2003 年，刘鸣华课题组报道了非手性两亲分子 2-十七烷基萘并咪唑（NpImC17）和银离子在空气/水界面上通过配位作用形成稳定的单层膜，该单层膜可以被转移到固体基底上形成 LB 膜。LB 膜的 CD 光谱显示了强的科顿（Cotton）效应，这说明非手性分子形成了超分子手性组装体（图 2-11）[30]。进一步的研究发现，5-(4-*N*-甲基-*N*-十六胺基苯乙烯基)-(1*H*, 3*H*)-2, 4, 6-嘧啶三酮（BA）在气/液界面上能形成 H 聚集体并在转移至 LB 膜上后表现出超分子手性，利用原子力显微镜观察到二维螺旋线圈状结构，推测是由于氢键及烷基链疏水作用的协同结果。与 NpImC17 体系类似的是，在它们的溶液中检测不到手性的超分子聚集体的存在，证明界面不对称环境对超分子手性的产生具有诱导作用。此外，刘鸣华课题组还发现了其他非手性分子在 LB 膜中的对称性破缺现象[31-34]，这些研究表明大的空间位阻有助于超分子手性组装体的形成。

除了头基的尺寸，头基亲水基团的构型也影响分子的排列，进而影响超分子手性的形成。例如，偶氮苯衍生物的顺式构型和反式构型在界面上组装时表现出不同的排列状态[34]。反式偶氮苯单元具有近似平面的分子构型，分子之间具有较强的 π-π 相互作用，在压缩过程中由于相邻分子的空间位阻效应，有利于形成螺旋状的聚集，因而主要形成某种对映体（右旋或左旋），就得到了具有宏观手性的超分子组装体。而顺式偶氮苯为扭曲的分子构型，两个苯环间的二面角为 53.3°，分子间的 π-π 作用较弱，加之由于复杂的分子间空间位阻和混乱无序的分子排列，没有形成协同排列，因而未观察到顺式偶氮苯衍生物 LB 膜的超分子手性。另外，当香豆素环上长烷基链的取代位置不同时，将导致不同的堆积方式，以至于具有不同的有效头基面积。当烷基链取代在香豆素的 7-位上时，香豆素环和烷基链几乎以垂直形式堆积，而当烷基链取代在香豆素的 4-位上时，因亲水氧原子和疏水烷基链的平衡，烷基链倾向于斜向纯水表面，在压缩过程中分子尽可能靠近，但头

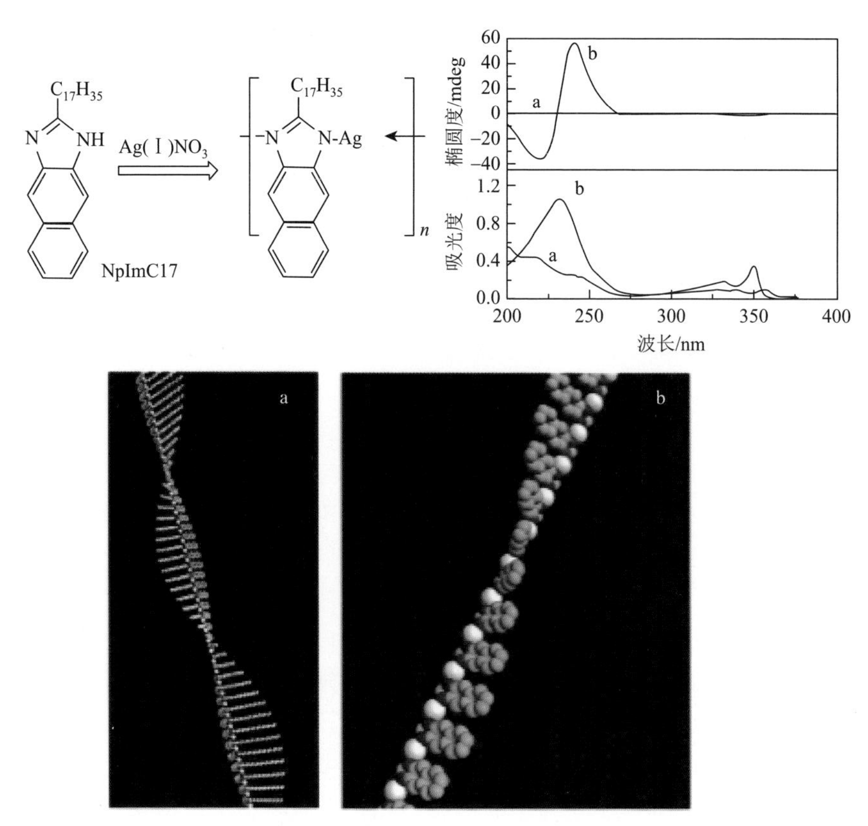

图 2-11 非手性的 2-十七烷基萘并咪唑和银离子通过界面单分子膜中的配位促进了界面对称性破缺的发生，产生超分子手性

a 指纯水相制备的 10 层厚度的 NpImC17 LB 膜；b 指 20 层厚度的原位配位 NpIm17-Ag(Ⅰ) LB 膜

基的尺寸使得界面分子的拥挤程度增加，为了降低自由能，一维的线型排列转化为螺旋状的排列，导致对称性的破缺。

两亲分子的疏水链长通常也影响着其在界面上排列的紧密程度，这也在很大程度上影响着超分子手性的产生。如图 2-12 所示，研究喹喔啉两亲分子在界面的组装行为时，发现当喹喔啉两亲分子的疏水链长度小于 16 个碳原子时，观察不到相应 LB 膜的手性信号，同时也无法实现喹喔啉基团之间的光二聚[35]。

上述结果表明，相对于三维体系，气/液界面上分子排列的空间自由度降低，更有利于实现对称性破缺，因此，气/液界面提供了研究超分子手性的模型环境，有助于从简单出发，理解模拟生物体内的手性微环境的形成和功能。通过一系列具有特定结构的非手性分子采用气/液界面组装成功实现了超分子手性的从无到有、放大、控制，理解了超分子手性产生和非线性放大的基本规律，并且能利用组装的可控特性，通过外界条件如光、温度、表面压等调控超分子手性。

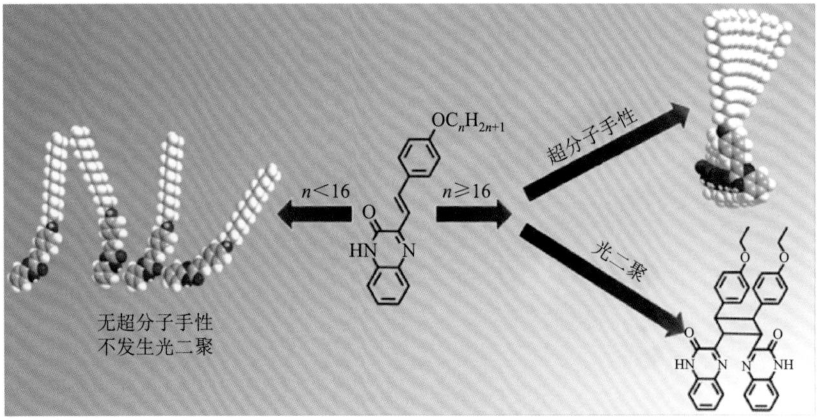

图 2-12　喹喔啉两亲分子的界面组装行为与疏水链长度的关系

n 表示疏水链碳链碳原子数，$n<16$，无超分子手性，不会产生光诱导二聚；$n>16$，具备超分子手性，光照可产生二聚体。当疏水链长度较短时，疏水链之间的相互作用太弱，不足以支撑两亲分子的紧密堆积，故而喹喔啉头基也无法产生螺旋状的紧密堆积

2.6 手性传递

手性传递是指将手性组分传递到非手性组分上，形成具有超分子手性的复杂体系。在手性自组装过程中，手性信息通过特定的分子间相互作用在聚集体中传递，这种从分子层次到超分子层次的手性传递是超分子手性的重要起源。各种类型的非共价键作用在手性传递过程中起着非常重要的作用，如氢键、静电相互作用、π-π 堆积、主客体相互作用、金属-配体配位及疏水相互作用等。因此，设计具有相互匹配的结合位点的分子并实现其协同作用至关重要。通常来讲，实现手性传递的方式主要包括两种：其一，手性单元（通常是中心手性或轴手性）通过分子间的自组装不对称排列形成聚集体，从而将手性信息传递到远程的发色团上，表现出电子圆二色（ECD）或者圆偏振发光（CPL）信号及各种手性纳米结构；其二，利用手性分子或手性因素诱导非手性分子形成手性组装体，将手性分子的不对称信息传递到非手性分子上，实现手性传递。这样的手性传递方式更为简单便捷，其明显的优点是无须引入非手性功能基团进行繁琐的有机合成，功能性的非手性组分与容易获得的手性分子的简单混合可能为构筑功能性超分子组装体系提供了巨大的机会。

2.6.1 从手性中心到远程发色团的手性传递

在超分子组装过程中，手性分子与功能性的基团共价连接能够得到各种类型的手性组装基元，通过非共价键作用实现手性传递，使手性信息能够有效传递到带有发色团的组装体上。刘鸣华课题组设计合成了芘丁酸功能化的组氨酸凝胶因子 PyC3H。研究发现，PyC3H 能够在乙醇和水的混合溶剂中自组装形成具有纳米片状结构的白色凝胶，表现出明显的 CPL 信号，证实手性信息可以从组氨酸的手性碳原子传递到远程的发光芘基团上，赋予芘基团圆偏振发光的性质（图 2-13）[36]。进一步利用咪唑基团的质子化和去质子化过程，通过氢键与 π-π 堆积的协同作用来驱动芘发色团在顺时针和逆时针堆积模式之间的转换，从而实现了自组装体系中圆二色和 CPL 信号的反转。

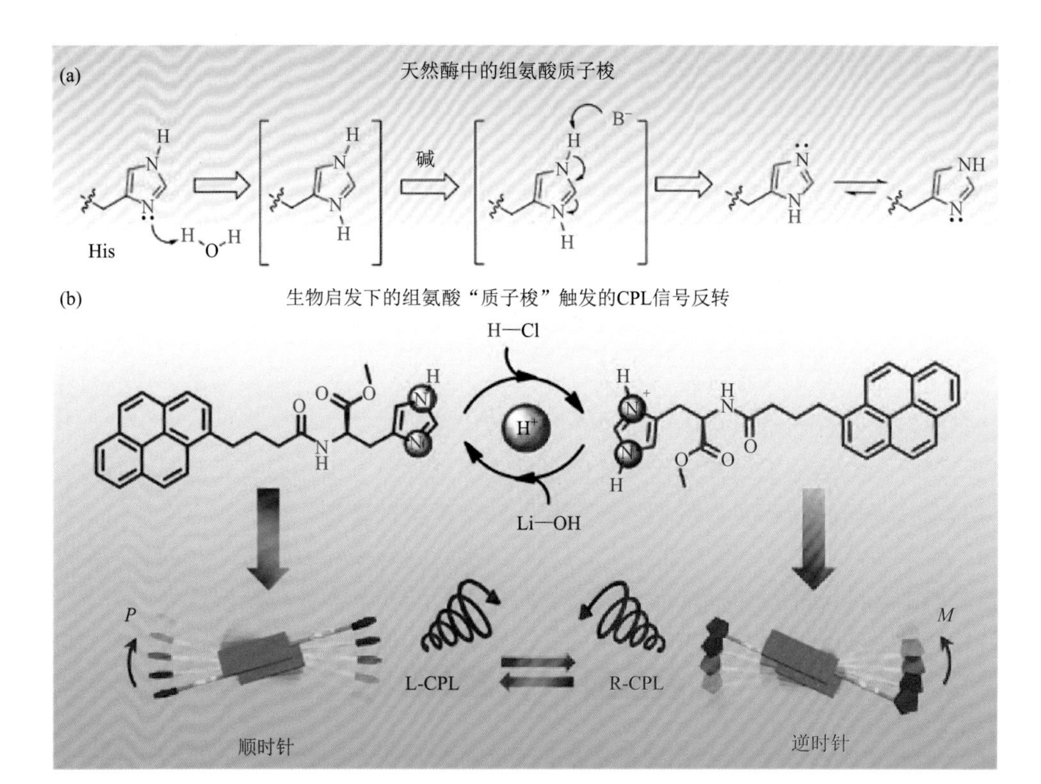

图 2-13　含有芘基团的组氨酸衍生物的 CPL 性质和“质子梭”触发的 CPL 信号的反转

（a）天然酶中的组氨酸“质子梭”；（b）“质子梭”触发的 CPL 信号的反转

2.6.2　从手性分子到共组装的非手性组分的手性传递

手性传递除了可以通过手性分子自组装来实现，还可以通过手性分子诱导非手性分子组装得到。这一策略被广泛用于超分子手性组装体。相比于通过共价键将非手性功能基团连接到手性分子中，非手性分子通过非共价键与手性分子作用共同构筑超分子手性组装体的方式更为简便快捷，可将很多非手性组分赋予手性信息。目前手性传递策略可成功用于非手性的小分子、共轭高分子、无机纳米颗粒等的手性诱导。例如，刘鸣华等利用硼酸酯的动态化学键，成功将鸟苷的分子手性传递到金纳米棒结构上，诱导得到等离激元纳米结构的手性光学信号。通过鸟苷（G）、脱氧鸟苷（dG）和 4-巯基苯基硼酸（PBA）修饰的非手性金纳米棒（GNR）共组装获得了具有手性等离激元圆二色性（PCD）信号的稳定水凝胶的研究发现，随着温度控制的凝胶到溶胶的转变，PCD 信号表现出热可逆响应。此外，利用 GNR 的光热效应建立了一个红外激光控制的 PCD 光开关，证明了该手性等离激元体系的 PCD 信号对光和热的双重响应（图 2-14）[37]。

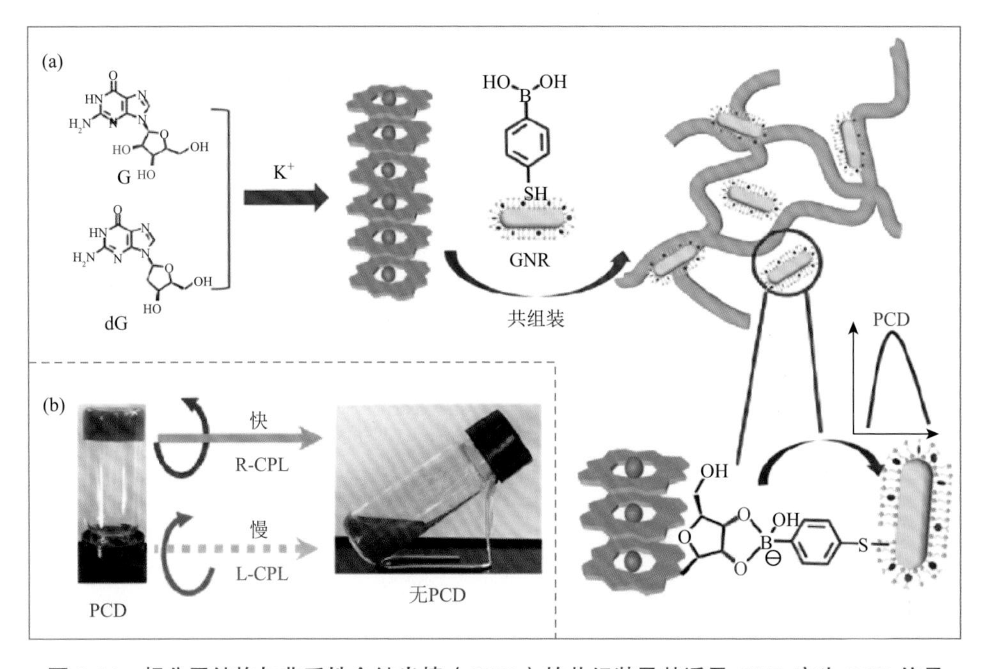

图 2-14　超分子结构与非手性金纳米棒（GNR）的共组装及其诱导 GNR 产生 PCD 信号

此外，环糊精作为一种手性主体分子，广泛地用于手性诱导和手性传递研究中，而环糊精作为非传统配体可与碱金属离子配位形成新型金属有机骨架（CD-MOF）材料。除了环糊精本身固有的手性空腔外，γCD-MOF 中还有由六个 γ-环糊精（γCD）与钾离子自组装形成的手性立方空腔，其内径约为 1.7 nm，远大于 γ-环糊精 0.95 nm 的固有空腔，极大地拓展了 γCD-MOF 作为一种手性主体的包裹和传递能力。刘鸣华等将不同尺寸和电荷的非手性染料包裹进 γCD-MOF 中，成功制备了从紫外到红外的广谱圆偏振发光晶体材料。相比于环糊精，γCD-MOF 的包裹能力和手性诱导能力都得到了极大的增强，不对称因子普遍达到了 10^{-2} 量级。这项工作首次揭示了立方手性空腔诱导圆偏振发光的尺寸效应，即当染料的尺寸远小于立方空腔的尺寸时，得到的是符号不可控制的圆偏振发光；而当染料的尺寸与立方空腔的尺寸相当时，得到的是稳定的左旋圆偏振发光[38]。

2.7 超分子手性的特征

2.7.1 手性放大

手性放大最初的概念脱胎于高分子领域的手性诱导和手性控制。Green 在研究动态螺旋聚合物聚异氰酸酯时发现[39]，非手性的聚异氰酸酯高分子含有等量的 *P* 和 *M* 两种螺旋构象，并且由于两者之间存在较小的能量势垒，所以在溶液中两种构象之间快速地相互转化，总体而言两种构象数量等同，所以高分子没有表现出手性。然而当非手性异氰酸酯单体和少量的手性单体共聚时，整个高分子表现出很强的手性，高分子的 CD 信号强度最初随着手性单体比例的增大而增大，但是当手性单体的含量继续增大时，CD 信号强度不再明显增强。这表明非常少量的手性单体即可有效控制整个体系的手性，Green 将这种现象称为将军-士兵（sergeants and soldiers）规则。在随后的实验中，他们进一步发现，将相反手性的异氰酸酯单体进行共聚，很少量的 *ee* 值就足以控制整个高分子的螺旋构象，含量相对少的对映体完全受含量相对多的对映体控制，Green 将这种正的非线性效应称为多数规则（majority rule）[40]。手性放大作为一种普适性的现象在超分子组装体系中也广泛存在。例如，引入少量手性掺杂物来实现超分子的手性控制是常用的策略。对于非手性小分子，引入少量的与其结构类似或者互补的手性分子，在分子协同作用下发生共组装，手性分子将其手性传递到整个超分子组装体中，整个体系的手性完全由手性分子决定。这种现象被称为超分子领域的将军-士兵规则。

2.7.2 手性记忆

手性记忆是指超分子体系中手性源或者手性诱导剂被移除或替换之后，超分子的手性信息仍然得以保留的性质，体现了构筑超分子体系是基于分子间弱相互作用，可以选择性地移除手性源。实现手性记忆要满足两个重要条件：首先，诱导形成的手性超分子结构应该具有一定的稳定性。因此，即使移除了手性物种，相应的超分子结构和手性也可得以保持。其次，少量的手性物质即可诱导产生手性超分子系统。在最近的几十年里，已经通过合理地设计手性诱导剂和非手性组装基元开发出很多超分子手性记忆系统。目前，成功报道的手性超分子系统包括：①非共价键作用诱导的螺旋聚合物；②手性添加剂诱导的有机小分子形成的 J 聚集体或者 H 聚集体；③基于金属-配体配位作用形成的手性笼。

例如，Yashima 等[41]报道了手性胺诱导的带有磷酸乙酯侧基的聚苯基乙炔螺旋聚合物的形成。通过与侧基磷酸形成离子对，手性胺将手性转移到磷酸基团上，再在聚合物骨架上得到放大，形成单一手性的螺旋聚合物。当手性胺被非手性胺取代后，聚苯基乙炔的手性信息得以保留，表现出手性记忆性质。

曹晓宇等用手性三聚茚（truxene）亚胺笼催化阴离子卟啉 TPPS4 的超分子聚合[42]。分子笼中的手性亚胺基与 TPPS4 中磺酸基之间的相互作用促进了 TPPS4 组装体的生长，并表达出方向可控的超分子手性。亚胺笼与卟啉单体的相互作用强于与卟啉组装体的相互作用，导致卟啉组装体从分子笼中自动分离开来，但手性信息得以保留，表达出手性记忆性能。

2.7.3 动态响应性

超分子手性是在小分子、高分子及纳米颗粒等基本构筑基元之间通过氢键、π-π 堆积、疏水（溶剂）、静电、偶极和主客体系等非共价键作用形成立体结构时表达出来，具有对外界刺激的敏感性和非线性响应、空间缩放对称性等的动态响应。超分子手性的刺激响应包括对温度、光、剪切力、电场等外界物理条件的刺激响应性，以及对 pH、离子强度、化学试剂等化学环境的智能响应，为调控手性相关功能带来灵活性。

1. 光对超分子手性的调控

光照作为一种简单、清洁、易操作且非侵入性的刺激，被广泛用于调节超分子组装体的手性信息中。将光致变色化合物和手性分子共价或非共价连接形成的自组装体是构筑光驱动手性超分子的有效策略。光致变色是指两种不同形式（A 和 B）的化合物通过吸收不同波长的电磁辐射实现两种形式 A 和 B 之间的可逆转化，且在吸收光谱上有明显的区别。图 2-15 给出了几种典型的光致变色分子，将这些基团引入自组装体系中，为制造各种光响应的超分子手性组装体提供了简便的方法。

如图 2-15 所示，螺吡喃（SP）是一种非常重要的光致变色化合物，具有光、热、酸和离子等多重响应特性。在光辐照下可发生可逆的开闭环反应。闭环的螺吡喃通常无色，在紫外光照射下发生开环反应变成有色的部花菁（MC）态，加热或用可见光照射，MC 态又变回无色 SP 态。这个可逆转换过程会伴随着颜色、分子结构和电荷分布的显著变化，导致两种形式下的光物理特性明显不同，并在

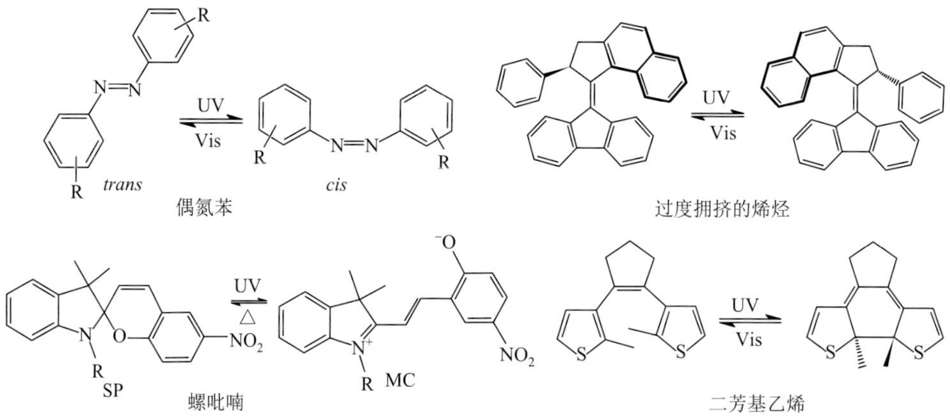

图 2-15 几种典型的光致变色分子结构示意图

UV 代表紫外光；Vis 代表可见光

很多应用领域中具有广泛的应用前景。将螺吡喃基团引入手性骨架中，螺吡喃的光异构化会导致 CD 信号的变化和手性超分子结构的变化。刘鸣华等合成了螺吡喃修饰的谷氨酸凝胶因子[43]，形成的超分子凝胶在光学手性、手性螺旋结构和宏观图案上可以可逆切换。通过紫外光和可见光的交替刺激，对映体超分子凝胶的紫外-可见吸收光谱、荧光光谱、CD 光谱和 CPL 光谱均可以可逆切换。据此可开发一种具有四重读出信号的光学和手性光学开关。在此过程中，来自对映体超分子凝胶的自组装纳米结构在紫外光和可见光照射下发生纳米螺旋和纳米纤维结构之间的可逆切换。

二芳基乙烯（DAE）也是一种被广泛研究的光致变色分子，其中无色（非共轭）开环形式在紫外光照射下异构化为闭环（有色）形式，闭环形式可以在可见光下恢复到无色的开环状态。它们属于热不可逆光致变色化合物。它们由于热不可逆性和高抗疲劳性而被广泛研究并用于存储器和开关。将二芳基乙烯用于超分子自组装，可以利用光调控超分子自组装过程。朱为宏等[44]将手性 α-氨基酸、萘酰亚胺荧光发色团和双稳态光响应二芳基乙烯结合在一起构筑了独特的超分子螺旋结构，并用于动态光致手性开关。将 α-手性羧酸引入二芳基乙烯中（S-1_o）形成了特定的一维左手或右手螺旋，如图 2-16 所示，这些螺旋的手性由三元体系中 S-苯基丙氨酸或 R-苯基丙氨酸的手性决定。有趣的是，二芳基乙烯部分的光响应不仅引起荧光和手性光学的可逆变化，而且在紫外光和可见光交替照射下能够导致组装体发生组装-解组装过程。二芳基乙烯衍生物 S-1_o 可以自组装成明显的纳米螺旋结构，并表现出动态 CD 信号的放大，如图 2-16 所示。AFM 图像上显示 S-1_o 分子通过自组装形成了高度约 6 nm 和螺距约 50 nm 的纳米螺旋结构。S-1_o 在 365 nm 紫外光照射后，形成的关环化 S-1_c 的 CD 信号显著降低。同时，S-1_o 的纳米螺旋纤维被破坏形成无定形纳米颗粒。显然，CD 信号的减小和螺旋结构的消失表明 S-1$_c$ 结构的刚性组装体发生了解组装过程。最后，他们也证实了 CD 光谱和自组装结构是光可逆的。该工作提供了一个直接的例子，说明光可以调制自组装纳米螺旋结构。

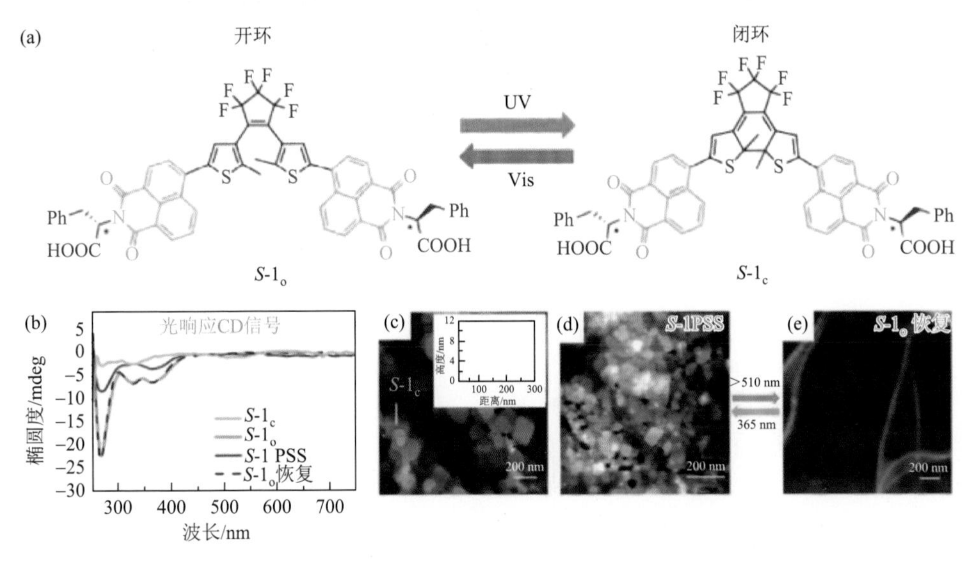

图 2-16 光响应的二芳基乙烯类超分子手性组装体

（a）含二芳基乙烯基团分子 S-1 的光致异构；（b）S-1$_o$ 超分子体系 CD 光谱随光照的动态变化；（c～e）S-1 自组装结构的 AFM 图像在光辐照下的动态变化

此外，二芳基乙烯闭环态到开环态的可逆转变，可通过荧光共振能量传递，充当一个“光阀门”来调控其他荧光分子的发光。刘鸣华等设计合成了一种 9-芴-甲氧羰基功能化的谷氨酸衍生物分子（FLG），与罗丹明 B（RhB）及光致异构的二芳基乙烯共组装形成超分子凝胶[45]。如图 2-17 所示，FLG 与罗丹明 B 共组装能够实现手性传递，表现出 CPL 活性，而闭环态的二芳基乙烯可作为能量受体，与罗丹明 B 发生荧光共振能量传递（FRET），使罗丹明 B 的荧光猝灭，导致罗丹明 B 的 CPL 信号消失。在可见光照射下，二芳基乙烯返回到开环态，荧光共振能量传递消失，罗丹明 B 的荧光恢复，同时，其 CPL 信号复原，从而制备出 CPL 光响应开关。

2. 温度对超分子手性的调控

与光刺激类似，温度也是一种非侵入性刺激，可以迅速施加和消去。热响应自组装通常对一些结构单元在温度变化时在性质上有较大的变化（如分子构象和

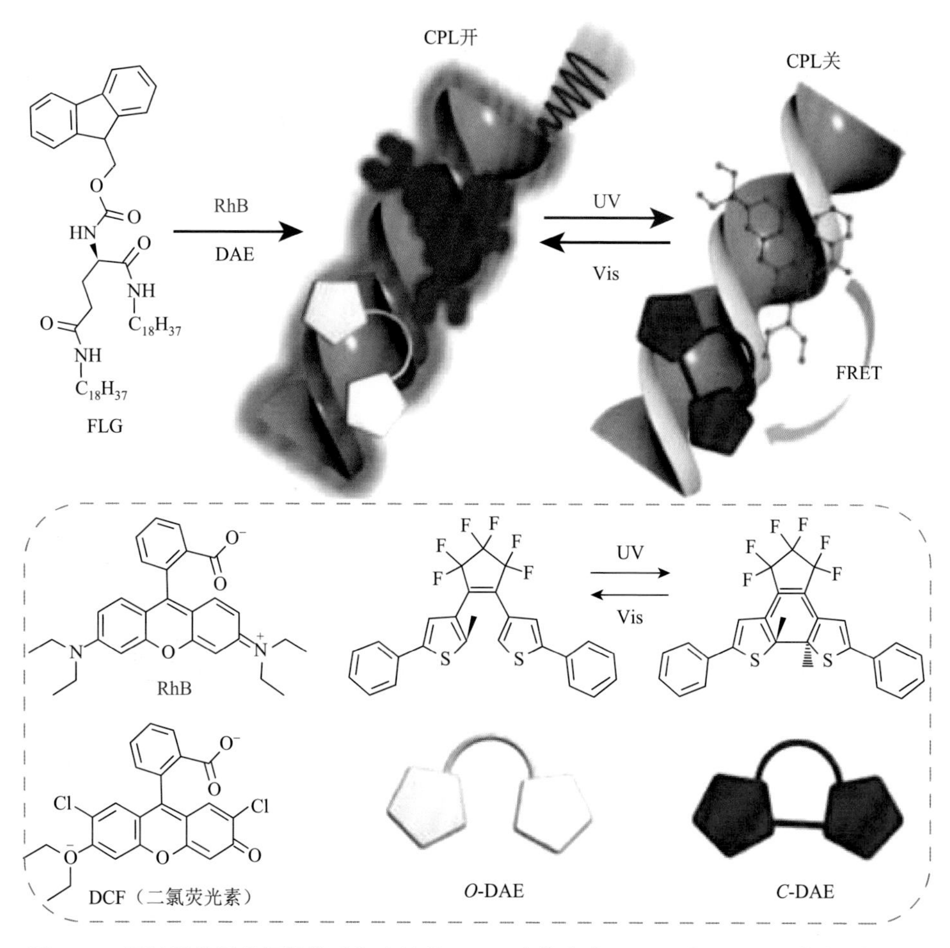

图 2-17　通过超分子共组装策略和光控的 FRET（荧光分子 RhB 向 *C*-DAE 的能量转移）实现了光控的 CPL 开关的示意图

分子间相互作用）的分子有效。例如，通过氢键构筑的手性组装体对温度特别敏感，通常来讲，温度升高，组装基元之间的相互作用会降低，组装体被破坏，相应的超分子手性信号会减弱；温度降低，氢键作用增强，组装体重新形成，超分子手性信号恢复。由氢键驱动的手性超分子凝胶被报道得最多，在温度变换过程中导致的溶胶-凝胶往往同时伴有超分子手性信号的无和有，由氢键驱动的凝胶体系中的超分子手性大多数具有热响应性。

例如，刘鸣华等利用超分子方法简单地将金纳米棒（GNR）与两亲手性树枝状小分子凝胶因子混合，利用凝胶中的手性传递实现了 GNR 等离激元圆二色（PCD）信号的表达（图 2-18）[46]。在共组装形成凝胶的过程中，GNR 包裹于手性凝胶因子组装的纳米纤维中而产生等离 PCD。混合凝胶经加热触发凝胶-溶胶转化，此过程中 PCD 逐渐消失，放置成胶后又重新出现，并且该过程可以重复多次。该工作提供了一种从非手性 GNR 产生 PCD 的简单方法，无须在表面上进行手性修饰，而且还提供了一种制造光学 PCD 开关的有效方法。

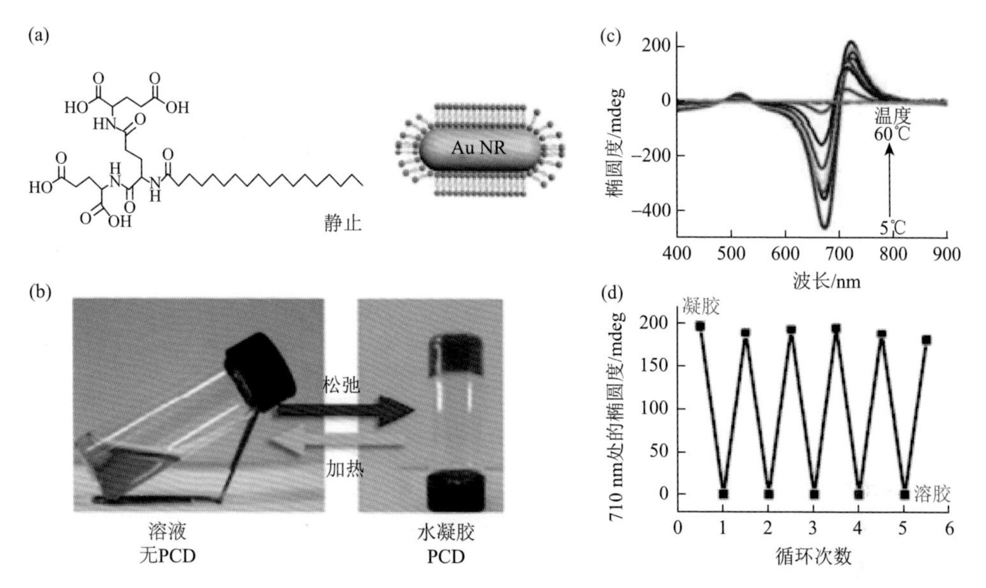

图 2-18　温度响应的超分子凝胶和基于 PCD 的手性开关

（a）凝胶因子的结构式；（b）温度响应的含有金纳米棒的超分子凝胶；（c）含金纳米棒的超分子凝胶 CD 光谱随温度的变化；（d）710 nm 处 CD 信号强度随凝胶-溶胶相态变化的改变

3. 氧化还原对超分子手性的调控

氧化还原通常是指其中原子的氧化态发生变化的化学反应。化学试剂或电化学方法是诱导氧化还原的两种方法。对于具有氧化还原可逆响应的超分子手性组装体系的设计应遵循以下规则：①两种相对稳定的活性形式；②可逆的氧化还原过程；③高灵敏度的手性响应。而电化学氧化和还原具有更加清洁、方便并且避免漂白的特性，此外，许多分子或超分子机器的应用需要在固态条件下，电化学法由于容易操作的电子学过程，更适合作为触发源。金属-配位配合物、带有金属离子的手性螺烯类衍生物和电活性聚合物的组装经常会表现出氧化还原的手性光学信号的可逆响应。

四川大学杨成教授课题组报道了一种基于柱六芳烃（P[6]）的分子万向节及其通过电化学氧化还原诱导的手性反转，并在此基础上实现对客体分子的捕获和释放[46]。柱芳烃是一类具有面手性的分子。将侧环融合到柱芳烃一个单元上，会产生一对可分离的对映体，而环单元的翻转会导致侧环的自包结（在柱芳烃空腔中）或自排斥（在柱芳烃空腔外）。

杨成等在合成基于 P[6]和二茂铁的分子万向节（EMUJ1，图 2-19）的基础上，通过手性高效液相色谱（HPLC）成功拆分出一对对映体。对 HPLC 分离出的第一组分（EMUJ1-f1）进行单晶培养，成功地获得手性纯 P[6]对映体。利用二茂铁的氧化还原特性，他们研究了 EMUJ1 的氧化还原响应的手性开关[47]。在乙腈中，EMUJ1-f1 表现为腔外型 out-(S_p)构型。当加入氧化剂 $Fe(ClO_4)_3$ 后，EMUJ1-f1 的 CD 信号逐渐发生逆转，表明在氧化状态下 EMUJ1-f1 表现为腔内型 in-(R_p)构型。加入还原剂后，EMUJ1-f1 的 CD 信号几乎完全恢复。这一氧化还原过程也可以方便地通过对电极电位的控制来实现。伴随着 EMUJ1 的 in-out 手性反转，P[6]发生了占据-空缺这一开关过程，可实现对客体分子的捕获和释放。该工作不仅为超分子的手性调控提供了一种新的氧化还原机制，而且为纳米力学器件的研究提供了新思路。

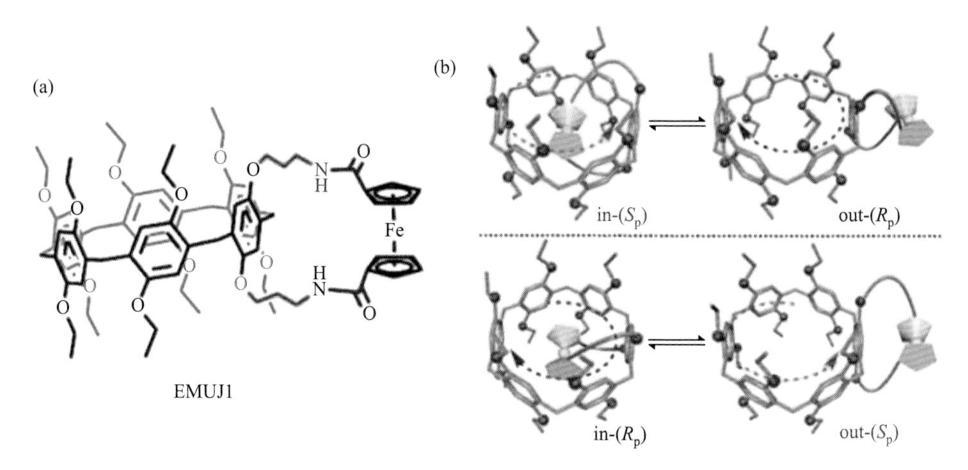

图 2-19　（a）EMUJ1 的化学结构式；（b）EMUJ1 一对对映体的 in-out/R_p-S_p 平衡的示意图

4. 酸碱响应

刘鸣华等报道了很多酸碱调控的超分子手性组装体系。首先，利用手性转移和亚胺的动态化学键构筑了 pH 响应的超分子手性开关[48]。通过手性凝胶因子和非手性两亲席夫碱之间的烷基链的缠结，制备了二组分超分子手性组装体。由于亚胺的共价键可根据 pH 变化而可逆调控，当形成共价键时，可发生手性转移，席夫碱的 CD 信号出现；当亚胺键被破坏时，手性转移途径被阻断，CD 信号消失。随后，手性转移策略被用来建立了酸碱响应的 CPL 开关[49]。利用手性凝胶因子与非手性的苝酰亚胺（PBI）的共组装将手性传递给 PBI。但是 PBI 在该状态荧光很弱，不能检测到 CPL 信号。但将共组装体暴露于酸蒸气中，可以获得强荧光和 CPL 信号。随后，又将其暴露于氨气气氛中，可以消除荧光和 CPL。此外，还利用非手性分子的自组装制备了 pH 响应的超分子的手性光学开关。

2.8 手性分子相互作用对超分子的调控

当两种对映体分子在溶液中混合进行超分子组装时，根据同手性分子之间作用力和异手性分子之间作用力的相对大小可以将对映体之间的组装分为三种情况，如图 2-20 所示。①当异手性分子之间作用力大于同手性分子时（$E_{S\text{-}S}$，$E_{R\text{-}R}<E_{S\text{-}R}$），两种手性分子可以共组装形成超分子手性组装体。体系的超分子手性方向由含量多的手性基元的手性来控制，表现出“多数规则”。②当异手性分子之间作用力小于同手性分子时（$E_{S\text{-}S}$，$E_{R\text{-}R}>E_{S\text{-}R}$），两种手性分子就会互不干扰地形成各自的手性组装体，表现出正交组装的特性，体系整体表现出超分子手性与两种手性基元的手性 *ee* 值呈正比例关系，这个过程中没有任何非线性放大效应存在。③异手性分子之间作用力和同手性分子之间作用力接近，导致形成两种手性基元之间无序混合的体系，这种情况在超分子组装领域较少报道。在超分子体系中，手性相互作用对手性超分子结构和超分子聚合物也具有精准调控作用。

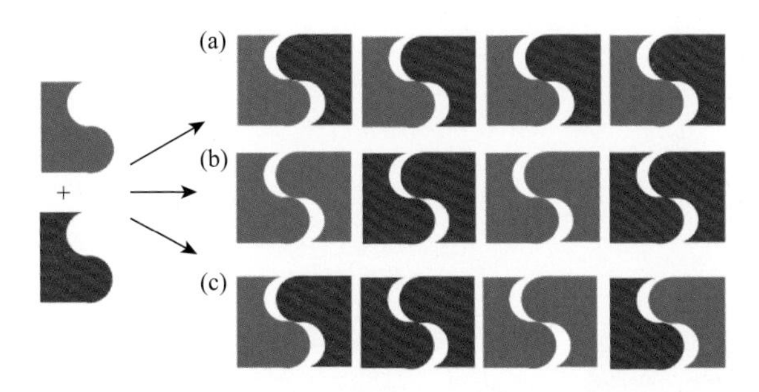

图 2-20　（a）异手性分子之间作用力大于同手性分子，导致体系可以形成共组装体；（b）异手性分子之间作用力小于同手性分子，导致体系发生正交组装（自分类）；（c）异手性分子之间作用力和同手性分子之间作用力接近，导致形成两种手性基元之间无序混合的体系

刘鸣华课题组在 2010 年报道了一种手性作用对谷氨酰胺两亲分子（LG/DG）形成超分子聚合物时结构的影响[50]。他们发现，手性谷氨酰胺两亲分子对映体 DG 或 LG 分别自组装形成左手或右手螺旋管，当两种对映体等比例混合时，谷氨酰胺衍生物自组装形成纳米带状结构，宏观手性结构消失，表明不同构型的对映体分子间的相互作用强于相同构型的对映体，即表现出异手性相互作用。当某一种对映体过量时，组装体会由纳米带状结构向手性的螺旋纳米结构转变，而且螺旋结构的螺距会随着 *ee* 值的增大而逐渐减小，表现出未闭合的纳米管状结构，且未闭合的纳米管状的螺旋结构由占优势数量的对映体来控制，即体系的超分子手性方向由含量多的手性基元的手性来控制，表明在整个超分子体系中表现出手性“多数规则”。

手性对超分子聚合物形成的影响是相当重要的，因为分子尺度的手性信息可以在纳米结构得以表达，并最终影响宏观性能。Smith 等探究了手性作用在多组分凝胶形成中的作用[51]。他们对含有三个手性中心的二代树枝状赖氨酸肽酸和胺组成的双组分凝胶组装时的手性作用进行了深入探讨[52]。这种结合形成了酸-胺复合物，通过肽-肽氢键组装成纳米纤维，导致超分子凝胶的形成。与非手性胺形成二组分凝胶时，实验发现手性赖氨酸外消旋体与胺形成的超分子凝胶热力学稳定性最好，而当与具有“*R*”手性胺组装时，L, L, L 型的肽酸形成比 D, D, D 型更稳定的凝胶，表明该对映体与“*R*”手性胺的手性匹配作用促进了整个体系的组装。

Meijer 等研究了反式-1, 2-二取代环己烷模型体系的对映体和外消旋混合物的组装过程，以期可以进一步作为合理控制固态组装的基础[53]。他们将反式-1, 2-二取代环己烷作为手性骨架，分别以甲酰胺、硫代酰胺及两者的组合作为官能团。在比较单个对映体和外消旋混合物的成胶情况时，发现甲酰胺、硫代酰胺及两者组合的外消旋混合物的组装方式分别为自分类、共组装和混合组装（图 2-21）。

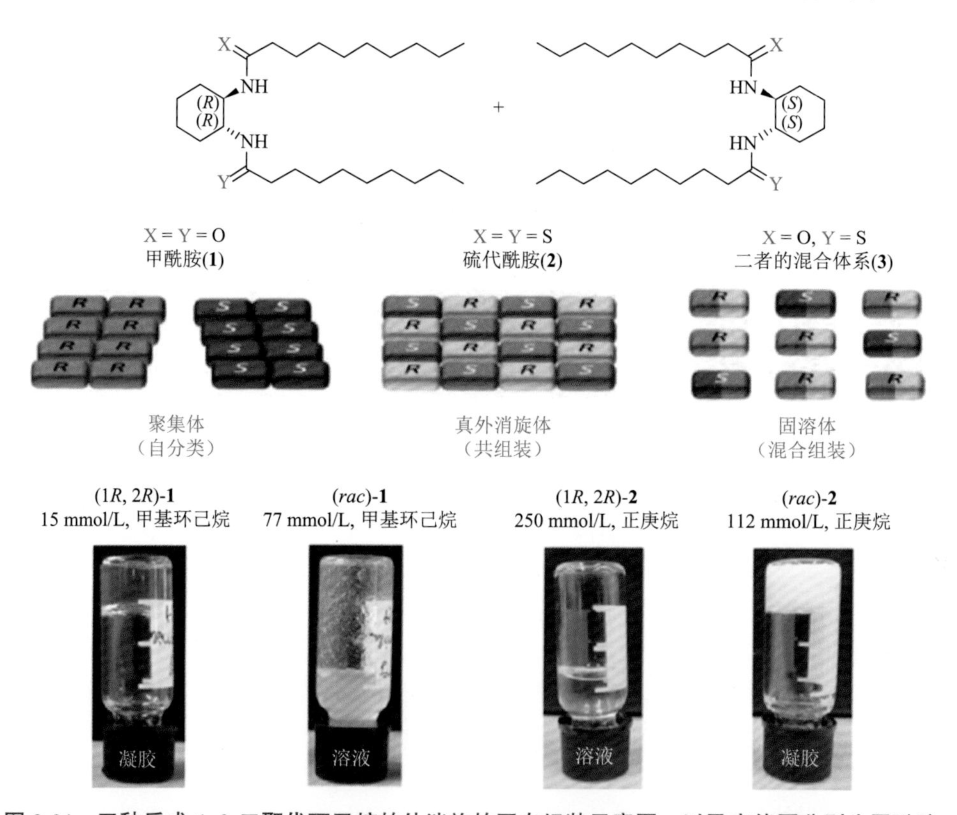

图 2-21　三种反式-1, 2-二取代环己烷的外消旋的固态组装示意图，以及官能团分别为甲酰胺、硫代酰胺的对映体和外消旋体组装的宏观相态照片

值得注意的是，这些外消旋体的组装方式在固态中也同样存在，而且与溶液中的组装情况一致。在甲酰胺的固态外消旋体中对映体分子间作用比较弱，以自分类的组装方式存在；在硫代酰胺的固态外消旋体中，各个对映体通过分子内氢键彼此相互作用，导致共同组装；而甲酰胺-硫代酰胺外消旋体由于甲酰胺和硫代酰胺官能团的竞争，在固态下形成混合组装体，即固溶体。

近年来，随着可设计和精确控制维数的超分子聚合技术的发展，手性作用被用来调控超分子聚合物的形成。例如，Nakashima 等也证实了可通过控制对映体的过量来调节超分子聚合物的聚合度和手性[54]。在由手性双发色团联萘衍生物形成的组装体中，发现对映体化合物组装形成纤维，而外消旋的混合物有利于形成非纤维的纳米颗粒（图 2-22）。在热力学上，外消旋纳米颗粒的形成优于对映体化合物的纤维，揭示了异手性自组装优于同手性自组装。超分子聚合中较强的异手性的结合能够终止纤维组装的延长，可以通过改变对映体的比例来控制非外消旋混合物中纤维的长度。形貌的表征进一步证实了通过改变 *ee* 值（对映体过剩值）可以实现对纤维组装长度的精确控制。在光谱测试中，随着 *ee* 值的改变，分子的排列随之变化，表明 CD 信号的强度是由不同比例的对映体形成的具有相反手性纤维的贡献之和。最终，他们证明了纤维的长度及它们的超分子手性都与 *ee* 值密切相关。

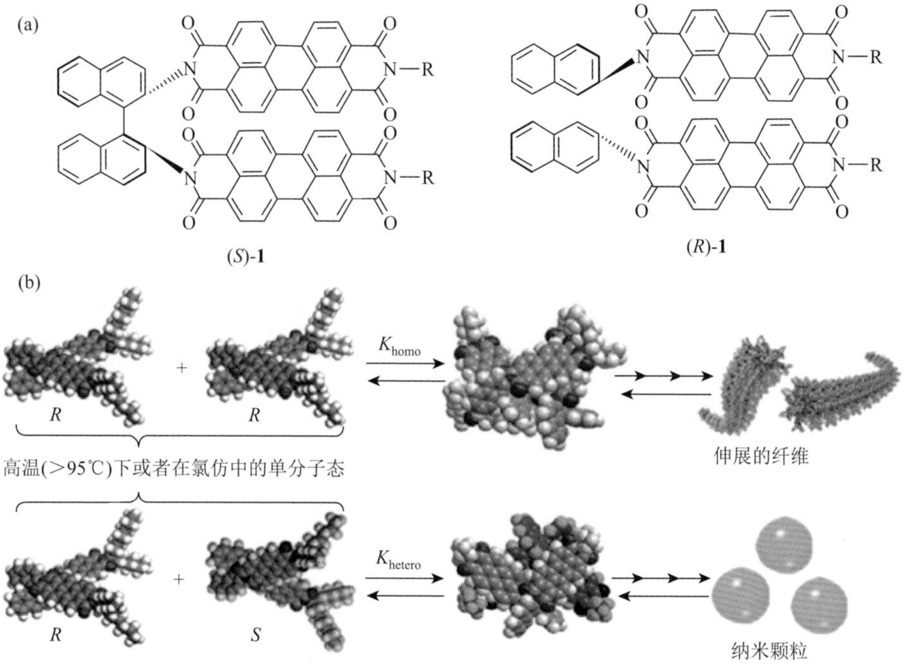

(a)

(*S*)-**1**　　(*R*)-**1**

(b)

K_{homo}　　K_{hetero}

高温(＞95℃)下或者在氯仿中的单分子态

伸展的纤维

纳米颗粒

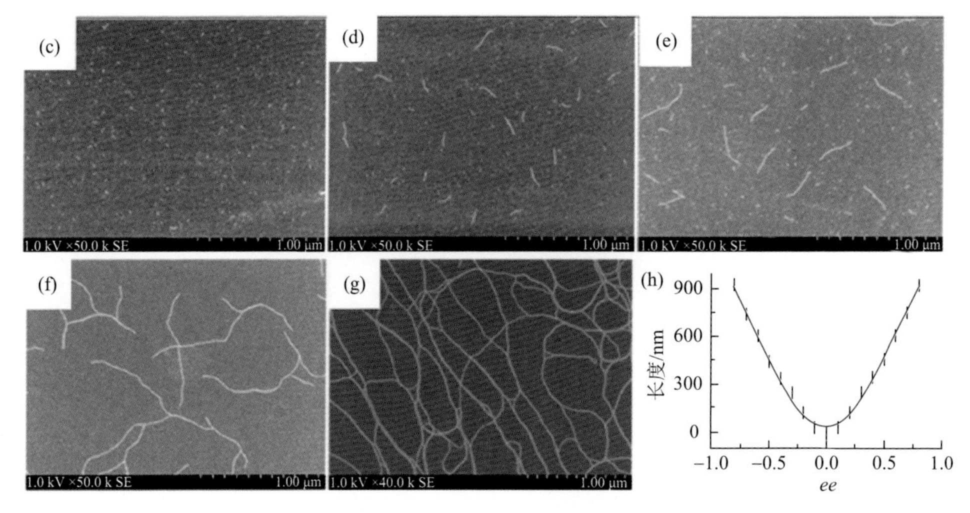

图 2-22 （a）手性联二萘花酰亚胺的结构式；（b）在同手性和外消旋系统中组装的示意图，由 MMFFs94 计算的二聚体模型；（c～g）(*R*)-1 和(*S*)-1 在不同 *ee* 值下共组装的 SEM 图像：（c）0，（d）0.2，（e）0.4，（f）0.8，（g）1.0；（h）纳米纤维的长度与 *ee* 值的依赖关系图

该手性联二萘花酰亚胺分子体系为了成功地调控超分子的长度，其主要特点包括：一是同手性的结合有利于纤维生长，而异手性的结合导致非纤维的组装，二者均按等键模式生长，仅分别由同手性结合常数（K_{homo}）和异手性结合常数（K_{hetero}）控制；二是非纤维组装的结合常数应大于纤维组装的；三是氢键相互作用的缺乏凸显了在自组装过程中扭曲的双发色 π-核的几何效应，从而产生有效的自分类行为。自分类的同手性组装使得纤维生长，最终被异手性结合所终止。

2.9 多种手性超分子结构

受到自然界手性结构的启发，科学家通过多种多样的组装单体来模拟及构筑手性超分子结构。在手性超分子组装体形成的过程中，组装体的微观纳米结构呈现出结构的多样性，无论是纳米结构的大小、形状，还是形貌，无不表现出其复杂性及多样性[55-58]。超分子组装体中能够获得的手性纳米结构种类很多，典型的超分子手性纳米结构大致可分为几个层次或维度，从一维（1D）结构、二维（2D）结构，直到三维（3D）结构。其中，一维结构，包括纳米纤维、纳米螺旋、纳米管及其类似物，是最常见的手性超分子结构。二维的纳米结构，如片状结构、纳米带、薄膜状结构、多孔薄膜状结构等，也可以通过超分子组装获得。而三维纳米结构常由零维、一维、二维纳米结构的一种或多种组成。常见的三维纳米结构为球状结构，包括空心球状结构和实心球状结构，如果按球状结构表面形貌又可分为光滑球状、纳米花状、棉花状、多孔状等，很多情况下球状纳米结构可以扩展到微米级。除了这些常规的一维结构、二维结构、三维结构之外，有机小分子通过超分子自组装过程也可以构筑一些独特的手性纳米结构，如 Y 型纳米管状结构、纳米螺旋圈结构、树枝状纳米扭曲结构、纳米喇叭结构、纳米念珠状结构等。

2.9.1 一维结构

1. 手性纳米纤维

纳米纤维作为生物体系和超分子体系中最常见的结构之一，主要包括纤维状纳米结构、相互缠绕的纤维状纳米结构及不同直径的纤维束结构，也是一类最容易获得的纳米结构，主要可由氨基酸、肽及其衍生物等低分子量有机分子自组装而获得，在识别、手性催化剂、有机光电子器件、光收集、圆偏振发光、细胞培养等领域具有潜在的应用前景。在设计这些有机分子的过程中，涉及多种非共价键作用，如氢键、π-π 堆积、静电作用、配位作用和范德华相互作用等。例如，一系列含有苯基、萘基及蒽基等芳香基团的 L-谷氨酸衍生物[59]，可以在有机凝胶和水凝胶中形成手性纳米纤维，其芳环间的 π-π 堆积和酰胺基间的氢键是形成一维纳米纤维结构的主要因素。

又如，一种 C_3 对称分子可形成直径约为 200 nm 的圆柱形纤维[60]，当其饱和的烷基端被双键取代时，其组装的形态发生了明显的变化[图 2-23（a）]，形成直径约为 3 mm 的左手及右手螺旋纤维，并且螺旋纤维的尺寸是圆柱形纤维的 15 倍。密度泛函理论计算显示，螺旋柱状组装体的形成是由于分子内和分子间的局域偶极-偶极相互作用。堆叠二聚体呈现 S_6 对称结构，其中异噁唑环的六个局域偶极子

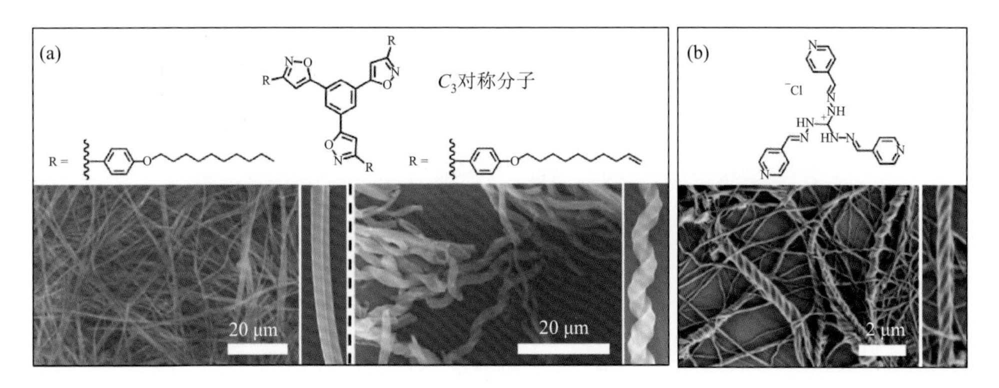

图 2-23 不同胶凝剂分子结构及其组装体中形成的纳米纤维、螺旋纤维（a）及超螺旋纤维（b）的分子结构和 SEM 图像

采用圆形阵列。实验及计算结果表明，烷基链的末端双键是极为重要的，它通过侧链的缠绕促进了初始圆柱形组装体的进一步生长。

一维纳米纤维可以成束聚集在一起形成超螺旋纤维纳米结构。图 2-23（b）显示了另一个 C_3 对称胶凝剂由一束纳米纤维形成明显的具有择优取向的超螺旋结构[61]，由其晶体结构可知，每个氯离子与 4 个水分子形成 4 个氢键，水合的氯离子通过末端吡啶氢原子构建 2 个氢键连接 2 个阳离子单元。由于胍基的固有正电荷，2 个连续的分子以滑移的方式堆叠，呈现双螺旋桨式排列，形成左旋的一维结构。由于中心胍单元是阳离子，通过引入一个具有旋光活性的反阴离子，成功地控制了超螺旋纤维的旋向性。

2. *螺旋状纳米结构*

螺旋结构是自然界普遍存在的一种形状，大到漩涡星系、贝类，小到构成生命的 DNA、α-蛋白质，无不呈现出美妙的螺旋结构。同时，螺旋结构也是辨识度很高的一种手性结构，可以很容易地通过对称轴和螺纹的方向来判断其归属于左手性还是右手性。手性螺旋结构根据曲率不同，如图 2-24 所示，可以分为两类[62]：一类是具有圆柱形曲率的螺旋带（helical ribbon），这类结构常被认为是管状结构的前体，中心轴位于螺旋带的中间，不在螺旋带上；另一类则是具有马鞍形曲率或高斯曲率的螺旋带（twisted ribbon），其中心轴位于螺旋带上。二者除了几何学上的差异，其热力学稳定性也有所差别，高斯曲率的螺旋结构在热力学上可能是稳定的，但圆柱形曲率的螺旋结构通常是不稳定的，最终可能演化成管状结构。从纳米结构的角度来看，在高阶结构中发现双螺旋、三螺旋、多螺旋或超螺旋。此外，一些高斯曲率的螺旋结构可以进一步发展成树枝状结构。

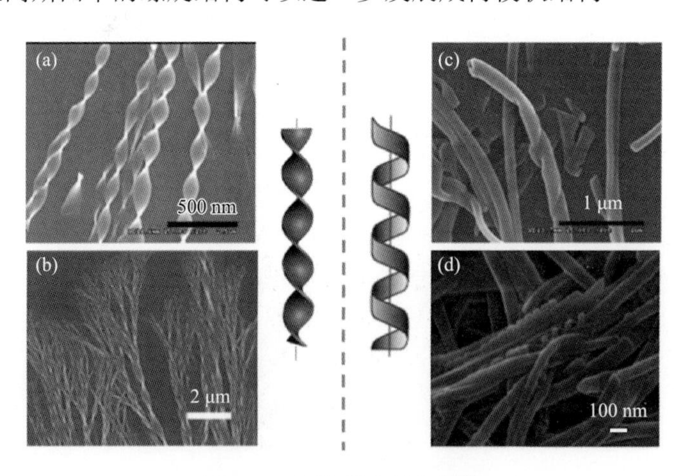

图 2-24　两类螺旋纳米结构

（a，b）具有高斯曲率的螺旋带；（c，d）具有圆柱形曲率的螺旋带模拟自然界这种微妙的手性螺旋结构的组装目前仍然是超分子化学和材料科学领域一个具有挑战性的课题。研究发现，很多类型的分子都可以用来设计手性纳米结构，包括多肽、糖类、聚合物、树枝状分子，以及两亲分子与其他分子共组装等。Oda 等在手性螺旋自组装方面做了开创性的工作，设计合成了带手性酒石酸头基的 Gemini 型两亲分子[62-65]，发现该体系能够在氯仿或水中形成手性螺旋纳米带，并且酒石酸头基的手性能够决定纳米带的手性方向。另外，通过酒石酸对映体过量值的大小可以连续调控手性纳米带的螺距。这一系列研究极大地丰富了人们对螺旋组装的认识，为设计超分子凝胶体系中的螺旋状纳米结构提供了很好的思路。

从 Oda 等的工作中得到启发，Liu 等[66]将 4, 4′-联吡啶加入谷氨酸基两亲分子的超分子凝胶中，得到了具有高斯曲率手性的螺旋带，如图 2-24（a）所示。并且该螺旋带的螺距可通过加入 4, 4′-联吡啶的比例有效地进行调节。胶凝剂分子中的羧基与吡啶氮之间强的氢键相互作用，使得胶凝剂分子手性传递到超分子层次，进而在纳米尺度上得以表达。而在另外一个体系中，利用羧基与金属离子的配位作用，也成功构筑了手性的螺旋纳米带[67]。

一般地，手性胶凝剂分子较容易构筑手性的纳米或微米结构，因为它们的手性信息会由于手性相互作用而引起平面结构的演化[68]。然而在某些情况下，非手性分子也可以形成具有等量或不等量对映体的手性纳米结构。当对映体的量不等时，可以表现出由自发对称破缺造成的宏观手性或光学活性，这也是获得手性组装体的重要途径之一。例如，一种不含手性中心的甘氨酸基的胶凝剂分子可以在低温条件下形成超分子凝胶，将低温形成的凝胶转移到室温条件下，纤维扭曲成螺旋结构，得到一种分级的树枝状结构[69]，如图 2-24（b）所示，每一树枝都是由螺旋纳米带组成的。由于分子本身不具有手性，左手或右手的螺旋纳米树状结构都可形成。又如，非手性 C_3 对称分子在 N, N-二甲基甲酰胺（DMF）和水的混合溶剂中形成超分子凝胶，可同时形成数目不等的左手性（M）和右手性（P）的高斯曲率螺旋结构，即在没有任何手性添加剂的情况下产生宏观手性。在凝胶形成初期，一维螺旋聚集以 P 或 M 构象为主，通过三个分子间氢键及 π-π 堆积随机形成。一旦开始形成具有一定手性偏向性的组装体，进一步生长则遵循最初的手性构象，并最终形成构象数量不等的更大的螺旋结构。

通常情况下，具有圆柱形曲率的螺旋纳米带常出现在管状纳米结构形成的中间过程，螺旋纳米带的存在为这类纳米管状结构的形成机理的解释提供了重要的事实依据，如图 2-24（c）和（d）所示[50, 70]。在一定条件下，这两种类型的纳米结构也能够进行转变，例如，随着放置时间的延长，一种多肽两亲分子原本形成的扭曲状螺旋纳米带数周后转变为螺旋纳米带结构，通过对肽聚集体亚稳状态的研究有助于对淀粉样蛋白相关疾病的进一步了解[71]。

3. 手性纳米管状结构

一维的纳米管结构在功能材料及生命模拟等领域引起了科学家的广泛关注。虽然自组装纳米管状结构的发现早于碳纳米管，但在纳米科学领域碳纳米管在很长时间里一直作为研究焦点。尽管如此，自组装纳米管的相关工作及其应用研究从未停止。自组装纳米管一般由两亲分子构筑单元自组装形成[72]，包括磷脂、Bola 型两亲分子、肽类两亲分子、糖脂等，这些分子具有很强的可设计性及可调性，为纳米管性质及功能的调节提供了很多机会，有利于拓展其应用。

纳米管状结构包括单壁纳米管、多壁纳米管、喇叭状纳米管、六方纳米管及其他类型的纳米管状结构，如图 2-25（a）～（d）所示。以谷氨酸为基础的一系列两亲性胶凝剂组装体可以验证超分子胶凝过程中管状结构的多样性。以单壁纳米管状结构为例，研究发现一种亲水头基为谷氨酸的 Bola 型两亲分子可以在乙醇-水混合溶剂中形成凝胶[73]，并且在凝胶中得到了非常规则均一的单壁螺旋纳米管结构［图 2-25（a）］。模拟结果表明，羧酸单元和酰胺基团是螺旋纳米管形成的关键。一方面，由于羧酸单元之间存在分子间氢键，倾向于形成扭曲的二聚体样的聚集体，从而产生分子组装的弯曲边缘。另一方面，相邻分子的酰胺基团之间形成氢键，会使得扭曲的分子组装体进一步聚集，形成弯曲的螺旋带，随后形成螺旋纳米管。

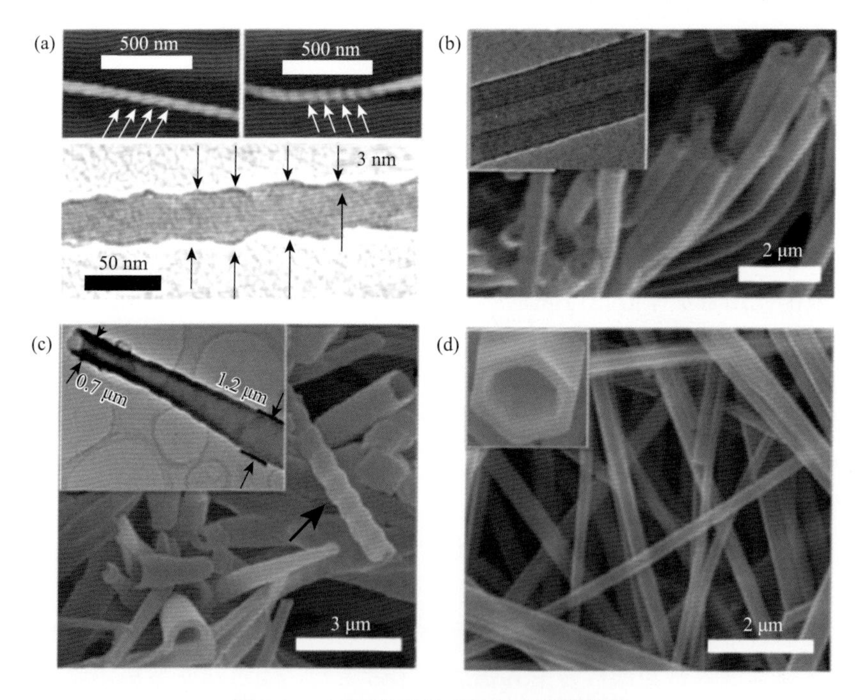

图 2-25　不同类型的手性纳米管状结构

相对于单壁纳米管结构，多壁自组装纳米管状结构更为常见。例如，树枝状的两亲分子 OGAc 在很宽 pH 范围都可以形成凝胶，并且在 pH 为 2～9 时均可以得到螺旋纳米管状结构[74]。对映体 L-/D-谷氨酸基类脂分子自组装形成白色的凝胶，其组成为超长的多壁纳米管状结构，长径比可达到 1000 以上[50]，纳米管壁厚约为 45 nm[图 2-25（b）]。形成单壁或多壁纳米管状结构与胶凝剂本身的分子结构密切相关，分子堆积过程中最初的单层类脂膜结构起到了决定性的作用。Bola 型两亲分子倾向于形成单壁的纳米管状结构，Bola 型分子两个亲水基团共价到疏水链的两端，容易排列形成单分子层[73, 74]。而传统型的两亲分子则首先自组装成双层结构，两个或多个双层结构堆积，进而卷曲形成中空管状结构，因此传统型的两亲分子更倾向于构筑多壁纳米管状结构。

在超分子凝胶中，除了可以得到内外径一致的常规管状结构，一些独特的纳米管状结构，如喇叭管状结构、六方管状结构等偶尔也会遇到。例如，如图 2-25（c）所示，杂芳环的引入可以用来调控管状纳米结构。发现在极性溶剂二甲基亚砜（DMSO）中，该纳米管的形成极度依赖其在 DMSO 中的浓度，当浓度增大到可形成凝胶时开始出现喇叭状纳米管，浓度进一步增大后，所得到的纳米管则更为普遍[75]。在极性溶剂中，凝胶分子采取亲水头基在外、烷基链在内的排布模式，这种胶凝剂倾向于形成双层结构，并作为进一步堆积或滚动的基本单元。溶剂与芳香环氢原子及包裹在双层结构外面的胶凝剂头基团形成氢键，吡啶和吡唑环的 π-π 堆积增强，均有利于纳米管状结构的形成。

有趣的是，研究发现一种 C_3 对称性的胶凝剂分子在多种溶剂中可以形成从纳米尺度到微米尺度的六方纳米管状结构[图 2-25（d）]，并且这种特殊的管状结构与两亲性肽纳米管的形成有很大的不同[76]。以往的报道认为，6 个酰胺基先组装成 1 个环状基元，然后再组装成 6 个基元，形成 1 个六边形二维片，并依次组织成 1 个六边形管[77]。而在该组装体系中，六方管状结构的形成归因于胶凝剂分子间依靠氢键作用形成了六方堆积的排列形式，这种特殊的堆积方式是六方纳米管形成的关键。不仅如此，通过反溶剂法可达到室温下混合瞬间成胶的效果，并借助这一特点实现纳米管的功能化，高效地包覆生物大分子、导电高分子、小分子染料等功能性客体分子。研究发现，非手性聚集诱导发射化合物（AIEgen）也可以通过共凝胶封装到受限纳米管中，并发射可调可控的 CPL[78]。

2.9.2　二维结构

一般而言，纳米带结构可以看作是纳米纤维的平行堆积，当纳米带不断横向生长时，就可以得到纳米片。因此，这类层结构有两个明显的特点：一是平面尺寸与其厚度相比至少大几个数量级；二是具有高度的各向异性，因为相比于层间的结合力，同一分子层内的分子需要通过有更强的分子间相互作用整合在一起。例如，一种 C_3 对称的超分子阻转异构体 N, N', N''-三(正辛基)苯-1, 3, 5-三羧酰胺在温和条件下可自发组装成手性有机纳米片[79]。与多肽的 β-折叠片类似，手性片的氢键主干不涉及侧链，晶片的形态可以根据使用的溶剂而变化。通过透射电子显微镜（TEM）直接观察到片状结构，并通过粉末和单晶 X 射线衍射分析加以证实。这一发现为基于简单的非手性化合物构建氢键手性纳米片提供了很好的实例。

四苯乙烯（TPE）修饰的二肽可形成纳米带结构[80]，从超分子凝胶的 TEM 图像[图 2-26（a）]中可以清楚地看出，该凝胶是由平均宽度约 295 nm 的纳米带组成。模拟结果显示优化后的四聚体结构中 π-π 堆积在 TPE 堆积中起到十分重要的作用。此外，二聚体分子间相互作用的可视化显示，分子间存在电子吸引效应、范德华效应和一些微弱的排斥效应。结果表明，TPE 上带负电荷的羧酸与部分带正电荷的氢原子之间的分子间静电相互作用是纳米带形成的必要条件。

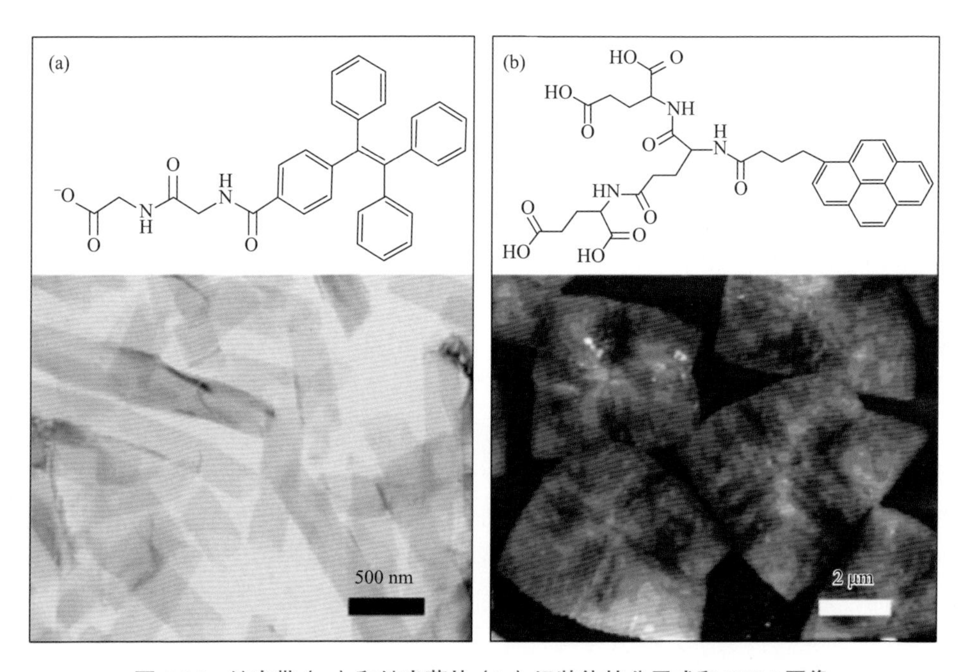

图 2-26　纳米带（a）和纳米薄片（b）组装体的分子式和 TEM 图像

基于 π-多肽树枝状分子和 β-环糊精主客体相互作用也可以构筑超分子手性纳米片[81]。无 β-环糊精时，只能得到螺旋状的纳米纤维。当添加 β-环糊精时，二者之间发生主客体相互作用，β-环糊精对胶凝剂的诱导产生了水凝胶的结晶性质，形成二维层状纳米结构[图 2-26（b）]。由于主客体包合作用，观察到芘基团的分子能级发射，表现出 β-环糊精诱导的圆偏振发光。

2.9.3　三维结构

球形胶体粒子因在催化、分离科学、化学传感器等方面的应用而引起人们的极大兴趣，超分子凝胶化也可用于制备球形纳米结构。一种两亲性胶凝剂在水介质中进行自组装[82]，形成具有纳米球形形貌的水凝胶，直径为（700±100）nm。这种纳米球可以通过一种两步分级自组装过程来获得。首先，胶凝剂分子通过分子间的 π-π 堆积组装成延伸的 2D 薄片。随着时间的推移，由于疏水效应，纳米片与水/甲醇溶剂的接触趋于减少。相比之下，酰胺基团可以与溶剂形成氢键，则倾向于暴露在极性介质中，因此形成了外层饰有酰胺基团的纳米球。值得注意的是，这种表面暴露酰胺基团的球形结构可以用于催化 Knoevenagel 缩合反应。

从纳米结构学的角度来看，纳米管和纳米片等一维和二维纳米结构可以作为基本单元进一步演化为各种更高阶的纳米结构。自然界中大多数花朵具有一定方向的扭曲花瓣旋转，呈现出螺旋对称和分层手性。例如，微管状花形结构可由苯并咪唑与镧系离子配位而成[83]。通过扫描电子显微镜可以清楚地观察到微管花是由大量纳米管组成的多级分层结构，其中纳米管的外径为 50～80 nm。胶凝剂分子组装成交错的双层结构，作为进一步生长的基本构筑单元。然而，添加 $Eu(NO_3)_3$ 和 $Tb(NO_3)_3$ 后，胶凝剂分子与 Eu(III)或 Tb(III)之间的配位受到阻碍，原因为 NO_3^- 中的 O 原子表现出比 N 原子更强的配位能力。因此，双层结构连续地转变成纳米管，而 $Eu(NO_3)_3$ 和 $Tb(NO_3)_3$ 只附着在表面。在弱相互作用影响下，这些纳米管排列成 3D 微米花状结构。在组装体系中，镧系离子不仅有助于这种层次结构的形成，而且赋予体系特殊的发光性质，从而产生手性光学活性。

在超分子凝胶体系中，除了微管花外，还有其他类似花的三维结构。例如，桦木素衍生物在有机溶剂和有机/水溶剂中自组装，通过纤维网络的形成产生 3D 花状结构[84]。虽然所有干燥自组装体的形态表征都显示出直径为 5～20 μm 花状结构，这些纳米尺寸的花瓣由纳米纤维构成，但它们的形状并不相同，主要表现为花瓣的形状及其在花朵状结构中的排列略有不同。从不同液体中获得的自组装物的 X 射线衍射图显示为层状结构。由无机化合物制备各种不同形貌的纳米花报道较多，但是由有机化合物构筑多种类似无机纳米花的自组装结构是较为少见的。

刘鸣华等利用一对具有手性中心的两亲性组氨酸衍生物分子（LHC18 和 DHC18）和四（4-羧基苯基）卟啉（TCPP）共组装。通过调节两种组分的摩尔比和混合溶剂的比例，可获得多种手性纳米/微米结构[85]。在特定的条件下，得到了手性微米花状结构，这些手性结构是由纳米带或纳米片按照特定的方向沿着顺时针或逆时针的方向排列生长的，而手性结构的顺时针或逆时针排列是由组氨酸衍生物的手性控制的。这表明分子手性可以通过自组装转移到微米尺度甚至更高级次，如图 2-27 所示。除此之外，由于多级次的手性纳米-微米结构，手性花结构表现出超疏水性质，且能够对应选择性识别天冬氨酸的对映体。

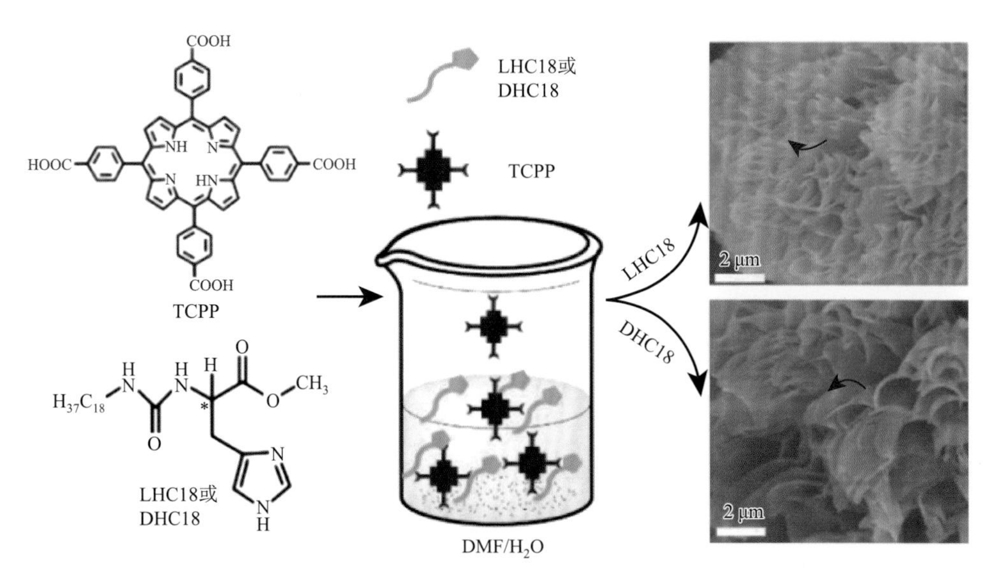

图 2-27 LHC18 和 DHC18 与 TCPP 多级次组装成微米花结构的示意图

2.9.4 手性无机纳米结构

手性纳米材料的构筑也不仅仅限于有机体系。随着纳米科学和技术的发展，手性在无机纳米结构中有了迅速的发展。相比于有机分子体系，无机手性纳米结构在某些情况下可能获得更强的光学活性。因此，科学家致力于设计并制备手性无机纳米材料以放大其光学活性来增加其实际应用价值。著名纳米领域专家 Nicholas A. Kotov 教授曾经指出：手性无机纳米材料类的仿生纳米结构对化学、物理学、生物学、数学及潜在的天文学的一些新老问题具有重要意义，如自旋电子学、手性催化，同时地球的同手性起源也变得更为清楚。因此，本节就几种典型的手性无机纳米材料的最新研究进展进行简要介绍。

近年来，基于手性分子与无机材料相互作用合成手性形貌，在纳米尺度上控制手性结构被广泛研究。当纳米颗粒具有手性的几何结构时，可以表现出强的手性光学性质。例如，利用含有巯基的手性生物分子，通过胶体化学的合成方法得到了具有手性结构和高的手性光学活性的碲纳米颗粒，同时该手性还可以进行传递，获得手性的金和银碲化物。Ki Tae Nam 及其同事[86]利用氨基酸和多肽合成了均相高手性金纳米颗粒，氨基酸和多肽的手性构型被刻录到手性金纳米颗粒上，并在此基础上通过调整合成参数对手性结构进行了系统的控制。从晶体学角度研究了纳米颗粒的手性演化，阐明了手性结构形成的关键参数。不仅手性小分子可以在金纳米颗粒种子生长过程中诱导形态手性，手性表面活性剂也可以发挥手性诱导的作用。例如，一种手性的表面活性剂可以诱导形成螺旋胶束，引导种子生长形成维持手性形态的凹槽。所得到的纳米颗粒在近红外波段表现出高强度的圆二色性，各向异性因子接近 0.2[87]。对于离散的具有手性形态的无机纳米颗粒，不仅仅局限于金和银等贵金属纳米颗粒，例如，在朱砂硫化汞纳米晶体体系中，通过两步合成法实现了对无机纳米结构的晶体晶格和几何形态手性的独立控制[88]。利用初级原子晶格和高阶形态产生的手性相互作用，可以达到不同的长度尺度上精确剪裁手性，从而为研究和了解无机材料中独特的协同手性提供了方法和机会。

上述利用氨基酸小分子、多肽或者手性表面活性剂，在无机合成过程中引入手性源，从而获得离散的具有手性结构的无机纳米晶，并且在手性结构控制和手性演化机制方面进行初步探索。人们在通过化学方法获得手性纳米结构方面付出很多的努力，但是纯手性合成手性无机纳米材料仍然是非常基础且有技术性的重要研究方向，然而组装纳米颗粒形成更高级的超分子手性纳米结构同样具有挑战性。将无机纳米颗粒通过自下而上的方法组装成为纳米花、螺旋和长程有序结构等手性超结构，可以获得强的手性光学性质。因此，通过组装制备超分子手性无机纳米结构是一种不可或缺的方法。

Nicholas A. Kotov 和 André F. de Moura 等[89]在基于金-半胱氨酸的有机-无机体系，以自组装方法制备了多级复杂结构并具有强烈手性发光的手性粒子。一般情况下，人们对于微纳结构复杂程度的判断往往依赖于视觉信息，因此会造成一些偏差。为了尝试解决这个问题，这项研究开拓性地通过发展数学图论的方法量化了配体含量和成核温度对最终合成粒子形态复杂程度的影响。Che 课题组[90]利用十二烷基硫酸钠（SDS）作为结构导向剂，手性的氨基醇作为手性诱导剂，通过表面活性剂介导的水热法合成出手性 CuO 微米花。CuO 微米花的结构存在两种多级次手性，初级螺旋排列的“纳米薄片”和次级螺旋排列的“亚纳米花瓣”形成“纳米花瓣”。这种 CuO 微米花的手性可以通过不同手性的手性醇进行调控。同时，CuO 微米花可以在特征吸收峰处对 CPL 表现出显著的光学活性。

除了通过多级次组装获得手性超结构外，无机纳米颗粒组装得到的长程有序结构也可以增强超分子手性组装体的光学不对称性。Wiktor Lewandowski 等[91]提出了在薄膜基底上基于液晶与金纳米颗粒协同作用的螺旋结构制备方法。这些纳米复合材料在长度范围表现出特殊的长程多级有序，这是由于纳米颗粒包覆的扭曲的纳米带作为生长基质，并且具有可以形成有序束的能力。由于液晶的多相性，纳米复合物的厚度能够可逆重构。通过制备由不同几何形状和尺寸的纳米颗粒（球形和棒状）组装而成的螺旋，证明了该方法的通用性。这种方法很可能被用于构造高精度的纳米颗粒组装和制造光学活性材料。另外，刘堃研究团队[92]利用超分子相互作用，实现了金纳米棒（GNR）与人胰岛淀粉样多肽（hIAPP）的精准共组装，构建了具有类似于手性液晶的长程有序的纳米螺旋纤维结构，其不对称因子可以高达 0.12（图 2-28）。同时，他们提出了更加普适的预测和解释手性纳米结构与不对称因子之间构效关系的新理论，并且液晶般的颜色变化和纳米棒加速的纤化过程使其可在复杂的生物介质中进行药物筛选。无机纳米颗粒的组装不仅可以在液晶或者多肽的参与下实现，一些手性小分子的引入也可以实现纳米颗粒的螺旋超结构。例如，刘鸣华课题组[93]通过在金纳米棒的二次生长过程中加入半胱氨酸作为手性诱导剂，合成一种新的手性结构金纳米颗粒——螺旋沟槽的金纳米箭头（HeliGNA），并表现出可调控的等离激元圆二色性质（图 2-29）。通过增加半胱氨酸的浓度，HeliGNA 可以进一步组装形成螺旋超结构。值得注意的是，该螺旋超结构作为模板可以将其手性传递给非手性分子偶氮苯氧乙酸钠，基于偶氮苯的光致异构，构筑了光响应的手性光开关。

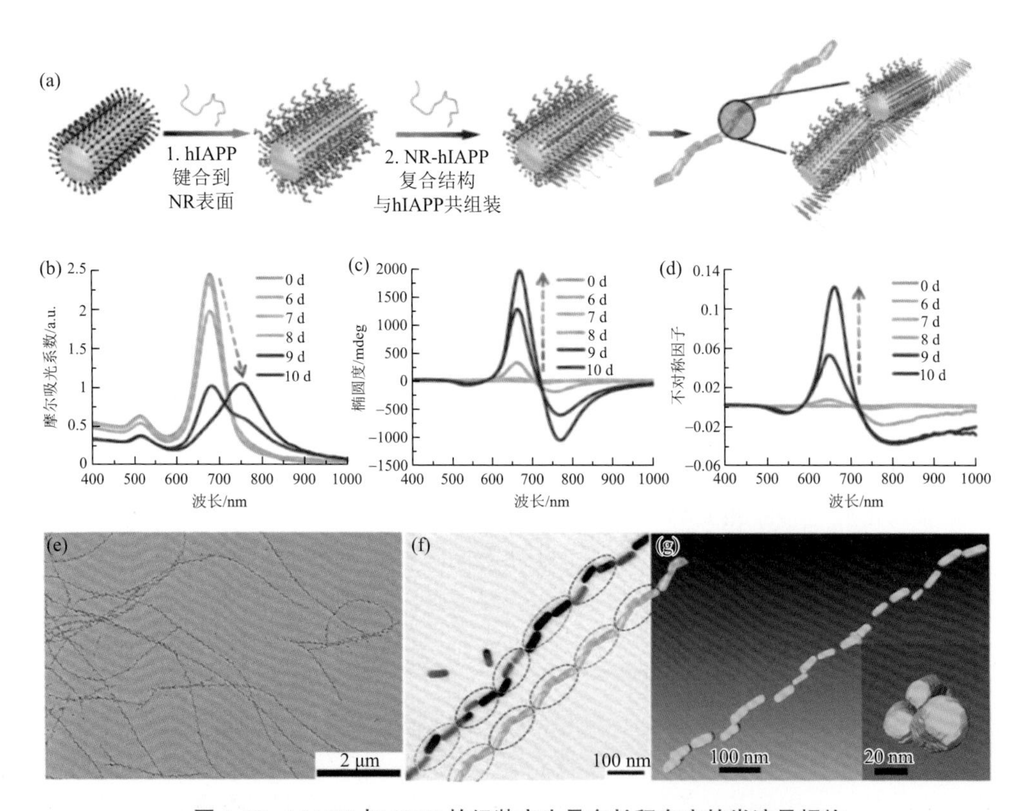

图 2-28　hIAPP 与 GNR 的组装产生具有长程有序的类液晶螺旋

（a）GNR 促进 hIAPP 纤维化及与其共组装的示意图；（b）组装体的吸收光谱随组装时间的变化；（c）组装体的圆二色光谱随组装时间的变化；（d）组装体的不对称因子随组装时间的变化；（e，f）精准共组装构筑长程有序的纳米螺旋纤维的透射电子显微镜照片；（g）冷冻电子断层扫描结果显示左手纳米螺旋纤维的形成

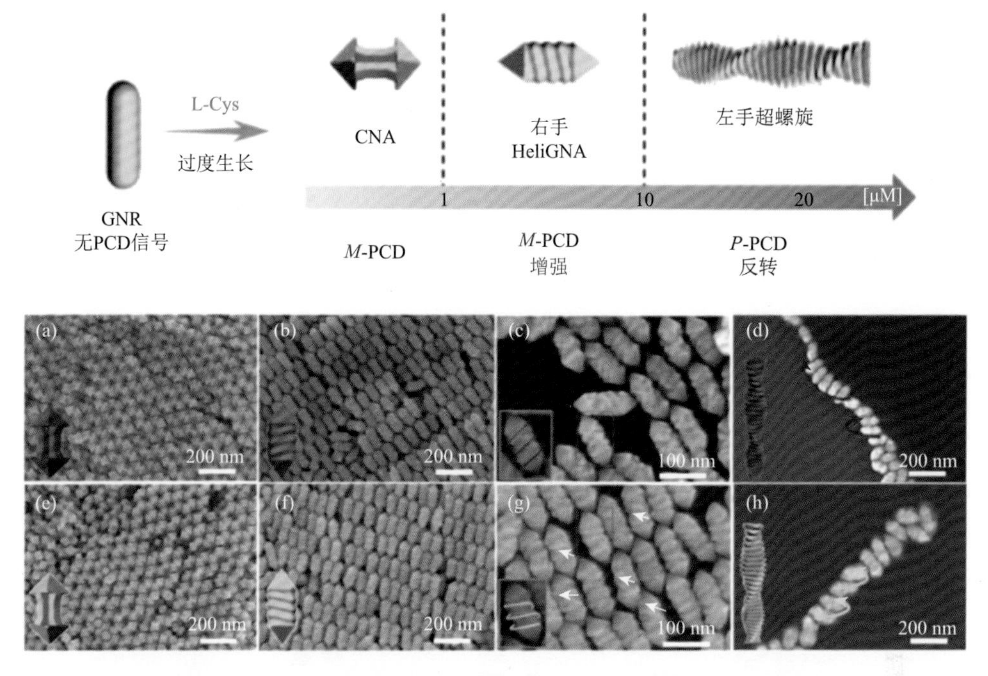

图 2-29　由半胱氨酸浓度控制的手性金纳米结构的合成和组装

（a）[L-Cys] = 1 μmol/L；（b，c）[L-Cys] = 5 μmol/L；（d）[L-Cys] = 15 μmol/L；（e）[D-Cys] = 1 μmol/L，（f，g）[D-Cys] = 5 μmol/L；（h）[D-Cys] = 15 μmol/L

自然界中手性材料的种类十分有限，拓展手性无机材料的种类与精准制备能够获得较强的光学活性，因此可将其应用在生命科学、材料科学及航空航天等诸多领域。未来对于手性催化、对映体分离、光学器件、细胞代谢调节等应用都将是手性无机材料发挥作用的重要领域。虽然，目前手性无机材料的发展仍有局限性且更具挑战性，但相信未来会吸引更多研究者的关注。

2.10　超分子手性与圆偏振发光

将手性基团和发光基团共价连接形成的手性发光分子往往会表现出圆偏振发光的性质，但在合成上带来一系列困难，限制了圆偏振发光材料的广泛应用。手性分子与非手性分子共组装形成手性超分子体系可将各种发光分子引入手性不对称环境中，利用手性传递的策略制备圆偏振发光材料，可简化合成步骤，拓展圆偏振发光材料的应用范围。再者，很多有机发光分子在固态和聚集态时往往会表现出 ACQ 现象，也限制了圆偏振发光材料的器件化应用。而 AIE 概念的提出可解决上述固态和聚集态荧光猝灭的现象。手性分子和聚集诱导荧光分子共组装的策略同时提供了不对称环境和聚集诱导增强荧光的条件，对圆偏振发光材料的构建颇具优势。例如，刘鸣华等将具有 AIE 性质的分子与手性凝胶因子进行共组装，实现了圆偏振发光材料的普适性构建（图 2-30）[78]。凝胶因子在组装的过程中，AIE 分子发生了聚集，被包裹在手性纳米管中。受限于手性分子形成的手性空间，诱导了非手性 AIE 分子聚集态的手性特征，使之同时表现出基态和激发态的手性，即光谱上表现 CD 和 CPL 信号。使用了 6 种不同颜色的 AIE 分子，将其与凝胶因子 TMGE（均苯三甲酰谷氨酸二乙酯）进行共组装，实现了全光谱范围内各种颜色的圆偏振光发射，并且可以通过改变掺杂组分灵活调整发光颜色，实现光谱范围内的全色圆偏振发光。该方法简单易行，可以诱导各种荧光分子表达圆偏振发光性质，为实现 CPL 材料的制备提供了一种新的思路和途径。

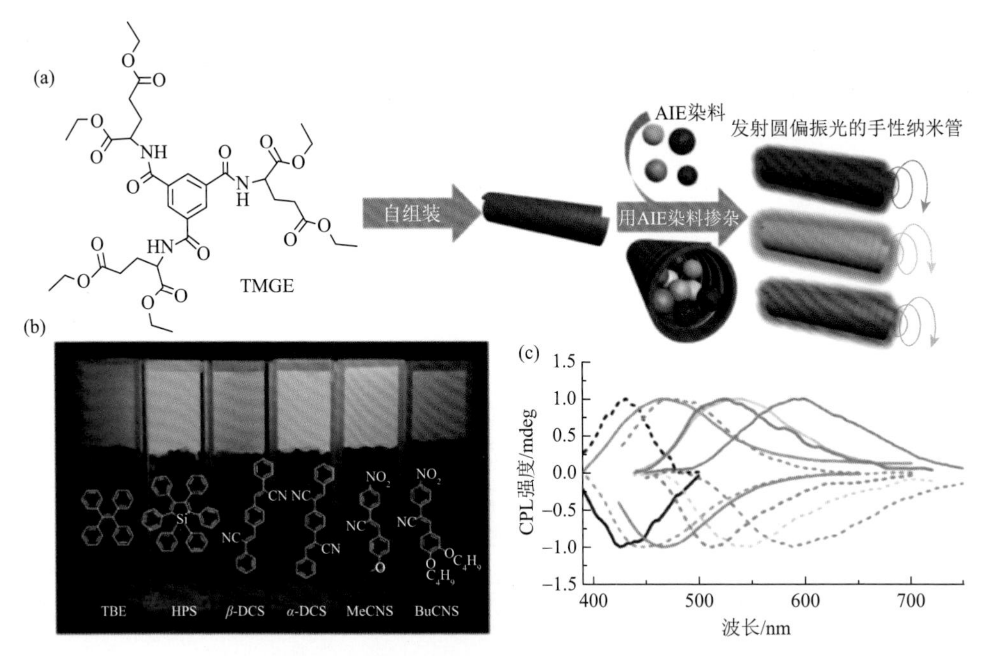

图 2-30 （a）超分子自组装诱导的 AIE 分子聚集体圆偏振发光示意图；（b）TMGE 与不同 AIE 分子共组装形成的超分子凝胶；（c）超分子凝胶的圆偏振发光光谱

参考文献

[1] Ogoshi T，Masaki K，Yamagishi T，et al. Planar-chiral macrocyclic host pillar [5] arena：no rotation of units and isolation of enantiomers by introducing bulky substituents. Org Lett，2011，13：1264-1266.

[2] Liu M H，Zhang L，Wang T. Supramolecular chirality in self-assembled systems. Chem Rev，2015，115：7304-7397.

[3] Young W R，Aviram A，Cox R J. Stilbene derivatives. New class of room temperature nematic liquids. J Am Chem Soc，1972，94：3976-3981.

[4] Keith C，Reddy R A，Hauser A，et al. Silicon-containing polyphilic bent-core molecules：the importance of nanosegregation for the development of chirality and polar order in liquid crystalline phases formed by achiral molecules. J Am Chem Soc，2006，128：3051-3066.

[5] Hough L E，Spannuth M，Nakata M，et al. Chiral isotropic liquids from achiral molecules. Science，2009，325：452-456.

[6] Otani T，Araoka F，Ishikawa K，et al. Enhanced optical activity by achiral rod-like molecules nanosegregated in the B4 structure of achiral bent-core molecules. J Am Chem Soc，2009，131：12368-12372.

[7] Zhang C，Diorio N，Lavrentovich O D，et al. Helical nanofilaments of bent-core liquid crystals with a second twist. Nat Commun，2014，5：3302.

[8] Jeong K U，Yang D K，Graham M J，et al. Construction of chiral propeller architectures from achiral molecules. Adv Mater，2006，18：3229-3232.

[9] Zhang Q F，Lei M Y，Kong F，et al. Asymmetric catalysis mediated by a mirror symmetry-broken helical nanoribbon. Chem Commun，2018，54：10901-10904.

[10] Yu Y D，Luo C，Liu B Y，et al. Spontaneous symmetry breaking of Co(Ⅱ) metal-organic frameworks from achiral precursors via asymmetrical crystallization. Chem Commun，2015，51：14489-14492.

[11] Zhang S M，Shi W X，Rong S J，et al. Chirality evolution from sub-1 nanometer nanowires to the macroscopic helical structure. J Am Chem Soc，2020，142：1375-1381.

[12] DeRossi U D，Dahne S，Meskers S C J，et al. Spontaneous formation of chirality in J-aggregates showing Davydov splitting. Angew Chem Int Ed，1996，35：760-763.

[13] Cuccia L A，Lehn J M，Homo J C，et al. Encoded helical self-organization and self-assembly into helical fibers of an oligoheterocyclic pyridine-pyridazine molecular strand. Angew Chem Int Ed，2000，39：233-237.

[14] Cuccia L A，Eliseo R，Lehn J M，et al. Helical self-organization and hierarchical self-assembly of an oligoheterocyclic pyridine-pyridazine strand into extended supramolecular fibers. Chem Eur J，2002，8：3448-3457.

[15] Azeroual S，Surprenant J，Lazzara T D，et al. Mirror symmetry breaking and chiral amplification in foldamer-based supramolecular helical aggregates. Chem Commun，2012，48：2292-2294.

[16] Qiu Y F，Chen P L，Liu M H. Evolution of various porphyrin nanostructures via an oil/aqueous medium：controlled self-assembly，further organization，and supramolecular chirality. J Am Chem Soc，2010，132：9644-9652.

[17] Mineo P，Villari V，Scamporrino E，et al. Supramolecular chirality induced by a weak thermal force. Soft Matter，2014，10：44-47.

[18] Stals P J M，Korevaar P A，Gillissen M A J，et al. Symmetry breaking in the self-assembly of partially fluorinated benzene-1, 3, 5-tricarboxamides. Angew Chem Int Ed，2012，51：11297-11301.

[19] Romeo A，Castriciano M A，Occhiuto I，et al. Kinetic control of chirality in porphyrin J-aggregates. J Am Chem Soc，2014，136：40-43.

[20] Wang Y Y，Zhou D Y，Li H，et al. Hydrogen-bonded supercoil self-assembly from achiral molecular components with light-driven supramolecular chirality. J Mater Chem C，2014，2：6402-6409.

[21] Hu Q C，Wang Y Y，Jia J，et al. Photoresponsive chiral nanotubes of achiral amphiphilic azobenzene. Soft Matter，2012，8：11492-11498.

[22] Zhang S Y，Yang S Y，Lan J B，et al. Helical nonracemic tubular coordination polymer gelators from simple

achiral molecules. Chem Commun，2008，46：6170-6172.

[23] Kimura M，Hatanaka T，Nomoto H，et al. Self-assembled helical nanofibers made of achiral molecular disks having molecular adapter. Chem Mater，2010，22：5732-5738.

[24] Shen Z C，Wang T Y，Liu M H. H-bond and π-π stacking directed self-assembly of two-component supramolecular nanotubes：tuning length，diameter and wall thickness. Chem Commun，2014，50：2096-2099.

[25] Shen Z C，Jiang Y Q，Wang T Y，et al. Symmetry breaking in the supramolecular gels of an achiral gelator exclusively driven by π-π stacking. J Am Chem Soc，2015，137：16109-16115.

[26] Sun J S，Li Y K，Yan F S，et al. Control over the emerging chirality in supramolecular gels and solutions by chiral microvortices in milliseconds. Nat Commun，2018，9：2599-2606.

[27] Shen Z C，Sang Y T，Wang T Y，et al. Asymmetric catalysis mediated by a mirror symmetry-broken helical nanoribbon. Nat Commun，2019，10：3976-3983.

[28] Viswanathan R，Zasadzinski J A，Schwartz D K. Spontaneous chiral symmetry breaking by achiral molecules in a Langmuir-Blodgett film. Nature，1994，368：440-443.

[29] Werkman P J，Schouten A J，Noordegraaf M A，et al. Morphological changes of monolayers of two polymerizable pyridine amphiphiles upon complexation with Cu(Ⅱ) ions at the air-water interface. Langmuir，1998，14：157-164.

[30] Yuan J，Liu M H. Chiral molecular assemblies from a novel achiral amphiphilic 2-(heptadecyl) naphtha[2, 3] imidazole through interfacial coordination. J Am Chem Soc，2003，125：5051-5056.

[31] Huang X，Li C，Jiang S G，et al. Self-assembled spiral nanoarchitecture and supramolecular chirality in Langmuir-Blodgett films of an achiral amphiphilic barbituric acid. J Am Chem Soc，2004，126：1322-1323.

[32] Guo P Z，Zhang L，Liu M H. A supramolecular chiroptical switch exclusively from an achiral amphiphile. Adv Mater，2006，18：177-180.

[33] Qiu Y F，Chen P L，Guo P Z，et al. Supramolecular chiroptical switches based on achiral molecules. Adv Mater，2008，20：2908-2913.

[34] Zhang Y Q，Chen P L，Guo P Z，et al. Controllable fabrication of supramolecular nanocoils and nanoribbons and their morphology-dependent photoswitching. J Am Chem Soc，2009，131：2756-2757.

[35] Liu L，Zhang L，Wang T Y，et al. Interfacial assembly of amphiphilic styrylquinoxalines：alkyl chain length tunable topochemical reactions and supramolecular chirality. Phys Chem Chem Phys，2013，15：6243-6249.

[36] Niu D，Ji L K，Ouyang G H，et al. Histidine proton shuttle-initiated switchable inversion of circularly polarized luminescence. ACS Appl Mater Inter，2020，12：18148-18156.

[37] Wang S，Zhang Y N，Qin X J，et al. Guanosine assembly enabled gold nanorods with dual thermo- and photoswitchable plasmonic chiroptical activity. ACS Nano，2020，14：6087-6096.

[38] Hu L Y，Li K，Shang W L，et al. Emerging cubic chirality in gamma CD-MOF for fabricating circularly polarized luminescent crystalline materials and the size effect. Angew Chem Int Ed，2020，59：4953-4958.

[39] Green M M，Andreola C，Muñoz B，et al. Macromolecular stereochemistry：a cooperative deuterium isotope effect leading to a large optical rotation. J Am Chem Soc，1988，110：4063-4065.

[40] Green M M，Garetz B A，Muñoz B，et al. Majority rules in the copolymerization of mirror image isomers. J Am Chem Soc，1995，117：4181-4182.

[41] Shimomura K，Ikai T，Kanoh S，et al. Switchable enantioseparation based on macromolecular memory of a helical polyacetylene in the solid state. Nat Chem，2014，6：429-434.

[42] Wang Y，Sun Y B，Shi P C，et al. Chaperone-like chiral cages for catalyzing enantioselective supramolecular polymerization. Chem Sci，2019，10：8076-8082.
[43] Miao W G，Wang S，Liu M H. Reversible quadruple switching with optical，chiroptical，helicity，and macropattern in self-assembled spiropyran gels. Adv Funct Mater，2017，27：1701368.
[44] Cai Y S，Guo Z Q，Chen J M，et al. Enabling light work in helical self-assembly for dynamic amplification of chirality with photoreversibility. J Am Chem Soc，2016，138：2219-2224.
[45] Du S F，Zhu X F，Zhang L，et al. Switchable circularly polarized luminescence in supramolecular gels through photomodulated FRET. ACS Appl Mater Inter，2021，13：15501-15508.
[46] Jin X，Jiang J，Liu M H. Reversible plasmonic circular dichroism via hybrid supramolecular gelation of achiral gold nanorods. ACS Nano，2016，10：11179-11186.
[47] Xiao C，Wu W H，Liang W T，et al. Redox-triggered chirality switching and guest-capture/release with a pillar[6]arene-based molecular universal joint. Angew Chem Int Ed，2020，59：8094-8098.
[48] Lv K，Qin L，Wang X L. A chiroptical switch based on supramolecular chirality transfer through alkyl chain entanglement and dynamic covalent bonding. Phys Chem Chem Phys，2013，15：20197-20202.
[49] Han D X，Han J L，Huo S W，et al. Proton triggered circularly polarized luminescence in orthogonal- and co-assemblies of chiral gelators with achiral perylene bisimide. Chem Commun，2018，54：5630-5633.
[50] Zhu X F，Li Y G，Duan P，et al. Self-assembled ultralong chiral nanotubes and tuning of their chirality through the mixing of enantiomeric components. Chem Eur J，2010，16：8034-8040.
[51] Edwards W，Smith D K. Enantioselective component selection in multicomponent supramolecular gels. J Am Chem Soc，2014，136：1116-1124.
[52] Edwards W，Smith D K. Chiral assembly preferences and directing effects in supramolecular two-component organogels. Gels，2018，4：31.
[53] Kulkarni C，Berrocal J A，Lutz M，et al. Directing the solid-state organization of racemates via structural mutation and solution-state assembly processes. J Am Chem Soc，2019，141：6302-6309.
[54] Kumar J，Tsumatori H，Yuasa J，et al. Self-discriminating termination of chiral supramolecular polymerization：tuning the length of nanofibers. Angew Chem Int Ed，2015，54：5943-5947.
[55] Zhang L，Wang T Y，Shen Z C，et al. Chiral nanoarchitectonics：towards the design，self-assembly，and function of nanoscale chiral twists and helices. Adv Mater，2016，28：1044-1059.
[56] Sang Y T，Liu M H. Nanoarchitectonics through supramolecular gelation：formation and switching of diverse. Mol Syst Des Eng，2019，4：11-28.
[57] Jiang H J，Zhang L，Liu M H. Self-assembly of 1D helical nanostructures into higher order chiral nanostructures in supramolecular systems. ChemNanoMat，2018，4：720-729.
[58] 王秀凤，张莉，刘鸣华. 超分子凝胶：结构多样性与超分子手性. 物理化学学报，2016，32：227-238.
[59] Duan P F，Liu M H. Self-assembly of L-glutamate based aromatic dendrons through the air/water interface：morphology，photodimerization and supramolecular chirality. Phys Chem Chem Phys，2010，12：4383-4389.
[60] Haino T，Tanaka M，Fukazawa Y. Self-assembly of tris（phenylisoxazolyl）benzene and its asymmetric induction of supramolecular chirality. Chem Commun，2008，4：468-470.
[61] Maity A，Gangopadhyay M，Basu A，et al. Counteranion driven homochiral assembly of a cationic C_3-symmetric gelator through ion-pair assisted hydrogen bond. J Am Chem Soc，2016，138：11113-11116.
[62] Oda R，Huc I，Schmutz M，et al. Tuning bilayer twist using chiral counterions. Nature，1999，399：566-569.

[63] Oda R, Huc I, Candau S. Gemini surfactants as new, low molecular weight gelators of organic solvents and water. Angew Chem Int Ed, 1998, 37: 2689-2691.

[64] Berthier D, Buffeteau T, Leger J M, et al. From chiral counterions to twisted membranes. J Am Chem Soc, 2002, 124: 13486-13494.

[65] Brizard A, Aime C, Labrot T, et al. Counterion, temperature, and time modulation of nanometric chiral ribbons from Gemini-Tartrate amphiphiles. J Am Chem Soc, 2007, 129: 3754-3762.

[66] Zhu X F, Duan P F, Zhang L, et al. Regulation of the chiral twist and supramolecular chirality in co-assemblies of amphiphilic L-glutamic acid with bipyridines. Chem Eur J, 2011, 17: 3429-3437.

[67] Wang X F, Duan P F, Liu M H, et al. Universal chiral twist via metal ion induction in the organogel of terephthalic acid substituted amphiphilic L-glutamide. Chem Commun, 2012, 48: 7501-7503.

[68] Huang B, Hirst A R, Smith D K, et al. A direct comparison of one-and two-component dendritic self-assembled materials: Elucidating molecular recognition pathways. J Am Chem Soc, 2005, 127: 7130-7139.

[69] Cao H, Yuan Q Z, Zhu X F, et al. Hierarchical self-assembly of achiral amino acid derivatives into dendritic chiral nanotwists. Langmuir, 2012, 28: 15410-15417.

[70] Wang X F, Duan P F, Liu M H, et al. Self-assembly of π-conjugated gelators into emissive chiral nanotubes: emission enhancement and chiral detection. Chem Asian J, 2014, 9: 770-778.

[71] Pashuck E T, Stupp S I. Direct observation of morphological tranformation from twisted ribbons into helical ribbons. J Am Chem Soc, 2010, 132: 8819-8821.

[72] Bong D T, Clark T D, Granja J R, et al. Self-assembling organic nanotubes. Angew Chem Int Ed, 2001, 40: 988-1011.

[73] Zhan C L, Gao P, Liu M H, et al. Self-assembled helical spherical-nanotubes from an L-glutamic acid based bolaamphiphilic low molecular mass organogelator. Chem Commun, 2005, 4: 462-465.

[74] Duan P L, Qin L, Zhu X F, et al. Hierarchical self-assembly of amphiphilic peptide dendrons: evolution of diverse chiral nanostructures through hydrogel formation over a wide pH range. Chem Eur J, 2011, 17: 6389-6395.

[75] Jin Q X, Zhang L, Liu M H, et al. Solvent-polarity-tuned morphology and inversion of supramolecular chirality in a self-assembled pyridylpyrazole-linked glutamide derivative: nanofibers, nanotwists, nanotubes, and microtubes. Chem Eur J, 2013, 19: 9234-9241.

[76] Cao H, Duan P F, Zhu X F, et al. Self-assembled organic nanotubes through instant gelation and universal capacity for guest molecule encapsulation. Chem Eur J, 2012, 18: 5546-5550.

[77] Mu X Y, Song W F, Zhang Y, et al. Controllable self-assembly of n-type semiconductors to microtubes and highly conductive ultralong microwires. Adv Mater, 2010, 22: 4905-4909.

[78] Han J L, You J, Li X G, et al. Full-color tunable circularly polarized luminescent nanoassemblies of achiral aiegens in confined chiral nanotubes. Adv Mater, 2017, 29: 1606503.

[79] Hou X D, Schober M, Chu Q A. A chiral nanosheet connected by amide hydrogen bonds. Cryst Growth Des, 2012, 12: 5159-5163.

[80] Yeh M Y, Huang C W, Chang J W, et al. A novel nanostructured supramolecular hydrogel self-assembled from tetraphenylethylene-capped dipeptides. Soft Matter, 2016, 12: 6347-6351.

[81] Zhang Y N, Yang D, Han J L, et al. Circularly polarized luminescence from a pyrene-cyclodextrin supra-dendron. Langmuir, 2018, 34: 5821-5830.

[82] Sutar P, Maji T K. Bimodal self-assembly of an amphiphilic gelator into a hydrogel-nanocatalyst and an organogel

with different morphologies and photophysical properties. Chem Commun，2016，52：13136-13139.
[83] Zhou X Q，Jin Q X，Zhang L，et al. Self-assembly of hierarchical chiral nanostructures based on metal-benzimidazole interactions：chiral nanofibers，nanotubes，and microtubular flowers. Small，2016，12：4743-4752.
[84] Bag B G，Dash S S. Hierarchical self-assembly of a renewable nanosized pentacyclic dihydroxy-triterpenoid betulin yielding flower-like architectures. Langmuir，2015，31：13664-13672.
[85] Jiang H J，Zhang L，Chen J，et al. Hierarchical self-assembly of a porphyrin into chiral macroscopic flowers with superhydrophobic and enantioselective property. ACS Nano，2017，11：12453-12460.
[86] Lee H E，Ahn H Y，Mun J，et al. Amino-acid- and peptide-directed synthesis of chiral plasmonic gold nanoparticles. Nature，2018，556：360-365.
[87] Gonzalez-Rubio G，Mosquera J，Kumar V，et al. Micelle-directed chiral seeded growth on anisotropic gold nanocrystals. Science，2020，368：1472-1477.
[88] Wang P P，Yu S J，Govorov A O，et al. Cooperative expression of atomic chirality in inorganic nanostructures. Nat Commun，2017，8：14312.
[89] Jiang W F，Qu Z B，Kumar P，et al. Emergence of complexity inhierarchically organized chiral particles. Science，2020，368：642-648.
[90] Duan Y Y，Liu X，Han L，et al. Optically active chiral CuO “nanoflowers”. J Am Chem Soc，2014，136：7193-7196.
[91] Baginski M，Tupikowska M，Gonzalez-Rubio G，et al. Shaping liquid crystals with gold nanoparticles：helical assemblies with tunable and hierarchical structures via thin-film cooperative interactions. Adv Mater，2020，32：1904581.
[92] Lu J，Xue Y，Bernardino K，et al. Enhanced optical asymmetry in supramolecular chiroplasmonic assemblies with long-range order. Science，2021，371：1368-1374.
[93] Wang S，Zheng L H，Chen W J，et al. Helically grooved gold nanoarrows：controlled fabrication，superhelix，and transcribed chiroptical switching. CCS Chem，2020，3：2473-2484.

第3章 手性AIE分子的光谱学性质

3.1 引言

2001年，香港科技大学唐本忠率先提出聚集诱导发光（AIE）概念，致力于推进AIE材料在生物、医疗等领域的应用研究。AIE分子具有独特的光电性能，在光电器件、生物传感器上具有潜在应用价值，手性与AIE特征相结合将赋予分子多种迥异的新特性，如CPL、组装、生物医药和不对称催化特性等。研究表明，在手性金属络合物和纳米团簇中引入AIE特性已成为提高这些化合物量子产率和增强其CPL信号的一个有效策略，并被应用于生物成像[1]。

3.2 手性分子的手性光谱学表征

近年来，手性化合物的结构表征和检测技术在不对称催化、手性功能材料、手性医药等领域发挥了关键性的支撑作用。手性光谱学作为分子光谱领域的一个重要分支，在手性分析表征方面举足轻重。自20世纪50年代发展起来的手性光谱仪器主要包括：电子圆二色（electronic circular dichroism，ECD）谱、振动圆二色（vibrational CD，VCD）谱、手性拉曼（Raman optical activity，ROA）谱、圆偏振发光（circularly polarized luminescence，CPL）谱、荧光圆二色（fluorence-detected CD，FDCD）谱、旋光色散（optical rotatory dispersion，ORD）谱。其中只有CPL光谱可以分析表征激发态手性立体结构的性质。这些手性光谱学方法相辅相成，集成的手性光谱技术正发展成为主流的研究手段。

电磁波谱分布示意图如图3-1所示，转动光谱是线光谱，转动能级间的能量差较小，分子在转动能级间的跃迁只需要吸收远红外到微波区光子的能量。振动能级间的能量差远高于转动能级，分子在振动能级间的跃迁需要吸收近红外至中红外区光子的能量，同一个振动能级中通常含有多个能量不等的转动能级，因此振动光谱是带状光谱。电子能级间的能量差较大，同一个电子能级中包含多个振动能级及多个转动能级，尽管不同的分子光谱对应于分子在不同能级间的跃迁，但是不同形式的能级跃迁通常会有耦合作用。下面主要对 AIE 分子基态手性表征的 ECD 和 VCD 谱的发展背景和基本原理做出介绍。

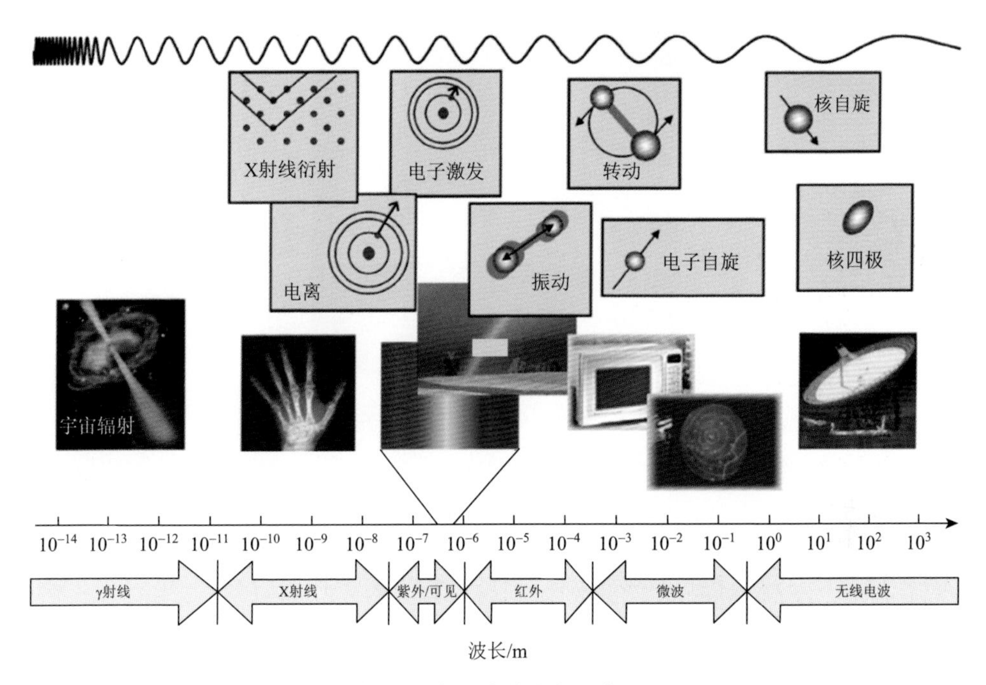

图 3-1　电磁波谱分布示意图

3.2.1　电子圆二色谱

1. 旋光和电子圆二色性的发现[2-8]

1808 年，法国物理学家埃蒂安・路易斯・马吕斯（Etienne Louis Malus，1775—1812）发现了光的反射偏振现象，确定了透射偏振光强度变化的规律（现称为 Malus 定律）。而光学活性的发现则始于两位在多个科学领域跨界的法国物理学家多米尼克-弗朗索瓦・让・阿拉果（Dominique-François Jean Arago，1786—1853）和让-巴蒂斯特・毕奥（Jean-Baptiste Biot，1774—1862），他们一起研究了石英的光学活性。1811 年，阿拉果在研究中发现：当平面偏振光沿石英晶体的光轴方向传播时，其振动平面会相对原方向转过一个角度，这就是晶体中的旋光现象。同年阿拉果发明了光偏振计。毕奥还发现了偏振平面旋转方向相反的第二种形式的石英（图 3-2）。毕奥在最初的研究中就注意到了旋光与波长的依赖关系，在石英晶体的旋光色散研究中得到了满意的验证，从而得出旋光与波长平方成反比的毕奥定律。随后，毕奥观测到天然有机化合物，如松节油液体，以及樟脑的乙醇溶液、糖和酒石酸的水溶液的光学活性，但类似的溶液研究由于缺乏单色光源受到了极大的阻碍。

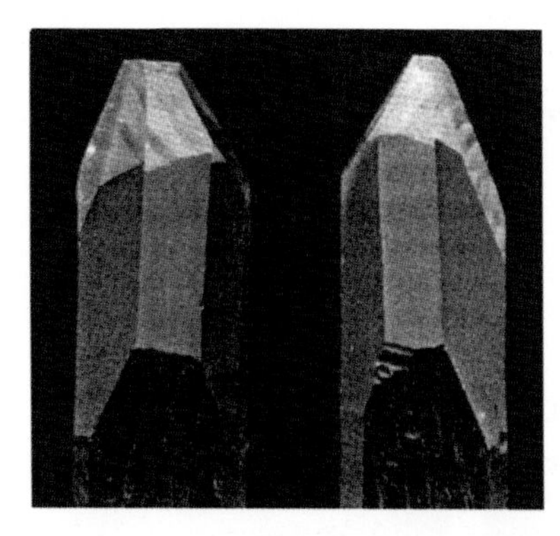

图 3-2　左旋和右旋的天然石英晶体

系统研究发现：在 27053 个天然石英晶体中，49.83%（13481 个）为左旋，50.17%（13572 个）为右旋

波动光学的奠基人之一奥古斯丁・让・菲涅耳（Augustin-Jean Fresnel，1788—1827）也是著名的法国科学家。1821 年，菲涅耳与阿拉果一起研究了偏振光的干涉，确定了光是横波。1823 年，他发现了光的圆偏振和椭圆偏振现象，用波动说解释了偏振面的旋转，并把旋光归咎于光学活性物质的圆双折射。他推出了反射定律和折射定律的定量规律，即菲涅耳公式；解释了马吕斯发现的反射光偏振和双折射现象，奠定了晶体光学的基础。

人们逐渐意识到，液态的光学活性必须存在于单个分子中，甚至当分子随机取向时也可以被观察到；石英的光学活性则是晶体结构的属性，而不是单个分子的属性，因为熔融的石英是没有光学活性的。正是由于偏振光和旋光性的发现引出了分子手性的概念。对于分子手性的认识，源于 1848 年路易斯・巴斯德（Louis Pasteur，1822—1895）对自发拆分的酒石酸铵钠盐单晶的手工分离（图 3-3）和旋光性表征[9, 10]。当毕奥得知巴斯德的实验结果时，他坚持让巴斯德当面重复这个实验。毕奥亲自配制了半面晶观不同的两种晶体的溶液，并且目睹了它们的光学活性[11]。

光学活性研究的兴起始于 19 世纪中叶，基于挪威物理学家亚当・弗雷德里克・奥拉夫・阿恩特森[Adam Frederik Oluf Arndtsen，1829—1919，图 3-4（a）]于 1858 年发表的一篇重要论文[12]。阿恩特森对（+）-酒石酸水溶液进行了研究，利用太阳光，他能够直观地测定该溶液在一些主要的夫琅禾费谱线[Fraunhofer spectral line，即 C（656 nm）、D（589 nm）、E（527 nm）、b（517 nm）、F（486 nm）

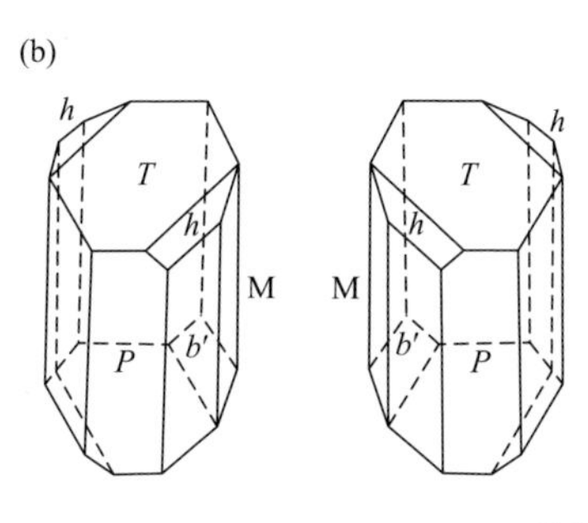

图 3-3　巴斯德（a）和他手绘的酒石酸铵钠盐晶体的草图（b）[9, 10]

巴斯德同时指出，晶体的实际形态比图示的更为复杂

和 e（438 nm）处]下的旋光度；确认并扩展了毕奥早期的发现，即（+）-酒石酸水溶液的旋光度在所研究的可见光区内有最大呈现，且随着浓度增加而红移*。这一结果使得瑞士化学家汉斯·海因里希·兰多尔特[Hans Heinrich Landolt，1831—1910，图 3-4（b）]在 1877 年引进了"反常旋光色散"（anomalous optical rotatory dispersion）的表达[13]，从此建立了对旋光色散（ORD）的描述，并于 1879 年在德国出版了第一本关于光学活性的书《有机物的旋光性及其实际应用》[14]。兰多尔特对化合物光学性质的先驱性研究和应用使他成为物理化学的奠基人之一。德国物理学家保罗·卡尔·路德维希·德鲁德（Paul Karl Ludwig Drude，1863—1906）发展了光学现象的基本电磁理论，在 1893 年提出了旋光色散的德鲁德方程[4]。

图 3-4　挪威物理学家阿恩特森（a）、瑞士化学家兰多尔特（b）和德国科学家德鲁德（c）

早在 1847 年，奥地利矿物学家和物理学家威廉·卡尔·冯·海丁格[Wilhelm Karl von Haidinger，1795—1871，图 3-5（a）]就在《物理学年鉴》上报道了

* 本书作者注：这一现象迄今未获得合理解释。

在紫水晶中观察到晶体的圆二色性[15]，1860 年，气象学之父，普鲁士物理学和气象学家海因里希·威廉·多夫［Heinrich Wilhelm Dove，1803—1879，图 3-5（b）］在同样的期刊上也报道了紫水晶在可见光区呈现对左右圆偏振光吸收的差异[16]。但多夫的实验却被意大利物理学家埃利希奥·佩鲁卡（Eligio Perucca，1890—1965）在 54 年后（1914 年）发表在《物理学年鉴》中的文章[17]否定了，他认为从多夫的实验中不能得出任何支持或反对紫水晶中存在圆二色性的结论。佩鲁卡后来声称[18]：“对紫水晶进行的研究，并没有给出任何结果，因为这种矿物的晶体构成极为复杂”。从海丁格的研究开始，时隔 158 年，直到 2005 年俄罗斯科学家才首次测得紫水晶的 ECD 谱，足以证明该实验的难度[19]。

图 3-5 （a）奥地利矿物学家海丁格；（b）普鲁士气象学家多夫；（c）生长于墨西哥的棱柱状紫水晶[20]

研究表明，像所有品种的石英一样，紫水晶［图 3-5（c）］有时也以两种手性形式存在，一种是正常的“右手”结构，另一种是在高温下自发形成的“左手”结构[21]。由于含有金属离子等杂质，紫水晶等天然宝石自然而然地被赋予了绚丽多彩的颜色。

溶液圆二色性是艾梅·奥古斯特·科顿（Aimé Auguste Cotton，1869—1951）首次发现的：1895 年，题为“某些光学活性物质对左右圆偏振光的不等效吸收”[22]和“吸收物质的反常旋光色散”[23]的两篇短文，发表在法国科学院双周刊上，作者是时年 26 岁的法国巴黎高等师范学院物理实验室博士生科顿。第一篇的描述即为现称的电子圆二色，第二篇为旋光色散。完整的 85 页论文发表于 1896 年，标题为“光学活性物质的吸收和色散研究”，总结了科顿从 1893 年到 1896 年在导师马塞尔·布里渊（Marcel Brillouin，1854—1948）和朱尔斯·路易斯·加布里埃尔·维奥莱（Jules Louis Gabriel Violle，1841—1923）指导下的研究工作[24]。基于这些重要发现，科顿于 1896 年获得博士学位。在科顿的论文中，首次考察了 Cu(Ⅱ)、Cr(Ⅲ)的酒石酸或苹果酸络合物，基于一些络合物在可见光区的吸收带呈现反常旋光色散和电子圆二色现象，这就是 1922 年被瑞士化学家伊斯雷尔·列夫席兹（Israel Lifschitz，1888—1953）命名为科顿效应（Cotton effect，CE）的一对伴生现象[2, 3, 25]。

科顿的成功在很大程度上归功于所采用光学组件的质量和他对测量设备熟练精准的搭建（图 3-6），尤其是在对极小的椭圆率的测量上，当然还有他极强的观察力及幸运选择在可见光区有吸收的待测光学活性金属络合物。1914 年，科顿指导乔治·布吕阿（Georges Bruhat，1887—1945）完成了关于圆二色性和旋光色散的博士论文工作。布吕阿后来对紫外-可见手性光谱仪器的研发做出了开创性的贡献。

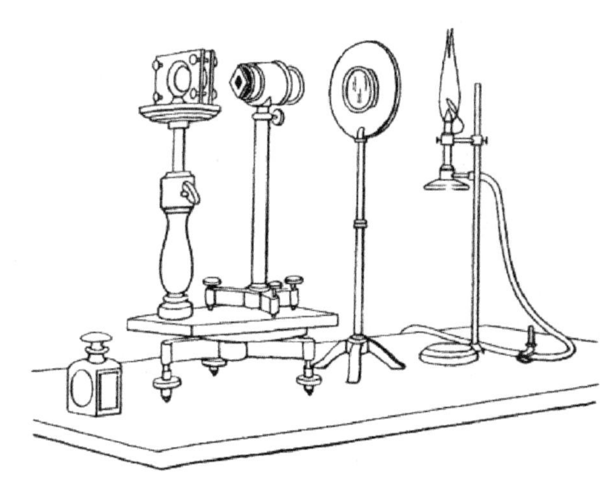

图 3-6　科顿博士论文中的手性光谱测量装置图[24]

由于紫水晶的手性光谱研究有一定困难，为了评估多夫在 1860 年的研究成果，佩鲁卡制备了一种紫水晶的替代品——染色氯酸钠晶体，将非手性的蓝色有机染料加入氯酸钠晶体生长的溶液中使晶体着色。氯酸钠和石英一样，在自发结晶状态下形成的块状四方形单晶具有手性（图 3-7），佩鲁卡观察到透明的手性晶体诱导出非手性染料的光学活性，获取了线性偏振光通过染色氯酸钠晶体的实验结果，并于 1919 年首次报道了这种染色晶体在可见光区的反常旋光色散现象[18]，此发现于 2009 年被美国化学家巴特·卡尔（Bart Kahr）采用自制的圆二色谱成像显微镜的实验所证实（图 3-8）[26, 27]。

反常旋光色散和电子圆二色性是互相关联的现象。但因为旋光色散是与折射率相关的现象，旋光色散谱可以出现在所有波段，而电子圆二色谱则仅限于有吸收带的波长区域。直到 20 世纪 60 年代，单一波长下的旋光度测量仍是研究光学活性的主要方法。

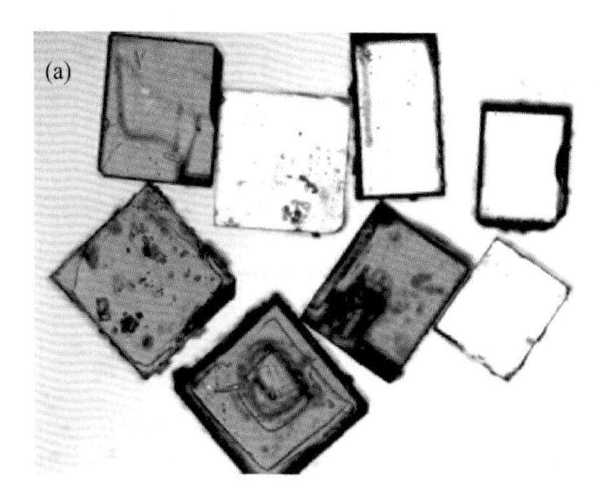

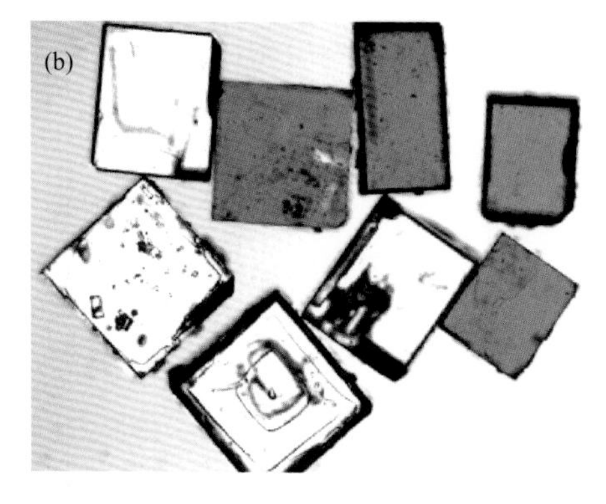

图 3-7 在偏光显微镜下观察的四方形氯酸钠晶体（中国科学院大学何裕建教授供图）

（a）检偏镜顺时针旋转时 L-晶体显蓝色，D-晶体显白色；（b）检偏镜逆时针旋转时 L-晶体显白色，D-晶体显蓝色

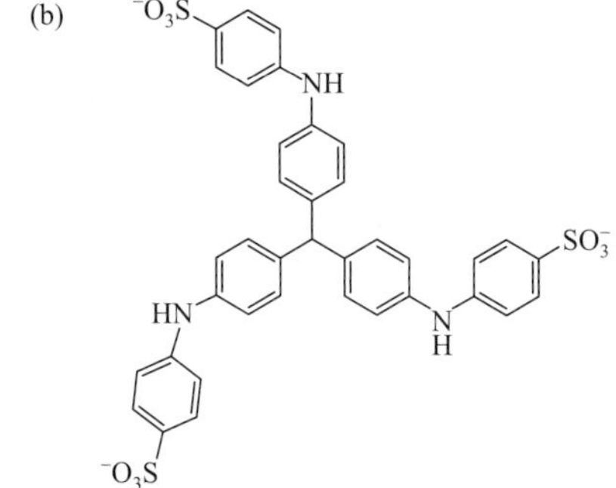

图 3-8 美国化学家卡尔培养的染色氯酸钠晶体（a）和苯胺蓝染料的结构式（b）[26]

2. 旋光和电子圆二色理论研究的发展

尽管 1895 年发现的科顿效应轰动一时，但由于仪器制备技术的限制，一直到 20 世纪 20 年代才由几位欧洲科学家，如法国的布吕阿，英国剑桥的物理化学家、法拉第学会的创始人托马斯·马丁·劳里（Thomas Martin Lowry，1874—1936），当时在德国卡尔斯鲁厄理工学院工作的瑞士物理化学家维尔纳·库恩（Werner Kuhn，1899—1963），以及在荷兰格罗宁根大学建立手性光谱中心的列夫席兹等，实现了在紫外-可见-近红外区进行手性光谱测量[3, 4]。除了命名科顿效应外，列夫席兹还是第一个系统研究科顿效应的实验数据与手性化合物中的化学键关联的科学家。1929 年，比利时物理学家莱昂·罗森菲尔德（Léon Rosenfeld，1904—1974）用量子力学处理旋光问题[28]，所得罗森菲尔德方程是现代旋光理论的基础（图 3-9）。1936 年，库恩对（−）-2-丁醇和乳酸绝对构型的计算开启了一个新纪元[29]。

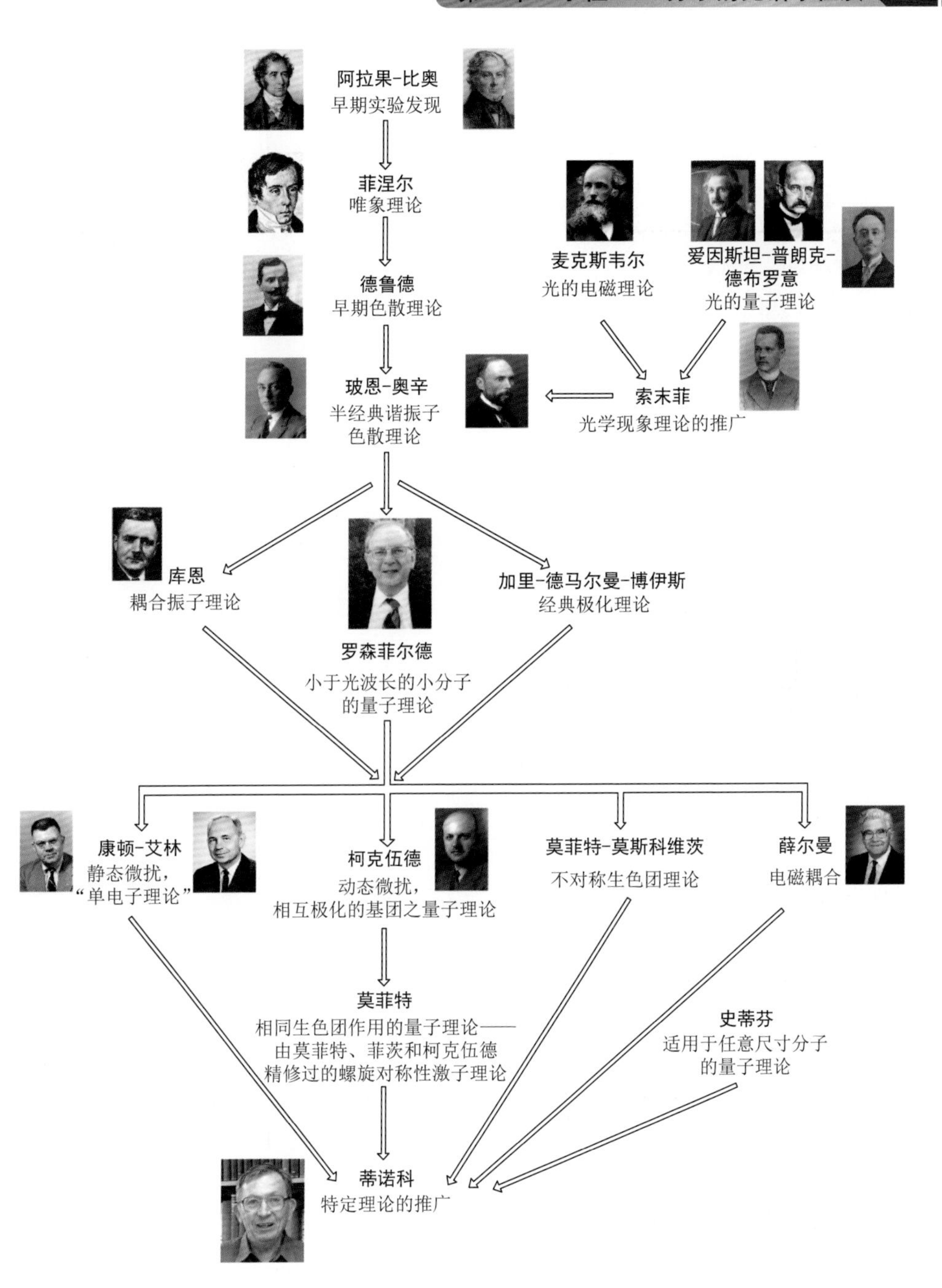

图 3-9　手性光谱理论研究发展的群英谱

据文献记载，在英国伦敦伯灵顿公馆曾经于 1914 年、1930 年和 1966 年召开过三次手性光谱会议。前两次均为法拉第学会组织的法拉第学术讨论会，分别由亨利・爱德华・阿姆斯特朗（Henry Edward Armstrong，1848—1937）和劳里主持（图 3-10），在英国化学会会议室举办，讨论的主题都是“optical rotatory power”。劳里及来自法国的科顿携其学生埃米勒・欧仁・达尔莫瓦（Émile Eugène Darmois，1884—1958）、布吕阿等都出席了这两次会议，库恩参加了 1930 年的会议，俄罗斯化学家列夫・亚历山德罗夫・秋加叶夫（Lev Alexandrovitsch Tschugaev，1873—1922）虽然没有参加 1914 年的会议，但是他提交了一篇关于反常旋光色散的论文[30]。秋加叶夫从 1909 年开始发表一系列反常旋光色散的论文，他与布吕阿合作，首次测得了有机化合物的圆二色光谱，此结果在 1932 年被劳里的重复实验所证实[3]。

图 3-10 欧洲手性光谱学术谱系

第三次研讨会由英国皇家学会组织，主题为“circular dichroism”。后两次会议与第一次会议的时间间隔分别为 16 年和 52 年，非比寻常的漫长时间跨度和图 3-9 所示的学术传承表明：科学家对自然光学活性的认知程度与经典物理光学及量子力学的发展交织在一起。开幕式和闭幕式分别由先后担任伦敦大学学院化学系系主任的罗纳德・悉尼・尼霍姆（Ronald Sydney Nyholm，1917—1971）院士和他的导师克里斯托夫・凯尔克・英戈尔德（Christopher Kelk Ingold，1893—1970）院士主持。尼霍姆指出：一个多世纪前，人们发现了光学活性与立体化学之间的一般关系[31]，并将这一现象广泛用于阐明化学结构。然而，对于不对称分子和络合物的旋光色散和圆二色性的电子基础的理解，直到最近才有了令人满意的结果。光谱理论的现代发展，以及用于该领域研究的商品化仪器的出现，使研究者能够预测分子的绝对构型。圆二色谱和旋光色散技术在确定相关立体化学和研究构象效应方面也有很大价值。在闭幕致辞中，英戈尔德教授精辟地总结了手性光学现象近 150 年的研究历史[32]：从 1811 年阿拉果发现石英晶体的旋光，以及 1815 年毕奥发现天然有机化合物的溶液也有光学活性开始，可以将人们对手性光学现象的认识划分为 6 个确定的时期，每个间隔约 30 年。他依次总结了每个时期最有代表性的重要工作，认为里程碑的工作就是罗森菲尔德在 1929 年发表的权威性文章，并意味深长地指出：光学活性是谱学的一个分支，它的理论处理就是量子理论的一部分。

从图 3-9 可以看到，在欧洲，经典电磁理论研究的势头曾经将旋光度理论研究向前推进了一段时期（20 世纪的头 30 年），但不得不指出，由罗森菲尔德开发的旋光度量子力学方程，当时实施起来实在太困难了[33]。20 世纪 50～60 年代，英国手性光谱学家斯蒂芬·梅森（Stephen Mason，1923—2007）在英国埃克塞特大学展开了卓有成效的实验和理论 ECD 光谱研究，搭建了一台 ECD 光谱仪，首次测得了三（乙二胺）合钴络合物的单晶 ECD 光谱[34]。梅森在 1966 年举行的圆二色研讨会上指出：后来的手性光谱理论研究的重大进展主要来自美国，罗森菲尔德方程被科学家应用到具体的物理模型中[35]。美国的理论物理化学家在 20 世纪 30 年代后期非常活跃，如约翰·甘布尔·柯克伍德（John Gamble Kirkwood）、爱德华·乌勒·康登（Edward Uhler Condon）、亨利·艾林（Henry D. Eyring）、沃尔特·考兹曼（Walter Kauzmann）等先后提出了不同的光学活性理论模型；威廉·莫菲特（William Moffitt）、艾伯特·莫斯科维茨（Albert Moscowitz）、约翰·薛尔曼（John Schellman）和伊格纳西奥·蒂诺科（Ignacio Tinoco）等具有量子力学背景的美国物理学家和物理化学家都各自做出重要的贡献。1939 年，芝加哥大学的罗伯特·桑德森·马利肯（Robert Sanderson Mulliken）发起了对多原子分子电子光谱理论方面的冲击。与此同时，徐光宪的导师，美国哥伦比亚大学的贝克曼教授对旋光度测试中的溶剂效应，也有自己独到的见解[36]。

显然，到了 1935 年左右，已经可以对大多数有机和无机生色团进行科顿效应测量。令人惊讶的是，尽管物理化学家已经证明科顿效应研究在各类化合物中的可行性，而且似乎对这一结果感到满意，但整个化学界却迟迟没有利用手性光谱技术，特别是有机化学家。与此同时，光学仪器在手性光谱学测量方面的进展也放缓了。因此，在 20 世纪 30 年代初手性光谱学的研究出现了一定的高潮，随后却近乎停滞，这可能与第二次世界大战中科学家遭到纳粹迫害以及秋加叶夫、劳里、布吕阿等有才华的理论和实验手性光谱学家的相继离世有一定关系[3]。

1979 年，美国化学家艾略特·查尼（Elliot Charney）在他的手性光谱专著[37]中给予罗森菲尔德极高的评价：“在持续发展的手性光谱学理论所构筑的知识体系中，如果要从中选出对我们现有认知影响最深远的某个工作，必然是罗森菲尔德对光学活性量子起源的研究”。而在更早的 1951 年 3 月，徐光宪仅用两年时间完成的题为“旋光的量子化学理论”博士论文，首次验证了罗森菲尔德的旋光性量子化学理论。徐光宪利用自己构建的三中心模型，揭示了化学键四极矩对分子旋光性的主导作用，解决了前两次法拉第会议都未能解决的预测旋光强度难题。1955 年，已经归国的徐光宪在自己博士论文工作基础上写成了“旋光理论中的邻近作用”一文，发表于《化学学报》[38]。徐光宪独辟蹊径的出色博士论文工作得到了贝克曼教授的肯定，但可能是因为在博士论文答辩后匆匆回国，没来得及将博士论文整理成文章在国际期刊发表，此后他立足国家需要，多次转变科研方向并相继取得一系列重大成果，再也没有机会涉足这个方向[39]，因此未获得该领域科学家的跟进和关注。

回顾科学家对自然光学活性认知程度的螺旋形上升与经典物理光学及量子力学、量子化学发展过程的纠缠交织，终于可以理出手性光谱理论发展的一条比较清晰的脉络（图 3-9）。量子力学与手性光谱理论相伴而生、相辅相成、密不可分。在崎岖的科学道路上一路走来，阿拉果、比奥、菲涅尔、海丁格、巴斯德、阿恩特森、兰多尔特、多夫、德鲁德、爱因斯坦、玻恩、库恩、科顿、布吕阿、列夫席兹、劳里、秋加叶夫、佩鲁卡、罗森菲尔德、康登、艾林、考兹曼、薛尔曼、柯克伍德、莫菲特、莫斯科维茨、徐光宪、梅森、查尼、蒂诺科、斯蒂芬斯等，穷尽一生的修炼和拼搏，成为全能科学大家。我们欣喜地发现，在这份长长的科学群英谱中，也闪耀着中国科学家徐光宪的名字！

3. ORD 和 ECD 光谱的原理[4, 37, 40-43]

虽然旋光色散和圆二色的发现已经有 100 多年的历史，但直到 20 世纪中叶，化学领域的大多数应用都只是利用可见光区单波长的旋光度测试，通常采用 589 nm 的钠灯为光源。在 20 世纪 50 年代初，通过研发常规测量旋光色散的仪器，给手性分子的研究带来了一场革命：由于电子学的发展，特别是光电倍增管的出现，才使可见和紫外光谱的记录不再依赖于照相板的使用；20 世纪 60 年代初，在适当的频率下将入射偏振光在右圆和左圆之间切换的电光调制器（electro-optic modulator，EOM）问世后，常规测量电子圆二色的仪器得到了发展[6]，特别是 20 世纪 70 年代以来光弹调制器（photoelastic modulator，PEM）的应用使 CD 技术得到关键改进。

描述测量 ECD 或 VCD 光谱所需的光路如下所示[44]：

光源 ⟶ 偏振器 ⟶ 调制器 ⟶ 样品 ⟶ 检测器

调制器一般分为光弹与电光两类[45]。PEM 的基本原理，是利用 ZnSe 或石英等材料，通过电压驱动的压电材料（如压电陶瓷）在各向同性的光学材料（如熔石英）上施加不同的机械力，使得该光学材料的双折射性能发生改变，当不同方向的偏振光的电场相差正好等于 π/2 时，产生圆偏振光，这样就达到了光学和弹力的相互作用，故称光弹调制器。EOM 则是利用如磷酸二氢钾（KDP）等晶体，当向其施加高压，使得不同偏振方向光的电场相差为 π/2 时，便产生了圆偏振光。

不难理解为何手性光谱（ORD 和 ECD）研究的振兴发生在 1950～1960 年间[3]，因为：①1951 年荷兰化学家约翰内斯·马丁·比约特（Johannes Martin Bijvoet，1892—1980）开创性地发展了 X 射线衍射方法确定分子的绝对构型[46]；②1955 年商品化的 ORD 光谱仪研制成功，1960 年第一台商品化的同时能测 ORD 和 ECD 的光谱仪问世，方便科学家对 ORD 和 ECD 光谱展开系统研究；③人们对天然产物和光学活性产生了越来越大的兴趣。

前已述及，对手性光谱的研究最早源自对旋光现象的观察，人们最初观察到石英晶体的旋光现象，之后对紫水晶的圆二色现象也有察觉，再后来是科顿用现场制备的酒石酸铬（III）钾络合物溶液，首次获得了 ECD 和反常 ORD 光谱［图 3-11（a）］[3]。当时的实验条件不具备进行波长扫描，只能根据可见光区一些

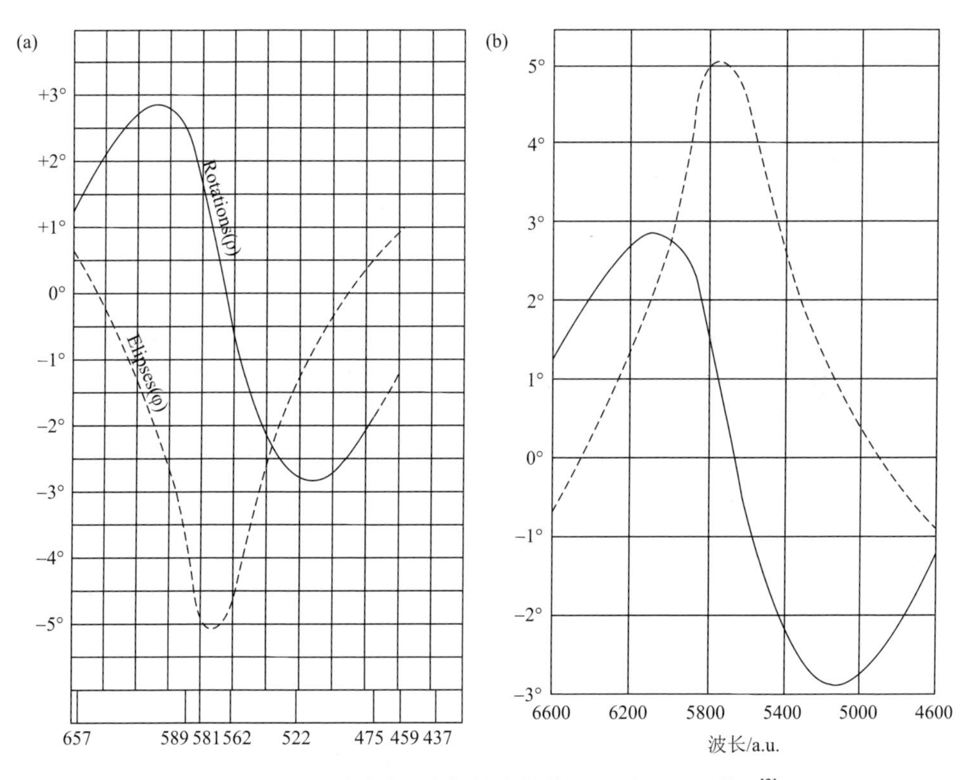

图 3-11　酒石酸铬（III）钾络合物的 ECD 和 ORD 谱图[3]

（a）科顿于 1896 年报道的谱图；（b）Mitchell 报道的谱图[47]

个别波长（在本生炉中加热锂、钠和铊等金属盐作为单色光源）的观测结果生成的若干 ECD 和 ORD 数值来绘制手性光谱。仔细观察图 3-11，可以发现（a）和（b）两个图是不一样的，在它们所呈现的科顿效应中，反常 ORD 的“S”形曲线是相同的，而相应的 ECD 曲线却呈现相反的方向，这就引起了一些混乱。科顿本人在两年后的一篇论文中纠正了图 3-11（a）的错误。Laur 认为[3]：科顿在 1898 年以前发表的所有椭圆度*的符号都应该倒置。虽然 1933 年斯托德·托马斯·理查德·史密斯·米切尔（Stotherd Thomas Richard Smith Mitchell，1897—1980）在其专著《科顿效应及其相关现象》[47]中给出正确的 ECD 曲线[图 3-11（b）]，但没有给予任何评论。酒石酸络合物溶液的不稳定性，可能导致科顿效应的反转，这也是两个谱图存在不一致的可能原因，因此后来的科学家对早期报道的 ORD 和 ECD 数据持谨慎态度。1932 年，库恩非常仔细地重复了科顿的工作，发现它是完全正确的[48]，尽管科顿初创的经典手性光谱图并不那么完美。

迄今，ECD 光谱的数据层出不穷，稍许具备对 ECD 和 ORD 这一对科顿效应认知的读者，应该能直接判断科顿在 1896 年报道的谱图是部分错误的。以下对 ORD 和 ECD 光谱的原理做出简要介绍。

光是一种电磁波，其振动方向与传播方向相互垂直，沿四面八方传播。当光通过偏振片后会生成平面偏振光。当平面偏振光射入某一含不等量对映体手性化合物样品时，组成平面偏振光的左右圆组分不仅传播速率不同，而且被吸收的程度也可能不同。前一性质在宏观上表现为旋光性，而后一性质则被称为圆二色性。因此，当含生色团的手性分子与左右圆偏振光发生作用时会同时表现出旋光性和圆二色性这两种相关现象。

一束平面偏振光可以看作是由两个速度、振幅相同但螺旋方向相反的圆偏振光叠加而成。根据圆偏振光电矢量旋转方向的不同，可以将其区分为左圆偏振光和右圆偏振光。两圆偏振光组分彼此对映，互为镜像。当手性物质对左右圆偏振光的吸收程度不同（$\Delta\varepsilon = \varepsilon_l - \varepsilon_r$）时，不仅会使偏振光的偏振平面发生旋转，而且还会改变左右圆偏振组分的振幅，使得出射的左右圆偏振光的电矢量和沿椭圆轨迹移动，成为椭圆偏振光（图 3-12）。对于确定的光学纯手性化合物，特定条件下的椭圆度θ在某波长处是一个定值。将椭圆度θ或 $\Delta\varepsilon$ 对波长作图，即得到圆二色光谱。

旋光仪测量的基本原理为：来自光源的各向同性自然光被偏振器调制为线偏振光后，通过手性介质，所得旋光度信号被光电倍增管所检测。图 3-13 给出了旋光仪的工作原理示意图。商品化的旋光仪所提供的光源有钠灯、汞灯或卤素灯，可选波长通常有 589 nm、577 nm、546 nm、436 nm、406 nm、365 nm 和 325 nm 等，但是普通旋光仪一般只提供标准波长 589 nm（钠 D 线）。

---

* 本书作者注：即圆二色。

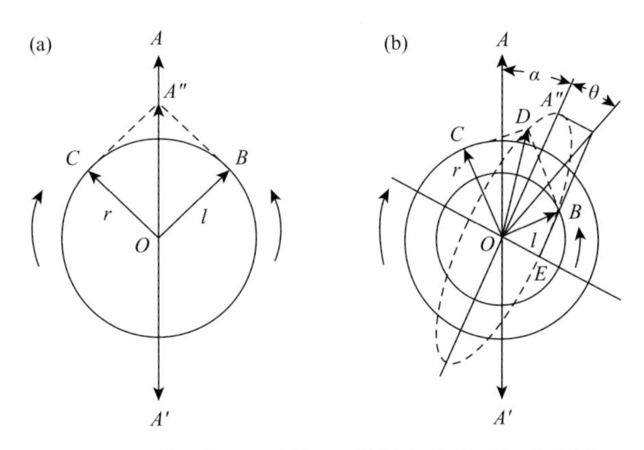

图 3-12　椭圆偏振：偏振面旋转和左右圆组分吸收

（a）入射平面偏振光的左右圆组分；（b）出射左右旋椭圆组分的加和及偏振光平面的旋转。*OB* 表示被吸收后左圆偏振光的振幅；*OC* 表示被吸收后右圆偏振光的振幅；*OD* 表示 *OB* 和 *OC* 的矢量和；*θ* 为椭圆偏振光的椭圆度

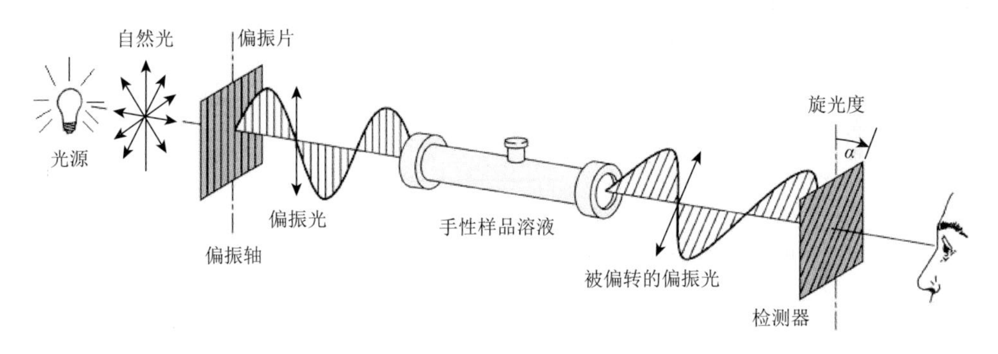

图 3-13　旋光仪的工作原理示意图

旋光性的一个显著特征是，同一手性物质对于不同波长的入射偏振光有不同的旋光度，其几乎与波长的平方成反比。例如，在透明光谱区，同一手性物质对紫光（396.8 nm）的旋光度大约是对红光（762.0 nm）旋光度的四倍，这就是旋光色散（ORD）现象。旋光度 α 与波长 λ 的定量关系大致可以表示为

$$\alpha = A + \frac{B}{\lambda^2} \tag{3-1}$$

式中，A 和 B 是两个待定常数。

旋光色散现象的起因是：入射平面偏振光中的左、右圆组分在手性介质中的折射率 n_l 和 n_r 不同（$n_l \neq n_r$）而产生圆双折射 Δn，而且折射率还与波长有关，即手性介质的 Δn 会随波长发生变化，因此，旋光度将随入射偏振光的波长不同而不同。以比旋光度[α]或摩尔旋光度[M]对平面偏振光的波长或波数作图称为 ORD 曲线。旋光色散和圆双折射现象也可用式（3-2）表示：

$$\alpha = \frac{\pi}{\lambda}(n_l - n_r) \tag{3-2}$$

玻尔兹曼的研究结果表明，旋光度相对于波长的色散，有望遵循$[(B/\lambda^2)+(C/\lambda^4)+\cdots]$这一形式的关系，而不是简单的反平方定律或与波长无关的关系式。在发展光学现象的基本电磁理论时，德鲁德在1893年表明，玻尔兹曼的关系式代表了一般ORD方程扩展的初始项，以$1/\lambda^2$的升幂表示德鲁德方程：

$$[M]_\lambda = \sum_m \frac{K_m}{\lambda^2 - \lambda_m^2} \tag{3-3}$$

式中，$[M]_\lambda$是测试波长λ处的摩尔旋光度；λ_m是与带电粒子或粒子发生共振相互作用的辐射波长；K_m是该特征振动的分子旋转常数。德鲁德方程解释了在λ_m处ORD的符号反转，相应的分子旋转常数K_m的符号反映了λ_m处ECD吸收的符号。因此，将ECD吸收和ORD同化成光学活性的一般分子模型，德鲁德前瞻性地为实验观察到的旋光特性与手性对映体的绝对立体化学构型关联规划了一个模型。根据德鲁德模型，手性分子中的带电粒子在与辐射场相互作用时，立体化学上被约束为螺旋振荡，要么在λ_m处发生共振，能量从辐射场中摄取或给予辐射场，要么在透明波长区发生非共振偏振。

然而，应用于正常旋光色散的德鲁德方程在吸收区的λ_m处不成立[49]，因为在λ_m处测得的实测旋光度并没有接近于正负无穷大，即带来所谓“共振灾难”（resonance catastrophe）[37]。如图3-11所示：在共振频率λ_m或其附近，反常ORD谱带平滑地通过零点。为了与实验相一致，可借用束缚电子的经典理论，假设电子在被光激发时服从胡克定律的阻尼运动，该运动及其产生的旋光色散可以通过在式（3-3）的分母中插入一个阻尼参数来模拟阻尼运动[37]。虽然引入这个参数是人为的，但并不是没有实验或理论上的依据。从实验的角度来看，它是合理的，因为所得到的修正方程消除了“共振灾难”，并且定量和相当准确地重现了旋光色散的实验值。理论上，它来自被电磁场扰动电子的经典运动方程。虽然这个经典的图像可能与现实相差甚远，但它的一些后果都与更真实的量子图像密切相关。

旋光度的单电子理论是由罗森菲尔德对经典ORD方程和它们所依据的电磁理论进行广义量子力学重述后提出的[28]。罗森菲尔德给出了德鲁德方程[式(3-3)]的量子力学模拟[38]：

$$[M] = \frac{288\pi^2 N}{\lambda^2}\frac{n^2+2}{3}\beta \tag{3-4}$$

$$\beta = \frac{c}{3\pi h}\sum_b \frac{\mathrm{Im}\left\{\langle a|\hat{\mu}|b\rangle \cdot \langle b|\hat{m}|a\rangle\right\}}{\nu_{ab}^2 - \nu^2} = \frac{c}{3\pi h}\sum_b \frac{R_{ab}}{\nu_{ab}^2 - \nu^2} \tag{3-5}$$

式中，$[M]$是摩尔旋光度；N是阿伏伽德罗常量；n是折射率；λ是所用偏振光的波长；ν是它的频率；β是分子旋光参数（molecular rotatory parameter）；c是光速；

h 是普朗克常量；$\langle a|\hat{\mu}|b\rangle$ 是基态 a 与激发态 b 之间电偶极跃迁矩的矩阵元 $\boldsymbol{\mu}$；$\langle b|\hat{m}|a\rangle$ 是磁偶极跃迁矩的矩阵元 $\boldsymbol{m}$；ν_{ab} 是 a 与 b 之间跃迁的特征频率；$\sum$ 是各种可能导致旋光的激发态 b 加和；Im{}是括号内的复数的虚数部分。

在随机取向的分子集合中，旋转强度 R_{ab} 由磁偶极跃迁矩和电偶极跃迁矩的标量乘积的虚部给出：

$$R_{ab} = \mathrm{Im}\{\langle a|\hat{\mu}|b\rangle \cdot \langle b|\hat{m}|a\rangle\} \tag{3-6}$$

为方便应用，R_{ab} 可以另表示为

$$R_{ab} = \boldsymbol{\mu} \cdot \boldsymbol{m} \cos\theta \tag{3-7}$$

式中，θ 是两个跃迁矩方向之间的角度：$\theta = 0^\circ$，$\cos\theta = 1$，$R>0$；$\theta = 90^\circ$，$\cos\theta = 0$，$R = 0$；$\theta = 180^\circ$，$\cos\theta = -1$，$R<0$，见图 3-14。

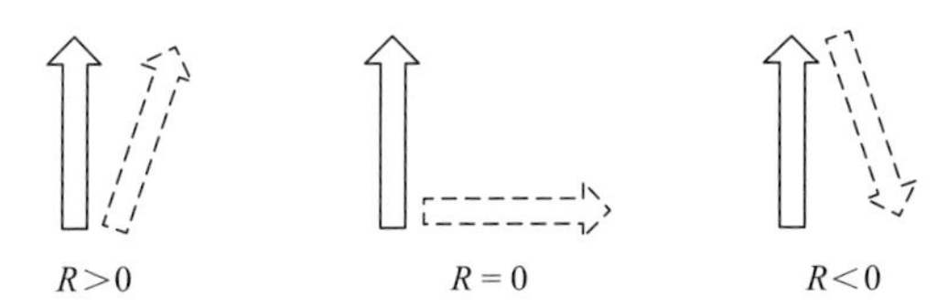

图 3-14　旋转强度的符号由电偶极跃迁矩和磁偶极跃迁矩之间的角度决定

手性物质的 ORD 谱可分为两种类型：正常 ORD 谱和反常 ORD 谱。对于某些在 ORD 谱测定波长范围内无吸收的手性物质，如某些饱和手性碳氢化合物或石英晶体，其旋光度的绝对值一般随波长增大而变小。旋光度为负值的化合物，ORD 曲线从紫外到可见光区呈单调上升；旋光度为正值的化合物，ORD 曲线从紫外到可见光区呈单调下降。两种情况下都逼近零线，但不与零线相交，即 ORD 谱只是在一个相内延伸，既没有峰也没有谷，这类 ORD 曲线称为正常的或平坦的旋光谱。图 3-15 给出正常 ORD 谱的例子。

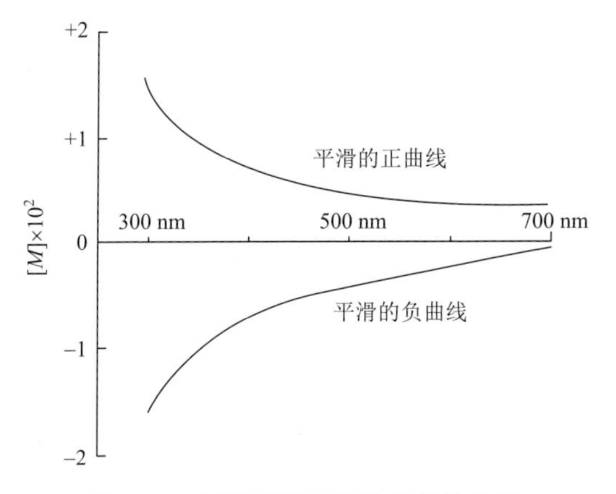

图 3-15　透明光谱区的旋光色散曲线

当手性物质存在 UV-Vis-NIR 生色团，在 ECD 光谱测定波长范围内有吸收时，则原先在电子吸收带附近处于单调增加或减少中的摩尔旋光度或比旋光度$[\alpha]$，可以在某一个波长内发生急剧变化，并使符号反转，该现象被称为反常色散（anomalous dispersion）。与图 3-15 所示的正常 ORD 曲线相比，理想的反常 ORD 曲线通常呈现极大值、极小值及一个拐点，如图 3-16 中的虚线（- - -）所示，因此认为反常 ORD 曲线呈 S 型。它的起因可能是在 λ_0 处圆双折射 Δn 值的突变，一般在吸收光谱的最大吸收 λ_{max} 处可以观察到反常色散曲线的拐点*；还有另一种说法认为，反常 ORD 曲线就像 ECD 曲线的一阶导数，在 ECD 的极大吸收处出现拐点。呈现反常色散的场合，同时可以看到圆二色性，即 ECD 曲线通常在吸收光谱的 λ_{max} 附近出现 $\Delta\varepsilon$ 绝对值极大（呈峰或谷），或可能将吸收峰分裂为一正一负两个 ECD 谱峰。反常 ORD 曲线的摩尔振幅 a 由式（3-8）给出：

$$a = \frac{\left|[M]_1\right| + \left|[M]_2\right|}{2} \tag{3-8}$$

式中，$[M]_1$ 是反常色散波峰处的摩尔旋光度；$[M]_2$ 是反常色散波谷处的摩尔旋光度。

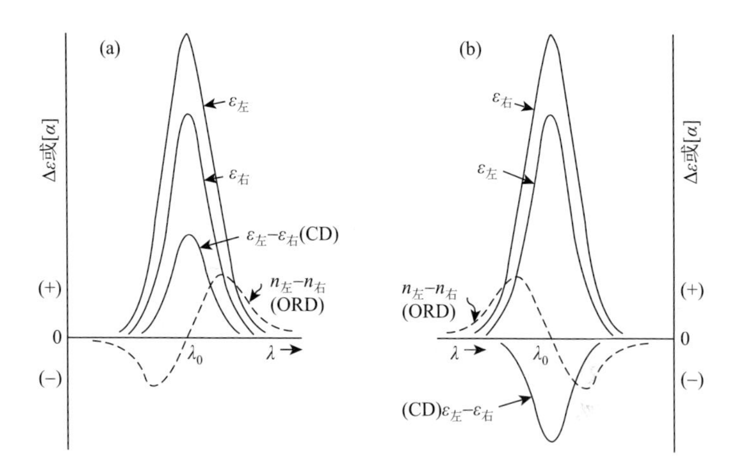

图 3-16 在 λ_0 处具有最大吸收的一对对映体的理想圆二色和反常旋光色散曲线

（a）正科顿效应；（b）负科顿效应

有些手性化合物同时含有两个以上不同的生色团，其反常 ORD 曲线可有多个波峰和波谷，呈现复杂的科顿效应，被黄鸣龙先生称为复合 ORD 曲线（图 3-17）[50]。

---

* 由于吸收谱带和 ORD 曲线的形状并不是严格对称的，因此这个拐点并不一定与 λ_0 完全一致。

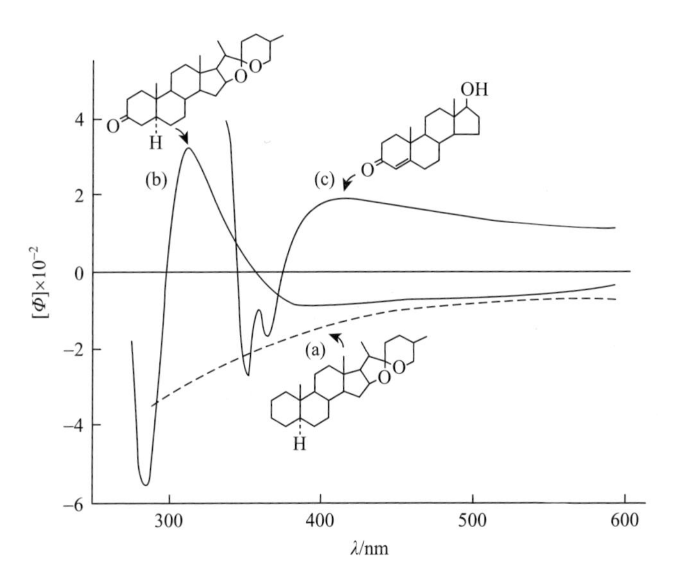

图 3-17　具有正常 ORD（a）、反常（或单纯）ORD（b）和复合 ORD（c）曲线的三个实例[50]

ECD 和反常 ORD 是同一现象的两个表现方面，它们都是手性分子中的不对称生色团与左右两圆偏振光发生不同的作用引起的。ECD 光谱反映了光和分子间的能量交换，因而只能在有最大能量交换的共振波长范围内测量；而 ORD 主要与电子运动有关，即使在远离共振波长处也不能忽略其旋光度值。因此，反常 ORD 与 ECD 是从两个不同角度获得的相关信息，如果其中一种现象出现，对应的另一种现象也必然存在，它们一起被称为科顿效应。如图 3-16 所示，正科顿效应相应于在 ORD 曲线中，在吸收带极值附近随着波长增加，$[\alpha]$从负值向正值改变（相应的 ECD 曲线中 $\Delta\varepsilon$ 为正值），负科顿效应的情形正好相反。同一波长下互为对映体的手性化合物的$[\alpha]_\lambda$值或 $\Delta\varepsilon_\lambda$值，在理想情况下绝对值相等但符号相反；一对 ECD（或反常 ORD）曲线互为镜像。

根据实验测得的椭圆度θ_λ，可采用式（3-9）计算特定波长处的 $\Delta\varepsilon_\lambda$。商用 ECD 光谱仪自带软件可以根据浓度和光程设置对整条 ECD 曲线进行计算，从而给出 $\Delta\varepsilon$-λ 的 ECD 谱图。

$$\Delta\varepsilon_\lambda = [\varepsilon_l(\lambda) - \varepsilon_r(\lambda)] = \frac{\theta_\lambda}{3298.2 \times c \times l \times 10} \tag{3-9}$$

式中，θ_λ是实测椭圆度，mdeg；c 是手性样品溶液摩尔浓度，mol/L；l 是样品池长度，cm；$\Delta\varepsilon_\lambda$是介质对左右圆偏振光的摩尔吸光系数之差，L/(mol·cm)；$\varepsilon_l(\lambda)$是介质对左圆偏振光的摩尔吸光系数，L/(mol·cm)；$\varepsilon_r(\lambda)$是介质对右圆偏振光的摩尔吸光系数，L/(mol·cm)。

将手性化合物的科顿效应与其吸收光谱直接关联，对于研究手性化合物具有一定的实用价值。文献上对科顿效应的定义大同小异，所有这些定义都强调吸收区的反常旋光色散和圆二色性构成了科顿效应。然而，起初科顿效应这个词只是被松散地用来描述“反常”的旋光特征，因为在科顿效应发现之后的几十年里，可用的数据大多数限于旋光度。自 ECD 光谱仪问世以来，ECD 光谱技术得到越来越广泛的应用，因蕴含丰富的手性立体化学信息，使其成为研究手性化合物立体化学和电子跃迁能级细节的一个有力工具，迄今仍不失为主流的手性光谱研究手段。特别在近几十年来，当 ORD 有效地让位于 ECD 时，这个术语通常只指 ECD 曲线，或可进一步拓展至 VCD 领域。

4. ORD 和 ECD 光谱的应用

ORD 和 ECD 光谱主要应用于手性分子构型或构象的确定。一般而言，测定手性化合物绝对构型的物理方法主要有两种；X 射线衍射法（直接法）和利用集成手性光谱中的科顿效应关联法（间接法）。用 X 射线衍射法测定手性化合物的绝对构型可作为仲裁。必须指出，对于手性化合物在溶液中的构型或构象测定，并没有像 X 射线衍射那样的直接方法可被应用，集成的手性光谱学方法（ORD、ECD、VCD 和 ROA 等实验光谱及其相关的理论计算）通常是在溶液状态下确定手性化合物基态绝对构型的唯一手段。

1）罗森菲尔德方程的应用[39]

1955 年，徐光宪在“旋光理论中的邻近作用”一文中指出[38]：“在巴斯德以后的近百年中，实验材料有了大量的积累，但是究竟哪些因素决定分子旋光度的符号和数值，如何根据分子的结构计算旋光度等理论问题，迄今尚未满意解决。罗森菲尔德方程是任何现代的旋光理论的基础，由此可以导出巴斯德的结论并解释旋光色散现象。但是要进行旋光度的定量计算，还必须有一个恰当的分子模型”。

罗森菲尔德活学活用量子力学理论，将在紫外-可见光区旋光度的产生归因为，在手性分子中，由于不对称势场的微扰作用，生色团电子的始态和终态会有所改变，由此产生旋光现象，并推导总结出罗森菲尔德方程[式（3-4）]。这是 20 世纪手性光谱科学史上的一件了不起的大事，而能否证实旋光度的理论计算成了检验罗森菲尔德理论的关键！

贝克曼教授当时给徐光宪的博士论文选题，试图用罗森菲尔德方程来计算旋光色散曲线，研究不同的化学键，如碳-碳键、碳-氯键、碳-氧键等对生色团中心的微扰，解释这种微扰如何使分子具有旋光活性的作用机制，并将计算值与实验值进行比较。

在徐光宪之前，曾有一位研究生对该题目进行过探讨，花了两年时间，用不同化学键的偶极矩来计算，计算结果比实验值小两个数量级，即相差 100 倍，与实验数据不符，因为课题难度太大而放弃了博士学位。徐光宪自信地说：“外国人做不出来，不见得我也做不出来，我还是接了这个题，采取了另外一条道路，我自己把它做出来了。所以，这些方面呢，要有超越外国人的自信”。

题目接下来后，徐光宪设想了这样一个模型，即碳-碳键中间是电子云，两个碳原子带正电荷，中间的电子云带两个负电荷，这就构成一个化学键的“三中心模型”。该三中心模型不仅能表达化学键的偶极矩，还能表达四极矩、八极矩等，而计算旋光度的邻近作用则比用四极矩、八极矩等的计算方法简便得多。徐光宪利用他构建的三中心模型，通过计算得到旋光色散曲线，该曲线与实验曲线比较，数值结果在数量级上符合，只有 20%～30%的误差，因而首次验证了罗森菲尔德关于旋光的量子化学理论。1951 年 3 月 15 日，徐光宪通过了博士论文“旋光的量子化学理论”（论文英文题目：Theory of optical rotatory power）的答辩，成绩优秀，获得了物理化学博士学位。

1955 年发表的“旋光理论中的邻近作用”一文揭示了化学键四极矩对分子旋光性的主导作用[38]。在旋光理论的邻近作用上，徐光宪解释了前人对旋光度的计算结果远小于实验值的主要原因，在于导致物体的旋光现象的邻近作用不应是分子中的各个原子，而应是各化学键对于生色团电子的微扰作用；提出在旋光度的计算中，共价单键可以看作由两个处于键端的正电荷和一个以单中心状态函数表示的电子云所组成。徐光宪因此解决了 1914 年和 1930 年的两次法拉第会议都未能解决的预测旋光强度难题。对理论计算感兴趣的读者，可以参考徐光宪先生的原文[38]。

2）ECD 光谱的科顿效应关联法

由于具有“相似结构”化合物的微小几何和电子（结构）变化对手性光学性质的影响很小，经验关联法可通过比较一个手性化合物与具有类似结构（包括类似的立体和电子结构）的已知绝对构型的化合物在对应的电子吸收带范围内的科顿效应（反常 ORD 和 ECD 皆可，但通常特指某一 ECD 吸收带）来指定其绝对构型。因此，利用 CE 关联法可以间接确定手性化合物的绝对构型。特别对于一些难以或暂时不能获得合适单晶的手性化合物，它们的绝对构型可以通过关联法来给予指认。

迄今，将绝对立体化学与 CE 符号相关联的半经验规则主要有两类：分区规则（如“八区律”）和螺旋规则。分区规则适用于非手性生色团；而螺旋规则适用于手性生色团。

可用于绝对构型关联的科顿效应主要是指手性化合物的一些特征电子跃迁在 ECD 光谱中的呈现。基于对称性考虑，可将应用于 ECD 测试的有机化合物的生色团分为两大类[51]：一类为对称的固有非手性生色团，如羰基和羧基官能团等，在“手性微扰”的电子激发过程中，含有这类生色团的手性分子由于该生色团被“手性微扰”而呈现 CE，这些微扰是由于生色团邻位的取代基或分子骨架本身的作用而引起，使电子跃迁优先吸收左圆偏振光或右圆偏振光，由此产生的 ECD 信号一般不是特别强；另一类为不对称的固有手性生色团，包括螺烯、联苯类、烯酮等，它们的手性直接包含在生色团中，这类生色团通常具有很大的旋转强度。

对于手性金属络合物而言，除了所含配体具有上述两类生色团外，还有涉及金属和配体之间、金属之间、配体之间的电荷转移（charge transfer，CT），以及手性中心金属自身的电子跃迁（d-d 或 f-f 跃迁）等生色团，它们很难归入上面两类。其中的 d-d 或 f-f 跃迁关联法，要求被关联络合物的中心金属具有相同的独立的 d-d 或 f-f 跃迁性质（即相应的吸收峰不被荷移跃迁掩盖），因此只有电子结构及跃迁始终态相同的中心金属所形成的结构类似（甚至对配位螯合环的元数都有严格要求）的手性络合物之间才可以相互关联，而且这种方法应用范围较窄，在此不作赘述。

根据小林长雄（Nagao Kobayashi）等的建议，将可产生激子相互作用的生色团，以及可产生诱导圆二色谱的生色团分别归类为第三类和第四类[52]。

3）激子手性方法

激子手性方法是以严格的理论计算为基础的非经验方法，该方法对生色团的类型没有特殊规定，但是要求两个或更多相邻强生色团之间的分子轨道不发生交叠且处于一个刚性的手性环境中。下面就激子手性方法做出概述[40, 41, 43]。

如图 3-18 所示，分子吸收一定的能量如紫外-可见光或者红外光以后，会从基态跃迁到激发态，在这个过程中产生的跃迁偶极矩即瞬间偶极，可以用一个向量来表示其方向和强度。跃迁偶极矩通常由正极指向负极，由参与电子跃迁或振动跃迁的生色团所决定。当两个或两个以上的生色团在空间位置邻近且它们的激发能相同或相近，其中一个生色团受激跃迁时，会对邻近的另一个或其他几个基团产生影响，这时原本定域的激发态会在这些跃迁偶极矩间离域，进而产生激子（exciton），导致原先的激发态裂分为两个新的激发态，能量分别升高和降低，这一过程称为激子裂分（exciton splitting），这种相互作用称为激子耦合（exciton coupling）。发生激子耦合之后，原来的吸收光谱变宽或者裂分为两个，其中一个吸收峰红移，另一个吸收峰蓝移，相应的 ECD 光谱也裂分为一正一负，即产生两个符号相反、强度相同（若不受其他因素干扰）的 ECD 谱峰，通过激子裂分的样式可以判定手性化合物的绝对构型。

激子耦合效应主要由两个生色团所处的空间位置决定，取决于生色团间的距离或跃迁偶极矩间的扭转角或二面角。激子耦合作用的方向可以通过以下方法来确定：如图 3-19 所示，通过两个生色团的中心，位于前面的生色团通过顺时针旋转才能与后面的生色团重合，称为正激子效应，相应的 ECD 谱中，位于长波处的第一个 ECD 峰为正，第二个 ECD 峰为负；若前面的生色团通过逆时针旋转和后面的生色团重合，则第一个 ECD 峰为负，第二个 ECD 峰为正，即负激子效应[正负激子效应见图 3-18（c）。激子裂分峰发生符号转折的零点称为交叉点。该方法在 ECD 和 VCD 光谱中均适用。

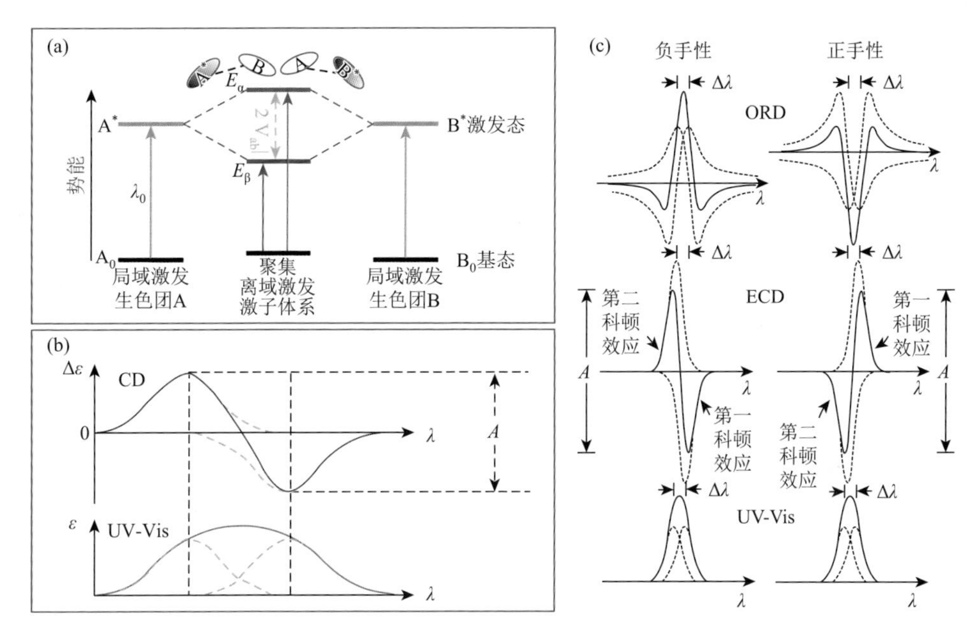

图 3-18　（a）两个生色团（A 和 B）之间的激子耦合示意图（A_0 和 B_0 代表跃迁基态，A^*和 B^*代表跃迁激发态）；（b）激子耦合吸收光谱（变宽或裂分）和激子耦合 ECD 光谱（裂分）；（c）激子耦合中的理想 ORD 和 ECD 曲线[53]，其中 A 为裂分科顿效应的振幅，$A = |\Delta\varepsilon_1 - \Delta\varepsilon_2|$

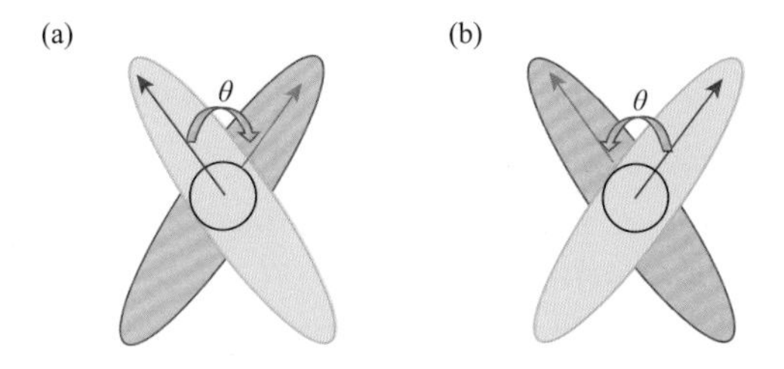

图 3-19　激子耦合的符号由两个相邻生色团所处的空间位置决定

（a）正激子效应；（b）负激子效应

激子耦合要求两个生色团必须形成手性的空间螺旋排布[图 3-20（c）]，如果两个生色团是平行[图 3-20（a）]或者位于同一直线[图 3-20（b）]，那么从基态到其中一个激发态的跃迁就会受阻，如图 3-20（d）和（e）所示。

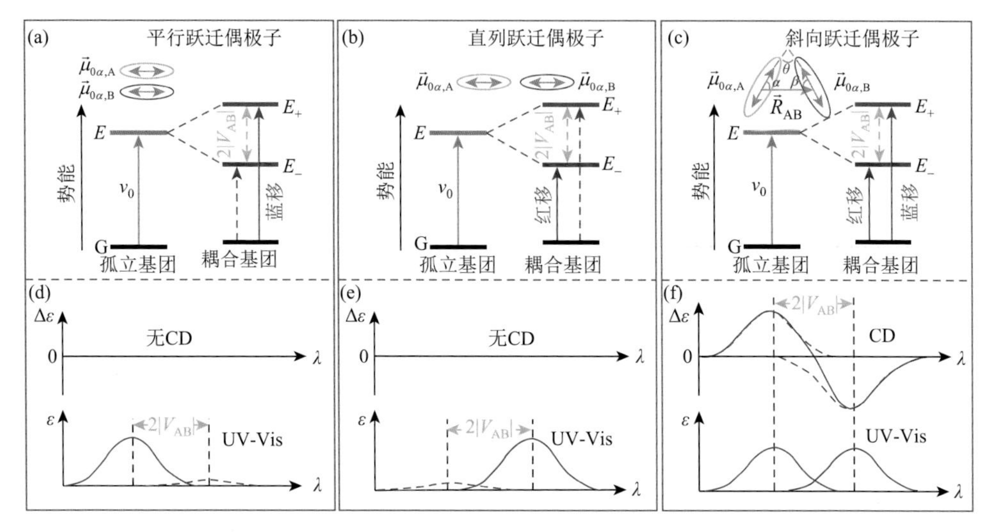

图 3-20 跃迁偶极子之间的空间排列对激子耦合的影响示意图

（a～c）偶极子和相位的关系；（d，e）光谱中的实线表示允许跃迁，虚线表示禁阻跃迁。$2|V_{AB}|$ 表示 E_+与 E_-的能量差，E_+与 E_-表示激子耦合裂分成两个能级

圆二色谱激子手性方法是一种确定手性分子绝对构型的非经验性方法。自20 世纪 70 年代以来，Harada 等进行了大量的系统研究[53]，使其不断改进和完善，成为确定有机分子绝对构型的重要方法，后来发展为可用于确定手性金属络合物绝对构型的方法[54]。

手性有机化合物或手性金属络合物的激子裂分通常发生在紫外区，当激子裂分生色团的吸收落在可见区时，也会在可见区出现特征的激子裂分。例如，在[Co(CO_2H-dp)$_3$]中，由于中心金属周围三个螯合配体呈风扇叶片般排布，使得该分子具有手性，其中，配体呈左手螺旋排布的为 Λ 构型，呈右手螺旋排布的为 Δ 构型[图 3-21（b）]；分子中相互邻近的三个 CO_2H-dp 配体中的强生色团的π-π*跃迁由于激子耦合作用发生激发态能级分裂[图 3-21（a）]，在 ECD 光谱上表现为：在 CO_2H-dp 配体的 λ_{max}（交叉点约 490 nm）处，Λ-[Co(CO_2H-dp)$_3$]的激子裂分样式为正手性，Δ-[Co(CO_2H-dp)$_3$]为负手性[图 3-21（b）][55]。

总之，利用激子手性方法进行绝对构型指认必须满足一定的要求：生色团要有强的 π-π*跃迁吸收或强红外振动；发生耦合作用的两个（或多个）生色团的吸收必须远离其他强生色团吸收峰的干扰；若为不同的 ECD 生色团，则其 λ_{max} 应尽可能靠近。两生色团之间的距离和二面角的大小、两个不同生色团的 λ_{max} 之差，以及手性螺旋结构的扭曲程度等，都有可能影响激子耦合作用。对于不同生色团的弱耦合作用，相应的 ECD 谱则可能呈现两个完全相互独立的科顿效应。因此，在实际工作中必须结合紫外-可见吸收光谱和理论计算模拟来正确地辨识 ECD 谱中的激子裂分样式。

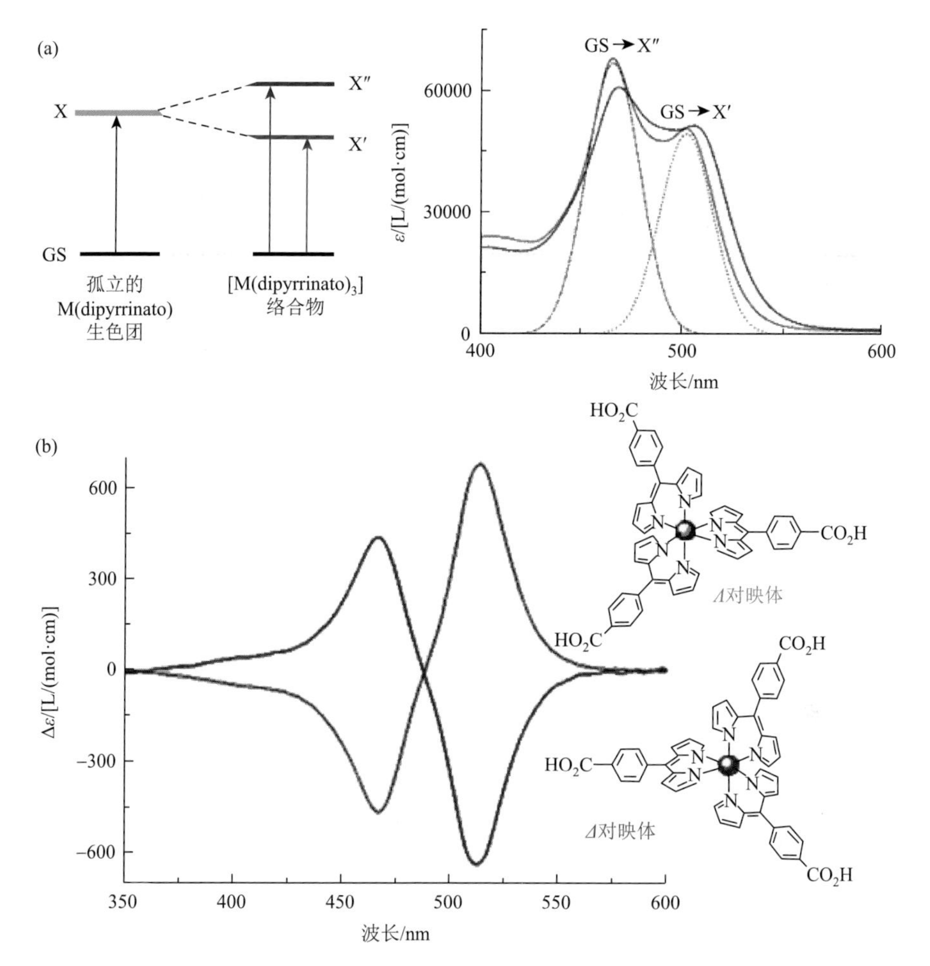

图 3-21　(a)[Co(CO$_2$H-dp)$_3$]中相邻的三个 CO$_2$H-dp 配体由于激子耦合发生激发态能级分裂；(b)Λ-[Co(CO$_2$H-dp)$_3$](蓝色)和 Δ-[Co(CO$_2$H-dp)$_3$](红色)在 DMSO 溶液中的 ECD 光谱

激子手性方法可应用于分析天然产物小分子乃至高分子的手性结构，已成为一种可靠快捷的判断手性分子绝对构型的方法。早期的激子手性方法仅仅局限于 ECD 光谱，自 2012 年以来，日本北海道大学 Kenji Monde 课题组对有机化合物中 C═O 基团的 VCD 激子耦合现象（图 3-22）做了细致研究[56, 57]，表明激子耦合不只出现在 ECD 光谱中，在 VCD 光谱中也有类似的现象和应用。

一些研究者认为对于分子含有两个（或两个以上）空间上邻近的强红外生色团相互作用时，与 ECD 光谱类似，VCD 光谱也会产生“激子裂分”样式，从而可以用于手性分子绝对构型的指认。例如，当化合物中两个强 C═O 生色团的相对取向呈顺时针方向旋转时（$0° < \theta < +180°$）时，VCD 光谱呈现正手性裂分样式；反之，则呈现负手性裂分样式，如图 3-22 所示[56]。

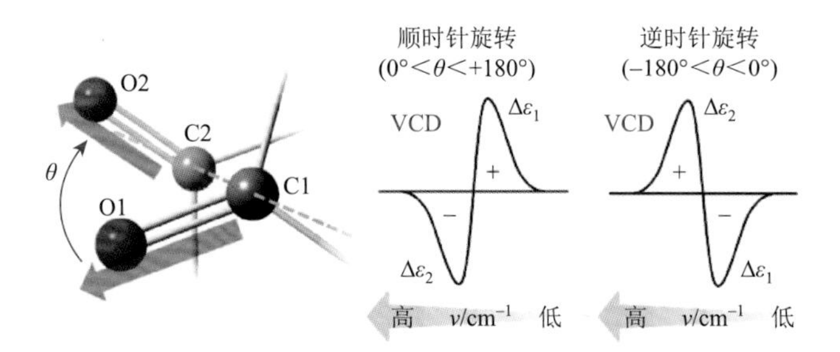

图 3-22 羰基生色团在 VCD 光谱中的激子裂分样式示意图

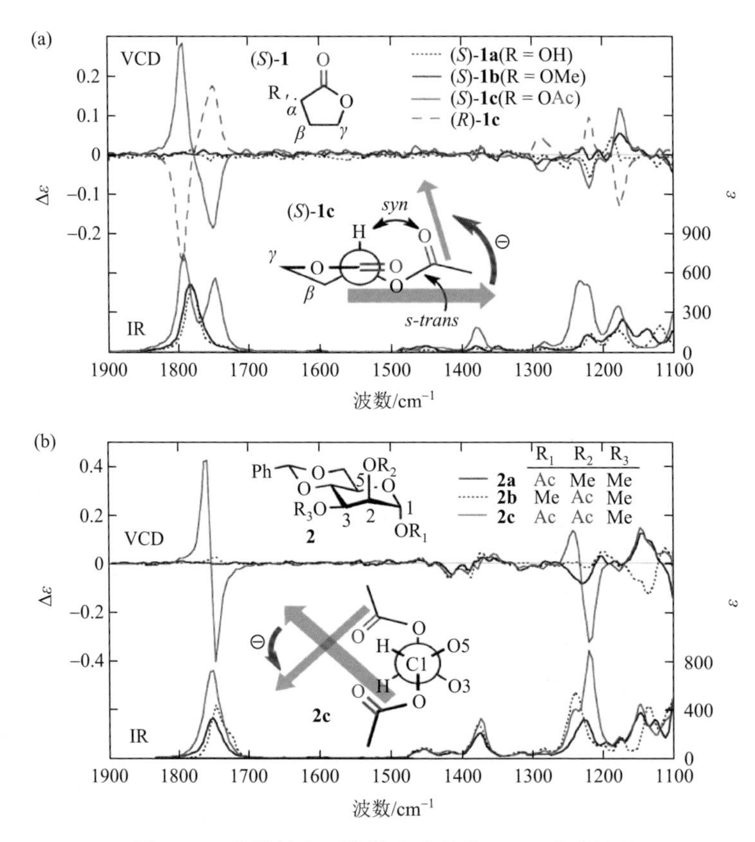

图 3-23 单羰基和双羰基化合物的 VCD 光谱比较

(a) α-取代的内酯；(b) 甘露糖衍生物

Taniguchi 和 Monde 报道了无须通过理论计算，直接用 VCD 光谱的激子裂分特征确定一系列具有双羰基生色团的有机手性化合物绝对构型的实例。如图 3-23 所示，在 1650～1800 cm^{-1} 处可观察到分子内两个 C═O 伸缩振动相互耦合而产生的 VCD 裂分样式，而当分子只含有一个羰基生色团时则不能观察到裂分。但国际上的手性光谱专家对采用 VCD 光谱的“激子裂分”样式来确定化合物绝对构型的说法仍存在一定争议[58]。

3.2.2 振动圆二色谱[2, 5, 44, 45, 51, 59, 60]

电子跃迁中光学活性的发现比振动光学活性（vibrational optical activity，VOA）的发现要早一个多世纪。VOA 起因于手性分子的电子基态所发生的振动跃迁。VCD 光谱通常以许多良好分辨率的谱带（CE）为特征，而这些谱带与能够在红外光谱区域内吸收的非对称振动运动相一致；但并不是所有的 IR 带都能在 VCD 光谱中找到对应部分。在给定的光谱区内，VCD 光谱通常比 IR 光谱更简单。VCD 不涉及电子激发态，比 ECD 光谱更容易计算。与 ECD 光谱类似，通常以 $\Delta\varepsilon$ 或 ΔA 对波数（cm^{-1}）来记录 VCD 光谱。

当平面偏振光的波长范围落在红外区时，手性样品对左右圆振偏光的吸收不同而产生的差值会随着红外区波数（4000～850 cm^{-1}）的变化而变化，由于相应的红外光谱是由分子的振动或转动能级跃迁引起的，因此称为振动圆二色谱。手性分子对圆偏振光的差别响应（$g = \Delta\varepsilon/\varepsilon$，被库恩定义为不对称因子[61]），与核间距和光波长的比值（d/λ）成正比，在红外区的 g 值比紫外-可见区的 g 值要弱 10～100 倍。这就解释了在傅里叶变换红外光谱仪时代之前，人们试图观测 VCD 光谱时遇到的困难。

可用于简单手性分子的 VCD 光谱的最早模型构想是基于 ECD 的偶极振荡模型，由芝加哥大学的乔治·霍尔兹沃思（George Holzwarth）和伊兰·查贝（Ilan Chabay）于 1972 年提出[62]。他们预测 VCD 及相应振动吸收（VA）强度之比是 10^{-5}～10^{-4}，这恰好是当时红外-圆二色（IR-CD）仪器可以达到的极限。1973 年，薛尔曼发表了一篇促进振动圆二色谱研究的论文[63]，并再一次预言振动圆二色与其振动吸收强度的比例是 10^{-5}～10^{-4}。

振动圆二色谱的第一次测量结果由霍尔兹沃思实验室于 1974 年发表[64]，样品是 2, 2, 2-三氟甲基-1-苯乙醇纯液体。由于 VCD 信号与仪器噪声水平接近，刚刚可辨认，所以该结果持续了一年未被证实。几乎与此同时，南加利福尼亚大学菲利普·约翰·斯蒂芬斯（Philip John Stephens，1940—2012）研发的 VCD 光谱仪采用 ZnSe 光学元件作为 PEM[65]，使其性能得到突破性的改善。1975 年，霍尔兹沃思的实验不仅被斯蒂芬斯实验室的博士后研究员劳伦斯·纳菲（Laurence A. Nafie）和 Jack Cheng 所证实[66]，而且得到了改进，并扩展到其他振动模式。1976 年，纳菲、蒂姆·凯德林（Tim Keiderling）和斯蒂芬斯发表了第一篇关于 VCD 的完整论文[67]，涵盖了多种手性分子的 VCD 测试。

1996 年，与 VCD 光谱计算相关的密度泛函理论趋于成熟，1997 年，第一台傅里叶变换红外-振动圆二色（FTIR-VCD）光谱仪实现商品化（图 3-24），此后，VCD 相关研究的报道在物理化学、分析化学和材料化学等领域日渐增多。目前，VCD 光谱主要用于中小型分子绝对构型的确认。与 X 射线单晶衍射、核磁共振谱等用于确定绝对构型的常规方法相比，VCD 光谱有其独特优势：①大部分化学或者生物化学的反应都发生在溶液中，X 射线单晶衍射法只能用于固体状态下的表征，而 VCD 光谱不需要获取高质量单晶就可以在溶液中直接测试；②VCD 光谱对于多构象体系独辟蹊径，而 X 射线单晶衍射、核磁共振谱却不能或难以探究溶液中多构象的问题。陆续报道的研究工作已经表明 VCD 光谱结合密度泛函理论方法用于确定绝对构型的可靠性。此外，VCD 方法还发现了用传统 X 射线单晶衍射方法确定绝对构型时发生的错误[68]。

图 3-24　1997 年纳菲（左）和夫人 Rina Dukor 博士（中）与斯蒂芬斯教授（右）的合影

中间放置的为纳菲伉俪创办的 BioTools 公司研发的第一台 VCD 光谱仪

振动光学活性（VOA）与前述电子光学活性（EOA）的研究路径非常相似。根据与 EOA 研究类似的方法，处于电子基态分子的振动基态 0 到第 i 个振动模式下的第一振动激发态 1 的跃迁（0→1）对应的旋转强度可以用式（3-10）来表示：

$$R_{g1,\,g0}(i) = \mathrm{Im}\{\langle\psi_{g0}|\,\hat{\mu}\,|\psi_{g1}\rangle\cdot\langle\psi_{g1}|\,\hat{m}\,|\psi_{g0}\rangle\} \tag{3-10}$$

式中，ψ_{g0} 是振动基态对应的波函数；ψ_{g1} 是第 i 个振动模式下的第一振动激发态波函数；$\hat{\mu}$ 和 $\hat{m}$ 分别是电偶极和磁偶极跃迁矩算符。从式（3-10）可以看出，VCD 的旋转强度是两个向量（电偶极和磁偶极跃迁矩）的标量乘积，这个乘积可以是正的，也可以是负的，取决于两个向量之间的角度，如果两个矢量相互正交，则旋转强度为零，其原理与式（3-7）和图 3-14 是类似的。

VCD 强度是由左圆偏振光和右圆偏振光的吸收率差值 ΔA 定义的，对 ΔA 的主导贡献也来自较高级的项——与电磁场相互作用的磁偶极和电四极矩。虽然电四极矩与电磁场的相互作用在方向平均上消失了，但电偶极和磁偶极跃迁矩的作用仍是 VCD 强度的主要贡献[59]。因此，VCD 转动强度 R 的计算也需要同时考虑电偶极跃迁矩和磁偶极跃迁矩。电偶极跃迁矩的计算可以采用玻恩-奥本海默（Born-Oppenheimer）近似，可是对磁偶极跃迁矩的计算却不尽然，这是因为在玻恩-奥本海默近似下，虽然电偶极跃迁矩可以直接计算，但电子对磁偶极跃迁矩的贡献却近似为零[59]。同一时期，有大量的近似理论模型出现，用于计算 VCD 强度。然而，用于近似计算电子对磁偶极跃迁矩贡献的理论模型的计算效果并不好，直到阿米安・大卫・白金汉（Amyand David Buckingham）[69]和斯蒂芬斯[70]师徒提出“磁场微扰方法”，才使电子对磁偶极跃迁矩的贡献得到很好的近似，在该方法中，这一贡献可通过引入电子基态绝热方程得以计算。

总之，现代集成的手性光谱研究既包含上述 ECD、VCD、CPL 和 ROA 等技术及其应用，也包括同一手性光谱中采用的不同测试方法，甚至可涉及与之相关的联用技术。例如，将通用的溶液手性光谱测试法扩展到固体测试（以方便溶液结构与晶体结构分析的间接关联），将 ECD 和 VCD 光谱测试与电化学工作站联用、色质联用与手性光谱技术结合等。而与电子能级跃迁直接相关的 ECD 光谱因其研究对象宽泛，与涉及振动能级的 VCD 光谱互补，已成为手性分子和超分子立体化学研究的主流集成手性光谱表征手段。目前，ECD、VCD、CPL 和 ROA 的手性光谱仪均已实现商品化，且更新换代的速度也越来越快，可适用范围也越来越广，对于一些不易测量的体系也可以进行表征分析。表 3-1 列出了几种商品化的手性光谱仪的主要功能及优缺点的比较。通过表 3-1 可以直观地比较各类手性光谱仪的适用范围，也有利于针对不同种类的手性样品，合理地选择一款或多款手性光谱仪器及测试手段。

表 3-1 商品化的四种手性光谱仪器比较

仪器名称	ECD	VCD	ROA	CPL
主要功能	在电子跃迁的紫外-可见-近红外区（UV-Vis-NIR，185～2000 nm）测定手性分子的圆二色性。通过 ECD 间接关联法，或结合单晶结构分析、激子手性、量化计算等绝对方法解析手性分子的绝对构型	在红外区（4000～850 cm^{-1}）测定手性分子的圆二色性。通过构象搜索、量化计算等预测手性分子的 VCD 谱，与实测谱比较确定其绝对构型。可直接测量 *ee* 值	在红外区（2500～100 cm^{-1}）测定与 VCD 互补的振动光学活性。通过构象搜索、量化计算等预测手性分子的 ROA 谱，与实测谱比较确定其绝对构型。可直接测 *ee* 值	在 UV-Vis 区（250～700 nm）测定手性发光体系的左右圆偏振光发射强度的差值 ΔI。配合量化计算，获得分子激发态手性结构的信息。前面几款仪器都只能用于基态手性研究
优点	已发展出合适的理论来进行结构-谱图的对应解释。由于干扰少、容易测定而被广泛应用。还可作为表征电子跃迁能级细节的特殊光谱指纹技术	不需要分子中含有 UV-Vis 或 NIR 生色团和重原子，适用于大多数手性分子。从计算化学的能力方面考虑，VCD 的理论计算更准确	适用于所有手性分子。从计算化学的能力方面考虑，ROA 的理论有长足的进步，特别是将分子动力学计算和量化计算结合起来，从而得到更准确的 ROA 谱图	用于手性发光材料和发光手性稀土络合物的激发态手性结构研究，关联绝对构型。有选择性地只检测 CPL 生色团，不受干扰，因此灵敏度很高

续表

仪器名称	ECD	VCD	ROA	CPL
缺点	对于不存在 UV-Vis-NIR 区 ECD 生色团或在该区域吸收很弱的手性化合物，或一些无法获得优质单晶的手性有机化合物，无法应用 X 射线单晶衍射关联 ECD 光谱的方法来确定其绝对构型。 不能提供手性发光材料激发态手性立体结构信息	因为 VCD 谱图的解释一定要配合理论计算，对于较大分子的溶剂化效应等，目前的计算能力还不够；对柔性结构存在较多低能态构象的分子，仅考虑很少的构象往往和实验符合得不好。 不能提供手性发光材料激发态手性立体结构信息	目前的 ROA 信噪比较差，往往需要采谱很长时间；ROA 光谱特别是溶液谱对环境变化非常敏感。从理论和计算化学角度看，固体谱特别是自组装体的 ROA 理论和计算方法还有待发展。 不能提供手性发光材料激发态手性立体结构信息	与透射光相比，荧光很弱，要检测极微弱的左右圆发射偏振光强度之差，需要非常先进和精细的仪器构件设计，因此这一款商品化的仪器比较昂贵。另外，在检测波段上还未扩展到近红外区的测试

3.3 圆二色谱在手性 AIE 化合物中的应用

3.3.1 引言

2012 年唐本忠等发现，如图 3-25 所示的被远程手性基团修饰的噻咯衍生物，在不良溶剂聚集态、聚甲基丙烯酸甲酯（polymethylmethacrylate，PMMA）介质和微流通道（microfluidic channel）组装膜中具有聚集诱导电子圆二色（aggregation-induced electronic circular dichroism，AIECD）和聚集诱导圆偏振发光（aggregation-induced circularly polarized luminescence，AICPL）特性。更有意义的是，该化合物

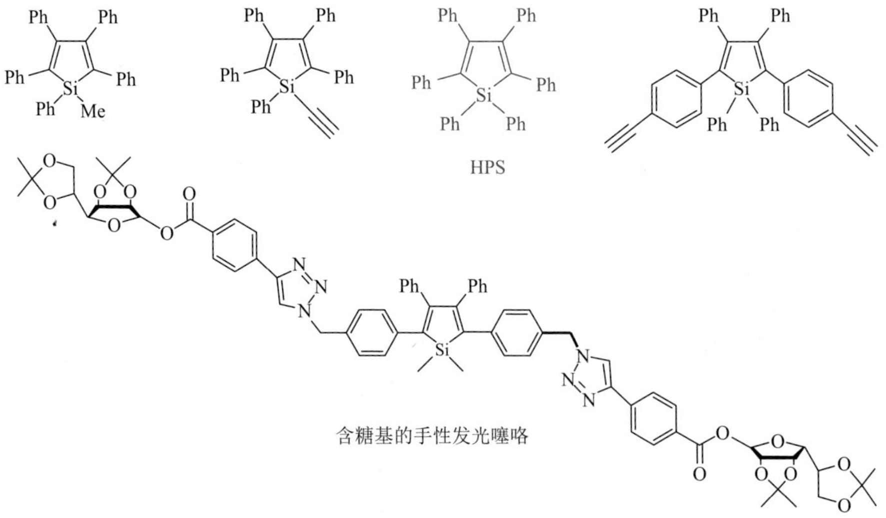

图 3-25　具有 AIE 性质的一系列噻咯衍生物的分子结构

在微流通道组装膜中表现出非掺杂体系有机化合物迄今最强的 CPL 活性，其$|g_{lum}|$可达 0.32（理论$|g_{lum}|_{max} = 2$），比已报道的有机材料的 g 值（$|g_{lum}| < 0.01$）提高了两个数量级，显示出手性 AIE 化合物作为 CPL 材料的巨大潜力[71]。

可以预测，在特定条件下，一些非手性 AIE 化合物可能具有聚集诱导手性（aggregation-induced chirality，AIC），以及伴随着的 AIECD[72]、AICPL 或聚集诱导振动圆二色（aggregation-induced vibrational circular dichroism，AIVCD）等性质。已知获取手性 AIE 化合物主要有两种方法，一种是对 AIE 化合物进行手性修饰[71]，另一种是非手性 AIE 化合物在结晶或某种聚集态下发生镜面对称性破缺（mirror symmetry breaking，MSB）自发形成手性晶体[72]或手性膜[73]。为了方便讨论，将基于 TPE/HPS 多苯环螺旋的核心（core）或骨架（scaffold）称为 TPE 核（TPE-core）或 HPS 核（HPS-core）。章慧课题组观察到，当多苯环的螺旋手性被有效锁住时，含有手性 TPE/HPS 核的 AIE 化合物在 300～450 nm 处的第一个 ECD 光谱峰具有指纹特征。以下则要介绍其中两个系列。

1. *TPE 核系列*

2014 年，李红坤等制备了手性缬氨酸衍生的 TPE 化合物（TPE-Val）[74]。该化合物在聚集态时，会自组装生成手性纳米纤维，同时具备 AIE、AIECD 及 AICPL 的性质，如图 3-26 所示。SEM 表征发现，呈左手螺旋（*M*）的纳米纤维所对应的固体膜 ECD 光谱，在紫外区 350 nm 附近的第一个 ECD 吸收带符号为正。

2016 年，李红坤等又设计合成了被两个手性缬氨酸修饰的 TPE 衍生物（TPE-Dval）[75]。该化合物在聚集态时，同样会自组装生成螺旋纳米纤维，但是 SEM 表征说明在特定的聚集态下，纳米纤维的螺旋方向与 TPE-Val 相反，为右手螺旋（*P*），相应的 ECD 光谱如图 3-27 所示。分析表明，在紫外区 310 nm 附近的第一个 ECD 吸收带符号为负。

以上两例被手性基团远距离修饰的手性 TPE 衍生物单体，无一例外地在二氯甲烷（DCM）或四氢呋喃（THF）溶液态下，于 300～400 nm 处并无 ECD 信号产生（ECD-silent），而其溶液聚集态在该波段仅有很微弱的 ECD 信号，但在成膜时它们却呈现出被放大的很强的固体 ECD 信号，其符号与所形成的纳米纤维的螺旋手性方向密切相关，即右手螺旋纳米纤维所对应的紫外区第一个 ECD 带为负，左手螺旋纳米纤维所对应第一个 ECD 光谱峰为正。由此可知，在单分子溶液和无调控的聚集状态下，TPE 边臂的手性衍生化对诱导产生的 TPE 核螺旋手性作用甚小；而远程修饰的手性 TPE 衍生物有形成纳米螺旋纤维或纳米线的趋势，可以有效地诱导 TPE 核的螺旋手性，但由此产生的 CPL 信号强度仍不够理想。当手性 TPE 衍生物形成的纳米螺旋纤维为左手螺旋时，在特定的荧光发射峰处，其 CPL 的 g_{lum} 值为正；为右手螺旋时，g_{lum} 值为负[74-76]。

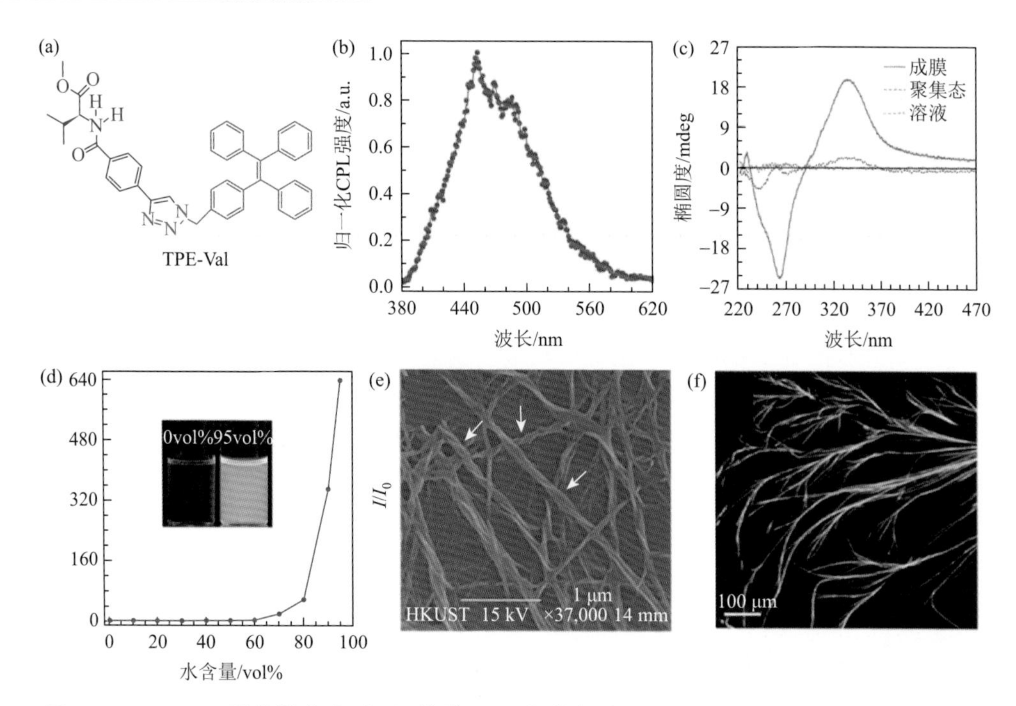

图 3-26 TPE-Val 的化学式（a），固体膜 CPL 光谱（b）和 ECD 光谱（c），荧光强度随水含量变化的趋势图（d），及其左手螺旋纳米纤维的 SEM（e）和荧光显微镜图（f）[74]

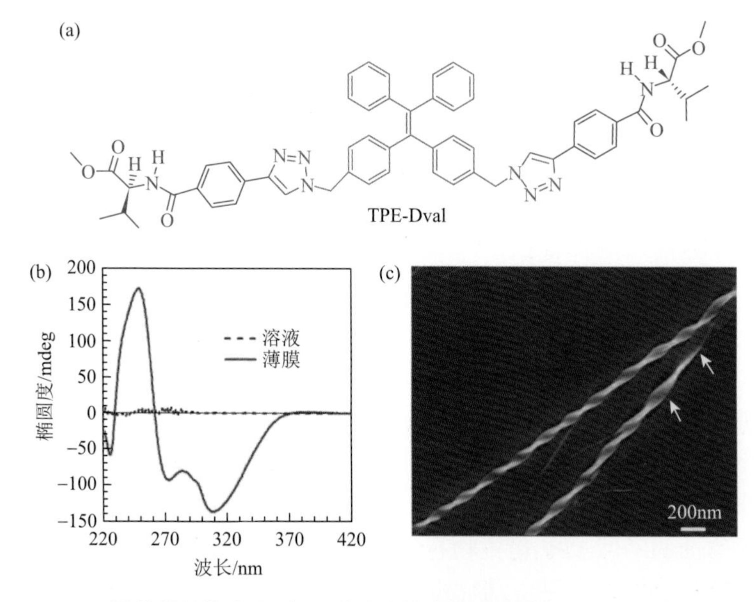

图 3-27 TPE-Dval 的化学结构式（a）及其溶液状态和固体膜的 ECD 光谱（b），所形成右手螺旋纳米纤维的 SEM 图（c）[75]

2. HPS 核系列

如前所述，唐本忠课题组率先对手性噻咯衍生物的 AIECD 及 AICPL 性质做了详细研究[71]。已知非手性 HPS 分子在 THF 中溶解性很好，但其发光行为及手性特征均很弱。最近的研究发现，一旦将 H_2O 作为不良溶剂加入时，HPS 可以在成膜聚集态下发生镜面对称性破缺现象，即通过分子自组装生成左手螺旋纳米纤维[图 3-28（b）]，表现出相应的 AIECD 和 AICPL 性质[73]，对应的固体膜 ECD 光谱在紫外区约 340 nm 附近的第一个吸收带符号为正，这与前述手性 TPE 衍生物 TPE-Val 的成膜组装形成的左手螺旋纳米纤维所呈现的固体 ECD 光谱非常相似，但与图 3-25 所示的手性噻咯衍生物（经 SEM 表征其为右手螺旋）[71]的第一个 ECD 吸收带的符号相反。

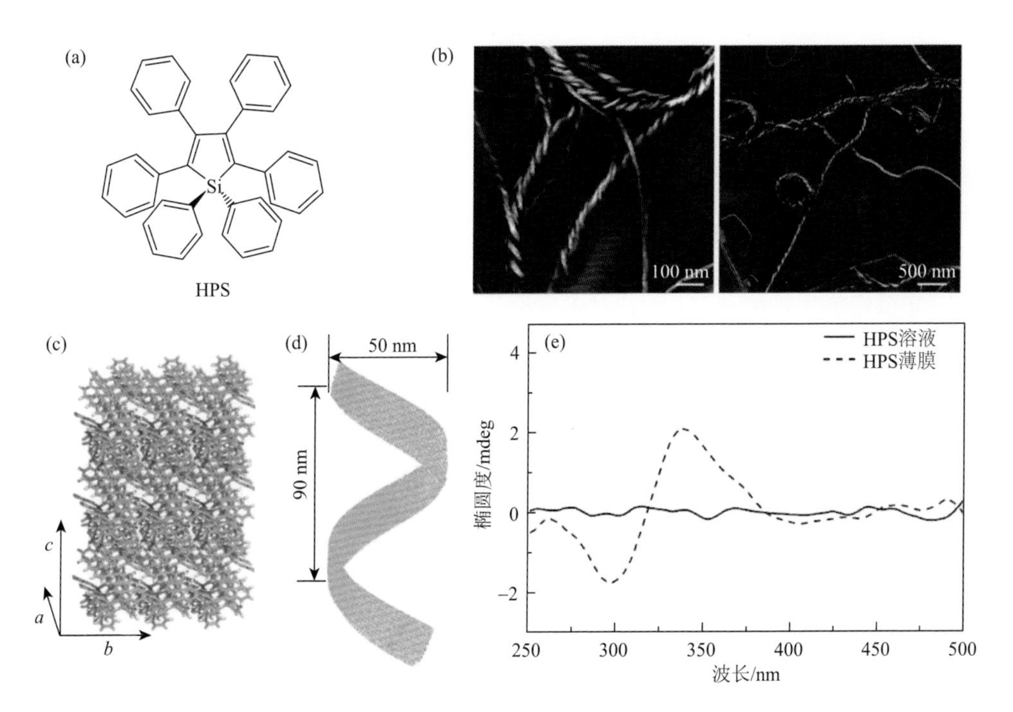

图 3-28 非手性 HPS 的化学结构（a）、在聚集态下生成螺旋纳米纤维的 AFM 图（b）、分子层的堆砌模式（c）、模拟螺旋纤维（d）及其固体膜 ECD 光谱（e）[73]

通过对以上几个实例的考察说明：HPS 及其手性衍生物与 TPE 及其手性衍生物类似，当纳米纤维呈左手螺旋时，所呈现的紫外区第一个 ECD 吸收带为正，当其为右螺旋时，则符号相反。紫外区第一个 ECD 吸收带的符号与 TPE/HPS 核的螺旋手性之间有什么内在联系？将有待对其集成手性光谱的实验测试和理论计算进行深入细致的探究，而确定绝对构型的手性 AIE 功能材料未来在生物探针、生物成像及靶向给药等领域的重要应用价值，不言而喻。

2003 年，美国耶鲁大学的 Faller 等曾关注半夹心型金属络合物中配位三苯基膦中多苯基的螺旋手性构象问题[77]，但由于取代苯环在溶液中的快速旋转以致手性构象难以被“锁住”，通常在溶液中无法观察到与这类络合物相关的手性光谱现象。其实这类螺旋手性构象问题在含多苯基的 AIE 化合物（如 TPE 和 HPS）中是普遍存在的。已知 TPE 及其衍生物在合适的聚集状态下，因固态下发生的镜面对称性破缺或通过被手性取代基和手性溶剂有效诱导，其多苯基螺旋手性构象可被锁住，由此产生了 TPE 核螺旋手性的 AIC，以及伴随的 AIECD、AICPL 或 AIVCD 现象。然而，尽管迄今发现的非手性 TPE 衍生物的 MSB 现象层出不穷，也可用微结构分析（SEM、TEM 或 AFM 等）方法观察到手性 TPE 衍生物超分子螺旋手性的表观呈现（形成纳米螺旋结构）及其溶液或固体膜 ECD 光谱，但即使采用铜靶测试或同步辐射装置，X 射线单晶衍射技术的应用仍存在一定的局限性，结构中只含碳氢原子的 TPE 核化合物的螺旋手性构象（绝对构型）的确认仍旧是一个棘手且耗时的难题[78]，直接关联单分子和相关超分子螺旋体系的 TPE 核螺旋手性的绝对构型具有很大挑战性。因此，近年来章慧课题组一直在锲而不舍地探求如何精准确定具有刚性核的多苯基体系的阻转异构螺旋手性（绝对构型）的普适性方法。若能探明，则所得规律或可以推广至含多苯基的 HPS 等其他 AIE 化合物刚性发光核螺旋手性的研究，并且对未来设计合成具有强 CPL 信号的 AIE 分子具有一定启发。

如图 3-29 所示，在文献调研中，已经在一些含多苯基且具有刚性核的手性有机和无机化合物中观察到在 300～450 nm 波段（指纹区）的第一个 ECD 吸收峰的特征[79-82]。这类相似的 ECD 特征峰的存在是否对含有多苯环或其他共轭杂环且具有刚性核化合物的螺旋手性构象（绝对构型）的确认具有共性，还有待于通过实验测试及相关理论计算来验证。

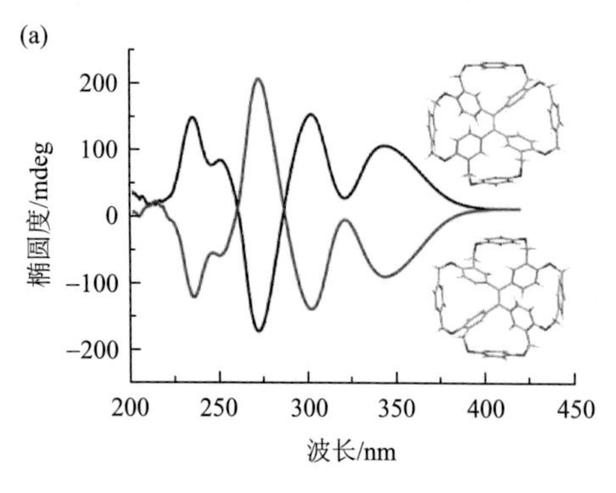

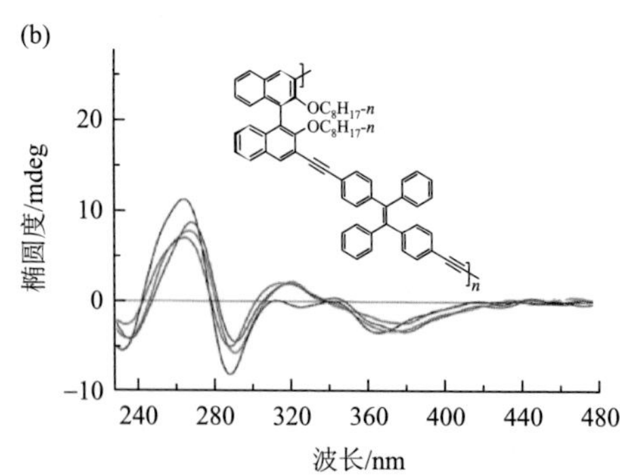

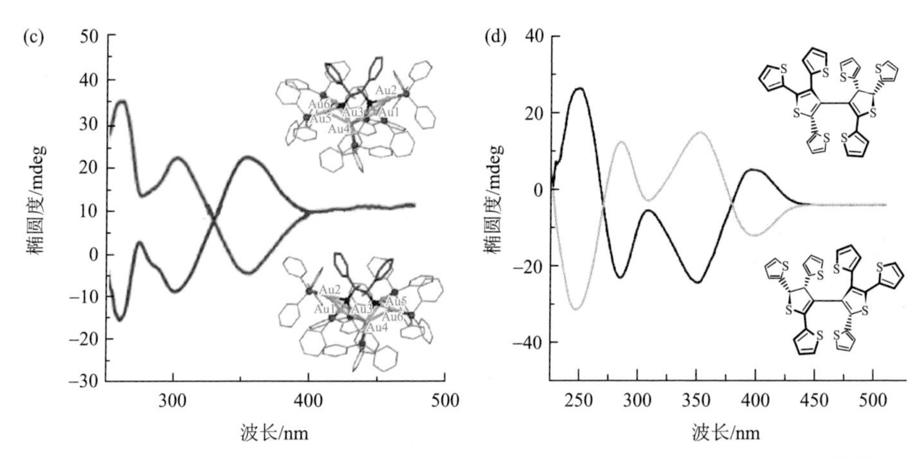

图 3-29 在 300～450 nm 波段具有相似 ECD 特征峰的手性有机和无机化合物[79-82]

3.3.2 固体 ECD 光谱测试中浓度效应的发现

章慧课题组及合作者对联二萘酚（BINOL）等固有手性的阻转异构化合物[83-85]、TPE 等固态下发生镜面对称性破缺的化合物[86-91]、手性配位聚合物[92, 93]及手性席夫碱络合物[94]等的 KCl 压片法固体 ECD 光谱进行了深入细致的研究。对以 AIE 化合物为代表的阻转异构化合物的固体 ECD 谱的浓度梯度研究中，发现了对阻转异构化合物具有普遍性的“浓度效应”[83, 85]，主要有：ECD 谱及所伴随的紫外-可见吸收光谱的吸收扁平效应（absorption flattening effect，AFE；包括吸收波长位移）和 ECD 光谱的逆浓度依赖（图 3-30）等现象。2013 年章慧

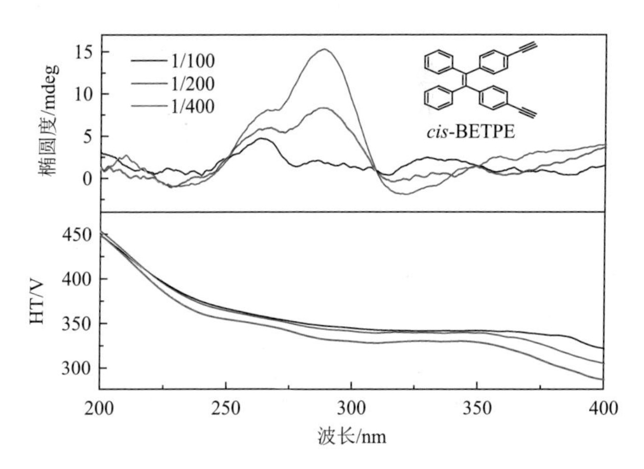

图 3-30 2010 年 9 月 1 日在香港科技大学测试的 ECD 光谱数据，由此发现了固体 ECD 测试中的“浓度效应”

HT：光电倍增管电压

课题组发表长篇综述，对近期发展的固体 ECD 光谱测试方法进行了概述、评价和比较，着重探讨了“浓度效应”的存在使固体 ECD 光谱失真的原因，强调了依手性化合物的手性光谱学性质不同，根据浓度梯度实验选择其合适测试浓度的必要性[95]。

如图 3-31 所示，聚集诱导发光类系列化合物的旋转受阻，可以看作是介于某些可产生手性晶体的分子在溶液中快速消旋（σ 键的自由旋转）和联二萘酚（BINOL）及其衍生物的严重旋转受阻之间的过渡状态。换言之，通过改变分子所处的环境或聚集和结晶条件，可以使 AIE 化合物分子的表现趋近于手性晶体分子的快速旋转或 BINOL 类化合物旋转受阻造成的螺旋手性构象被锁住这两种极端情况之一。例如，在低黏度液相分散系和高温固态中，其行为更趋近于手性晶体分子的快速旋转；在高黏度液相分散系、水体系中的分子聚集体和低温晶体中，其行为更趋近于具有固有阻转异构手性的 BINOL 类化合物。由于 MSB 现象的“可遇不可求”，首先围绕两个具有潜在固体 ECD 性质的 AIE 化合物 *cis*-BETPE 和 *trans*-BETPE（图 3-32）进行固体 ECD 光谱测试，研究发现：在固态下 *cis*-BETBE 的手性单晶（属于 Sohncke 空间群 $P2_12_12_1$）出现 AIC 和 AIECD（图 3-30）现象，而属于非手性空间群 $C2/c$ 的 *trans*-BETBE 单晶则无类似现象。

图 3-31　唐本忠院士于 2010 年 6 月 23 日在中国化学会第 27 届年会闭幕式上的报告

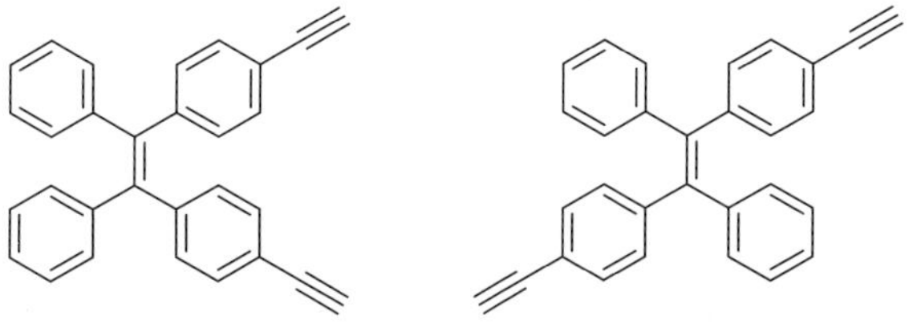

cis-BETPE　　*trans*-BETPE

图 3-32　香港科技大学胡蓉蓉合成的两个 TPE 衍生物

为什么固体 ECD 信号的大小与片膜的浓度成反比呢？而在之前的溶液 ECD 测试时，并未观察到类似的反常现象！后续研究中，在 TPE 等系列手性晶体，获得了类似的固体 ECD 光谱图（图 3-33）[83]，由此发现了重要的“浓度效应”，包括固体 ECD 测试中的极值（或逆浓度依赖）现象：即对于一些二面角较大的阻转异构化合物，其 ECD 光谱信号（椭圆度）会随着固体片膜浓度的递减而出现递增，在某个浓度下达到“极值”（如图 3-33 中的 1/800 质量分数），此后椭圆度随着浓度梯度的降低而下降，与浓度呈正常的线性关系。此外，还发现了“分子的阻转异构二面角越大，极值出现的浓度越小”的普遍现象[83]，但其中的机理还未被完全认识！

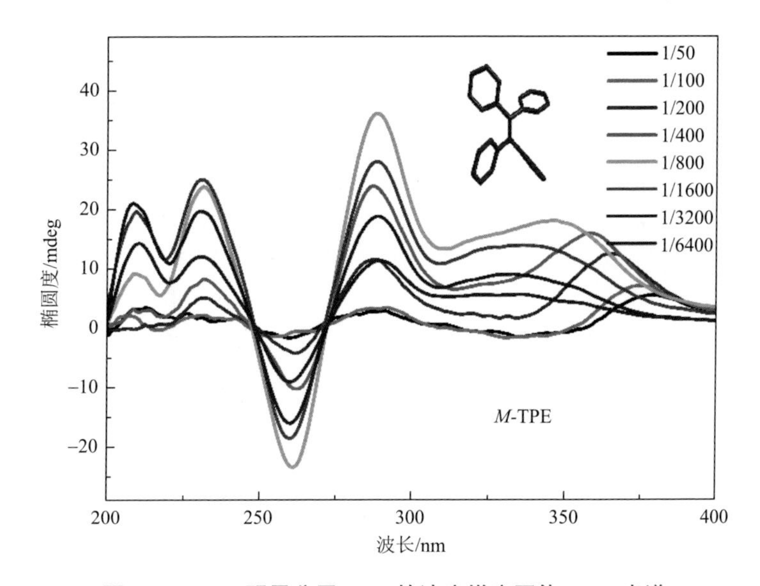

图 3-33　AIE 明星分子 TPE 的浓度梯度固体 ECD 光谱

然而，对 AIE 化合物的手性同质多晶型、AIE 化合物的阻转异构手性构象和集成的固体手性光谱，还需要进行深入细致的探究。尤其是如何通过集成手性光

谱的关联来确定 *cis*-BETPE、TPE 等 AIE 分子螺旋手性构象的绝对构型。换言之，如图 3-31 所示，HPS 分子的六个苯环都朝一个方向旋转（呈右手螺旋 *P* 或左手螺旋 *M*）时，它们的集成手性光谱究竟会呈现怎样的指纹特征？再者，对于结构中含有多苯基且具有刚性核的手性分子，这些指纹特征是否具有共性？

3.3.3 “手性 AIE 化合物绝对构型确定”问题的提出

迄今发现的 AIE 化合物包括环状多烯、取代乙烯、腈取代二苯乙烯、吡喃和联苯类化合物等，结构中含有多苯基且具有刚性核的部分 AIE 化合物如图 3-34 所示，典型的 AIE 核心分子体系包括 HPS、TPE、四苯基-1, 4-二丁烯（TPBD）、二苯乙烯基蒽、三苯乙烯（triphenylethylene）及四苯基吡嗪（TPP）等，这些分子中普遍存在阻转异构及镜面对称性破缺现象。TPE 是其中最为典型的 AIE 化合物，在聚集态、固态或在特定的无机骨架、有机骨架和有机金属骨架中，涉及多苯环的螺旋手性可以被固定（锁住），从而可以观测到 AIE 现象，并由此产生了基于 TPE 核螺旋手性的 AIC，以及伴随的 AIECD、AICPL 或 AIVCD 等一系列光化学和手性光谱性质。

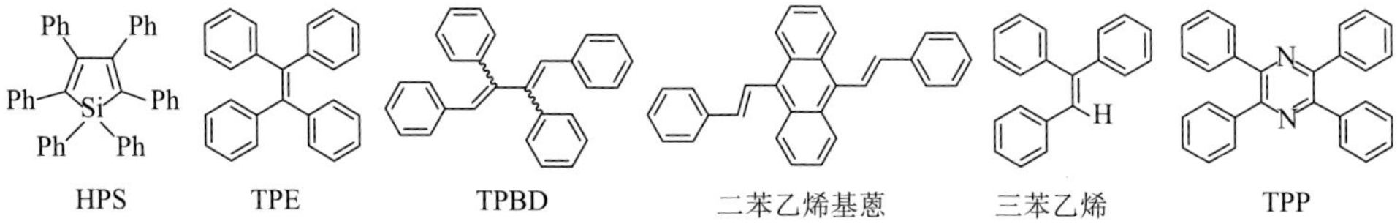

HPS　TPE　TPBD　二苯乙烯基蒽　三苯乙烯　TPP

图 3-34　典型的具有 AIE 特征的分子体系结构示意图

显然，TPE/HPS 核等 AIE 化合物绝对构型的确定对于进一步研究手性 AIE 聚合物或超分子螺旋体系，设计构建新型手性 AIE 功能材料都有重要的推进作用。TPE/HPS 核及其衍生物可作为“模板骨架”用于设计合成多种新型的 AIE 功能材料。在自发拆分中析出的 TPE 单晶还可作为手性晶种，诱导不对称自催化反应[96]。近年来，基于 TPE/HPS 核设计合成的新型超分子手性 AIE 功能材料相继被报道，这些材料结构新颖、荧光效率高，可应用于具有 ECD、VCD 或 CPL 性质的手性光电功能材料、手性检测器、不对称催化等领域。

然而，对于结构简单的含 TPE 核衍生物而言，精准确定其螺旋手性的绝对构型是一件非常困难的工作，尤其是对于没有重原子（只含有 C、H）的化合物，即使在低温下采用铜靶光源或同步辐射装置，X 射线单晶衍射技术的应用仍存在一定的局限性，难以普及推广。

虽然 Soai 等在 2010 年通过自发拆分获得了 TPE 的一对阻转异构体的单晶，

幸运地观察到一对手性晶体的半面晶观呈镜像关系（图 3-35），并且采用石蜡油糊法测得其固体 ECD 光谱[96]，但是他们却无法确定 TPE 手性晶体的绝对构型，只能通过 ECD 光谱在约 270 nm 处的科顿效应符号将一对手性晶体区分为[CD(+)270_{Nujol}]-TPE 和[CD(−)270_{Nujol}]-TPE[图 3-35（c）]。另外，沿用 Toda 等的研究[97, 98]，Soai 等也获得了四氯或四溴取代的 X-TPE（Cl-TPE 和 Br-TPE）与对二甲苯溶剂分子形成的包结物手性晶体（Cl-TPE·*p*-xylen 和 Br-TPE·*p*-xylen），从晶体结构就可以获得相应 X-TPE 的绝对构型。当在固态下从包结物除去溶剂后，用保持手性的晶体测得的石蜡油糊 ECD 光谱，理论上讲可被用来关联手性 X-TPE 的绝对构型。为什么 TPE 和 X-TPE 有如此差别？究其原因，主要是后者中含有较重的卤素原子，可直接从晶体结构获取可靠的绝对构型参数（Flack 参数）的缘故。但即便如此，Toda 和 Soai 等的研究仍无法关联 TPE 和 X-TPE 之间的绝对构型，而他们所测得的石蜡油糊 ECD 谱也似是而非，尤其是将测试手性 TPE 单晶的 ECD 谱波段设置不当[图 3-35（c）]，因此无法提供完整的固体 ECD 谱信息。

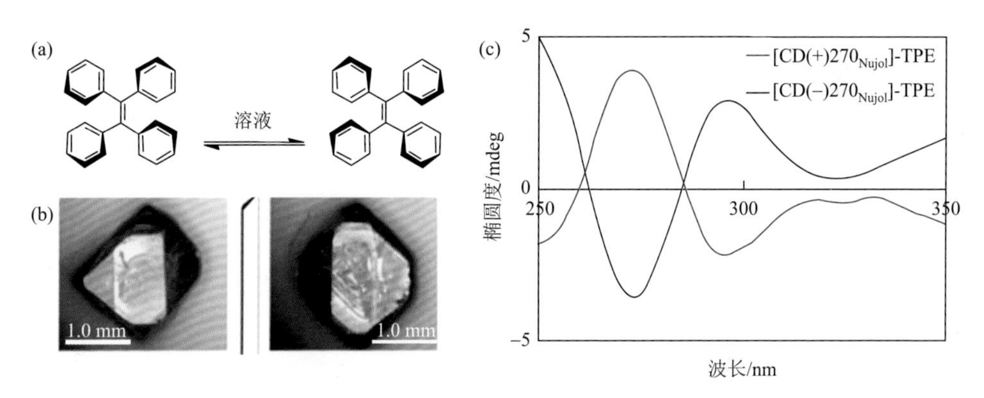

图 3-35　一对 TPE 阻转异构对映体分子结构（a）、呈镜像单晶（b）及其固体 ECD 谱（c，石蜡油糊法）[96]

2016 年，Jin 等发现利用手性柠檬烯作为溶剂可以诱导 TPE 分子重结晶获取单一手性的 *P*-TPE 或 *M*-TPE 晶体，并对两种构型 TPE 的手性单晶切片分别进行固体漫反射 ECD（DRECD）光谱测试（图 3-36）[78]。然而，在确定这两种手性 TPE 晶体的绝对构型时，他们遇到与 Soai 等相同的问题，由于被手性柠檬烯诱导重结晶析出的 TPE 单晶非包结物，且 TPE 分子中只含碳、氢元素，需要借助同步辐射方法来确定其绝对构型，尽管采用了低温（100 K）下的测试，但他们发表的 TPE 晶体结构数据中并没有给出 Flack 参数，而所采用测试光源的波长被设置为 0.061000～0.063000 nm，显然不符合确定只含碳、氢元素的晶体绝对构型需要较长波长的要求。

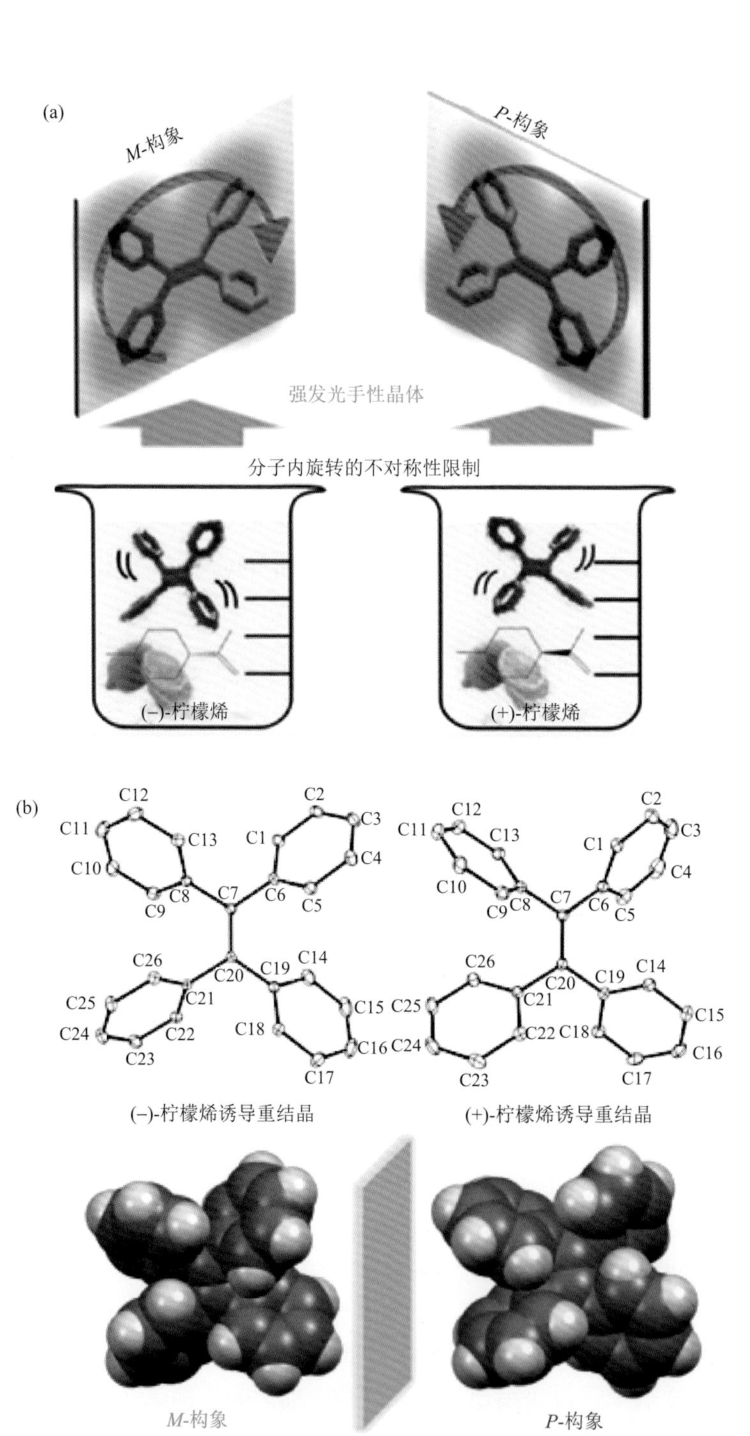
(a)
M-构象
P-构象
强发光手性晶体
分子内旋转的不对称性限制
(−)-柠檬烯
(+)-柠檬烯
(b)
C12
C11
C13
C10
C8
C9
C7
C1
C2
C3
C4
C6
C5
C26
C25
C21
C20
C19
C14
C15
C24
C22
C23
C18
C16
C17
(−)-柠檬烯诱导重结晶
(+)-柠檬烯诱导重结晶
M-构象
P-构象

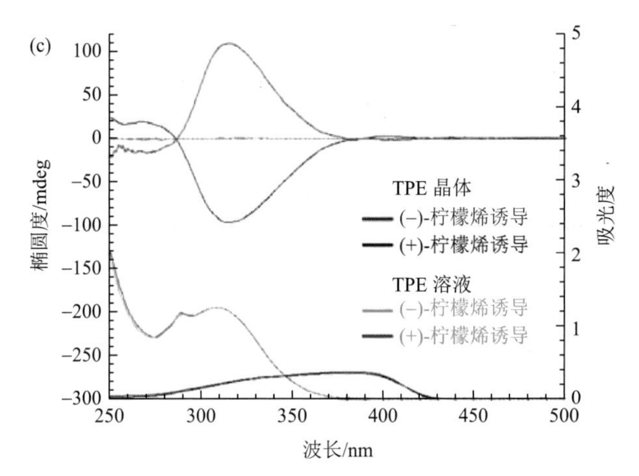

图 3-36　手性柠檬烯诱导 TPE 的重结晶（a）形成一对手性晶体（b）及其 DRECD 光谱（c）[78]

章慧课题组将 TPE、*cis*-BETPE 及 TETPE 晶体结构的重要表征数据进行全面汇总，见表 3-2。

表 3-2　TPE 及其衍生物的晶体学数据和精修结果

化合物	*P*-TPE	*cis*-BETPE[99]	TETPE[100]	TETPE
分子式	$C_{26}H_{20}$	$C_{30}H_{20}$	$C_{34}H_{20}$	$C_{34}H_{20}$
分子量	332.42	380.46	428.50	428.50
T/K	99.98(13)	173(2)	293(2)	298.0
晶系	单斜	正交	单斜	单斜
空间群	$P2_1$	$P2_12_12_1$	$C2$	$I2$
波长/nm	0.154184	0.154178	0.71073	0.71073
a/Å	9.78469(7)	9.32330(10)	16.546(3)	11.177(3)
b/Å	9.17234(4)	14.8844(2)	8.8418(18)	8.834(3)
c/Å	10.79906(7)	15.9251(2)	11.178(2)	12.887(4)
α/(°)	90	90	90	90
β/(°)	108.0957(8)	90.00	129.00(3)	93.357(5)
γ/(°)	90	90	90	90
体积/$Å^3$	921.261(11)	2209.95(5)	1270.9(4)	1270.3(6)
Z	2	4	2	2
计算密度/(g/cm^3)	1.198	1.143	1.120	1.120
F(000)	352	800	448	448
最终 *R* 因子[$I>2\sigma(I)$]	$R = 0.0283$ $wR_2 = 0.0719$	$R = 0.0276$ $wR_2 = 0.0716$	$R = 0.0533$ $wR_2 = 0.1461$	$R = 0.1455$ $wR_2 = 0.0744$
Flack 参数	−0.0(2)	—	—	—
CCDC No.	1521874	834091	163147	1522093

T：绝对温度；*Z*：单胞中的分子数；*F*(000)：单胞中的电子数

从表 3-2 可知，手性晶体 *cis*-BETPE 和 TETPE（空间群 *C*2）的绝对构型也不能确定，前者的晶体结构测试虽然采用了铜靶和较低温度，但其 CIF 文件未能提供 Flack 参数；而后者的晶体结构测试光源为钼靶，这对于在较高温度（298 K）下确认不含比磷更重的原子的手性分子的绝对构型也是无法胜任的。

随着同步辐射大科学装置的发展，当前的晶体结构测试技术已经非常高超。但从文献调研和分析可知，自 Toda 等（2000 年）[97, 98]、Tanaka 等（2002 年）[100]、Soai 等（2010 年）[96]和 Jin 等（2016 年）[78]先后获得 TPE 衍生物（X-TPE 和 TETPE）及 TPE 的手性单晶（包括相应的包结络合物单晶）的晶体结构和相应的石蜡油糊固体 ECD 光谱以来，对不含重原子的简单 TPE 及其衍生物的绝对构型检测仍不确定，这类化合物的螺旋手性构象如何与手性光谱关联的问题依旧没有解决。遗憾的是，用于测试的 TPE 单晶体量太小，达不到固体 ECD 光谱的检测限，无法从某颗单晶直接关联对应的 ECD 光谱信号。值得注意的是，2016 年华中科技大学郑炎松教授课题组首次采用有机框架“锁住”了 TPE 核的螺旋手性，因此可拆分出相应 TPE 衍生物的一对对映体[图 3-29（a）][79]。因其分子中含有氧原子，在低温下采用钼靶测试，获得了确定的绝对构型，但该报道中只给出溶液 ECD 光谱数据，未进行固体和溶液 ECD 光谱的比对，因此仍然缺失将晶体结构与 ECD 光谱关联的一个重要环节。

显然，晶体结构分析技术也无法应用于发生镜面对称性破缺的 AIE 化合物手性特征研究，分子溶液中形成的手性超分子聚集态或在成膜状态下的手性超分子纳米结构（如手性纳米纤维或螺旋纳米线），虽然前者可通过溶液手性光谱表征，后者可以通过微结构分析（SEM、TEM、AFM）的手段来研究，但这类体系的手性产生于镜面对称性破缺，阻转异构对映体的形成具有随机性；特别是在成膜态下，由于用于微结构和手性光谱分析的成膜基底材料截然不同，AIE 化合物在其表面上的自组装方式必然存在微妙不同，在微结构检测中所观察的纳米材料的螺旋手性方向很难与手性光谱呈现的信号直接关联，因此相关研究者大多数只谨慎地描述了这类纳米材料中超分子螺旋手性，并不贸然将其与所含手性 TPE/HPS 核呈现的手性光谱做出关联。而对于手性基团修饰的 TPE 或 HPS 衍生物形成的手性超分子体系而言，也存在类似不能确定绝对构型的问题。

2015 年，Bhosale 等发现[101]含酰胺基团的长烷基链修饰的非手性 TPE 衍生物 alkyl-TPE（图 3-37）在合适的混合溶剂（CH_3CN/THF 或 MeOH/THF，90%，*v*/*v*）中，因 TPE 生色团的 π-π 堆叠、TPE 核周边长烷基链的范德华力，以及酰胺基团之间的氢键等分子间相互作用而发生镜面对称性破缺，在溶液中会产生比较罕见的超分子手性聚集态的 AIC 和 AIECD 现象，并采用 ECD 光谱的激子手性方法指认了该状态下手性 TPE 核的绝对构型。但是该研究所提供的部分

SEM 图像并不是他们声称的右手螺旋纳米结构，且手性聚集态在溶液 ECD 光谱中呈现的样式并不符合激子裂分的明显特征，依此所做出的绝对构型关联仍旧是不可靠的。

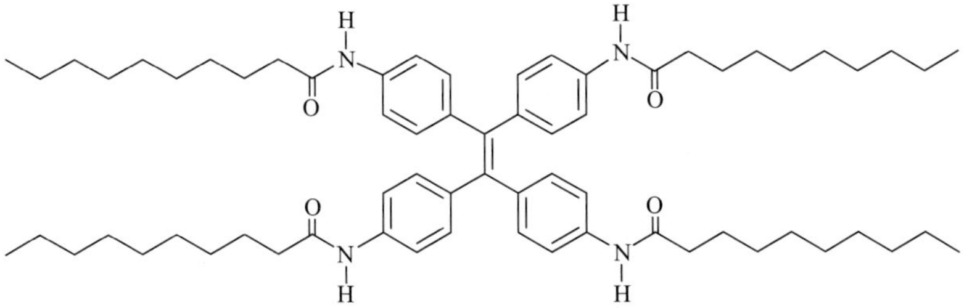

图 3-37 长烷基链修饰的非手性 TPE 衍生物 alkyl-TPE[101]

总之，尽管迄今发现的非手性 TPE 衍生物的镜面对称性破缺现象层出不穷，也可用微结构分析方法观察到手性 TPE 衍生物超分子螺旋手性的表观呈现（形成多层次的纳米螺旋结构）与其固体膜 ECD 光谱，但结构中只含碳、氢原子的 TPE 核化合物的螺旋手性构象（绝对构型）的确认一直是一个棘手和耗时的难题，以至于难以直接关联单分子和相关超分子螺旋体系的 TPE 核螺旋手性的绝对构型。希望可以找到能够精准确定具有刚性核的多苯基体系的阻转异构螺旋手性（绝对构型）的普适性方法，并将此规律推广至其他无机和有机 AIE 化合物发光核螺旋手性的探讨。

以下研究利用集成固体手性光谱结合光谱和理论模拟的方法确定只含碳、氢元素的 TPE、*cis*-BETPE 及 TETPE 化合物的绝对构型。通过分析整合这些手性 AIE 化合物的集成手性光谱，从而提出确定这类具有刚性核的多苯基 AIE 化合物绝对构型的特征手性光谱峰的关联规则。

3.3.4 TPE、*cis*-BETPE、TETPE 绝对构型的确定[43, 102]

1. TPE、*cis*-BETPE、TETPE 的结构特征

TPE、*cis*-BETPE、TETPE 的合成和重结晶方法均基于已有文献报道[96, 99, 100]，结构如图 3-38 所示。这三种化合物的结构具有高度相似性，差别在于取代基不同，其中，*cis*-BETPE 在 TPE 核的基础上有两个顺式排布的乙炔取代基，TETPE 则为四个乙炔基团对称修饰的 TPE 衍生物，它们的晶体结构数据见表 3-2。

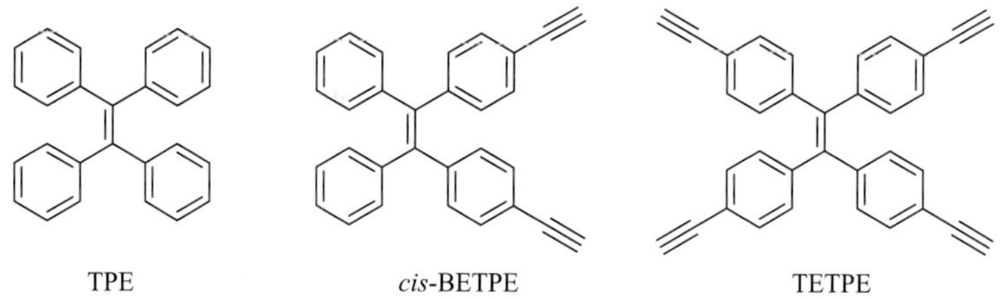

TPE　　　　*cis*-BETPE　　　　TETPE

图 3-38　TPE、*cis*-BETPE、TETPE 的分子结构图

TPE、*cis*-BETPE、TETPE 结构中，通过 σ 键与乙烯基相连的四个苯环在溶液中可以自由旋转，激发态的能量通过非辐射跃迁的形式得以释放，因而在溶液中通常观察不到任何发光行为，同时由于四个苯环可以绕 σ 键转动，它们的螺旋手性在溶液中快速消旋，从而达到 *P* 和 *M* 螺旋手性的动态平衡，在单一的良溶剂中并不能观测到这三种 AIE 化合物的手性特征。

与溶液中行为截然不同的是，TPE、*cis*-BETPE、TETPE 在某种聚集态（如提高混合溶剂中不良溶剂的比例或结晶状态）下，四个苯环的旋转受限，一方面导致非辐射跃迁被消解，激发态的能量通过辐射跃迁通道得以释放，从而表现出强烈的 AIE 现象；另一方面，它们的螺旋手性在溶液聚集态或晶态下可能被有效“锁住”，表现出聚集诱导手性。如图 3-39 所示，TPE、*cis*-BETPE、TETPE 的螺旋手性都是基于苯环相对于中心乙烯基的旋转方向来决定的，当四个苯环以右手螺

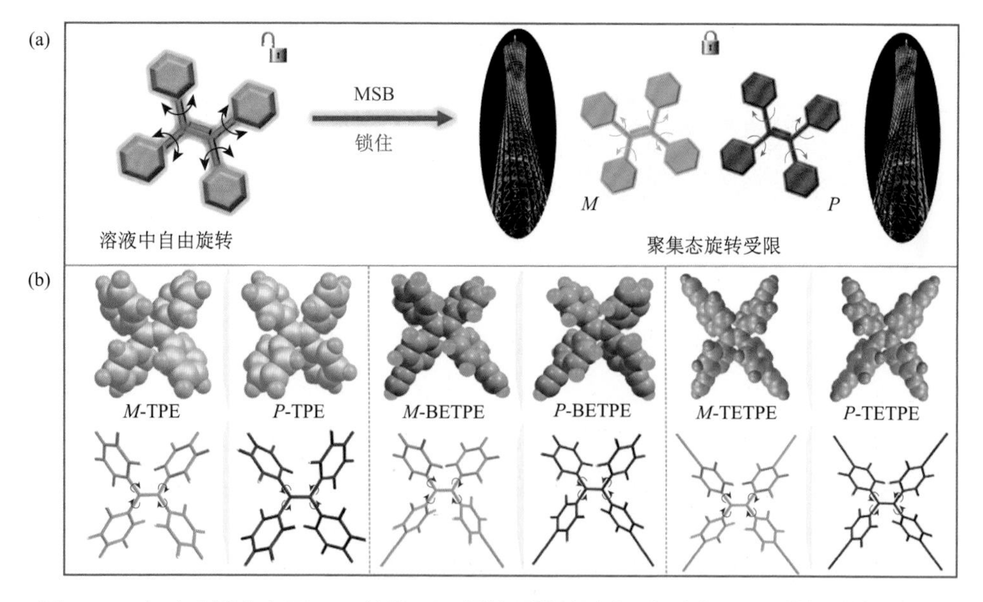

图 3-39　（a）在聚集态下 TPE 核的 *P*/*M* 螺旋手性被固定；（b）经 DFT 优化后的 TPE、*cis*-BETPE、TETPE 的分子结构

旋方式旋转时，该结构的螺旋手性记为 P；反之则记为 M。这三种化合物均属于阻转异构化合物，与其他 TPE 衍生物类似，都可以通过自发拆分获取手性晶体，但迄今发现的 TETPE 存在着同质多晶现象（表 3-2）。

2. 手性晶体 TPE、*cis*-BETPE、TETPE 的挑选

尽管 Soai 等像巴斯德那样幸运地发现了在 TPE 的手性晶体中，一对阻转异构对映体的半面晶观不同（图 3-35）[96]，但在实际操作中很难用肉眼分辨出一对对映体；而 *cis*-BETPE 和 TETPE 的一对手性晶体则没有外观上的差别，特别是 TETPE 还存在着同质多晶的手性和非手性两种晶型，使用于手性光谱表征的手性晶体样品的挑选较为困难。实验中以 ECD 光谱信号互为相反的 TPE、*cis*-BETPE 和 TETPE 的三对手性晶体为主要研究对象，与溴化钾粉末充分研磨混合均匀，制备出浓度梯度递减的三个系列溴化钾片膜。

3. TPE、*cis*-BETPE、TETPE 的 XRD 谱分析

TPE、*cis*-BETPE 和 TETPE 的 X 射线粉末衍射表征结果如图 3-40 所示，它们的 XRD 实验谱与根据晶体结构数据拟合所得的 XRD 拟合谱吻合度较高。该实验结果表明这三种化合物的物相纯度较高。

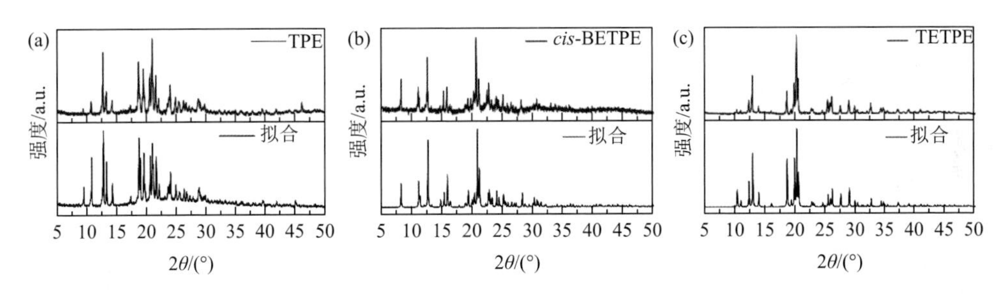

图 3-40　TPE（a）、*cis*-BETPE（b）、TETPE（c）的 XRD 谱

4. TPE、*cis*-BETPE、TETPE 的固体 ECD 光谱分析

根据前期研究[83, 95]，在阻转异构的 AIE 化合物中均存在明显的浓度效应现象，以浓度效应最为明显的 TPE 为例（图 3-33），随着浓度梯度从 1/50 降到 1/6400，在 380 nm 处的正 ECD 吸收峰蓝移至 335 nm，在 330～380 nm、288 nm、260 nm 处的 CE 强度随着浓度降低而增加，直到在一个很低的浓度（1/800）下才达到“极值”。另从光谱曲线的形状来看，330～380 nm 波段吸收峰的变形最为严重，从 1/50 的极高浓度到 1/1600 的“较佳浓度”，峰形从 380 nm 处的微弱较窄吸收峰扩展为一个相对较强的宽谱带。根据在“极值”之后浓度与 ECD 信号呈正常线

性关系的浓度区间、可观测的确定信号值［对于日本分光株式会社（JASCO）公司的 J-810 型 ECD 光谱仪，椭圆度＞6 mdeg］，以及不再变化的谱峰位置，建议将溴化钾压片法(50 mg 片膜质量)测试 TPE 固体 ECD 光谱的“较佳浓度”（波长）设置为 1/1000（288 nm）。

从图 3-41 可知，对于 *P-cis*-BETPE，330～380 nm 波段的吸收峰与 250～310 nm 波段的科顿效应“极值”均出现在 1/800 浓度，且随着浓度的进一步稀释，CE 不再发生明显的位移；而对于 *M-cis*-BETPE，这两个波段 CE 的“极值”均出现在浓度为 1/400 时，且随着浓度梯度的逐次下降，相应的 ECD 吸收峰也不再发生明显位移。考虑到采用浓度梯度制样只是一种半定量的方法，对于这一对手性晶体而言，“极值”出现的浓度偏差（1/800 和 1/400）应在可以解释的范围之内。由于 TETPE 的同质多晶型性质，没有对该样品进行浓度梯度测试。利用浓度梯度的方法，确定了测定 TPE、*cis*-BETPE 和 TETPE 固体 ECD 光谱的“较佳浓度”（波长）分别为 1/1000（288 nm）、1/800（270 nm）、1/400（276 nm）。

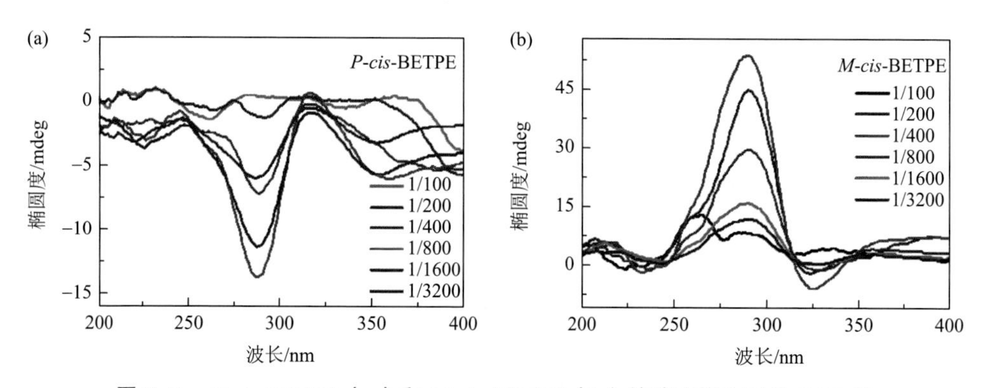

图 3-41 *P-cis*-BETPE（a）和 *M-cis*-BETPE（b）的浓度梯度固体 ECD 谱

本书所描述的“极值”和“较佳浓度”可被理解为一个浓度区间。对于 TPE，其“较佳浓度”小于出现“极值”的浓度，而对于 *cis*-BETPE 和 TETPE，“较佳浓度”和“极值”浓度基本上落在同一浓度区间。虽然事先进行浓度梯度设置时一般无法直接获得实际测试中的真实“极值”和“最佳测试浓度”，但是根据浓度梯度实验并结合紫外-可见吸收光谱吸收值与浓度的线性关系来选取对每一个手性样品合适的“较佳浓度”范围是可行的。

通过浓度梯度检测获得这三种 AIE 化合物可靠的固体 ECD 实验光谱后，可将其与相应的 ECD 计算光谱（图 3-42）进行比较。利用后者，不仅可以确定它们的绝对构型，而且可以得到丰富的电子跃迁激发态的信息。为了便于对照，在进行计算模拟时，只计算了 *P* 螺旋手性的 TPE、*cis*-BETPE 和 TETPE 的 ECD 和紫外-可见吸收光谱（相应 *M* 螺旋手性的化合物的计算结果除符号相反以外，其他均相同，因此只计算一种手性构型即可）。ECD 计算光谱是基于 TDDFT 计算得出的跃迁波长与转动强度，采用高斯带型进行绘制的。其中浅（绿）色竖线表示有关跃迁的位置和相对强度，深（红）色曲线则是高斯组分叠加给出的 ECD 计算光谱。ECD 吸收带附近的数字表示相应的最大吸收波长。为了模拟紫外-可见区（λ＞180 nm）范围内的 ECD 谱，共计算了 100 个低能激发态的性质，其中包括激发波长 λ、振子强度 f、转动强度 R、电偶极跃迁矩 μ、磁偶极跃迁矩 m 及电偶极跃迁矩与磁偶极跃迁矩之间的夹角 θ。为了便于讨论电子激发态的跃迁性质，也进行了 Kohn-Sham（KS）轨道及 DFT 能级的研究，其中重点关注最高占据分子轨道（HOMO）与最低未占分子轨道（LUMO）附近的近 10 个分子轨道的轨道特征及轨道归属。

如图 3-42 所示，三对 TPE、*cis*-BETPE 和 TETPE 对映体的固体 ECD 实验光谱基本呈镜像对称。比较它们的 ECD 和紫外-可见吸收实验光谱和计算光谱发现，除了个别峰的微小差异，这三种化合物的 ECD/紫外-可见吸收计算光谱与实验光谱吻合得较好，因此可以依据它们的 ECD 计算光谱来分析其 ECD 实验光谱。由于这三个分子的螺旋手性是在固态下被锁住的，在乙腈溶液中难以保持，因此这些化合物在乙腈溶液中的 ECD 特征峰并不存在（图 3-43）。

TPE 的 ECD 光谱[图 3-42（a）]中，位于 340 nm、288 nm、262 nm、231 nm 和 209 nm 处的五个 ECD 实验光谱峰分别对应于 337 nm、287 nm、265 nm、244 nm

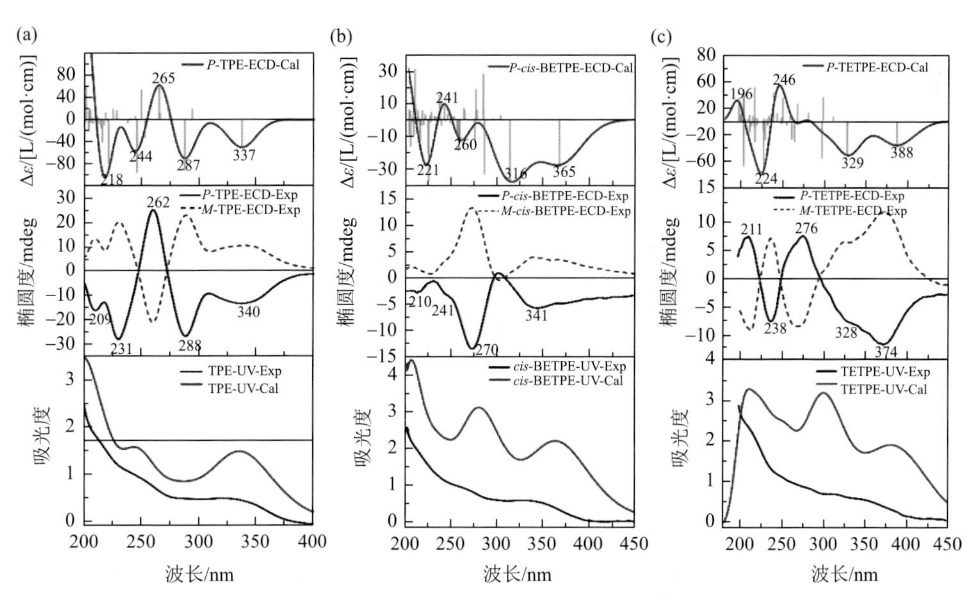

图 3-42　TPE（a）、*cis*-BETPE（b）、TETPE（c）的理论计算、固体实验 ECD 和紫外-可见吸收光谱

和 218 nm 的 ECD 计算光谱峰。*cis*-BETPE 的 ECD 光谱[图 3-42（b）]中，341 nm、270 nm、241 nm 和 210 nm 处的 ECD 实验光谱峰归属于 365 nm/316 nm、260 nm、241 nm、221 nm 处的 ECD 计算光谱峰。TETPE 的 ECD 光谱[图 3-42（c）]中，374 nm、328 nm、276 nm、238 nm 和 211 nm 处的 ECD 实验光谱峰可依据其 ECD 计算光谱中 388 nm、329 nm、246 nm、224 nm 和 196 nm 附近的 ECD 光谱峰得以解释。

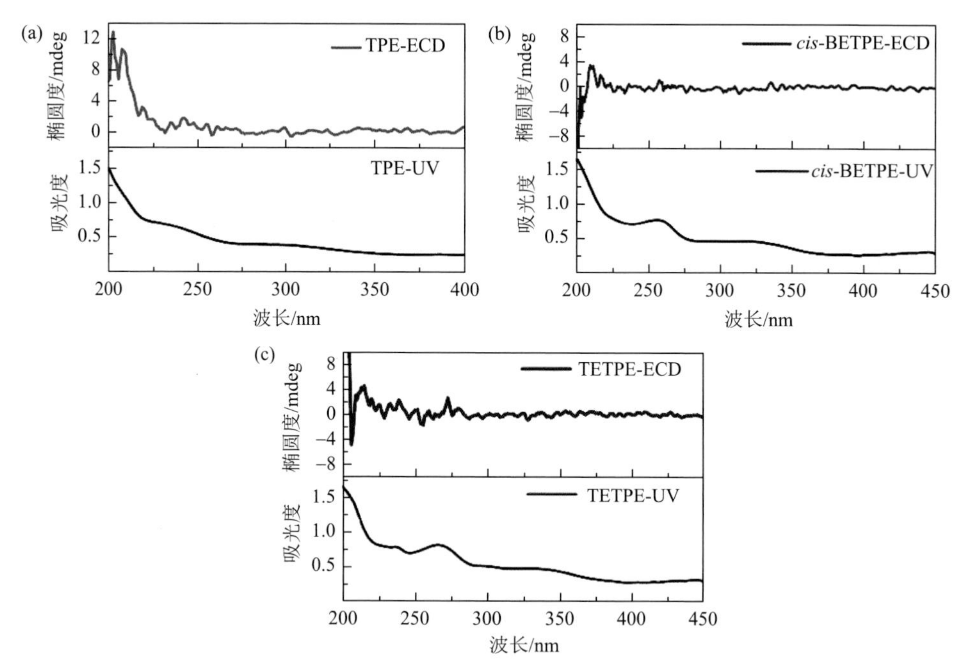

图 3-43 TPE（a）、*cis*-BETPE（b）、TETPE（c）在乙腈溶液中的 ECD 和紫外-可见吸收光谱

由表 3-3 可知，图 3-42（a）所示 TPE 的 ECD 计算光谱中，位于 337 nm 处第一个负 ECD 计算光谱峰对应 1^1B_1 激发态，该激发态主要对应于从 $88^{th}/22b_2$ HOMO 到 $89^{th}/22b_3$ LUMO 的电子跃迁，见图 3-44（a）。第二个位于 287 nm 处的负峰对应于 3^1B_3 激发态，该激发态主要对应于从 $88^{th}/22b_2$ HOMO 到 $91^{st}/23b_1$ LUMO + 2 的电子跃迁。

表 3-3 TPE 的电子激发态性质及其跃迁归属

激发态编号	激发态对称性	λ/nm	f	R/DBM	$\|\mu\|$/D	$\|m\|$/BM	θ/(°)	轨道跃迁类型
1	1^1B_1	337.1	0.3490	1.17315	5.0022	0.2340	0.0	$\pi\rightarrow\pi^*$
2	3^1B_3	287.3	0.1419	1.96489	2.9441	0.6678	0.0	$\pi\rightarrow\pi^*$

续表

激发态编号	激发态对称性	λ/nm	f	R/DBM	|μ|/D	|m|/BM	θ/(°)	轨道跃迁类型
3	8^1B_2	265.5	0.0245	−1.35211	1.1750	1.1354	180.0	$\pi\rightarrow\pi^*$
4	10^1B_1	253.4	0.0125	0.66293	0.8215	0.8060	0.0	$\pi\rightarrow\pi^*$
5	12^1B_3	249.9	0.0748	−1.10555	1.9945	0.5555	180.0	$\pi\rightarrow\pi^*$
6	14^1B_3	246.3	0.2135	1.92220	3.3449	0.5737	0.0	$\pi\rightarrow\pi^*$
7	25^1B_3	221.45	0.0855	1.51728	2.0065	0.7530	0.0	$\pi\rightarrow\pi^*$
8	31^1B_1	215.9	0.1638	0.75820	2.7431	0.2746	0.0	$\pi\rightarrow\pi^*$
9	53^1B_2	202.1	0.0224	−1.11391	0.9809	1.1109	180.0	$\pi\rightarrow\pi^*$
10	60^1B_3	200.2	0.1378	−1.74657	2.4223	0.7186	180.0	$\pi\rightarrow\pi^*$

注：λ 表示激发态的激发波长；f 表示振子强度；R 表示旋转强度，DBM 表示德拜-玻尔磁子；μ 表示电偶极跃迁矩，D 表示德拜($1\ D = 3.33\times10^{-30}\ C\cdot m$)；m 表示磁偶极跃迁矩，BM 表示玻尔磁子；θ 表示 μ 和 m 之间的角度。

根据表 3-4，在图 3-42（b）所示 *cis*-BETPE 的 ECD 计算光谱中，365 nm 处的第一个负 CE 对应 1^1B 激发态，该激发态对应从 $100^{th}/50b$ HOMO 到 $101^{st}/51a$ LUMO 的电子跃迁[图 3-44（b）]，第二个位于 316 nm 处的负 CE 对应 2^1A 激发态，该激发态主要对应电子从 $100^{th}/50b$ HOMO 到 $102^{nd}/51b$ LUMO + 1 的跃迁。另据表 3-5 可知，TETPE 的 ECD 计算光谱中，位于 387.7 nm 处的第一个负 CE 对应的激发态是 1^1B_1，该激发态对应从 $112^{nd}/28b_2$ HOMO 到 $113^{rd}/28b_3$ LUMO 的跃迁[图 3-44（c）]。328.0 nm 处的第二个负 CE 对应于 2^1B_3 激发态，该激发态主要对应从 $112^{nd}/28b_2$ HOMO 到 $114^{th}/29b_1$ LUMO + 1 的跃迁。

表 3-4 *cis*-BETPE 的电子激发态性质及其跃迁归属

激发态编号	激发态对称性	λ/nm	f	R/DBM	|μ|/D	|m|/BM	θ/(°)	轨道跃迁类型
1	1^1B	367.3	0.447	−1.10595	5.9122	0.5571	109.6	$\pi\rightarrow\pi^*$
2	2^1A	312.7	0.181	−1.40817	3.4695	0.4059	180.0	$\pi\rightarrow\pi^*$
3	5^1A	284.8	0.274	−1.20846	4.0792	0.2965	180.0	$\pi\rightarrow\pi^*$
4	6^1B	283.7	0.016	0.99753	1.0079	0.9857	6.9	$\pi\rightarrow\pi^*$
5	8^1A	275.5	0.157	0.66863	3.0379	0.2198	0.0	$\pi\rightarrow\pi^*$
6	9^1A	274.5	0.131	−0.41685	2.7725	0.1505	180.0	$\pi\rightarrow\pi^*$
7	12^1B	257.9	0.027	−0.44827	1.2181	0.6021	127.91	$\pi\rightarrow\pi^*$
8	13^1A	256.7	0.022	−0.64699	1.1128	0.5807	180.0	$\pi\rightarrow\pi^*$
9	14^1A	255.1	0.0158	−0.38632	0.9247	0.4139	180.0	$\pi\rightarrow\pi^*$
10	21^1B	240.8	0.0655	0.31277	1.8323	0.1788	17.41	$\pi\rightarrow\pi^*$
11	24^1A	235.9	0.0301	0.40521	1.230	0.3301	0.0	$\pi\rightarrow\pi^*$
12	34^1A	223.6	0.0954	−1.19856	2.130	0.5615	180.0	$\pi\rightarrow\pi^*$

注：符号代表的含义与表 3-3 中相同。

表 3-5 TETPE 的电子激发态性质及其跃迁归属

激发态编号	激发态对称性	λ/nm	f	R/DBM	|μ|/D	|m|/BM	θ/(°)	轨道跃迁类型
1	1^1B_1	387.7	0.5293	−1.22076	6.6068	0.1844	180.0	$\pi\rightarrow\pi^*$
2	2^1B_3	328.0	0.2815	−1.64013	4.4313	0.3703	180.0	$\pi\rightarrow\pi^*$
3	5^1B_2	298.5	0.0146	1.06807	0.9628	1.0971	0.0	$\pi\rightarrow\pi^*$
4	7^1B_3	297.3	0.747	−1.62401	6.8729	0.2364	180.0	$\pi\rightarrow\pi^*$
5	12^1B_2	267.7	0.0181	0.73727	1.0157	0.7177	0.1	$\pi\rightarrow\pi^*$
6	13^1B_1	264.3	0.0426	−0.87263	1.5477	0.5633	180.0	$\pi\rightarrow\pi^*$
7	20^1B_3	250.2	0.1445	0.94911	2.7733	0.3429	0.0	$\pi\rightarrow\pi^*$
8	31^1B_2	239.2	0.0222	1.13238	1.0627	1.0563	0.0	$\pi\rightarrow\pi^*$
9	41^1B_3	227.5	0.3535	−1.91389	4.1349	0.4622	180.0	$\pi\rightarrow\pi^*$
10	57^1B_1	217.3	0.0598	−0.79421	1.6628	0.4736	180.0	$\pi\rightarrow\pi^*$
11	58^1B_2	216.8	0.0533	1.29118	1.568	0.8145	0.0	$\pi\rightarrow\pi^*$
12	88^1B_3	203.9	0.2842	−1.65571	3.5109	0.4708	180.0	$\pi\rightarrow\pi^*$
13	90^1B_1	203.6	0.0759	−1.49427	1.8125	0.8118	180.0	$\pi\rightarrow\pi^*$

注：符号代表的含义与表 3-3 中相同。

比较这三种化合物的 ECD 实验光谱和计算光谱可以发现，相对于 TPE 而言，*cis*-BETPE 和 TETPE 的 ECD 实验光谱中，第一个和第二个 CE 都会发生一定程度的重合，其中 *cis*-BETPE 中两个 CE 甚至重合为一个大宽峰。TETPE 的 ECD 实验光谱中表现为一个主峰及一个小肩峰。出现这样的差异，推测可能是由化学结构的对称性不同所导致的：TPE 和 TETPE 都是 D_2 对称性，而 *cis*-BETPE 却是 C_2 对称性，*cis*-BETPE 结构中不对称的乙炔基取代致使谱带展宽成为一个宽峰，尽管 TETPE 是 D_2 对称性，但是四个乙炔基的取代使其对称性低于 TPE，炔基的取代也会对其 ECD 谱的峰形产生一定影响。

图 3-44 是 TPE、*cis*-BETPE 和 TETPE 的 DFT 能级及 KS 轨道图。根据 KS 轨道特征可知，这三种化合物的 HOMO、LUMO 及其附近的轨道主要为 π 或者 π^*轨道，因此这三种化合物的 ECD 光谱峰对应的电子能级跃迁主要为 π-π^*跃迁。TPE 的 HOMO 和 LUMO 的能级差是 4.17 eV，*cis*-BETPE 的 HOMO 和 LUMO 的能级差是 3.82 eV，而 TETPE 的 HOMO 和 LUMO 的能级差是 3.62 eV。之所以出现这样逐级递减的趋势，是因为在 *cis*-BETPE 和 TETPE 中，有乙炔基参与共轭，且乙炔基的个数越多，π-π 共轭程度越大，相应的 HOMO 和 LUMO 之间的能级差就越小。TPE 中没有乙炔基的取代，共轭程度最小，电子云较分散，因此 HOMO 和 LUMO 的能级差最大。

通过对上述三种化合物 ECD 光谱的研究，得出了应用 ECD 特征光谱峰准确指认 TPE 核衍生物螺旋手性的关联规则：在 TPE 及 *cis*-BETPE、TETPE 等系列 TPE 衍生物的 ECD 光谱中的 300～450 nm 波段，若长波处的第一个 ECD 光谱峰为负，则 TPE 核的螺旋手性为 *P*；若该 ECD 谱带呈现正科顿效应，则 TPE 核的螺旋手性为 *M*。

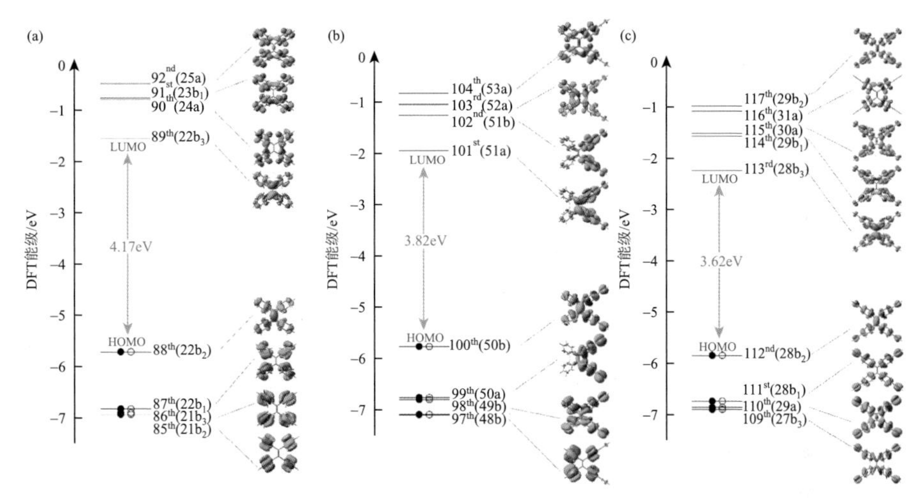

图 3-44　TPE（a）、*cis*-BETPE（b）、TETPE（c）的 DFT 能级及 KS 轨道图

5. TPE、*cis*-BETPE、TETPE 的 VCD 光谱

除了利用固体 ECD 光谱指认手性晶体 TPE、*cis*-BETPE 和 TETPE 的螺旋手性外，章慧课题组首次研究了这三种化合物的 VCD 光谱并得到了值得关注的实验和理论计算结果。

由于 TPE、*cis*-BETPE 和 TETPE 的手性在溶液中无法保持，与固体 ECD 光谱的表征类似，采用溴化钾压片的固体 VCD 光谱及理论计算模拟来研究它们的绝对构型。如同所预期的，这三种化合物的单晶溶解在氘代氯仿溶液中的 VCD 光谱（图 3-45）均无信号。

图 3-46 是 TPE、*cis*-BETPE、TETPE 的 IR/VCD 实验光谱和计算光谱的对照图，从图中可以看出，除了个别峰的差异外，实验光谱和计算光谱吻合较好。对于 TPE，其 IR 光谱的研究范围是 1650～730 cm^{-1}，而 *cis*-BETPE 和 TETPE 的 IR 光谱研究范围均为 1650～800 cm^{-1}。总体来看，三者在较高波数区域（1650～1000 cm^{-1}）的 VCD 光谱强度较低，主要对应于分子内苯基、乙烯基和乙炔基的伸缩振动。低波数区（875～730 cm^{-1}）的 VCD 信号强度显著增强，主要对应于整个分子范围内的弯曲振动。已知用于光弹调制的 ZnSe 材料及 BaF_2 液池在低波数区透光率都很低，而且大多数化合物在低波数区没有很强的红外吸收，这些因素均导致低波数区通常是信噪比较低的区域。然而对这三种化合物，低波数区反而成了它们的特征吸收波段。介于大多数基团在这一波段的红外吸收均较低，这一特征波段也可以免受其他衍生基团的干扰。

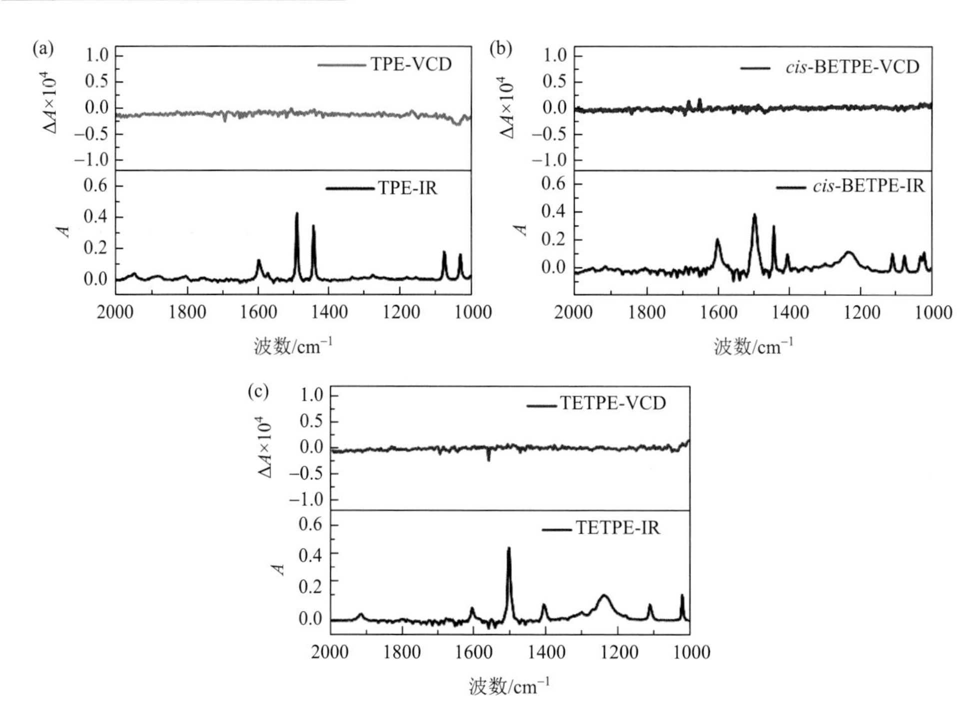

图 3-45 TPE（a）、*cis*-BETPE（b）、TETPE（c）在氘代氯仿溶液中的 VCD 和 IR 光谱

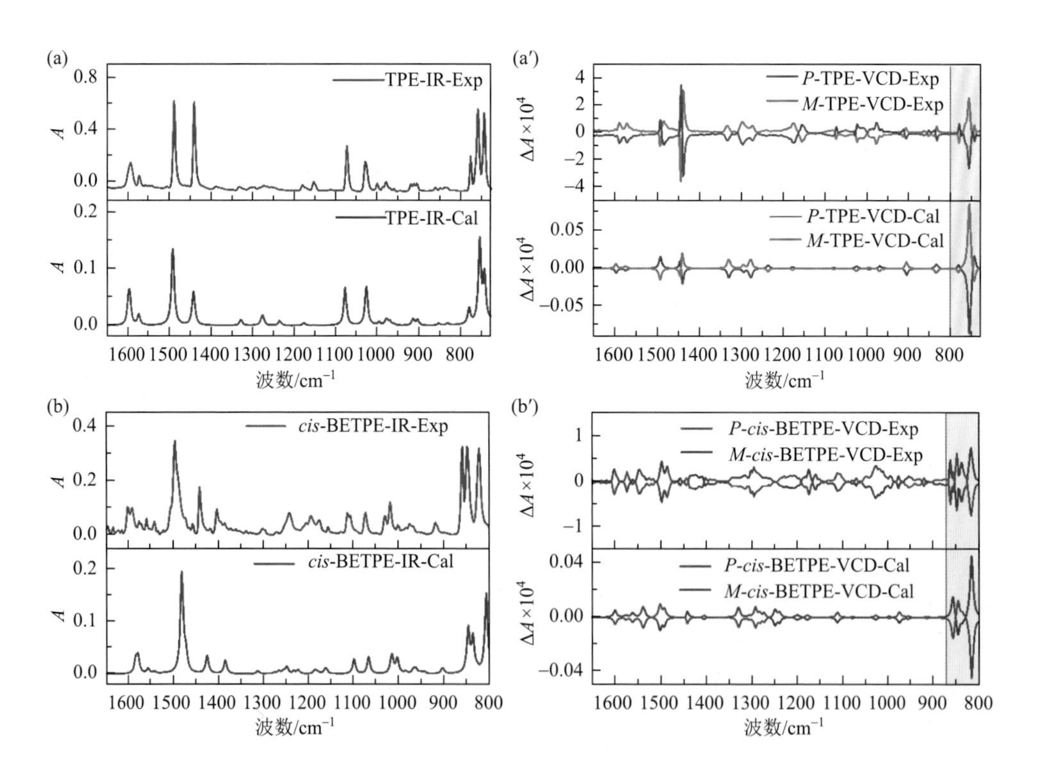

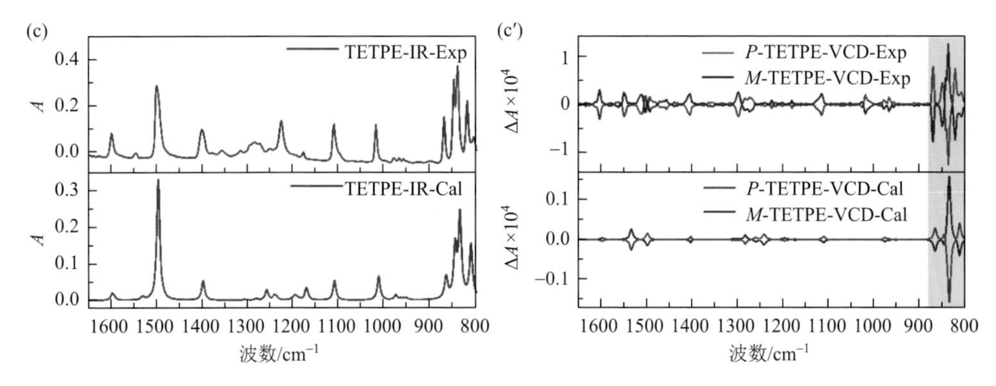

图 3-46 TPE（a，a′）、*cis*-BETPE（b，b′）、TETPE（c，c′）的实验及计算固体 IR（左栏）及 VCD 光谱图（右栏）

分析这三种化合物的固体 VCD 光谱，提出利用 875～730 cm^{-1} 波段的 VCD 特征光谱峰关联 TPE 核衍生物螺旋手性的方法。如图 3-46 所示，752 cm^{-1}（TPE）、810 cm^{-1}（*cis*-BETPE）及 845 cm^{-1}（TETPE）处的 VCD 光谱峰分别是这三种化合物 875～730 cm^{-1} 特征波段的第一个最强也最明显的 VCD 光谱峰，结合其 VCD 计算光谱，可以得出 TPE 衍生物的螺旋手性的关联规则：如果该 VCD 光谱峰为负，则它们的螺旋手性为 *P*；如果该 VCD 光谱峰为正，则它们的螺旋手性为 *M*。此规律或可进一步推广至其他手性 TPE 衍生物的绝对构型指认，但还有待更多的实例来验证。

6. 特征 ECD、VCD 指纹应用于手性 TPE 衍生物绝对构型指认

为了进一步确认将特征 ECD 和 VCD 光谱指纹应用于手性 TPE 衍生物绝对构型指认的可靠性，采用其他手性 TPE 衍生物进行了相关验证。前已述及，华中科技大学郑炎松教授课题组首次采用有机框架“锁住”了 TPE 核的螺旋手性，使得 TPE 分子的螺旋手性在溶液中得以保持，因此可拆分出相应 TPE 衍生物的一对对映体 *P*-**6** 和 *M*-**6** 并获得其晶体结构，首次测得这一对手性 TPE 衍生物的溶液 ECD 光谱[79]，如图 3-47（d）所示，在 350～400 nm 波段 *P* 螺旋手性的 TPE 衍生物（*P*-**6**）的 ECD 光谱中第一个 ECD 光谱峰为负，而其对映体 *M*-**6** 的 ECD 信号与之相反。这一现象与章慧课题组所提出的关联规则完全相符。

郑炎松团队报道了溶液态下的 ECD 光谱数据，未进行固体和溶液 ECD 光谱的比对。为了将固态下测得的晶体结构与集成的手性光谱关联，章慧课题组利用郑炎松提供的样品，进一步研究了 *P*-**6** 和 *M*-**6** 的固体 ECD 及 VCD 光谱，固体光谱的表征均为溴化钾压片法，固体 ECD 和 VCD 光谱的测试浓度分别为 1/800 和 1/40，手性光谱仪器参数设置与 TPE 测试条件一致，结果如图 3-48 所示。

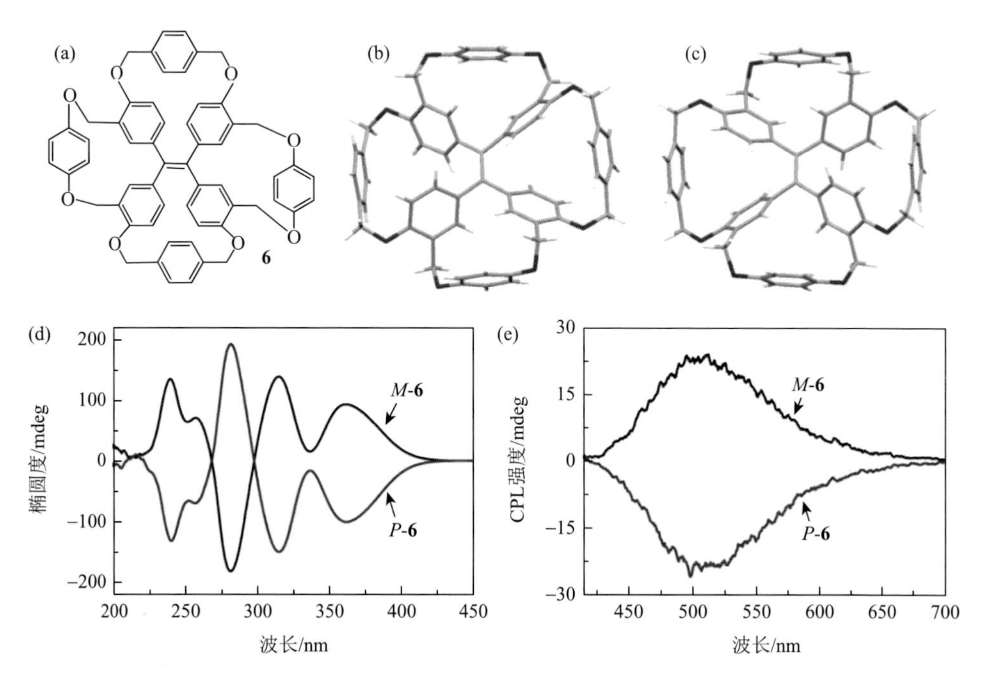

图 3-47 有机框架固定下的化合物 6 的分子结构（a），*M*-6（b）/*P*-6（c）的螺旋结构及其溶液的 ECD（d）和 CPL（e）光谱[79]

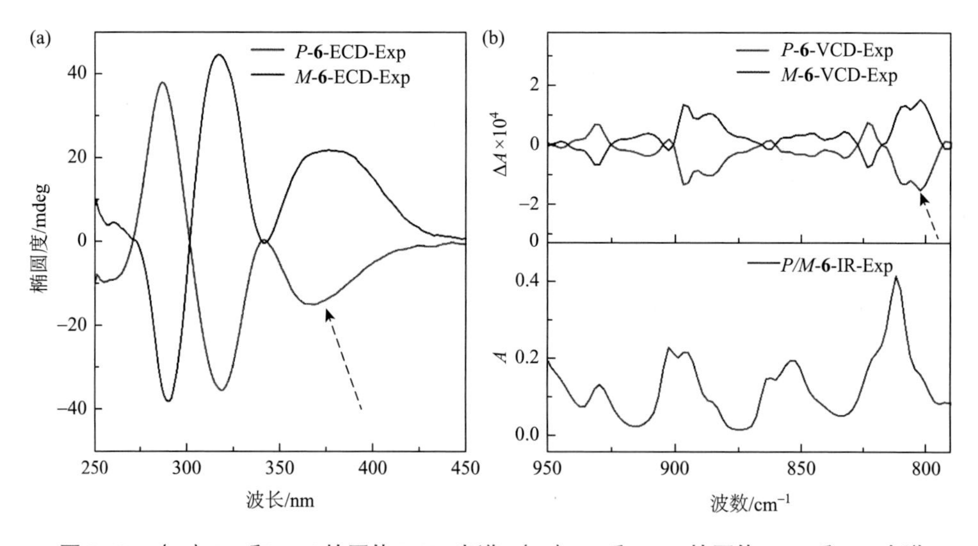

图 3-48 （a）*P*-6 和 *M*-6 的固体 ECD 光谱；（b）*P*-6 和 *M*-6 的固体 VCD 和 IR 光谱

对于 *P*-6，在 375 nm 处的 ECD 信号为负，在 800 cm^{-1} 处的 VCD 吸收峰为负；对于 *M*-6，其固体 ECD 和 VCD 光谱峰的符号与 *P*-6 相反。而且它们的固体 ECD 光谱与已报道的溶液 ECD 光谱非常相似，至此，终于可以接上其溶液 ECD 光谱与晶体结构关联的链条。这一实验结果有力地验证了运用 ECD/VCD 特征光谱峰关联 TPE 核螺旋手性规则的有效性。

3.3.5 具有刚性核的手性炔铜团簇绝对构型的确定

2020 年，郑州大学臧双全团队利用设计合成的一对具有多个苯环的手性炔基配体(*R*/*S*)-2-二苯基-羟甲基吡咯烷-1-丙炔(*R*/*S*-DPM)，成功诱导形成了原子精确的手性炔铜团簇对映体$[Cu_{14}(R/S\text{-DPM})_8]^{6+}$($R/S\text{-}Cu_{14}$)[1]。$R/S\text{-}Cu_{14}$ 在溶液和固体中表现出镜像对称的 ECD 信号，但没有观察到光致发光现象。进一步的研究发现，不良溶剂的加入可诱导手性炔铜簇的聚集从而表现出亮红色发光，说明该团簇为优异的聚集诱导发光材料，而且团簇的聚集可有效触发圆偏振发光响应（图 3-49），荧光各向异性因子（g_{lum}）达到$\pm 1.0\times 10^{-2}$。通过单晶结构分析，在原子水平揭示了聚集态下的阴阳离子间静电作用、分子间氢键作用和 C—H⋯π 作用是引起 AIE 特性的主要因素。

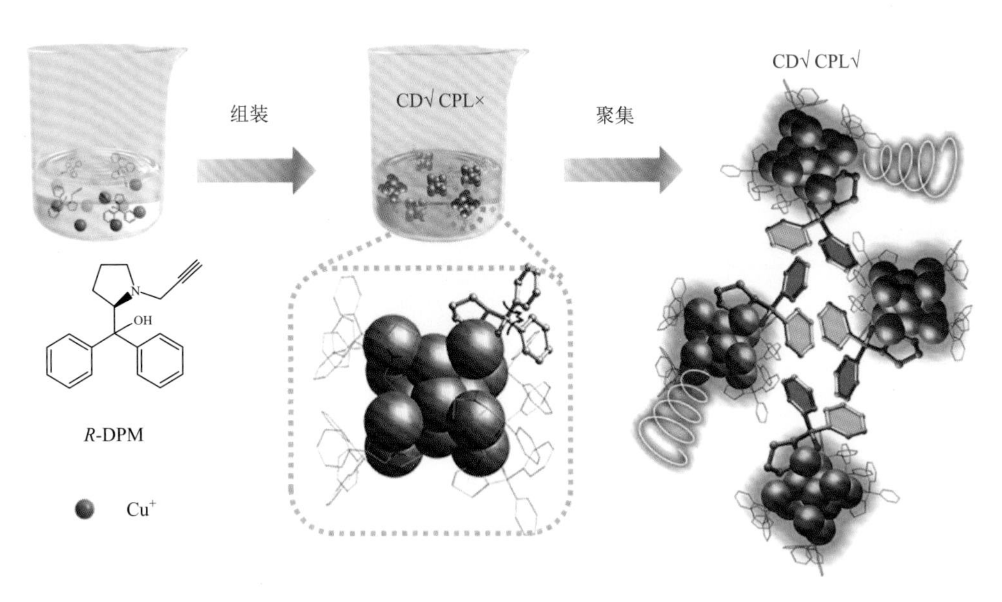

图 3-49　*R*-Cu_{14} 团簇的合成及其在溶液态和聚集态下的手性光学性质说明

在 $R/S\text{-}Cu_{14}$ 体系中，ECD 光谱的特征（图 3-50）与带炔基的 *cis*-BETPE 和 TETPE 的 ECD 谱（图 3-42）类似。与 TPE 比较，*cis*-BETPE、TETPE 和 $R/S\text{-}Cu_{14}$ 簇的 ECD 吸收峰红移，这可能是因为乙炔基参与共轭，导致 HOMO 和 LUMO 能级差降低。从图 3-50 可以看到，$R/S\text{-}Cu_{14}$ 团簇的溶液和固体 ECD 光谱相当类似，

但又有所不同，主要表现在长波处吸收峰的呈现上。在溶液谱中，第一和第二吸收峰清晰可见，按前述关联规则可以推测，S-Cu_{14}团簇的螺旋手性为M，而R-Cu_{14}团簇的螺旋手性为P。相同手性配体构建的手性铜簇在固体和溶液中的螺旋手性是基本一致的，但由于固体制样的不确定性，还不能轻易下结论。

手性铜簇在溶液中也表现出与手性阻转异构化合物通常在固态下呈现的“浓度效应”[83, 85, 95]。如图 3-51 所示，对于紫外-可见吸收光谱测试，在f值低于 80%

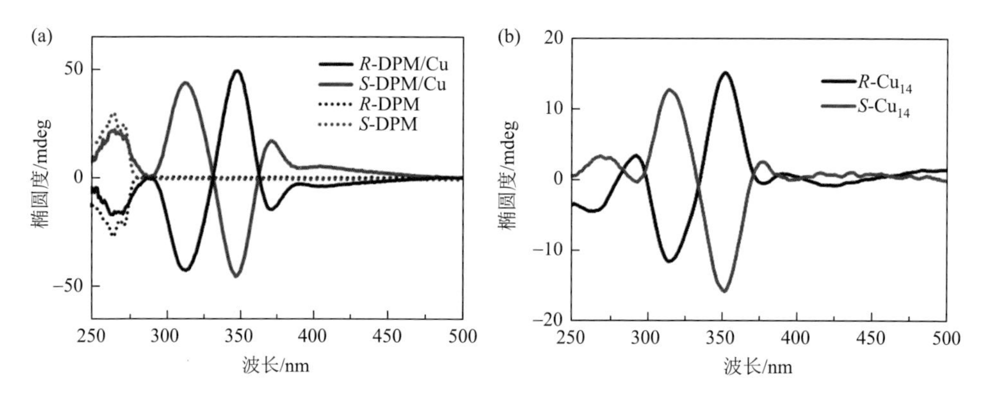

图 3-50 R/S-Cu_{14}团簇的CH_2Cl_2溶液[1.0×10^{-5} mol/L，（a）]和固体（b）ECD 光谱

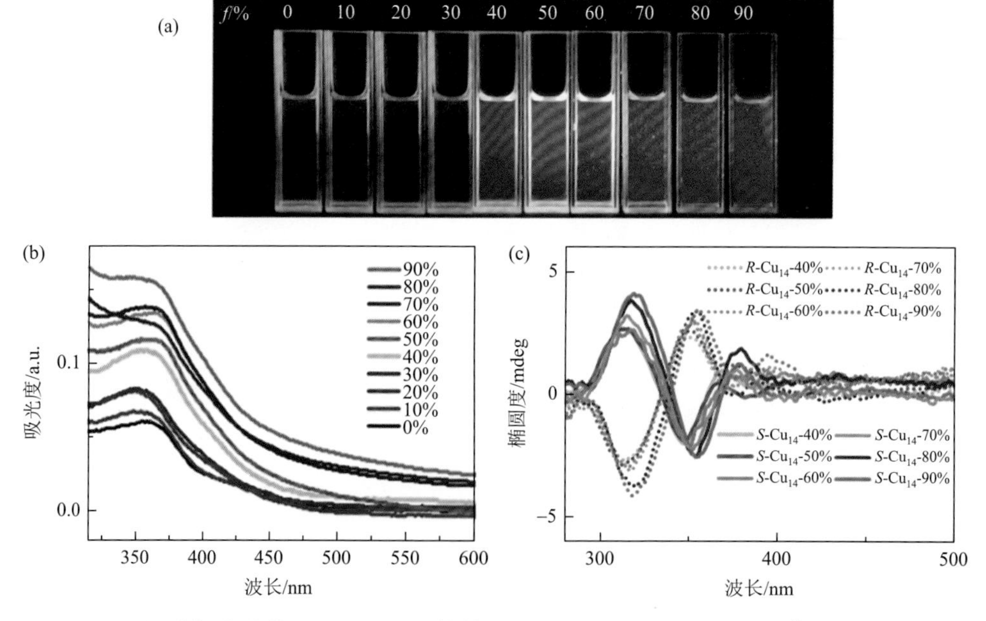

图 3-51 不同比例（f）值下 R/S-Cu_{14}团簇的 DCM/正己烷混合溶液[5×10^{-5} mol/L（a）]的紫外-可见吸收光谱（b）和 ECD 光谱（c）

的浓度区间，“极值”出现在 f 值为 70%处；而在 ECD 光谱，“极值”却出现在 f 值为 80%左右。总体来看，紫外-可见吸收光谱和 ECD 光谱都存在浓度（f 值）大导致谱带红移的现象。

紫外-可见吸收光谱和 ECD 光谱“极值”的出现与 AIE 现象发生的 f 值似乎有相关性！在这个临界点上手性团簇如何聚集？聚集态中分子间的相互作用能否用梯度实验的“浓度效应”来佐证？未来或可采用更精细的微结构分析方法得到在溶液中发生超分子手性聚集的直接证据？所有这些，都将揭示聚集诱导圆偏振发光（AICPL）的内在机理。而 AICPL 机理的昭然若揭反过来可以让我们解开苦苦思索的浓度效应极值的隐秘，进而达到精准设计合成手性 AIE 新材料的目标。

迄今对手性 AIE 和手性团簇络合物的基础和应用研究层出不穷，但是对于其精细的手性立体化学特征，如配体中固有的碳手性、轴手性，以及配位原子的手性、螯合环的构象手性、金属中心手性，乃至分子的螺旋手性或络合物配位基元发生自组装形成超分子手性[103]的研究并不多见，利用集成的手性光谱对其中各个层次的手性来源和结构进行探究，将具有一定科学意义并且可能为相关研究带来一些启迪。

参考文献

[1] Zhang M M，Dong X Y，Wang Z Y，et al. AIE triggers the circularly polarized luminescence of atomically precise enantiomeric copper(Ⅰ) alkynyl clusters. Angew Chem Int Ed，2020，59：10052-10058.

[2] 章慧，齐爱华，李丹，等. 光学活性和手性光谱的溯源和发展. 大学化学，2022，37：2105009.

[3] Laur P. The first decade after the discovery of CD and CVD by Aimé Cotton in 1895//Berova N，Polavarapu P L，Nakanishi K，et al. Comprehensive Chiroptical Spectroscopy. Chichester：John Wiley & Sons，Ltd.，2012.

[4] Mason S F. Molecular Optical Activity and Chiral Discriminations. Cambridge：Cambridge University Press，1982.

[5] Nafie L A. Vibrational Optical Activity：Principles and Applications. Chichester：John Wiley & Sons，Ltd.，2011.

[6] Barron L D. Molecular Light Scattering and Optical Activity. 2nd ed. Cambridge：Cambridge University Press，2004.

[7] Crabbé P. Optical Rotatory Dispersion and Circular Dichroism in Organic Chemistry. San Francisco：Holden-Day，Inc.，1965.

[8] 章慧. 旋光理论量子力学诠释的先驱——莱昂·罗森菲尔德. 大学化学，2021，36：2008054.

[9] Pasteur L. Recherches sur les propriétés spécifiques des deux acides qui composent lÁcide racemique. Ann Chim Phys，1850，28：56-99.

[10] Tobe Y. The reexamination of Pasteur’s experiment in Japan. Mendeleev Commun，2003，13：93-94.

[11] Ramsay O B. Stereochemistry. London：Heyden & Son Ltd.，1981.

[12] Arndtsen A. Notiz über die circulare polarisation des lichtes. Ann Phys，1858，181：312-317.

[13] Landolt H. Untersuchungen über optisches drehungsvermögen. Ueber die ermittelung der specifischen rotation activer substanzen. Liebigs Ann Chem，1877，189：241-337.

[14] Landolt H. Das Optische Drehungsvermögen Organischer Substanzen und die Praktischen Anwendungen

Desselben. Braunschweig：Viewcg und Sohn，1879.
[15] von Haidinger W. Ueber den pleochroismus des amethysts. Ann Phys，1847，146：531-544.
[16] Dove H W. Ueber die absorption des lichtes in doppeltbrechenden körpern. Ann Phys，1860，186：279-285.
[17] Perucca E. Über zirkularen dichroismus des amethysts. Ann Phys，1914，350：463-464.
[18] Perucca E. Nuove osservazioni e misure su cristalli otticamente attivi ($NaClO_3$). Nuovo Cimento，1919，18：112-154.
[19] Burkov V I，Egorysheva A V，Kargin Y F，et al. Circular dichroism spectra of synthetic amethyst crystals. Crystallogr Rep，2005，50：461-464.
[20] King N. Amethyst. https://www.mindat.org/min-198.html. 2021-03-20.
[21] Bolano A. Amethyst：Characteristics and Properties. https://sciencetrends.com/amethyst-characteristics-and-properties/. 2018-08-17.
[22] Cotton A. Absorption inégale des rayons circulaires droit et gauche dans certain corps actifs. C R H Acad Sci，1895，120：989-991.
[23] Cotton A. Dispersion rotatoire anomale des corps absorbants. C R H Acad Sci，1895，120：1044-1046.
[24] Cotton A. Recherches sur l'absorption et la dispersion de la lumière par les milieux doués du pouvoir rotatoire. These de Doctorat，Paris，1896；Ann Chim Phys，1896，8：347-432；summary：J Phys Théor Appl，1896，5：237-244.
[25] Lifschitz J. Ueber einige optisch active schwermetallkomplexe. Rec Trav Chim Pays-Bas，1922，41：627-636.
[26] Kahr B，Bing Y，Kaminsky W，et al. Turinese stereochemistry：Eligio Perucca's enantioselectivity and Primo Levi's asymmetry. Angew Chem Int Ed，2009，48：3744-3748.
[27] Bing Y，Selassi D，Paradise R H，et al. Circular dichroism tensor of a triarylmethyl propeller in sodium chlorate crystals. J Am Chem Soc，2010，132：7454-7465.
[28] Rosenfeld L. Quantenmechanische theorie der natürlichen optischen aktivität von flüssigkeiten und gasen. Z Phys，1929，52：161-174.
[29] Kuhn W. Absolute konfiguration der milchsäure. Z Phys Chem，1936，B31：23-57.
[30] Tschugaeff L. Anomalous rotatory dispersion. Trans Faraday Soc，1914，10：70-79.
[31] Nyholm R S. Introductory remarks. Proc Roy Soc A：Math，Phy，1967，297：2.
[32] Ingold C. Closing remarks. Proc Roy Soc A，1967，297：171-172.
[33] Polavarapu P L. Optical rotation：recent advances in determining the absolute configuration. Chirality，2002，14：768-781.
[34] McCaffery A J，Mason S F. The electronic spectra，optical rotatory power and absolute configuration of metal complexes the dextro-tris(ethylenediamine) cobalt(III) ion. Mol Phys，1963，6：359-371.
[35] Mason S F. General principles. Proc Roy Soc A，1967，297：3-15.
[36] Beckmann C O，Cohen K. Solvent action on optical rotatory power. J Chem Phys，1936，4：784-804.
[37] Charney E. The Molecular Basis of Optical Activity，Optical Rotatory Dispersion and Circular Dichroism. New York：John Wiley & Sons，1979.
[38] 徐光宪. 旋光理论中的邻近作用. 化学学报，1955，21：14-22.
[39] 叶青，黄艳红，朱晶. 举重若重：徐光宪传. 北京：中国科学技术出版社，2013.
[40] 章慧，等. 配位化学——原理与应用. 北京：化学工业出版社，2009.
[41] 章慧. 应用电子圆二色光谱方法确定手性金属配合物的绝对构型. 大学化学，2017，32：1-10.

[42] 章慧. Cotton 效应//黄培强. 有机人名反应、试剂与规则. 2 版. 北京：化学工业出版社，2019.
[43] 李丹. 化合物的集成手性光谱及其应用研究. 厦门：厦门大学，2017.
[44] Nafie L A. Infrared vibrational optical activity：measurement and instrumentation//Berova N，Polavarapu P L，Nakanishi K，et al. Comprehensive Chiroptical Spectroscopy. Chichester：John Wiley & Sons，Ltd.，2012.
[45] 吴国祯. 分子振动光谱学原理. 北京：清华大学出版社，2018.
[46] Bijvoet J M，Peerdeman A F，van Bommel A J. Determination of the absolute configuration of optically active compounds by means of X-rays. Nature，1951，168：271-272.
[47] Mitchell S. The Cotton Effect and Related Phenomena. London：G. Bell & Sons，Ltd.，1933.
[48] Kuhn W，Szabo A. Über die optisch aktiven eigenschaften anorganischer verbindungen. Z Phys Chem，1932，B15：59-73.
[49] Mason S F. Optical rotatory power. Quart Rev，1963，17：20-66.
[50] 黄鸣龙. 旋光谱在有机化学中的应用. 上海：上海科学技术出版社，1963.
[51] 伊莱尔 E L，威伦 S H，多伊尔 M P. 基础有机立体化学. 邓并，译. 北京：科学出版社，2005.
[52] Kobayashi N，Muranaka A，Mack J. Circular Dichroism and Magnetic Circular Dichroism Spectroscopy for Organic Chemists. Cambridge：RSC Publishing，2012.
[53] Harada N，Nakanishi K. Circular Dichroic Spectroscopy：Exciton Coupling in Organic Stereochemistry. Oxford：Oxford University Press，1983.
[54] Ziegler M，von Zelewsky A. Charge-transfer excited state properties of chiral transition metal coordination compounds studied by chiroptical spectroscopy. Coord Chem Rev，1998，177：257-300.
[55] Telfer S G，Wuest J D. Metallotectons：using enantiopure tris(dipyrrinato) cobalt(III)complexes to build chiral molecular materials. Chem Commun，2007：3166-3168.
[56] Taniguchi T，Monde K. Exciton chirality method in vibrational circular dichroism. J Am Chem Soc，2012，134（8）：3695-3698.
[57] Taniguchi T，Manai D，Shibata M，et al. Stereochemical analysis of glyceropho-spholipids by vibrational circular dichroism. J Am Chem Soc，2015，137：12191-12194.
[58] Covington C L，Nicu V P，Polavarapu P L. Determination of the absolute configurations using exciton chirality method for vibrational circular dichroism：right answers for the wrong reasons? J Phys Chem，2015，119：10589-10601.
[59] Nafie L A. Vibrational Optical Activity：Principles and Applications. Chichester：John Wiley & Sons，Ltd.，2011.
[60] Sadlej J S，Dobrowolski J C，Rode J E. VCD spectroscopy as a novel probe for chirality transfer in molecular interactions. Chem Soc Rev，2010，39：1478-1488.
[61] Kuhn W. The physical significance of optical rotatory power. Trans Faraday Soc，1930，26：293-308.
[62] Holzwarth G，Chabay I. Optical activity of vibrational transitions. Coupled oscillator model. J Chem Phys，1972，57：1632-1635.
[63] Schellman J A. Vibrational optical activity. J Chem Phys，1973，58：2882-2886.
[64] Holzwarth G，Hsu E C，Mosher H S，et al. Infrared circular dichroism of carbon-hydrogen and carbon-deuterium stretching modes. J Am Chem Soc，1974，96：251-252.
[65] Stephens P J，Devlin F J，Pan J J. The determination of the absolute configurations of chiral molecules using vibrational circular dichroism（VCD）spectroscopy. Chirality，2008，20：243-263.
[66] Nafie L A，Cheng J C，Stephens P J. Vibrational circular dichroism of 2，2，2-trifluoro-1-phenylethanol. J Am Chem

Soc，1975，97：3842-3843.

[67] Nafie L A，Keiderling T A，Stephens P J. Vibrational circular dichroism. J Am Chem Soc，1976，98：2715-2723.

[68] Devlin F J，Stephens P J，Besse P. Are the absolute configurations of 2-(1-hydroxyethyl)-chromen-4-one and its 6-bromo derivative determined by X-ray crystallography correct? A vibrational circular dichroism study of their acetate derivative. Tetrahedron：Asymmetry，2005，16：1557-1566.

[69] Buckingham A D，Fowler P W，Galwas P A. Velocity-dependent property surfaces and the theory of vibrational circular dichroism. Chem Phys，1987，112：1-14.

[70] Stephens P J. Theory of vibrational circular dichroism. J Phys Chem，2002，89：748-752.

[71] Liu J，Su H，Meng L，et al. What makes efficient circularly polarised luminescence in the condensed phase：aggregation-induced circular dichroism and light emission. Chem Sci，2012，3：2737-2747.

[72] Hong Y，Lam J W，Tang B Z. Aggregation-induced emission. Chem Soc Rev，2011，40：5361-5388.

[73] Xue S，Meng L，Wen R，et al. Unexpected aggregation induced circular dichroism，circular polarized luminescence and helical assembly from achiral hexaphenylsilole（HPS）. RSC Adv，2017，7：24841-24847.

[74] Li H，Cheng J，Zhao Y，et al. L-Valine methyl ester-containing tetraphenylethene：aggregation-induced emission，aggregation-induced circular dichroism，circularly polarized luminescence，and helical self-assembly. Mater Horiz，2014，1：518-521.

[75] Li H，Zheng X，Su H，et al. Synthesis，optical properties，and helical self-assembly of a bivaline-containing tetraphenylethene. Sci Rep，2016，6：19277-19285.

[76] Li H，Cheng J，Deng H，et al. Aggregation-induced chirality，circularly polarized luminescence，and helical self-assembly of a leucine-containing AIE luminogen. J Mater Chem C，2015，3：2399-2404.

[77] Faller J W，Parr J，Lavoie A R. Nonrigid diastereomers：epimerization at chiral metal centers or chiral ligand conformations? New J Chem，2003，27：899-901.

[78] Jin Y J，Kim H，Kim J J，et al. Asymmetric restriction of intramolecular rotation in chiral solvents. Cryst Growth Des，2016，16：2804-2809.

[79] Xiong J B，Feng H T，Sun J P，et al. The fixed propeller-like conformation of tetraphenylethylene that reveals aggregation-induced emission effect，chiral recognition，and enhanced chiroptical property. J Am Chem Soc，2016，138：11469-11472.

[80] Zhang S，Sheng Y，Wei G，et al. Aggregation-induced circularly polarized luminescence of (*R*)-binaphthyl-based AIE-active chiral conjugated polymer with self-assembly helical nanofibers. Polym Chem，2015，6：2416-2422.

[81] He X，Wang Y，Jiang H，et al. Structurally well-defined sigmoidal gold clusters：probing the correlation between metal atom arrangement and chiroptical response. J Am Chem Soc，2016，138：5634-5643.

[82] Sannicolò F，Mussini P R，Benincori T，et al. Inherently chiral spider-like oligothiophenes. Chem Eur J，2016，22：10839-10847.

[83] Ding L，Lin L，Liu C，et al. Concentration effects in solid-state CD spectra of chiral atropisomeric compounds. New J Chem，2011，35：1781-1786.

[84] 赵珺，郑明贤，林以玑，等. 包结法拆分 1, 1′-联-2-萘酚：包结物的晶体结构及 CD 光谱. 物理化学学报，2010，26：1832-1836.

[85] 丁雷. 圆二色光谱的应用：测试技术、绝对构型关联及电致变圆二色光谱初探. 厦门：厦门大学，2011.

[86] Yao Q X，Xuan W M，Zhang H，et al. The formation of a hydrated homochiral helix from an achiral zwitterionic salt，spontaneous chiral symmetry breaking and redox chromism of crystals. Chem Commun，2008，1（1）：59-61.

[87] 赵檑，万仕刚，陈成栋，等. 基于非手性邻苯酚胺衍生物的半醌 Fe(III)络合物的镜面对称性破缺及其绝对构型关联. 物理化学学报，2013，29：1183-1191.

[88] 刘成勇，颜建新，林以玑，等. *cis*-[Ni(NCS)$_2$tren]的镜面对称性破缺：螯环的特殊手性构象. 物理化学学报，2012，28：257-264.

[89] 宣为民，邹方，陈雷奇，等. BPOB 的绝对不对称合成机理及固体 CD 光谱. 物理化学学报，2008，24：955-960.

[90] 王雨嘉，骆耿耿，俞芸，等. 1-[4-(二甲氨基)苯亚甲基氨基]-4-苯基硫脲的另一个手性对映体晶体结构. 有机化学，2008，28：903-906.

[91] 俞芸，林丽榕，杨开冰，等. 1-[4-(二甲氨基)苯亚甲基氨基]-4-苯基硫脲的合成及手性晶体结构. 有机化学，2006，26：933-936.

[92] Wu S T，Wu Y R，Kang Q Q，et al. Chiral symmetry breaking by chemically manipulating statistical fluctuation in crystallization. Angew Chem Int Ed，2007，46：8475-8479.

[93] Tong X L，Hu T L，Zhao J P，et al. Chiral magnetic metal-organic frameworks of Mn(Ⅱ) with achiral tetrazolate-based ligands by spontaneous resolution. Chem Commun，2010，46：8543-8545.

[94] 章慧，陈渊川，王芳，等. 固体 CD 光谱研究及其应用于手性席夫碱 M(Ⅱ)配合物. 物理化学学报，2006，22：666-671.

[95] 章慧，颜建新，吴舒婷，等. 对固体圆二色光谱测试方法的再认识——兼谈“浓度效应”. 物理化学学报，2013，29：2481-2497.

[96] Kawasaki T，Mai N，Kaito N，et al. Asymmetric autocatalysis induced by chiral crystals of achiral tetraphenylethylenes. Origins Life Evol B，2010，40：65-78.

[97] Tanaka K，Fujimoto D，Altreuther A，et al. Chiral inclusion crystallization of achiral tetrakis(*p*-halophenyl) ethylenes with achiral guest compounds. J Chem Soc，Perkin Trans，2000，32：2115-2120.

[98] Tanaka K，Fujimoto D，Oeser T，et al. Chiral inclusion crystallization of tetra(*p*-bromophenyl) ethylene by exposure to the vapor of achiral guest molecules：a novel racemic-to-chiral transformation through gas-solid reaction. Chem Commun，2000，5：413-414.

[99] Hu R，Lam J W Y，Liu J，et al. Hyperbranched conjugated poly(tetraphenylethene)：synthesis，aggregation-induced emission，fluorescent photopatterning，optical limiting and explosive detection. Polym Chem，2012，3：1481-1489.

[100] Tanaka K，Hiratsuka T，Kojima Y，et al. Synthesis，structure and chiral inclusion crystallization of tetrakis (4-ethynylphenyl) ethylene derivatives. J Chem Res，Synop，2002，33：209-212.

[101] Anuradha，La D D，Al Kobaisi M，et al. Right handed chiral superstructures from achiral molecules：self-assembly with a twist. Sci Rep，2015，5：15652.

[102] Li D，Hu R，Guo D，et al. Diagnostic absolute configuration determination of tetraphenylethene core-based chiral aggregation-induced emission compounds：particular fingerprint bands in comprehensive chiroptical spectroscopy. J Phys Chem C，2017，121：20947-20954.

[103] 曹石，曾丽丽，谢菁，等. 席夫碱 Cu(Ⅱ)络合物的超分子螺旋手性及其手性光谱. 物理化学学报，2017，33：2480-2490.

手性AIE小分子的设计合成、光学性质及组装结构

4.1 引言

光的本质是一种电磁波，由多种波长及多方向振动的电磁波组成，通过电振动矢量及磁振动矢量对其特征加以描述。电振动矢量振动的空间分布沿光的传播方向失去对称性称为光的偏振，具有偏振性的光则称为偏振光。根据光的偏振特征，光可以分为自然光（偏振性完全抵消）、部分偏振光及完全偏振光三种，其中完全偏振光包括线偏振光、椭圆偏振光及圆偏振光。圆偏振光的光矢量端点具有圆形轨迹特征，方向随着光矢量的旋转呈规律性的变化，但大小保持不变。

圆偏振光可以分别通过物理方法和化学方法获得。物理方法是让自然光先后通过一个线偏振片和一个四分之一波片，将其转化成为圆偏振光。这种方法的不足之处在于产生较大的能量损耗。化学方法就是通过手性发光体系自发产生圆偏振光，发光体系发射出的左旋和右旋圆偏振光具有明显差异，即具有圆偏振发光特性。左旋圆偏振光对应逆时针旋转[图 4-1（a）]，右旋圆偏振光对应顺时针旋转[图 4-1（b）]。这类材料被称为圆偏振发光（CPL）材料，无须偏振片和四分之一波片，有效避免了能量的损耗。

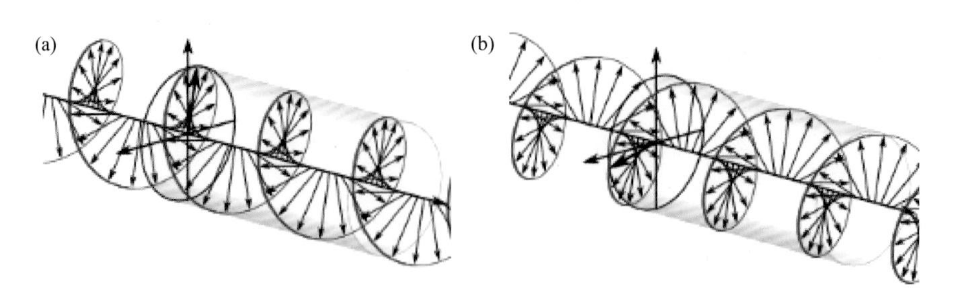

图 4-1　左旋圆偏振光（a）和右旋圆偏振光（b）的示意图

手性体系常用圆二色（CD）光谱和 CPL 光谱对手性信号进行检测。CD 光谱可以提供分子的电子结构和分子排列等信息，表征手性体系的基态结构特征，其原理在第 3 章中已述及，在此不再详述。CPL 光谱用于表征手性发光体系的激发态立体化学、构象及三维结构等方面特征，采用圆偏振度表征手性光学材料的光学活性的度量，用不对称因子 g 来表示。圆偏振发光材料的不对称因子称为发光不对称因子 g_{lum}，定义为 $g_{lum} = 2(I_L - I_R)/(I_L + I_R)$，$I_L$ 和 I_R 分别表示手性发光材料发射出的左旋圆偏振光强度和右旋圆偏振光强度[1]。从公式中可以看到 g_{lum} 有三个特殊值，当 $g_{lum} = 0$ 时，材料发射出的左旋圆偏振光和右旋圆偏振光相互抵消，材料体系不具有圆偏振性。当 $g_{lum} = +2$ 或者 $g_{lum} = -2$ 时，材料发出的光为单一的圆偏振光。当 $g_{lum} = +2$ 时，材料表示为单一的左旋圆偏振光；当 $g_{lum} = -2$ 时，材料表示为单一的右旋圆偏振光。g_{lum} 可以根据理论公式来进行预测，即 $g_{lum} = 4\cos\theta|m||\mu|/(|m|^2 + |\mu|^2)$[2]，其中 m 和 μ 分别为磁场和电场的跃迁偶极矩，θ 为两者之间的夹角。由于$|m|^2$ 一般会远小于$|\mu|^2$，所以可以忽略不计，故而公式可以简化为 $g_{lum} \approx 4\cos\theta|m|/|\mu|$，即不对称因子值与$|m|$成正比，与$|\mu|$成反比。所以手性发光体系中若存在较高的$|m|$和较低的$|\mu|$，便会产生较高的不对称因子值。目前，有关圆偏振发光材料的理论还有待完善，但圆偏振发光材料在裸眼 3D 显示[3]、信息存储与处理[4]、生物传感器[5]等方面广泛的应用前景不容小觑，已经成为发光材料领域的一个研究热点。

传统手性发光材料在溶液中往往具有较好的 CPL 性能，而在固态或者聚集态下会发生荧光减弱或猝灭现象。因此，如何实现在固态或者聚集态的高效 CPL，是该类材料能够应用的关键。传统荧光分子大多数具有较大的 π-π 共轭平面，当分子聚集时，共轭平面互相堆积形成激子，导致能量以非辐射的形式耗散。

唐本忠课题组提出了聚集诱导发光（AIE）的概念，有效解决了发光分子由聚集引起的荧光猝灭的问题。AIE 分子往往具有高度扭曲的非平面结构，在溶液状态时分子间距离较远，激发态的能量以非辐射跃迁的形式耗散，溶液不发光或者发光微弱。但当分子聚集时，分子间的相互作用增强或分子内的旋转势垒增加，抑制了单个分子的内旋转，非辐射跃迁减少，能量以辐射跃迁的形式耗散，发光增强[6]。近年来，研究人员设计开发了多种基于 AIE 化合物的 CPL 活性材料[7-10]。这些材料包括有机小分子、聚合物、液晶及超分子体系等。本章重点叙述手性 AIE 小分子的设计、合成及其圆偏振发光和自组装行为。

4.2　手性 AIE 小分子的设计与合成

4.2.1　噻咯类化合物

噻咯即硅杂环戊二烯，其硅原子的外环 σ^* 与环戊二烯 π^* 形成了 σ^*-π^* 共轭，降低了分子的LUMO的能量，赋予分子良好的电子亲和力和电子迁移率。自2001年唐本忠课题组首次报道了1-甲基-1, 2, 3, 4, 5-五苯基噻咯的AIE性质以来[11]，噻咯分子具有的高发光效率和光稳定性的优势备受青睐，一系列噻咯衍生物陆续被报道，在光电材料和生物医用领域极具有应用前景[12]。

2012年，唐本忠课题组以四苯基噻咯为发光核、含甘露糖的基团为手性侧基，利用一价铜催化的叠氮与炔的“点击”反应制备了手性噻咯化合物 **1**（图 4-2），发展了一种构筑 CPL 活性材料的分子设计策略——“AIE 发光体 + 手性基团”[13]。随后，他们基于该策略分别制备了含有L-缬氨酸和L-亮氨酸的手性噻咯化合物 **2**[14]和 **3**[15]。将手性苯乙胺基团引入四苯基噻咯单元，合成了硫脲连接的手性噻咯化合物 **4**[16]。同时利用一些非手性 π-π 共轭分子通过手性堆积形成螺旋组装体，制备了一种非手性噻咯化合物，即六苯基噻咯（HPS，**5**）[17]。

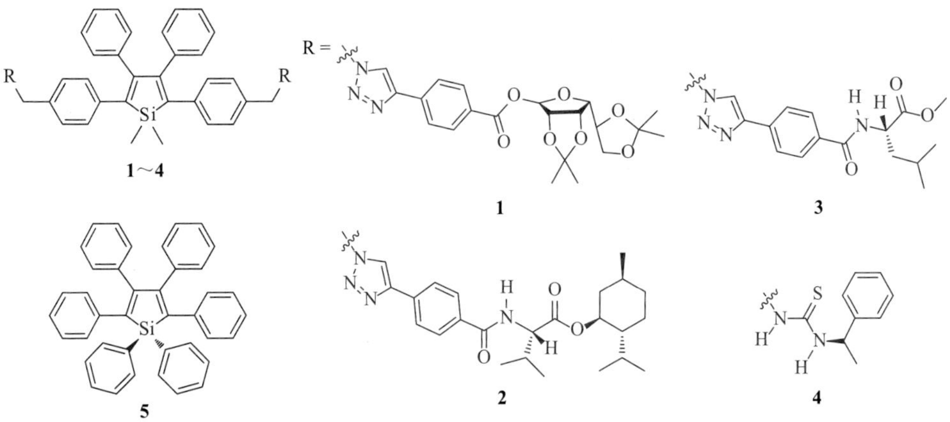

图 4-2　噻咯类手性 AIE 化合物 1～5 的分子结构

4.2.2　四苯乙烯类化合物

噻咯类化合物虽然具有高的荧光量子产率，但它们的制备通常需要多步骤反应，并且需要使用高活性的金属有机试剂；另外噻咯环在碱性条件下容易发生开环反应，化学稳定性较差，也限制了噻咯类化合物的应用范围。四苯乙烯（TPE）类化合物因合成简单、易功能化、发光效率高、光稳定性和化学稳定性高而成为AIE领域的明星材料。近年来，研究者致力于开发手性TPE类化合物。

2014年，李红坤和李冰石等基于“TPE核 + 手性基团”策略制备了一种含有L-缬氨酸侧基的TPE化合物 **6**（图 4-3）[18]。为了研究手性取代基种类、数量和位置对TPE化合物的CPL及自组装行为的影响，他们陆续合成了单取代L-亮氨酸、双取代 L-缬氨酸和双取代 L-亮氨酸 TPE 化合物 **7**[19]、**8**[20]和 **9**[21]。叶强和路庆华等设计合成了一对含有手性苯乙胺的 TPE 化合物 *R*/*S*-**10**[22]。张树伟和成义祥等制备了以硫脲连接的含有谷氨酸基团的单取代和双取代的手性 TPE 化合物 L/D-**11** 和 *cis*/*trans*-**12**[23]。刘玮和杨永刚等报道了以β-二酮连接的带有手性苯乙胺的 TPE 化合物 *R*/*S*-**13** 及相应的二氟化硼配合物 *R*/*S*-**14**[24]。Cai 等制备了一种侧链含有 TPE 单元的短肽 **15**[25]。除了中心手性化合物之外，唐本忠课题组和成义祥课题组还制备了一系列的轴手性 TPE 类化合物 **16～20**（图 4-4）[26-28]。

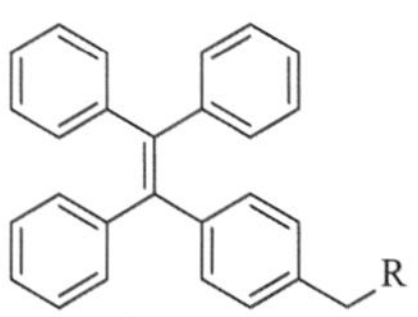

6, 7 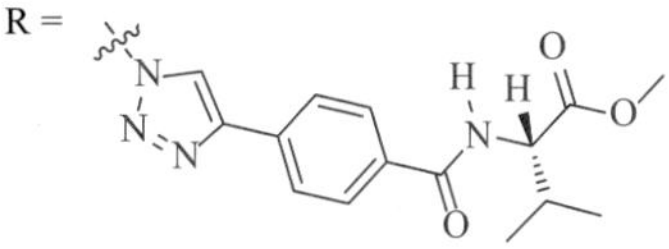　　**6** 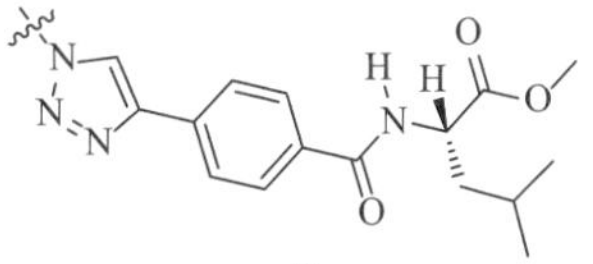　　**7**

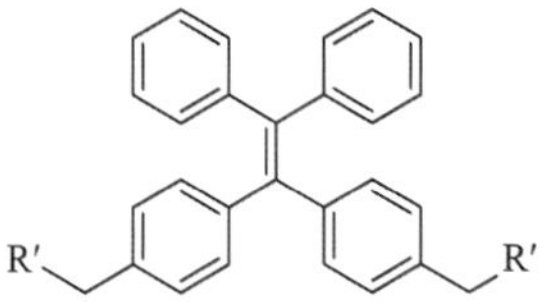

8, 9 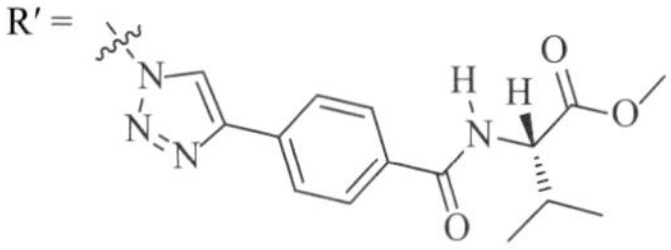　　**8** 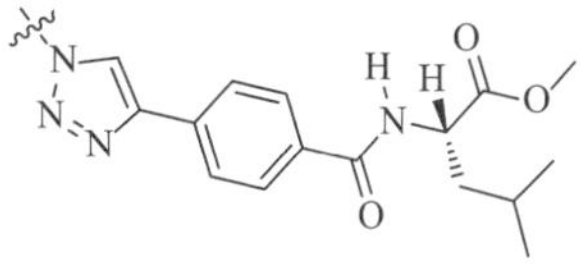　　**9**

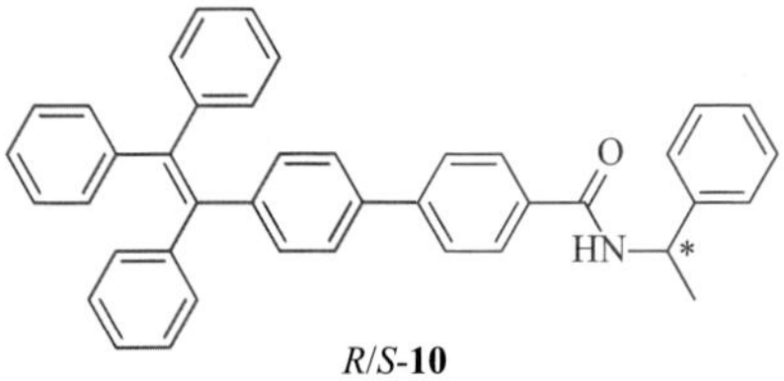

R/*S*-**10** 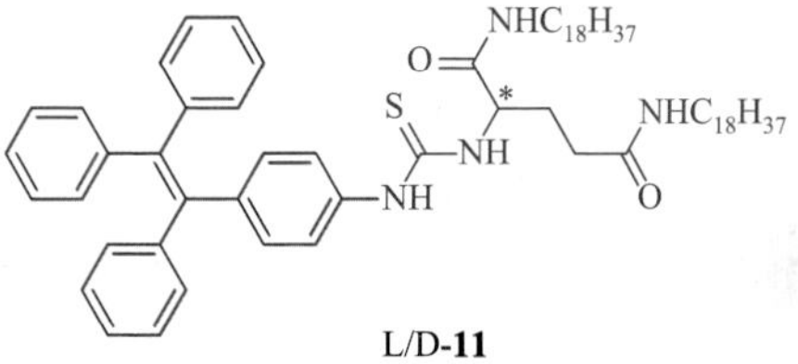　　L/D-**11**

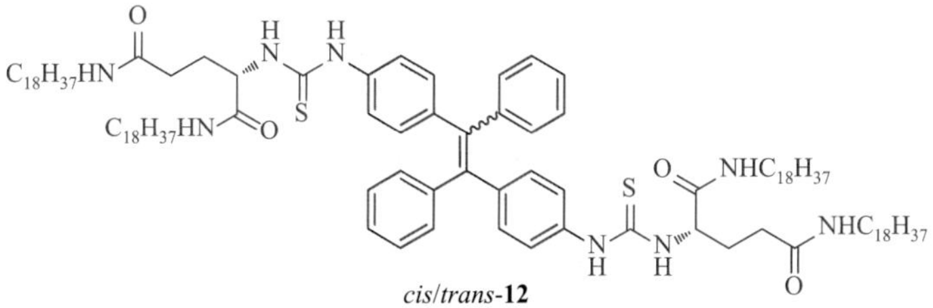

cis/*trans*-**12**

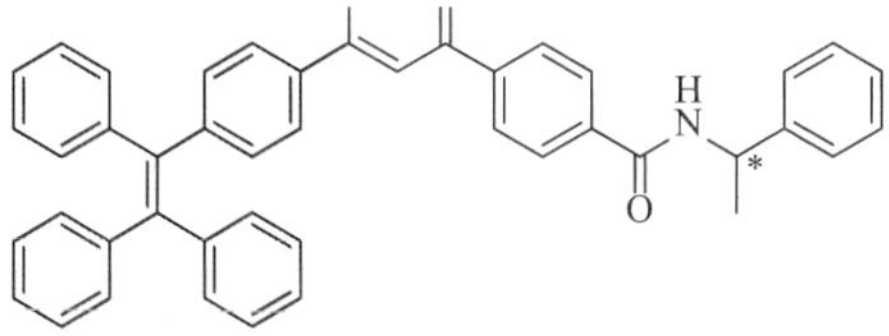

R/*S*-**13** 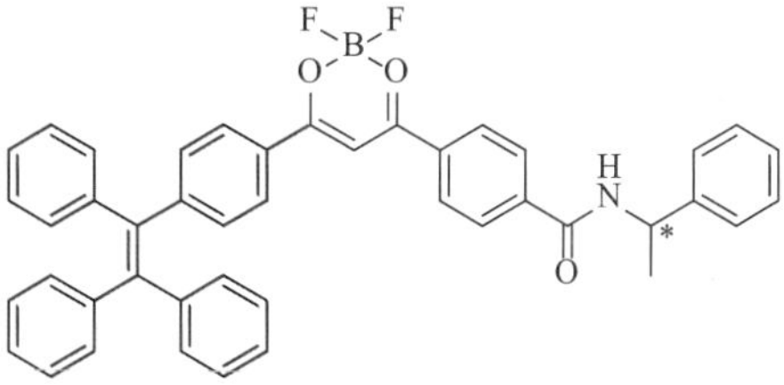　　*R*/*S*-**14**

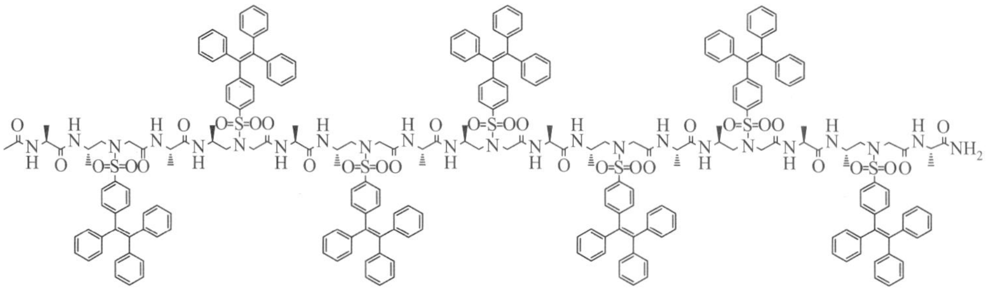

15

图 4-3　TPE 类中心手性化合物 6～15 的分子结构

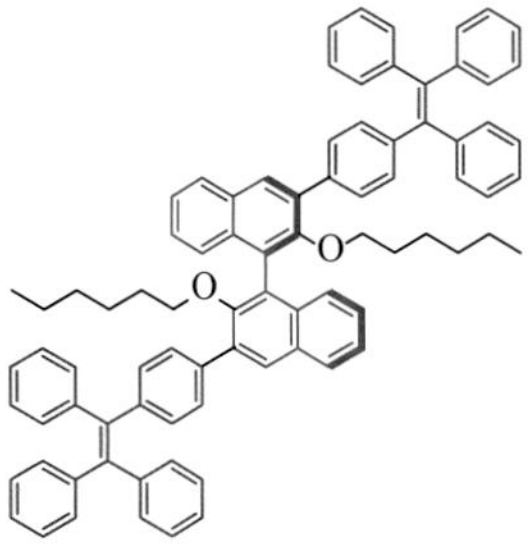

16 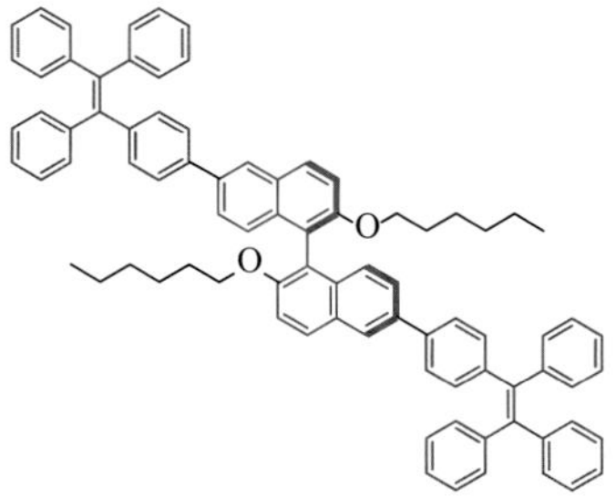　17 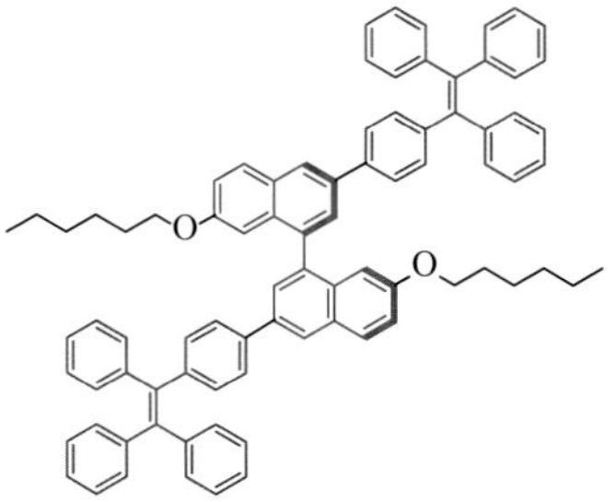　18

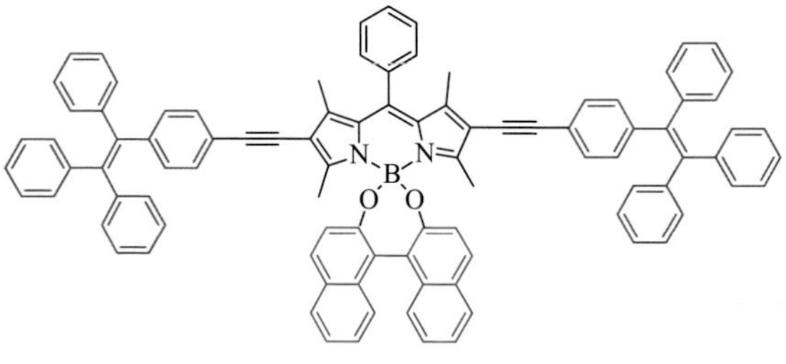

R/*S*-19 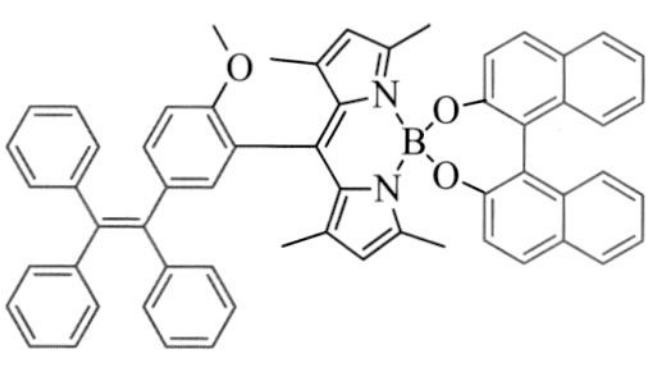　*R*/*S*-20

图 4-4　TPE 类轴手性化合物 16～20 的分子结构

TPE 分子结构中四个苯环通过 σ 键与乙烯基相连，在溶液中，四个苯环可以绕 σ 键转动，使其螺旋手性在溶液中快速消旋；在晶体状态下呈螺旋桨状结构，可以通过自发拆分得到手性晶体[29]。郑炎松课题组采用有机框架“锁住”TPE 核的螺旋手性，合成了 TPE 类环状化合物 **21**[30]和 **22**[31]，并拆分出了相应的 *M*-对映异构体和 *P*-对映异构体（图 4-5）。曹晓宇课题组通过 8 个三（2-氨乙基）胺分子将 6 个 TPE 分子进行共价键固定，限制 TPE 中苯环的自由旋转及 *P*-旋转结构和 *M*-旋转结构的相互转化，构筑了手性有机笼 **23**（图 4-6），并通过高效液相色谱将对映体分离[32]。

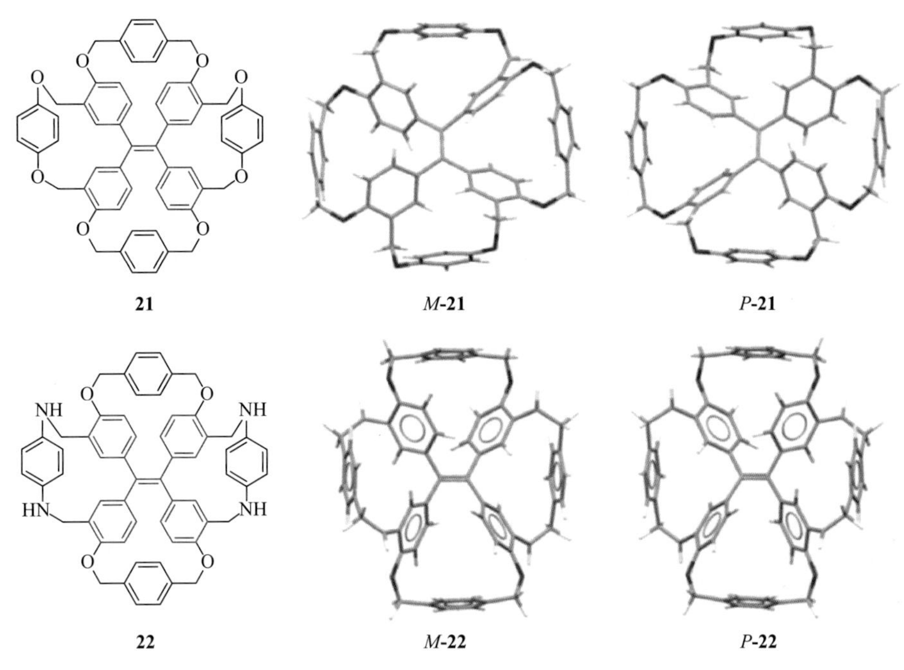

图4-5　TPE类环状化合物21和22的分子结构及晶体结构[30, 31]

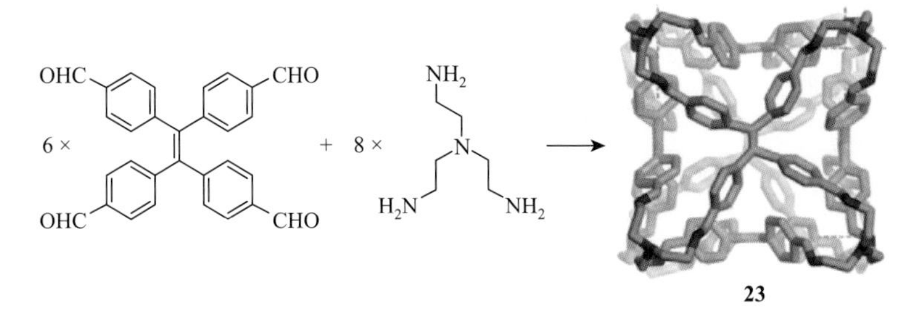

图4-6　TPE类笼状化合物23的分子结构[32]

4.2.3　其他手性AIE化合物

除了噻咯、TPE类手性化合物之外，采用手性氨基酸修饰AIE骨架的策略，一些课题组也报道了其他手性AIE化合物。李冰石课题组制备了带有丙氨酸侧基的菲并咪唑衍生物**24**和**25**[33]及腙类化合物**26**和**27**（图4-7）[34]。采用轴手性AIE骨架联二萘作为手性和发光源，成义祥课题组设计合成了氰基乙烯基取代的联二萘酚化合物*R*/*S*-**28**（图4-7）[35]。唐本忠课题组报道了含有联二萘酚单元的苯异腈五氟苯金配合物*R*/*S*-**29**[36]。

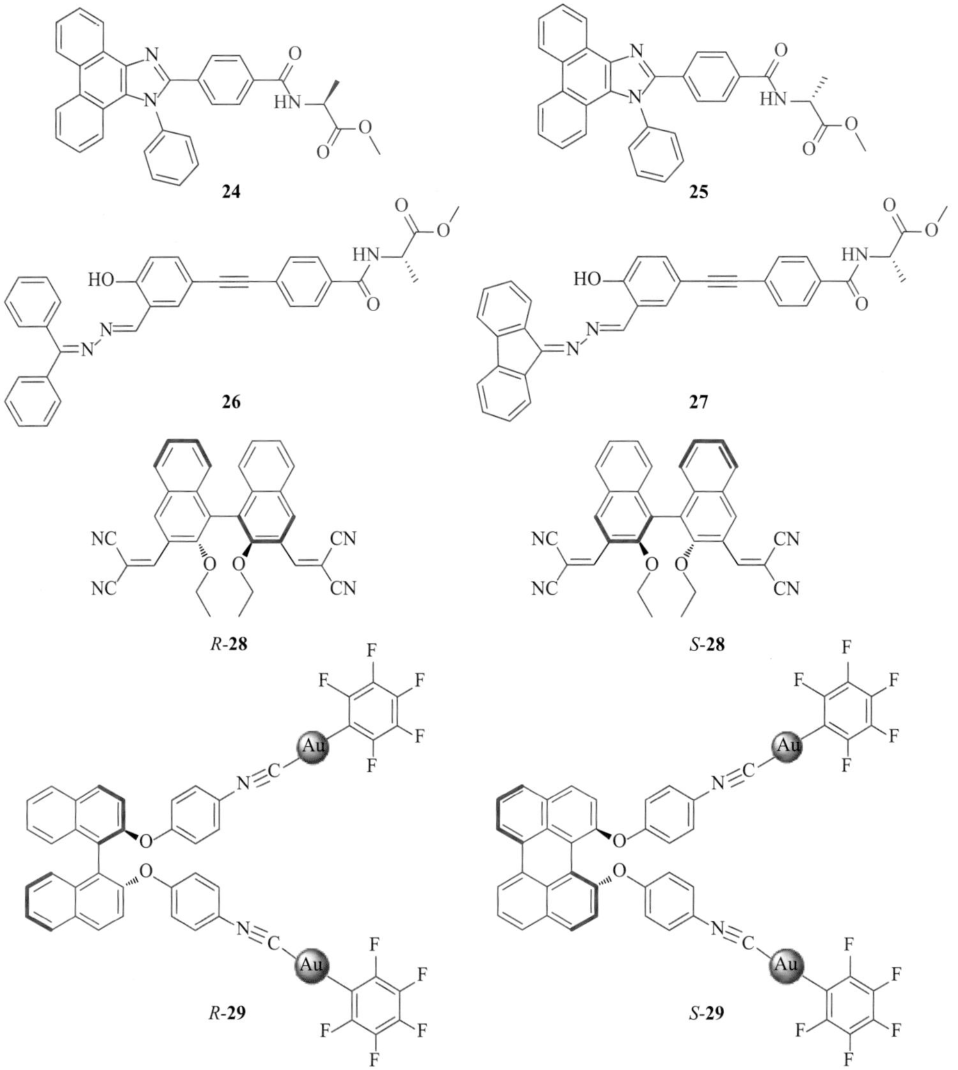

图 4-7 其他手性 AIE 化合物的分子结构

4.3 手性 AIE 小分子的光学性质

AIE 分子为制备高聚集态荧光量子产率的 CPL 材料提供了独特的构筑基团。化合物 **1**～**29** 均具有 AIE 活性。以 **1** 为例，其二氯甲烷（DCM）溶液几乎不发光，荧光量子产率仅约为 0.6%；随着不良溶剂正己烷加入量的增加，荧光强度增强，当正己烷含量为 90 vol%时，其荧光量子产率为 31.5%，而固态荧光量子产率增强了 136 倍，高达约 81.3%（图 4-8）[13]。

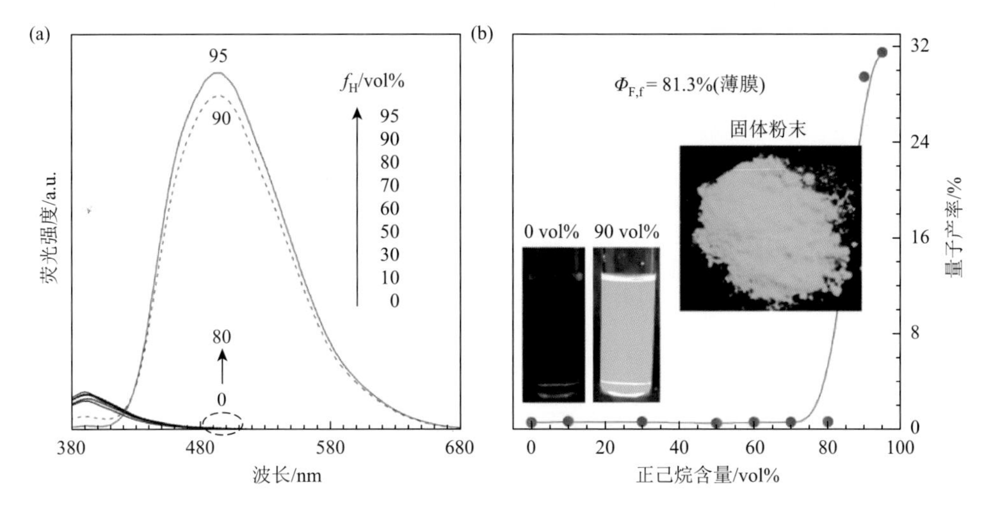

图 4-8　化合物 1 在 DCM 与正己烷混合溶剂中的荧光光谱（激发波长：365 nm）(a) 和荧光量子产率（b）[13]

插图为 **1** 的固体粉末、DCM 溶液及 DCM 与正己烷混合溶剂（体积比 1∶9）的荧光照片

化合物 **1**～**3**、**5**～**15** 和 **24**～**27** 在稀溶液中无 CD 信号，而在聚集态和固态下具有强的 CD 信号，表现出聚集诱导圆二色性（aggregation-induced circular dichroism，AICD）。以 **1** 为例，其 DCM 溶液在 279 nm 和 360 nm 处有强的吸收[图 4-9（a）]，这两个吸收峰分别归属为三唑基苯甲酸酯侧基和噻咯核的吸收特征峰。其不同浓度的 DCM 溶液均无 CD 信号[图 4-9（b）]，而其在 DCM/正己烷（体积比 1∶9）混合溶剂中形成的聚集体在 249 nm、278 nm 和 340 nm 出现了科顿效应，且强度随着浓度增加而增强[图 4-9（c）]。278 nm 和 249 nm 处的 CD 信号归属于侧基的吸收，而 340 nm 处的 CD 信号归属于噻咯共轭体系的特征吸收，说明在聚集态下手性成功地从侧基传递到噻咯核。另外，化合物 **1** 的吸收不对称因子 g_{abs} 随着其浓度从 2×10^{-5} mol/L 到 2×10^{-4} mol/L，从 1.59×10^{-3} 升到 2.23×10^{-3}。图 4-9（d）为化合物 **1** 本体膜及掺杂到聚甲基丙烯酸甲酯（PMMA）中成膜的 CD 光谱。当该化合物的掺杂量为 2.5 wt%时，没有 CD 信号；掺杂量增加，出现 CD 信号，并且信号强度随着掺杂量的增加而增强，进一步表明其 AICD 效应。当掺杂量低时，化合物 **1** 在 PMMA 基质中仍保持孤立状态；随着掺杂量增加，由于相分离的作用趋向于聚集形成手性聚集体。另外，相对于在 DCM/正己烷（体积比 1∶9）混合溶剂中形成的聚集体，掺杂到 PMMA 中形成的薄膜的 CD 光谱有明显的红移，这是由于形成了共轭程度更大的手性聚集体。化合物 **1** 固体薄膜的 CD 光谱结果进一步证明了这一点。

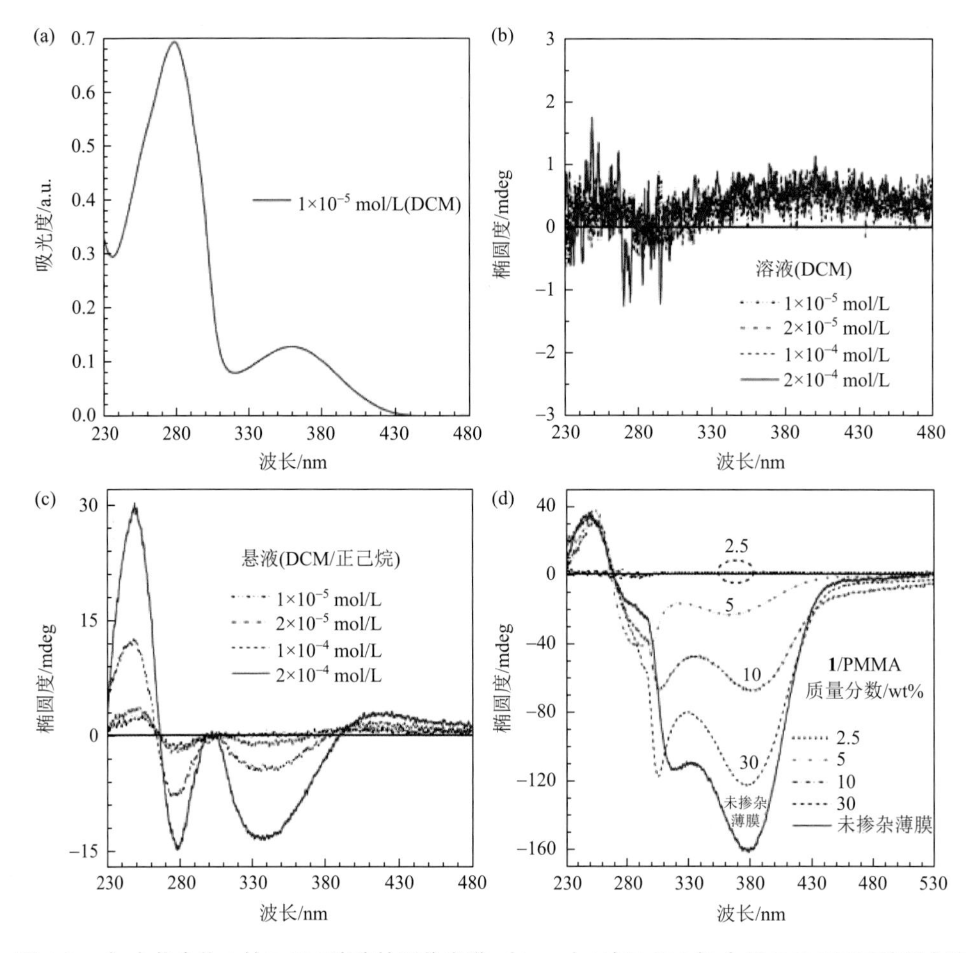

图 4-9 （a）化合物 1 的 DCM 溶液的吸收光谱；（b，c）1 在 DCM（b）及 DCM/正己烷混合溶剂（体积比 1∶9）（c）中的 CD 光谱；（d）不同量的 1 掺杂到聚甲基丙烯酸甲酯中的 CD 光谱[13]

由硫脲连接的含手性苯乙胺的噻咯衍生物 **4** 表现出复合诱导圆二色性（complexation-induced circular dichroism，CICD）效应[16]。当该化合物溶解在良溶剂中或在不良溶剂中形成聚集体时，无 CD 信号[图 4-10（a）]。这可能是由于分子间的相互作用较弱，手性并未从苯乙胺取代基传递到噻咯核。该化合物在薄膜状态下与苦杏仁酸、苯基乳酸等手性酸相互作用后具有 CD 活性[图 4-10（b）]。其中 **4** 与苦杏仁酸复合时 CICD 效应最为明显，可能是硫脲基团与手性酸的相互作用导致手性传递至噻咯核。

与具有中心手性的 AIE 小分子不同，具有轴手性的 AIE 化合物 **16～18** 表现出聚集湮灭圆二色性（aggregation-annihilation circular dichroism，AACD）现象[26]。当水含量低于 40 vol%时，THF/水混合溶剂中 CD 信号基本相同，但当水含量高于 40 vol%时，CD 信号强度下降（图 4-11）。该效应可能是由联二萘中两个萘环之间的扭转角减小造成的。化合物 **19**～**23**、**28** 和 **29** 在溶液和聚集态均出现明显的 CD 信号。

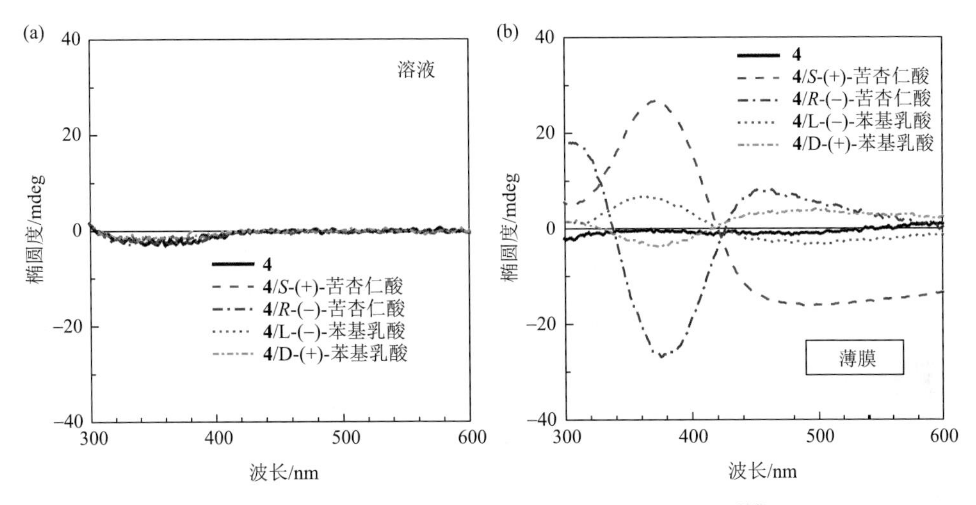

图 4-10　化合物 4 加入手性羟基酸前后的 CD 光谱[16]

（a）THF 溶液；（b）薄膜状态。化合物 **4** 的浓度：1 mmol/L；手性酸的浓度：40 mmol/L

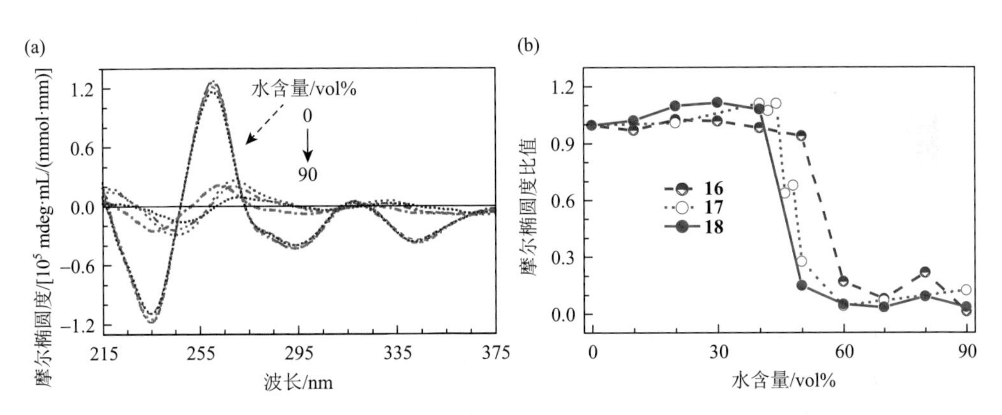

图 4-11　（a）化合物 16 在不同水含量的 THF/水中的 CD 光谱（浓度为 10^{-4} mol/L）；（b）不同水含量下化合物 16（@260 nm）、17（@280 nm）和 18（@280 nm）的摩尔椭圆度之比[26]

该类手性 AIE 化合物由于在聚集态和固态下发光强烈且有强的 CD 信号，因此在聚集态下均具有较好的 CPL 性能。以化合物 **1** 为例，研究了其在溶液、聚集态、薄膜状态下的 CPL 性能。图 4-12（a）～（f）为 **1** 的 1, 2-二氯乙烷（DCE）溶液自然挥发成膜、掺杂到 PMMA 滴涂成膜、通过微流控技术制备的图案的荧光显微镜照片。该化合物在 DCM 溶液中不发光、没有 CD 信号，因此没有 CPL

信号；而在 DCM/正己烷混合溶剂（体积比为 1∶9）中发出强的 CPL 信号，表现出聚集诱导圆偏振发光（aggregation-induced circularly polarized luminescence，AICPL）效应[图 4-12（g）]。其薄膜也具有相似的 CPL 光谱，但具有不同的 g_{lum} [图 4-12（h）]。**1** 在 DCM/正己烷混合溶剂中、DCE 溶液自然挥发成的膜和掺杂到 PMMA 滴涂制备的薄膜，其 g_{lum} 值为–0.17～–0.08，并且对发射波长的依赖性较小。利用微流控技术制备的微图案薄膜的 g_{lum} 值高达–0.32。这可能是该化合物分子在受限环境中紧密堆积导致的。化合物 **1** 在不同的聚集体状态下具有不同的 g_{lum} 值，表明其超分子组装体结构极大地影响其 CPL 行为。此外，该样品在常温下保存半年以上仍具有良好的光学稳定性和 CPL 活性[13]。

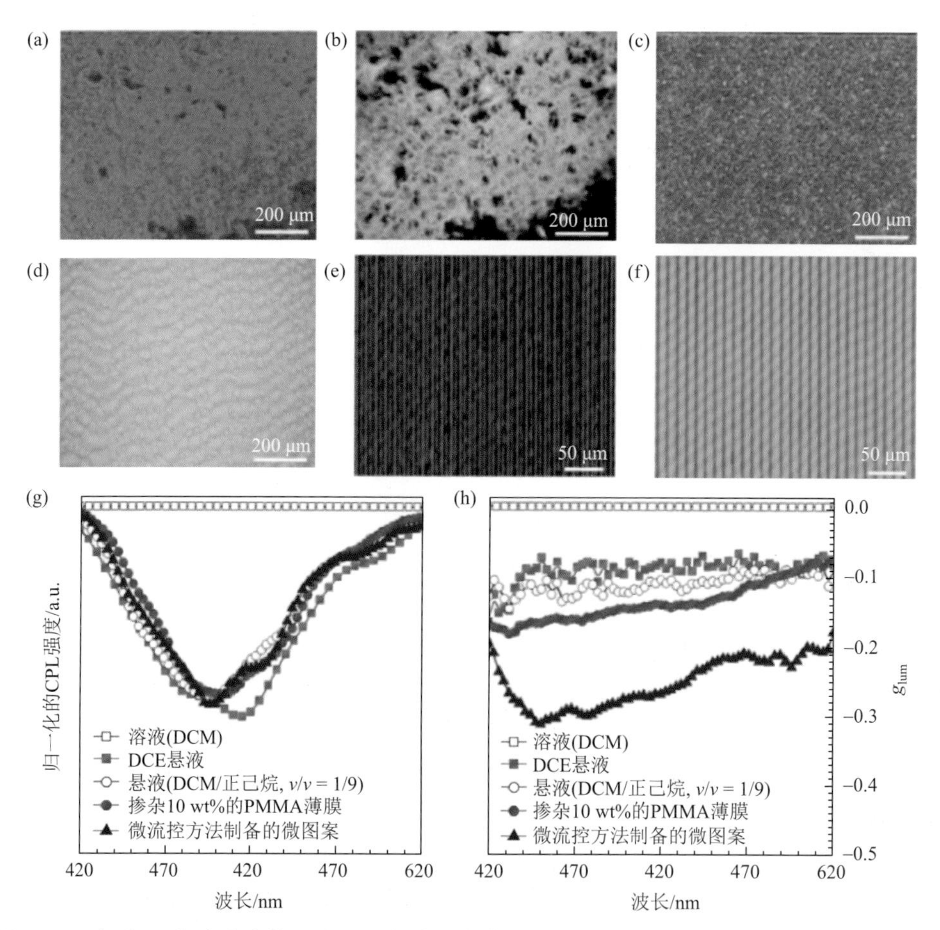

图 4-12 （a）～（f）化合物 1 在不同条件下成膜后日光灯和 UV 照射下的照片：（a）和（b）1, 2-二氯乙烷溶液自然挥发成膜；（c）和（d）掺杂到 PMMA 中滴涂成膜；（e）和（f）微流控孔道中 DCM/甲苯溶液自然挥发成膜。（g）和（h）上述薄膜的归一化 CPL 强度和不对称因子[13]

DCM：二氯甲烷；DCE：二氯乙烷

与化合物 **1** 类似，噻咯类化合物 **2**、**3** 和 **5** 的固体薄膜中均表现出 CPL 活性，它们的 g_{lum} 值分别为–0.05、–0.016 和–0.0125。由三唑基连接带有手性氨基酸的 TPE 类化合物 **6**～**9** 在聚集态下的 g_{lum} 值分别约为 + 0.03、+ 0.045、–0.003 和 + 0.0032[18-21]。手性 TPE 化合物 **10** 具有溶剂极性驱动的 CPL 信号翻转特性。以 *S*-**10** 为例，其在 DCM 和 DCM/正己烷混合溶剂（体积比分别为 8∶2 和 3∶7）中 CPL 信号为正，而在 DCM/正己烷混合溶剂（体积比分别为 2∶8 和 1∶9）中 CPL 信号为负[22]。含有手性氨基酸侧基的单取代 TPE 化合物 L/D-**11** 在聚集态下的 g_{lum} 值分别为 + 0.021 和–0.019[23]。双取代 TPE 化合物 *cis*/*trans*-**12** 在水含量为 60 vol%的 THF/水混合溶剂中 g_{lum} 值分别为–0.007 和–0.008，而在水含量为 80 vol%的 THF/水混合溶剂中 g_{lum} 值分别为 + 0.003 和 + 0.002，发生了 CPL 信号翻转。这表明该类化合物可通过调节手性侧基的数量和取代位置及溶剂环境来调节其 CPL 的 g_{lum} 值和方向。在甲醇和水的混合溶剂（体积比为 3∶2）中，*R*/*S*-**13** 和 *R*/*S*-**14** 的 g_{lum} 值分别为 + 0.0089（–0.0089）和 + 0.0018（–0.0017）[24]。含有 TPE 单元的短肽 **15** 的 g_{lum} 值为 + 0.012[25]。

轴手性 TPE 类化合物 **19** 和 **20** 在溶液和聚集态下均具有 CPL 活性。*R*/*S*-**19** 的 g_{lum} 值约为±0.002[27]。*R*/*S*-**20** 在 THF 溶液中的 g_{lum} 值分别为–0.0027 和 + 0.0041，而加入 90 vol%含量的水后的 g_{lum} 值分别为 + 0.0026 和–0.0028，CPL 方向发生了翻转[28]。螺旋手性化合物 *M*/*P*-**21** 在 THF 溶液中的 g_{lum} 值分别为 + 0.0031 和–0.0033，而在水/THF（体积比为 95∶5）中的 g_{lum} 值有所增强，分别为 + 0.0062 和–0.0050[30]。与之类似，化合物 *M*/*P*-**22** 在 DCE 溶液中的 g_{lum} 值分别为 + 0.0025 和–0.0028，而在水/THF（体积比为 90∶10）中 g_{lum} 值分别为 + 0.0121 和–0.0122。*M*/*P*-**22** 与 2 倍当量的 4-十二烷基苯磺酸（DSA）共组装形成的聚集体的 g_{lum} 值分别升高为 + 0.176 和–0.177[31]。有趣的是，向 *P*-**22** 与 DSA 复合物中加入 L-酒石酸（L-TA）后形成的聚集体（*P*-**22**-DSA-L-TA）的 g_{lum} 值可达–0.613，而加入 D-TA 后的 g_{lum} 值变化不大；向 *M*-**22**-DSA 复合物中加入 D-TA 后形成的聚集体（*M*-**22**-DSA-D-TA）g_{lum} 值可达 + 0.607，而加入 L-TA 后的 g_{lum} 值变化不大，并且该类体系的荧光量子产率高达 90%以上。有机笼化合物(6*P*)-**23** 和(6*M*)-**23** 在氯仿溶液中的 g_{lum} 值为±0.0011，(4*P*2*M*)-**23** 和(2*P*4*M*)-**23** 的 g_{lum} 值略有降低，为±0.00093[32]。

手性菲并咪唑化合物 **24** 和 **25** 通过滴涂法制备的薄膜的 g_{lum} 值分别约为 + 0.01 和–0.005[33]。手性腙类化合物 **26** 在薄膜状态下的 CPL 信号很弱、g_{lum} 值很低，而与其化学结构仅有微小差别的化合物 **27** 的 g_{lum} 值可达 0.013[34]。氰基乙烯基取代的联二萘酚化合物 *R*/*S*-**28** 的二甲基亚砜、四氢呋喃、二氯甲烷稀溶液及在二甲基亚砜与水的混合溶剂中形成的聚集体均几乎没有 CPL 信号，掺入溴化钾压片后表现出 CPL 信号，其 g_{lum} 值约为±0.002。将不同量的该类化合物（质量分数分别为 0.5%、1.0%、2.0%、3.0%）掺入商业化液晶（E7）中，可发射出强烈的黄色 CPL

信号，其 g_{lum} 值可高达 + 0.41/–0.40（*R*-/*S*-）[35]。AIE 活性的手性金配合物 ***R*/*S*-29** 可作为手性模板与非手性的发光分子进行共组装构筑 CPL 活性体系，其 g_{lum} 值为 $(3\sim5)\times10^{-3}$[36]。需要指出的是，这些材料在聚集态下的 g_{lum} 值与文献中报道的传统发光材料在溶液中的 g_{lum} 值相当[37-42]。

与上述手性 AIE 化合物不同，化合物 **4** 的固态薄膜几乎没有 CPL 信号，当其与 *R*-(–)-苦杏仁酸和 *S*-(+)-苦杏仁酸复配时，显示出较强的 CPL 信号，g_{lum} 值分别约为–0.01［图 4-13（a）］和 + 0.01［图 4-13（b）］，表现出协同诱导的 CPL 效应[16]。该化合物薄膜可以通过与苦杏仁酸的任一对映体络合而发出左旋或右旋圆偏振光。由于 AACD 效应，手性 AIE 化合物 **16～18** 在聚集态发出非常微弱的 CPL 信号[23]。

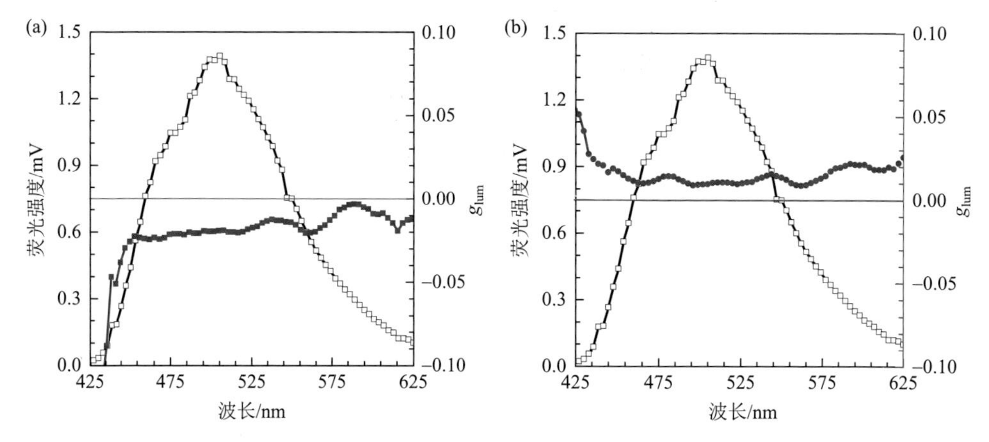

图 4-13　化合物 4 薄膜与 *R*-(–)-苦杏仁酸（a）和 *S*-(+)-苦杏仁酸（b）复配后的荧光光谱和不对称因子[16]

4 与手性酸的物质的量之比为 1∶40

“AIE 发光体 + 手性基团”是构筑高效固态 CPL 活性材料的有效分子设计策略。这些 CPL 材料在固态下具有较高的荧光量子产率和 g_{lum} 值，有望在高新技术领域中得到应用[43-45]。

4.4 手性 AIE 小分子的组装结构

上述手性 AIE 化合物在聚集态下具有较好的 CPL 性能，这与其形成的超分子组装体的结构有很大关系；相比之下，未经修饰的 AIE 分子骨架，如 TPE，由于结构为螺旋桨状，分子间 π-π 作用力较弱，在聚集态下往往形成纳米颗粒，难以形成有序的一维纳米结构。而在 AIE 发光核中引入手性侧基，既赋予该化合物手性，同时又为其自组装形成有序结构提供了驱动力。手性 AIE 分子通过自组装形成微纳米结构也是采用自下而上的方式构筑微纳器件材料的重要基础。

化合物 **1** 形成的聚集体如图 4-14 所示，其在 DCM/正己烷混合溶剂（体积比为 1∶9）中及通过 DCM 溶液挥发自组装形成右手螺旋为主的纳米带，长度可达数微米，平均宽度约为 30 nm，螺距为 120～150 nm。分子自组装过程的驱动来自分子间多个氢键相互作用（C—H···O 和 C—H···N）、π-π 堆积及含甘露糖侧基之间协同作用的结果，这一点通过粉末 X 射线衍射技术和计算模拟得到了验证[13]。

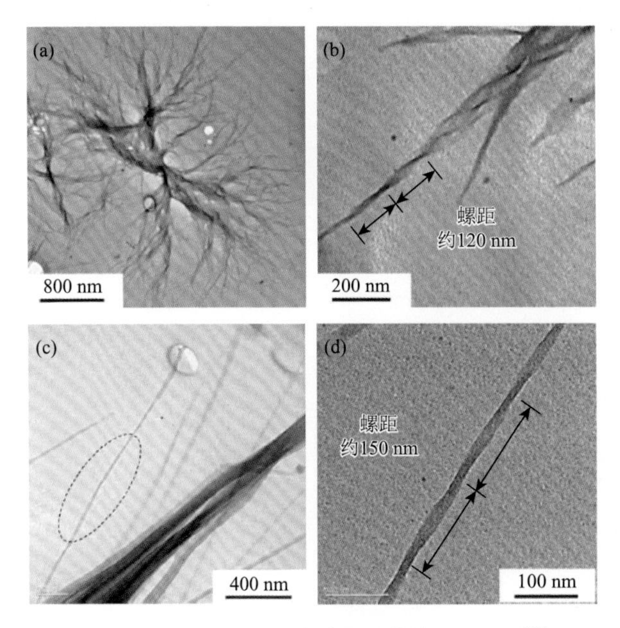

图 4-14　化合物 1 形成的聚集体的 TEM 图[13]

（a，b）在 DCM/正己烷混合溶剂（体积比为 1∶9）；（c）浓度为 2 mg/mL 的 DCM 溶液自然挥发；（d）为（c）中部分放大区域

原子力显微镜（AFM）揭示了化合物 **2** 的自组装结构[14]。THF 溶液挥发后，**2** 组装成左手螺旋的纳米纤维（图 4-15）。在 THF 溶液中加入不良溶剂，如水或正己烷，也会产生螺旋状纳米结构。随着溶液中水含量的增加，**2** 的聚集态的形貌由扩展的螺旋纤维转变为环状[图 4-15（b）]，最终转变为网状纤维[图 4-15（c）]，均为左手螺旋。将正己烷加入 **2** 的 THF 溶液（10 vol%）中，形成网状[图 4-16（a）]。随着正己烷含量增加到 50 vol%，得到了呈星云状排列的纤维编织[图 4-16（b）]。右旋螺旋纤维在正己烷浓度为 80 vol%时生成[图 4-16（c）]，表明所形成螺旋纤维的旋向性发生反转。

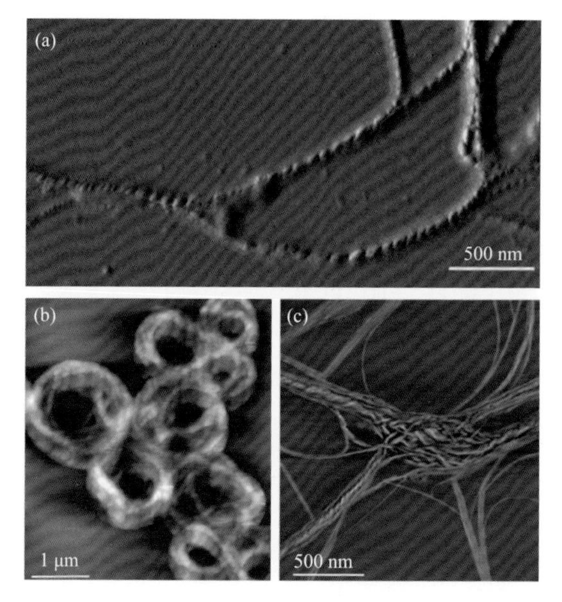

图 4-15　化合物 2 形成的聚集体的 AFM 图[14]

（a）THF 溶液自然挥发；（b，c）水含量为 20 vol%（b）和 90 vol%（c）的 THF/水混合溶剂中形成的聚集体

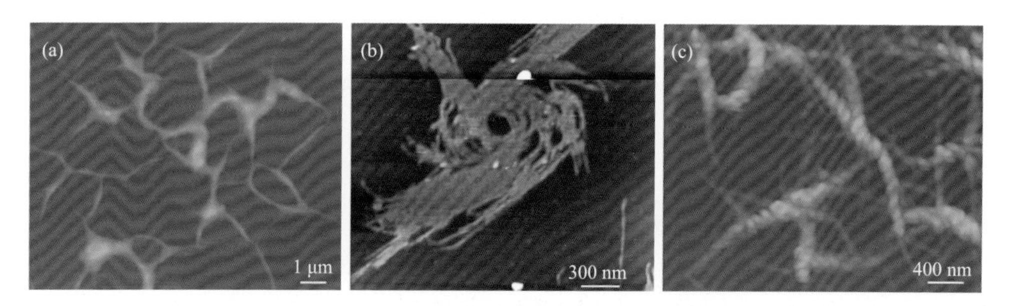

图 4-16　化合物 2 在 THF/正己烷中形成的聚集体的 AFM 图[14]

正己烷含量为 10 vol%（a）、50 vol%（b）和 80 vol%（c）

扫描电子显微镜（SEM）、AFM 和荧光显微镜研究直观地揭示了分子 **3** 的螺旋自组装行为[15]。SEM 图显示分子在 DCE 溶液挥发后形成左手螺旋纳米纤维[图 4-17（a）]。由于纤维的缔合程度不同，纤维的宽度为 10～50 nm。粗纤维的螺距大于 100 nm。在 AFM 图捕捉到分子组装成的薄膜和部分薄膜边缘卷曲成螺旋纤维的共存结构，以及左手螺旋纤维发生进一步缠绕形成超螺旋纤维[图 4-17（b）和（c）]，这为螺旋纤维的形成提供有力证据，螺旋纤维是通过薄膜的螺旋缠绕形成的。

化合物 **3** 通过其 DCE 溶液挥发组装成具有左手螺旋的纤维结构，如图 4-17（b）所示，这与图 4-18 中的 AFM 图一致。在 DCM/正己烷混合溶液[体积比 1∶1，

图 4-18（b）]中，螺旋纤维呈圆形排列。随着不良溶剂正己烷含量的增加，螺旋纤维形成网状结构[图 4-18（c）]，在高比例不良溶剂下形成更细的纤维[图 4-18（d）]。鉴于 **3** 具有较强的固态发光性能和良好的螺旋自组装性能，李冰石课题组进一步探索了利用荧光显微镜观察荧光螺旋纤维的可能性。通过优化样品制备条

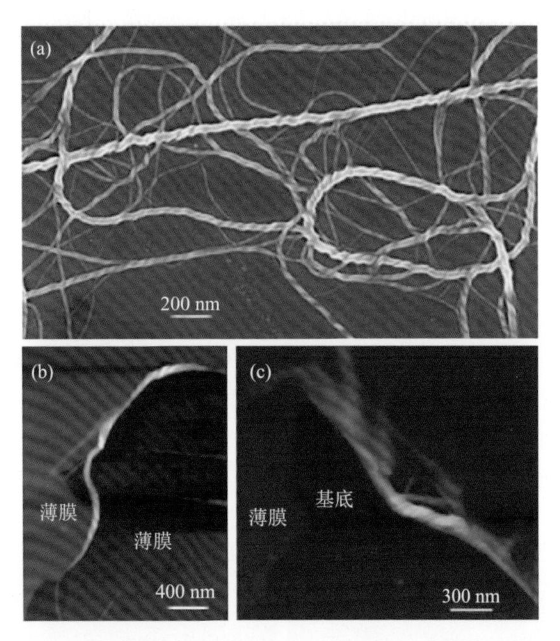

图 4-17　化合物 3 的 DCE 溶液挥发自组装形成的聚集体的 SEM 图（a）和 AFM 图（b，c）[15]

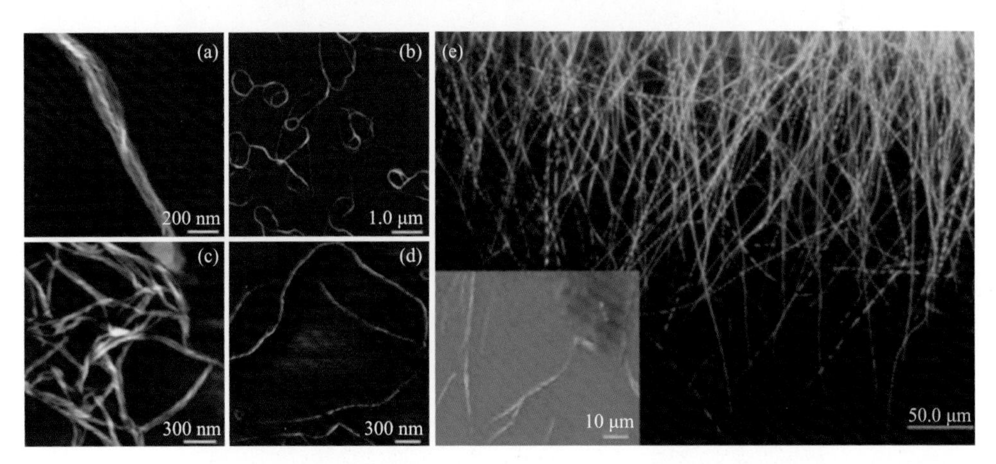

图 4-18　（a～d）化合物 3 形成的聚集体的 AFM 图：（a）DCE，（b）DCE/正己烷（体积比 1∶1），（c）DCE/正己烷（体积比 1∶4），（d）DCE/正己烷（体积比 1∶9），浓度：10μmol/L；（e）3 在 DCE/正己烷（体积比 1∶1）中形成的聚集体的荧光照片，插图为对应的 SEM 图，浓度：100μmol/L[15]

件和良溶剂与不良溶剂的比例，用荧光显微镜直接观察其 DCE/正己烷混合溶液（体积比 1∶1）挥发后形成的螺旋状排列。从图 4-18（e）可以观察到蓝绿色点状线结构。这些蓝绿色荧光纤维具有点状轮廓，对应于螺旋纤维的重复单元。为了证明这些点状线是由纤维形成螺旋结构所致，而并非由分子组装不连续性所致，用 SEM 对样品进行了进一步的成像。如 4-18（e）插图所示，可以清晰地观察到螺旋带和纤维，明亮的点状线是由纤维和带状结构旋转形成螺旋结构形成的荧光反差，由此证实分子组装成发光螺旋结构。

上述组装结构的形成都是基于手性噻咯类化合物，而分子 **5** 虽然是非手性的，也可以自组装成螺旋纳米结构[17]。如图 4-19 所示，**5** 在其 THF 溶液挥发后形成左手螺旋纳米纤维，并进一步缠绕形成左手超螺旋纤维。由于螺旋旋转程度的不同，纤维具有较宽的直径和螺距分布。当不良溶剂水添加到 THF 溶液中，HPS 也可以组装成左旋螺旋纤维[图 4-19（b）～（d）]。另外，将薄膜与纤维连接，还观察到二者并存的组合结构[图 4-19（d）中用白色箭头示出]，表明螺旋纤维是由薄膜的卷曲形成的。TEM 图显示 HPS 组装成长度为几微米的左旋螺旋纳米纤维，其内部结构具有管状特征，这也进一步证明，分子先形成薄膜，薄膜再发生卷曲形成了螺旋状纤维。

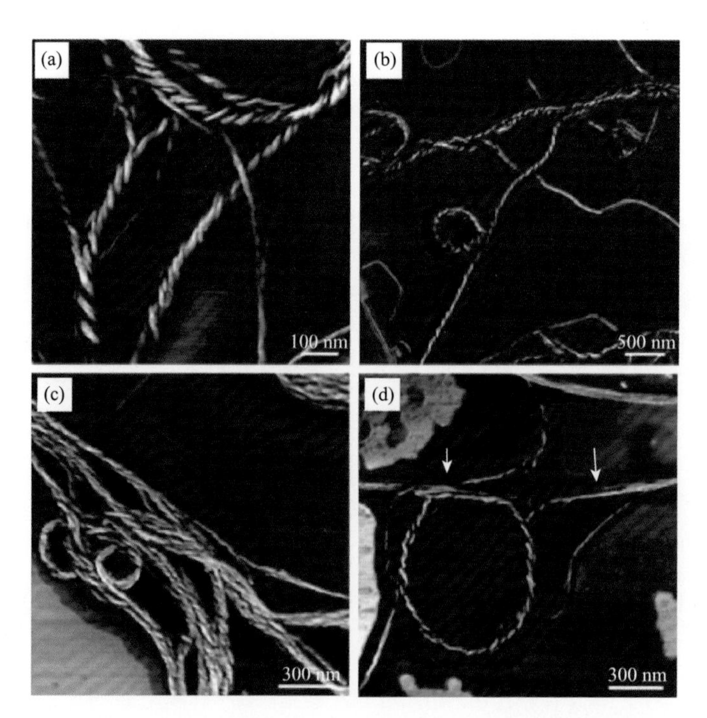

图 4-19　化合物 5 在不同比例的 THF/水混合溶剂中形成的自组装体的 AFM 图

水含量：（a）0%、（b）50%、（c）80%、（d）90%，浓度：10μmol/L[17]

分子动力学模拟从分子水平进一步揭示 **5** 形成的螺旋的自组装过程：HPS 纤维的形成起始于分子二聚体的形成，分子间通过苯基之间的范德华相互作用以反平行排列的方式将一对分子结合在一起形成二聚体[图 4-20（a）]。多个二聚体单元通过密排形成一个周期结构，当更多的分子发生密排则形成片层结构[图 4-20（b）和（c）]。每个单元体中二聚体的中心对称排列导致分子层发生倾斜，随着更多分子发生组装，分子层的倾斜逐级被放大，形成螺旋纤维或带状结构[图 4-20（d）]。

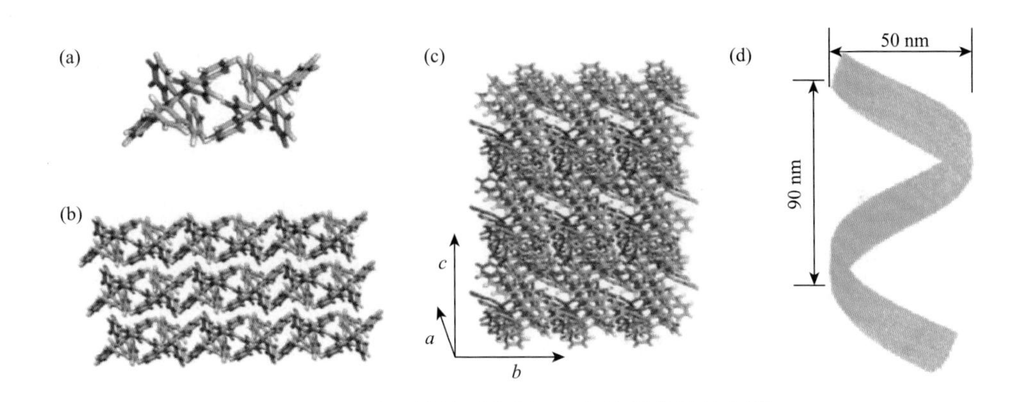

图 4-20　由二聚体到分子层、螺旋纤维的演变[17]

（a）具有中心对称的 HPS 聚集体的基本单元；（b，c）不同视角下的分子层状结构的堆积方式；（d）模拟的 HPS 聚集体的螺旋纤维

除了噻咯衍生物外，TPE 类化合物也可以形成螺旋状的微/纳米结构。如图 4-21 所示，在 DCE/正己烷混合溶液（体积比 1∶9）中，含有 L-缬氨酸和 L-亮氨酸修饰的单官能化 TPE 衍生物 **6** 和 **7** 分别组装成左手螺旋纤维和螺旋带[18, 19]。单个螺旋纤维可以进一步扭曲，形成多股左手螺旋微米纤维[图 4-21（a）]。图 4-21（b）和（c）显示了螺旋纤维、螺旋带和二者共存的结构，说明螺旋纤维是通过螺旋带的卷曲形成的。荧光显微镜图像显示，当溶液浓度增加时，纤维长度可以增长到毫米并发射强烈的蓝色荧光[图 4-21（d）]，进一步证实了它们从纳米到微米尺度的自组装。手性取代基数量对手性 TPE 化合物自组装结构具有重要影响。化合物 **8** 和 **9** 分别带有两个 L-缬氨酸和 L-亮氨酸侧基，在 DCE 溶剂挥发后易于组装右手旋螺旋纤维[图 4-22（a）～（c）][20, 21]。有趣的是，分子 **9** 可以在 DCE/正己烷混合溶剂[体积比 1∶9，图 4-22（d）]中形成左手性的螺旋纳米纤维，说明分子的螺旋自组装行为不仅取决于分子手性结构，而且受分子外部环境的影响。XRD 分析和理论计算模拟表明，分子组装过程的驱动力主要来自分子间氢键、π-π 相互作用及相连基团之间的空间效应协同作用。

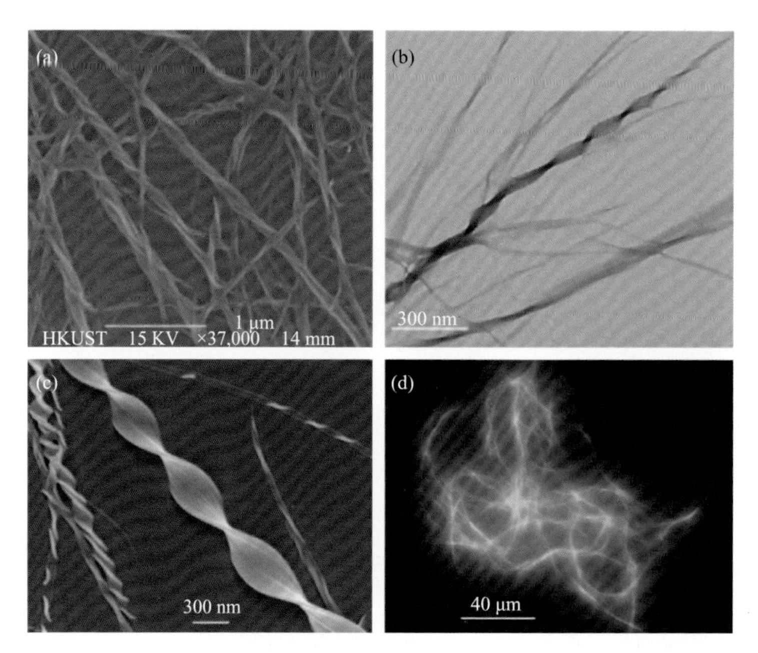

图 4-21 （a，b）化合物 6 在 DCE/正己烷（体积比 1∶9）中形成的聚集体的 SEM 图（a）和 TEM 图（b），浓度：10^{-4} mol/L。（c，d）化合物 7 在 DCE/正己烷（体积比 1∶9）中形成的聚集体的 SEM 图（c）和荧光照片（d），浓度：10^{-4} mol/L[18, 19]

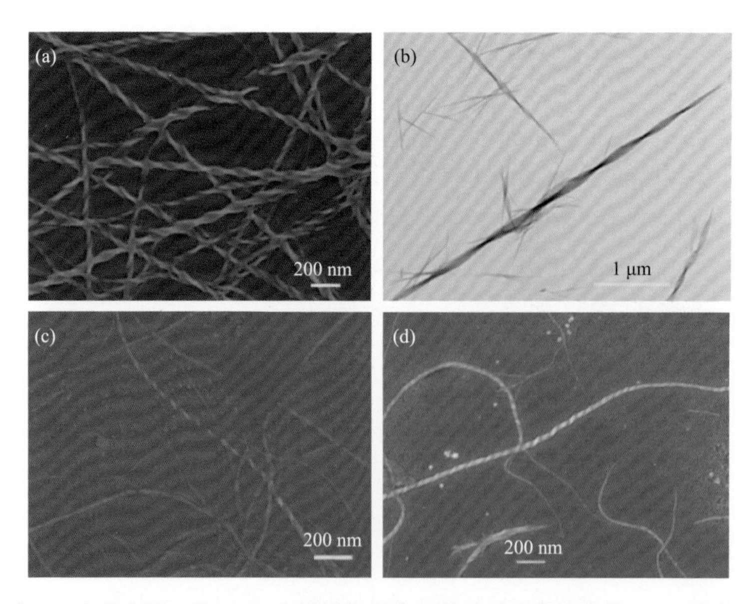

图 4-22 （a，b）化合物 8 在 DCE 中通过挥发自组装形成的聚集体的 SEM 图（a）和 TEM 图（b），浓度：10^{-4} mol/L；（c，d）化合物 9 在 DCE（c）和 DCE/正己烷（体积比 1∶9）（d）中形成的聚集体的 SEM 图，浓度：10^{-4} mol/L[20, 21]

TPE 环状化合物 *M*/*P*-**22** 在 THF/水混合溶剂（体积比 1∶9）中形成的聚集体为纳米球，其与 DSA 形成的组装体 *M*-**22**-DSA 和 *P*-**22**-DSA 分别为右手和左手螺旋的纳米纤维[图 4-23（a）～（d）][31]。手性组装体 *M*/*P*-**22**-DSA 可选择性识别 D/L-TA。以 *P*-**22**-DSA 体系为例，当向 *P*-**22**-DSA 中加入 L-TA 后，发生酸碱相互作用，同时与其他组装体发生作用，形成更大的复合超分子手性组装体[图 4-23（e）]，使其 CPL 信号进一步增强。

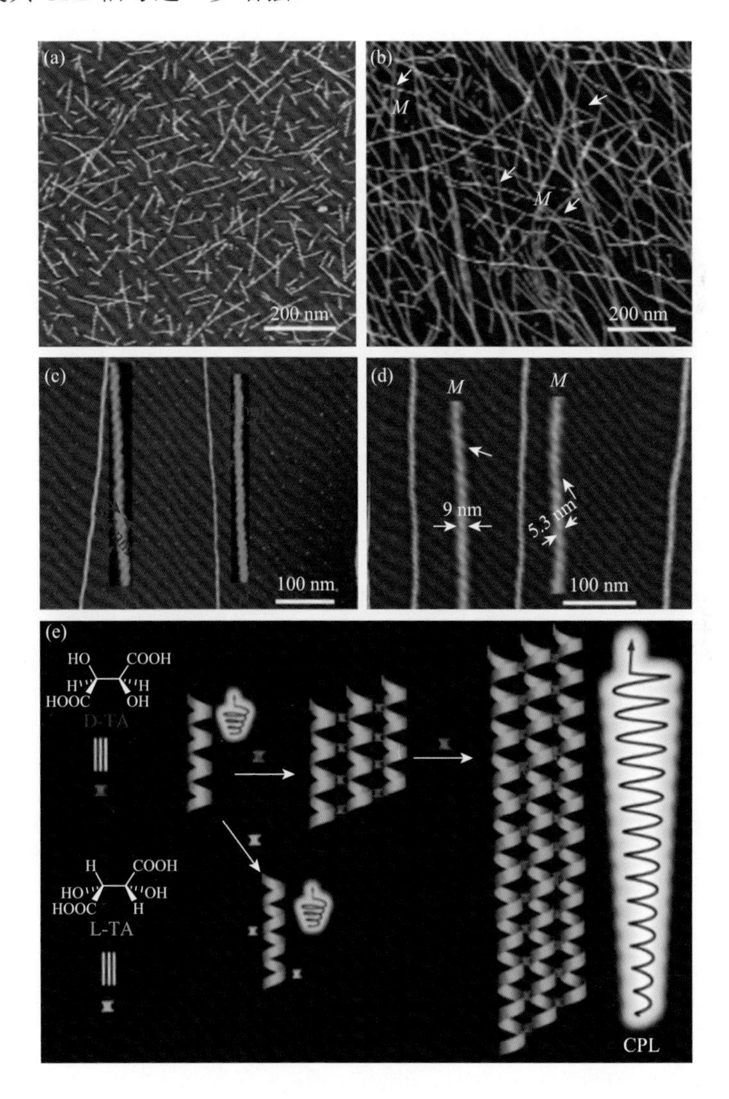

图 4-23　（a）*M*-22-DSA 在 DCE 溶液中聚集体的 AFM 图；（b）*P*-22-DSA 在 DCE 溶液中聚集体的 AFM 图；（c）为（a）图中部分区域的放大；（d）为（b）图中部分区域的放大；（e）*M*-22-DSA-D-TA 螺旋组装体形成过程示意图[31]

手性 Au(Ⅰ)配合物 *R*/*S*-**29** 具有从囊泡到螺旋纤维转化的自组装行为[36]。如图 4-24（a）所示，*R*-**29** 在新配制的 THF/水混合溶液中可形成均一的囊泡，随着水含量的增加，囊泡变小。推测这两种手性对映体更可能先自组装成球形胶束，然后在水分子进入后融合成中空囊泡。1 h 后，囊泡进一步合并，形成项链状形态；6 h 后，项链上方逐渐变成松散扭曲的螺旋状带或纤维，轴向延伸并融合；3 天后，*S*-**29** 和 *R*-**29** 分别形成右手和左手螺旋为主的、螺距分别为 300 nm 和 400 nm 的紧密缠绕的螺旋纤维[图 4-24（b）和（c）]。这一组装形态的变化很好地解释了分子的 CD 信号随溶液配制时间延长，先是减小，再进一步反转，最后逐渐增强。

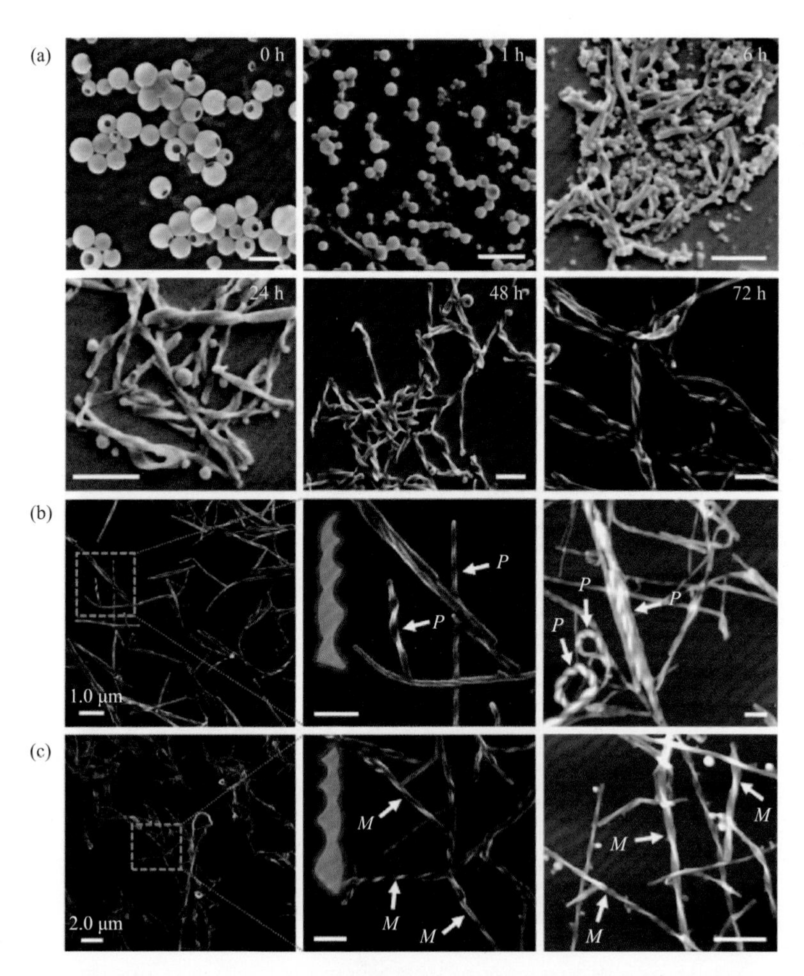

图 4-24　（a）化合物 *R*-29 在 THF/水（体积比 1∶4）中不同时间形成的聚集体的 SEM 图；（b，c）化合物 *S*-29 和 *R*-29 在 72 h 后形成的螺旋纤维的 SEM 图，浓度：1×10^{-4} mol/L，比例尺：500 nm[36]

4.5 总结与展望

本章系统总结了具有中心手性、轴手性和螺旋手性的 AIE 代表性化合物在制备具有 CPL 性质的发光螺旋纤维方面的研究进展。AIE 基团与手性基元通过共价键或非共价键作用获得的超分子组装体系在制备发光纳米、微米螺旋结构方面具有独特优势，全面深入地揭示螺旋自组装过程有助于促进新型 AIE 分子的设计和新型发光螺旋微/纳米结构的优化，对于构筑可用于光电材料领域高效固态 CPL 材料具有重要意义，是未来光电器件、光子器件和传感器微型化的重要探索。

参考文献

[1] Richardson F S，Riehl J P. Circularly polarized luminescence spectroscopy. Chem Rev，1977，77（6）：773-792.
[2] Riehl J P，Richardson F S. Circularly polarized luminescence spectroscopy. Chem Rev，1986，86（1）：1-16.
[3] Li M，Li S H，Zhang D D，et al. Stable enantiomers displaying thermally activated delayed fluorescence：efficient OLEDs with circularly polarized electroluminescence. Angew Chem Int Ed，2018，57（11）：2889-2893.
[4] Sherson J F，Krauter H，Olsson R K，et al. Quantum teleportation between light and matter. Nature，2006，443：557-560.
[5] Yang Y，Da Costa R C，Fuchter M J，et al. Circularly polarized light detection by a chiral organic semiconductor transistor. Nature Photon，2013，7：634-638.
[6] Mei J，Leung N L C，Kwok R T K，et al. Aggregation-induced emission：together we shine，united we soar. Chem Rev，2015，115（21）：11718-11940.
[7] Roose J，Tang B Z，Wong K S. Circularly-polarized luminescence（CPL）from chiral AIE molecules and macrostructures. Small，2016，12（47）：6495-6512.
[8] Li H K，Li B S，Tang B Z. Molecular design，circularly polarized luminescence，and helical self-assembly of chiral aggregation-induced emission molecules. Chem Asian J，2019，14（6）：674-688.
[9] Feng H T，Liu C C，Li Q Y，et al. Structure，assembly，and function of（latent）-chiral AIEgens. ACS Mater Lett，2019，1（1）：192-202.
[10] Song F，Zhao Z，Liu Z Y，et al. Circularly polarized luminescence from AlEgens. J Mater Chem C，2020，8（10）：3284-3301.
[11] Luo J，Xie Z，Lam J W Y，et al. Aggregation-induced emission of 1-methyl-1, 2, 3, 4, 5-pentaphenylsilole. Chem Commun，2001，37（18）：1740-1741.
[12] Zhao Z，He B，Tang B Z. Aggregation-induced emission of siloles. Chem Sci，2015，6（10）：5347-5365.
[13] Liu J，Su H，Meng L，et al. What makes efficient circularly polarised luminescence in the condensed phase：aggregation-induced circular dichroism and light emission. Chem Sci，2012，3（9）：2737-2747.
[14] Ng J C Y，Li H，Yuan Q，et al. Valine-containing silole：synthesis，aggregation-induced chirality，luminescence enhancement，chiral-polarized luminescence and self-assembled structures. J Mater Chem C，2014，2（23）：4615-4621.
[15] Li H K，Xue S，Cheng Z，et al. Click synthesis，aggregation-induced emission and chirality，circularly polarized

luminescence，and helical self-assembly of a leucine-containing silole. Small，2016，12（47）：6593-6601.

[16] Ng J C Y，Liu J，Su H，et al. Complexation-induced circular dichroism and circularly polarized luminescence of an aggregation-induced emission luminogen. J Mater Chem C，2014，2（1）：78-83.

[17] Xue S，Meng L，Wen R，et al. Unexpected aggregation induced circular dichroism，circular polarized luminescence and helical assembly from achiral hexaphenylsilole（HPS）. RSC Adv，2017，7（40）：24841-24847.

[18] Li H K，Cheng J，Zhao Y，et al. L-valine methyl ester-containing tetraphenylethene：aggregation-induced emission，aggregation-induced circular dichroism，circularly polarized luminescence，and helical self-assembly. Mater Horiz，2014，1（5）：518-521.

[19] Li H K，Cheng J，Deng H，et al. Aggregation-induced chirality，circularly polarized luminescence，and helical self-assembly of a leucine-containing AIE luminogen. J Mater Chem C，2015，3（10）：2399-2404.

[20] Li H K，Zheng X，Lam J W Y，et al. Synthesis，optical properties，and helical self-assembly of a bivaline-containing tetraphenylethene. Sci Rep，2016，6：19277.

[21] Li H K，Yuan W，He H，et al. Circularly polarized luminescence and controllable helical self-assembly of an aggregation-induced emission luminogen. Dyes Pigments，2017，138：129-134.

[22] Ye Q，Zheng F，Zhang E，et al. Solvent polarity driven helicity inversion and circularly polarized luminescence in chiral aggregation induced emission fluorophores. Chem Sci，2020，11（36）：9989-9993.

[23] Zhang S W，Fan J，Wang Y，et al. Tunable aggregation-induced circularly polarized luminescence of chiral AIEgens via the regulation of mono-/di-substituents of molecules or nanostructures of self-assemblies. Mater Chem Front，2019，3（10）：2066-2071.

[24] Yang H，Zhang W，Lu X，et al. Tetraphenylethene-decorated difluoroboron β-diketonates with terminal chiral α-phenylethylamine：aggregation-induced emission，circularly polarized luminescence and mechanofluochromism. Dyes Pigments，2021，192：109396.

[25] Shi Y，Yin G，Yan Z，et al. Helical sulfono-γ-AApeptides with aggregation-induced emission and circularly polarized luminescence. J Am Chem Soc，2019，141（32）：12697-12706.

[26] Zhang H，Li H，Wang J，et al. Axial chiral aggregation-induced emission luminogens with aggregation-annihilated circular dichroism effect. J Mater Chem C，2015，3（20）：5162-5166.

[27] Zhang S W，Wang Y X，Meng F，et al. Circularly polarized luminescence of AIE-active chiral O-BODIPYs induced via intramolecular energy transfert. Chem Commun，2015，51（43）：9014-9017.

[28] Feng H T，Gu X，Lam J W Y，et al. Design of multi-functional AIEgens：tunable emission，circularly polarized luminescence and self-assembly by dark through-bond energy transfer. J Mater Chem C，2018，6（33）：8934-8940.

[29] Ding L，Lin L，Li H K，et al. Concentration effects in solid-state CD spectra of chiral atropisomeric compounds. New J Chem，2011，35（9）：1781-1786.

[30] Xiong J B，Feng H T，Sun J P，et al. The fixed propeller-like conformation of tetraphenylethylene that reveals aggregation-induced emission effect，chiral recognition，and enhanced chiroptical property. J Am Chem Soc，2016，138（36）：11469-11472.

[31] Yuan Y X，Hu M，Zhang K R，et al. The largest CPL enhancement by further assembly of self-assembled superhelices based on the helical TPE macrocycle. Mater Horiz，2020，7（12）：3209-3216.

[32] Qu H，Wang Y，Li Z，et al. Molecular face-rotating cube with emergent chiral and fluorescence properties. J Am Chem Soc，2017，139（50）：18142-18145.

[33] Li B S，Wen R，Xue S，et al. Fabrication of circular polarized luminescent helical fibers from chiral phenanthrol

[9, 10] imidazole derivatives. Mater Chem Front，2017，1（4）：646-653.

[34] Huang G，Wen R，Wang Z，et al. Novel chiral aggregation induced emission molecules：self-assembly，circularly polarized luminescence and copper(Ⅱ)ion detection. Mater Chem Front，2018，2（10）：1884-1892.

[35] Li X，Li Q，Wang Y，et al. Strong aggregation-induced CPL response promoted by chiral emissive nematic liquid crystals（N*-LCs）. Chem Eur J，2018，24（48）：12607-12612.

[36] Zhang J，Liu Q，Wu W，et al. Real-time monitoring of hierarchical self-assembly and induction of circularly polarized luminescence from achiral luminogens. ACS Nano，2019，13（3）：3618-3628.

[37] Carr R，Evans N H，Parker D. Lanthanide complexes as chiral probes exploiting circularly polarized luminescence. Chem Soc Rev，2012，41（23）：7673-7686.

[38] Sanchez-Carnerero E M，Agarrabeitia A R，Moreno F，et al. Circularly polarized luminescence from simple organic molecules. Chem Eur J，2015，21（39）：13488-13500.

[39] Kumar J，Nakashima T，Kawai T. Circularly polarized luminescence in chiral molecules and supramolecular assemblies. J Phys Chem Lett，2015，6（17）：3445-3452.

[40] Han J，Guo S，Lu H，et al. Recent progress on circularly polarized luminescent materials for organic optoelectronic devices. Adv Opt Mater，2018，6（17）：1800538.

[41] Ma J L，Peng Q，Zhao C H. Circularly polarized luminescence switching in small organic molecules. Chem Eur J，2019，25（68）：15441-15454.

[42] Zhang D W，Li M，Chen C F. Recent advances in circularly polarizedelectro luminescence based on organic light-emitting diodes. Chem Soc Rev，2020，49（5）：1331-1343.

[43] Song F，Xu Z，Zhang Q，et al. Highly efficient circularly polarized electroluminescence from aggregation-induced emission luminogens with amplified chirality and delayed fluorescence. Adv Func Mater，2018，28（17）：1800051.

[44] Hu M，Feng H T，Yuan Y X，et al. Chiral AIEgens-chiral recognition，CPL materials and other chiral applications. Coord Chem Rev，2020，416：213329.

[45] Zhao Z，Zhang H，Lam J W Y，et al. Aggregation-induced emission：new vistas at the aggregate level. Angew Chem Int Ed，2020，59（25）：9888-9907.

第5章

手性 AIE 高分子

5.1 引言

随着旋光色散谱（optical rotatory dispersion，ORD）和圆二色（CD）光谱在手性化合物研究中的推广[1-3]，手性有机化合物在化学与生命科学等领域的重要作用日益彰显，如 L-氨基酸、D-葡萄糖、D-核糖、D-脱氧核糖等是构成生命科学最为重要的单元。当这些手性单元形成生物手性高分子时，不同手性单元可调控高分子链骨架结构，高分子链结构反作用手性中心，其手性特征得到放大效应，生物功能获得提高。例如，蛋白质是生命的物质基础，如氨基酸通过肽链形成蛋白体，不仅产生蛋白特殊的立体空间结构多样性，展示其独特的多样生物活性功能，更充分体现手性单元与高分子链结构的协同效应在生物体系的作用[4, 5]。

手性高分子材料是通过共价键连接多个相同或者多组相同的手性小分子得到的链状聚合物，高分子骨架中的小分子能够进行规整的螺旋排列，使高分子具有更加有序、规整的排列结构。D-π-A 型的手性高分子的分子内电荷转移（intramolecular charge transfer，ICT），可有效增强其发光量子效率和手性特征信号放大效应[6-8]。同时，手性分子通过有序的堆叠排列往往能够组装成宏观尺度的螺旋结构，表现出放大的 CPL 信号，由于聚集导致荧光猝灭（ACQ）效应，传统的发光分子荧光量子产率显著降低[9]。AIE 现象的发现为解决手性发光高分子材料在组装聚集态量子产率低的难题提供了新的解决方法[10]。在分子层次上对手性高分子材料中手性单元和 AIE 骨架的荧光团进行合理的结构修饰，是制备高发光量子效率和高不对称因子（g_{lum}）的优异 CPL 材料的有效策略。

5.2 基于主链手性的 AIE 高分子

5.2.1 基于主链中心手性的 AIE 高分子

主链手性高分子指在高分子的主链结构中引入手性单元，诱导高分子骨架结构产生手性。分子中的原子和基团围绕手性中心进行非对称排列，表现出中心手性。将中心手性分子引入高分子主链，在高分子侧链修饰非手性 AIE 发光基团，可以制备中心手性 AIE 高分子。

2020 年，湘潭大学张海良课题组[11]报道了一类以聚 L-谷氨酸为主链，以氰基二苯乙烯为发光液晶基元的新型手性侧链型液晶聚合物 PGAC-*m*（*m* 为间隔基团长度，$m = 4, 6, 10$），探究了柔性间隔基团长度对 PGAC-*m* 相结构和光物理性质的影响（图 5-1）。结果表明，PGAC-*m* 通过自组装能够形成具有规则螺旋堆积结构的手性近晶（SmC^*）相液晶，随着柔性间隔基团长度的增加，其清亮点温度降低。所有 PGAC-*m* 均表现出典型的 AIE 性质（图 5-2）和高的固态荧光量子产率，其固态荧光量子产率随着柔性间隔基团长度的增加从 30.2%逐渐提升至 34.1%。在退火过程中，聚 L-谷氨酸主链的手性成功转移至 AIE 骨架的氰基二苯乙烯生色团，通过液晶组装成高级有序螺旋织构，手性信号进一步获得放大。从图 5-3（b）～（d）可以看出液晶态的 PGAC-*m* 均在 350 nm 处表现出强的 CD 信号，其与氰基二苯乙烯的吸收峰有很好的对应[图 5-3（a）]。PGAC-*m* 在液晶薄膜中产生强烈的 CPL 信号，且 CPL 性能可以通过改变柔性间隔基团长度进行有效调控。随着柔性间隔基团长度的增加，其 g_{lum} 值从 $+4.5\times10^{-2}$ 逐渐降低至 $+3.9\times10^{-3}$（图 5-4）。该研究为制备高 g_{lum} 值、高发光量子效率的新型有机 CPL 材料提供了新思路。

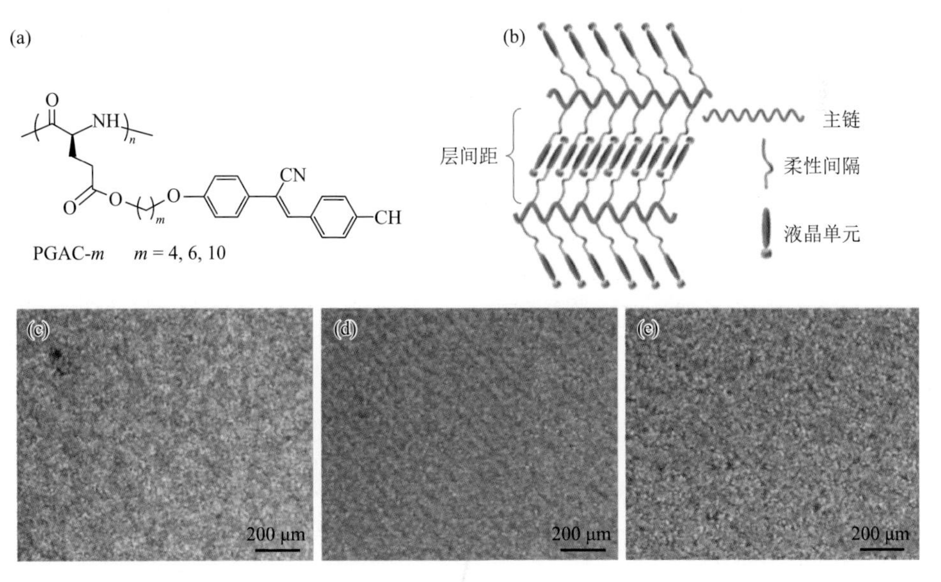

图 5-1 （a）PGAC-*m* 的化学结构；（b）PGAC-*m* 可能的分子堆积模拟图；（c）PGAC-4 在 130℃时的 POM 图；（d）PGAC-6 在 125℃时的 POM 图；（e）PGAC-10 在 120℃时的 POM 图[11]

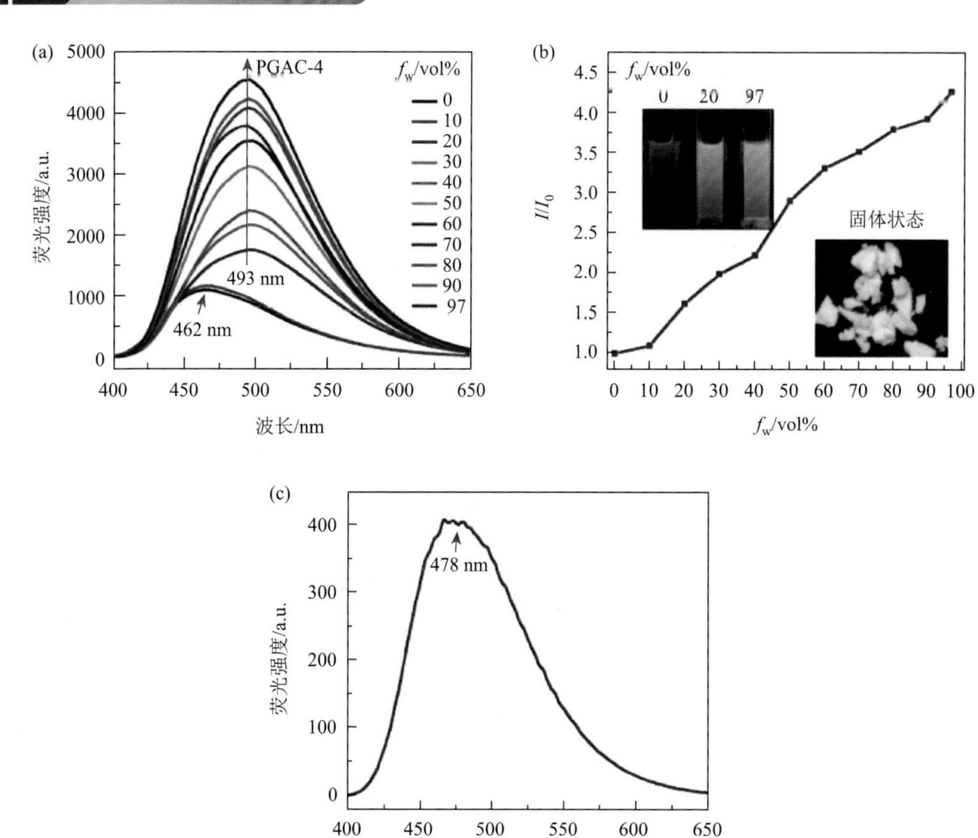

图 5-2 （a）PGAC-4 在不同比例 DMF/H_2O 溶液的荧光光谱（$c = 1\times10^{-5}$ mol/ L）；（b）PGAC-4 在不同含水比例溶液中荧光强度随水含量变化的趋势图；（c）PGAC-4 薄膜态的荧光光谱（$\lambda_{ex} = 365$ nm）[11]

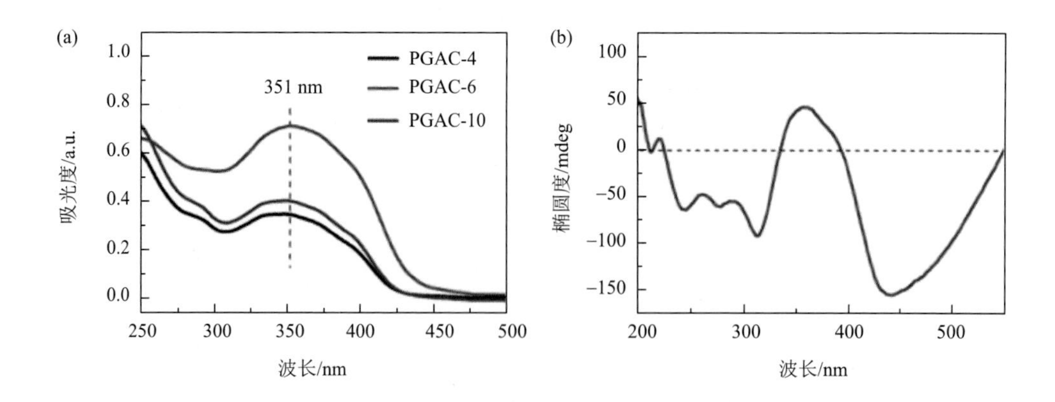

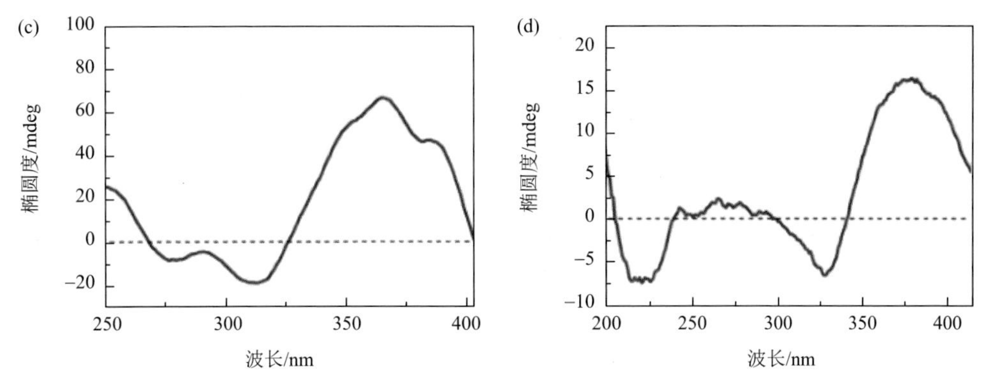

图 5-3　（a）PGAC-*m* 液晶薄膜态的紫外-可见吸收光谱；PGAC-4（b）、PGAC-6（c）和 PGAC-10（d）液晶薄膜态的 CD 光谱[11]

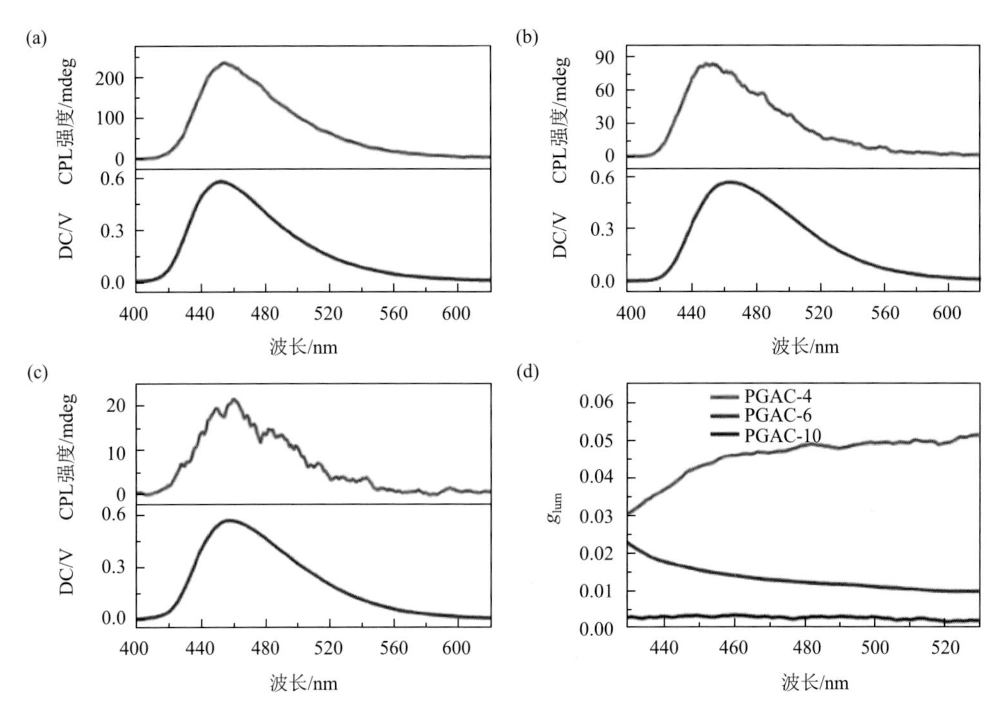

图 5-4　PGAC-4（a）、PGAC-6（b）和 PGAC-10（c）液晶薄膜态的 CPL 光谱；（d）PGAC-4、PGAC-6 和 PGAC-10 的 g_{lum} 值（λ_{ex} = 350 nm）[11]

5.2.2　基于主链轴手性的 AIE 高分子

1. 轴手性中心的介绍

轴手性是基于单键的旋转受阻引起的手性，也称为阻转异构现象。也被认为是中心手性的延伸，代表性化合物主要有联芳烃类[12]、螺烷类[13, 14]及丙二烯类[15]等。联芳烃是最早也是应用最广泛的一类轴手性化合物。联苯中邻位的四个取代基的体积足够大，使得苯环之间的单键无法自由旋转且两个苯环不能共平面。每个苯环上的两个邻位取代基不同，则产生出两种构型不同的对映体（*S*/*R*）。这类光活性对映体既无不对称碳原子，也无对称中心，但形成有效且稳定的手性结构。在已报道的轴手性分子中，具有光学活性的 1, 1′-对联二萘酚（BINOL）及其衍生物因多功能骨架而受到特别关注，该骨架可以在分子水平上进行修饰。随着手性高分子材料的发展和圆偏振光的广泛应用，轴手性骨架分子越来越多应用于手性高分子材料的设计合成中[16, 17]。近年来，关于开发具有高荧光量子产率（Φ_F）和高不对称因子（g_{lum}）的手性 AIE 高分子材料也是广大研究者关注的热点之一。

2. 轴手性 AIE 高分子的研究进展

成义祥课题组自 2014 年一直致力于开发具有 AIE 骨架的轴手性共轭高分子 CPL 材料研究体系[18-22]。在 2015 年，该课题组[18]首次以 TPE 为发光桥联单体，*R*/*S*-联二萘衍生物为手性单体，通过 Pd 催化 Sonogashira 偶联反应，合成了二组分主链轴手性共轭高分子异构体（*R*/*S*-BINOL-TPE）（图 5-5）。研究表明该轴手性共轭高分子具有明显的聚集诱导荧光增强效应，且聚集态形态对该高分子的手性性质有较大影响。*R*/*S*-BINOL-TPE 在 430～350 nm 处均表现出来自共轭骨架的强 CD 信号响应。但 350 nm 处的 CD 信号并没有随着聚集体的形成而增大，推测是聚集诱导形成手性纳米结构，导致溶液中分散聚合物的减少。聚集形态对 CPL 发光强度有很大的影响。在纯 THF 溶液中，手性高分子并未检测到 CPL 信号，

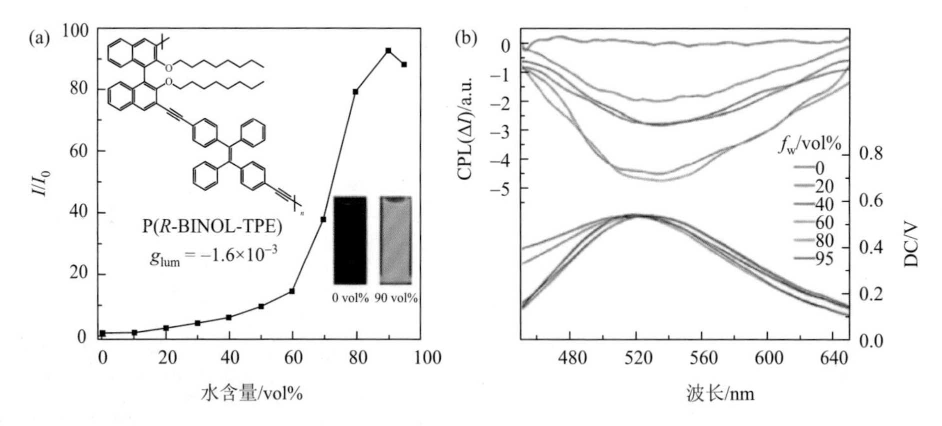

图 5-5 （a）手性高分子 P（*R*-BINOL-TPE）荧光强度随水含量变化的趋势图（λ_{ex} = 360 nm，插图：365 nm 紫外灯照射，f_w = 0 vol%, 90 vol%）；（b）手性高分子在 THF/H_2O 混合溶液中的 CPL 光谱（浓度：1.0×10^{-5} mol/L）[18]

而当高分子处于聚集态（THF/H_2O）时，可观察到 CPL 发射信号，其 CPL 信号强度随着不良溶剂 H_2O 比例增大而增强，当 $f_w = 80\%$时，g_{lum} 为 1.6×10^{-3}（$\lambda_{em} = 520$ nm）。此外，TEM 和 AFM 测试也证明了该手性共轭高分子在聚集过程中自组装形成螺旋纤维纳米结构，通过改变混合溶液中的水含量实现对其自组装聚集体的调控，制备了高度规整纳米螺旋结构（图 5-6），其形态结构与 CD 和 CPL 测试结果相吻合。

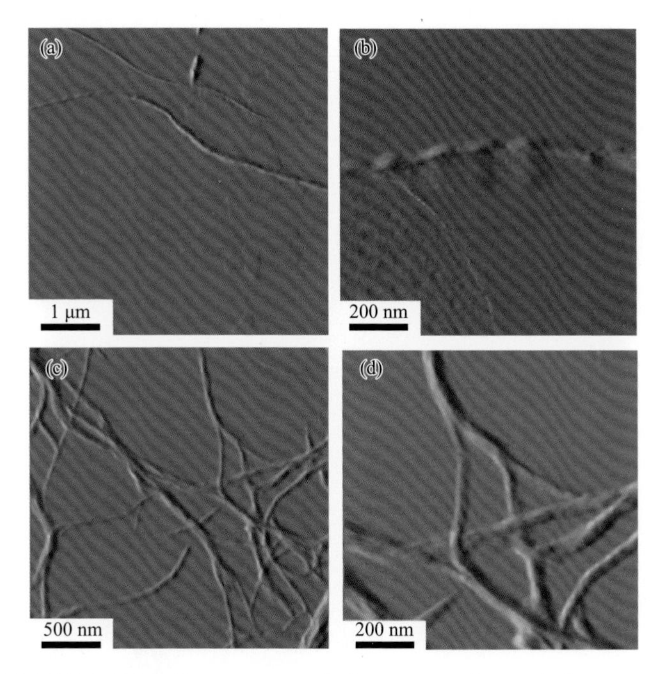

图 5-6　手性高分子（浓度为 0.01 mg/mL）在 $f_w = 40\%$（a，b）和 $f_w = 60\%$（c，d）的 AFM 图[18]

2017 年，成义祥课题组仍以联二萘作为手性骨架基团，芴作为能量供体（energy donor），以具有 AIE 活性的 TPE 作为能量受体（energy acceptor），通过 Pd 催化的 Sonogashira 反应设计并合成了一系列三组分手性共轭高分子 P-1～P-5（图 5-7）[19]。该系列高分子在聚集态下均显示 AIE 骨架荧光增强特征，且表现聚集诱导 CD 和 CPL 放大效应。实验表明，高分子中的芴基团与 TPE 发光骨架间发生分子内荧光共振能量传递（FRET）机制，通过改变能量给体和能量受体的摩尔比，可以调节其分子内 FRET 效率。调控分子内的 FRET 效率可同时实现调控手性共轭高分子的 AIE 骨架荧光强度。CD 光谱显示 P-2 在 THF 溶液中表现出 253 nm 和 290 nm 两处（*S*）-联二萘单元的特征科顿效应，在 366 nm 处可以观察到由手性共轭聚合物主链引起的科顿效应，在增加不良溶剂水的比例之后，CD 吸收$[\theta]_\lambda$

（分子在不同波长处的椭圆度）在 f_w 为 0 vol%到 20 vol%的过程中增强，但随后这两个吸收峰减弱并在 $f_w = 60$ vol%时几乎消失[图 5-8（a）]。共轭聚合物 CD 信号的减弱可以归因于（*R*/*S*）-1, 1′-联二萘酚单元的聚集诱导 CD 湮灭现象[20]。此外，当芴/TPE = 2∶8（摩尔比）时，高分子 P-2 的蓝绿色荧光发射及聚集诱导 CPL（aggregation-induced CPL，AI-CPL）强度可以达到最大，g_{lum} 为 4.0×10^{-3}（$\lambda_{em} = 472$ nm）。与二组分仅含有（*R*）-1, 1′-联二萘和 TPE 单元的 CPL 的 g_{lum} 值[图 5-8（b），$g_{lum} = -1.6\times10^{-3}$，$f_w = 80$ vol%]相比，三组分手性共轭高分子 P-2 发射更强的 AI-CPL 信号。

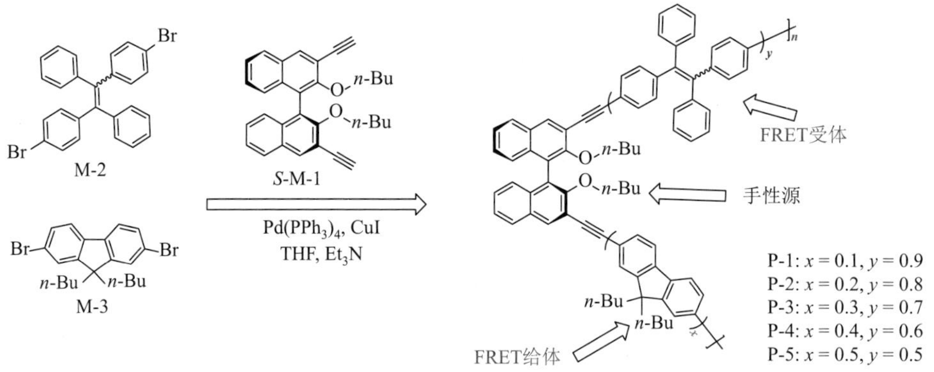

图 5-7 P-1～P-5 的三组分手性高分子合成路线[19]

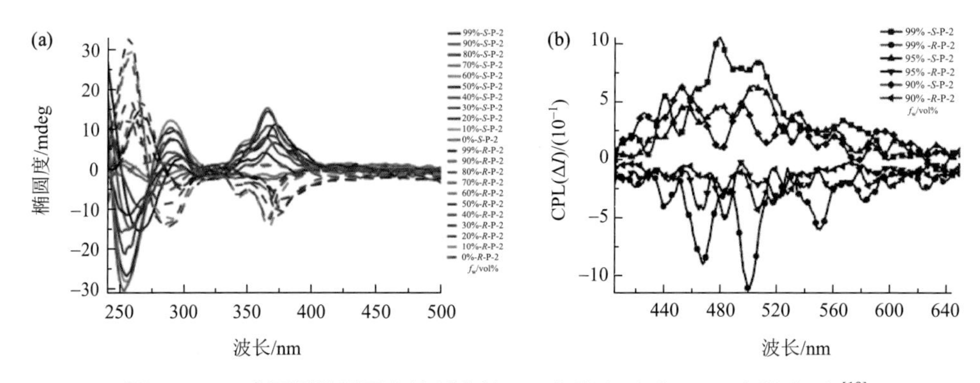

图 5-8 P-2 在不同比例不良溶剂中的 CD 光谱（a）和 CPL 光谱（b）[19]

该课题组还进一步在三组分手性高分子主链骨架结构中加入红光发色团 DTBT 单元作为能量受体，构建四组分手性高分子 P-1 和 P-2（图 5-9）[20]。AIE 骨架 TPE 是两次分子内 FRET 过程的中间基元，首先从芴到 TPE 进行第一次分子内 FRET，TPE 发射荧光进一步激发 DTBT 红色荧光团进行第二次分子内 FRET

[图 5-10（c）]。这两种手性共轭高分子均表现出较大的 Stokes 位移（257 nm），易于实现分子内有效的 FRET 过程。该手性共轭高分子在聚集态下，通过两次 FRET 过程成功制备深红光 AI-CPL 材料（$g_{lum} = \pm 2.0 \times 10^{-3}$，$\lambda_{em} = 650$ nm）[图 5-10（b）]。

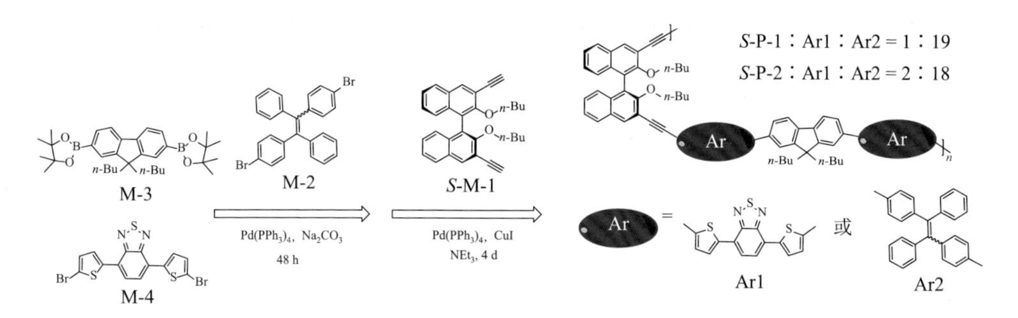

图 5-9　四组分手性高分子 *S*-P-1 和 *S*-P-2 合成路线[20]

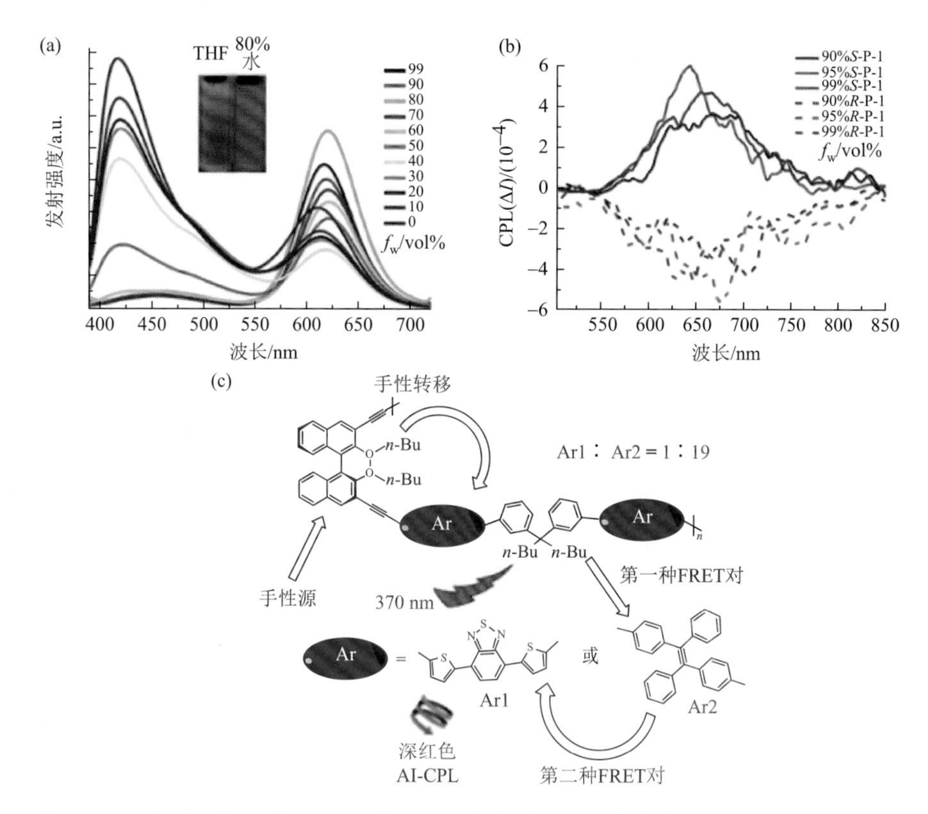

图 5-10　四组分手性高分子 *S*-P1 的 FL 光谱（a）、CPL 光谱（b）和 FRET 过程路径示意图（c）[20]

随着 CPL 材料的发展，CPL 器件的构建研究引起了广泛关注。与使用偏振片的传统 CPL 器件相比，圆偏振-有机发光二极管（CP-OLED）具有直接发射 CPL 信号、器件结构简单、生产成本低及效率高等诸多优点。2018 年，成义祥课题组[21]首次报道了以具有 AIE 骨架的轴手性共轭高分子 *S*-/*R*-P 作为手性发光层制备非掺杂的 CP-OLED 器件（图 5-11）。薄膜态的轴手性高分子在长波长（360 nm）处出现较弱的 CD 信号，主要来自萘环单元之间的乙烯基连接体的扩展共轭结构诱导，同时也检测出明显的 CPL 信号，其光致发光不对称因子 g_{lum} 为 1.1×10^{-3} 和 -1.3×10^{-3}（λ_{em} = 496 nm，图 5-12）。相较于轴手性共轭高分子 *S*-/*R*-P，薄膜态的单体分子 *S*-/*R*-M 并没有出现 CD 和 CPL 信号。该工作以 *S*-/*R*-P 为手性发光层制备了非掺杂 CP-OLED 器件（图 5-13），该 CP-OLED 器件在 5.7 V 驱动下，可发射较强的蓝绿色 CPL，并具有较高的 g_{EL} 值（λ_{em} = 505 nm，g_{EL} = +0.024/−0.019），此研究工作为制备高荧光发射强度和高 g_{EL} 的 CP-OLED 器件提供了一个新的设计思路。

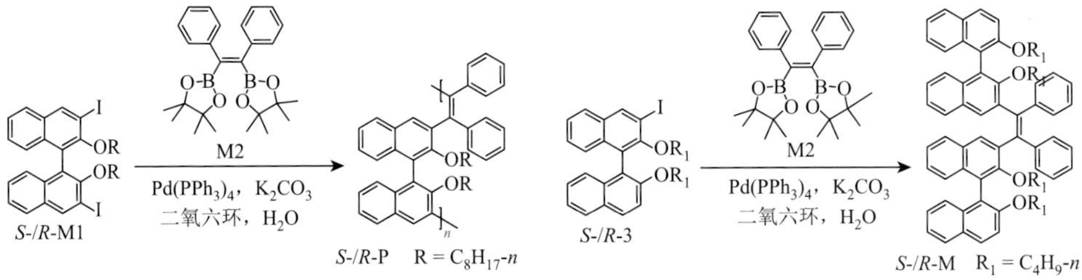

图 5-11　手性 AIE 骨架共轭高分子和模板分子的合成路线[21]

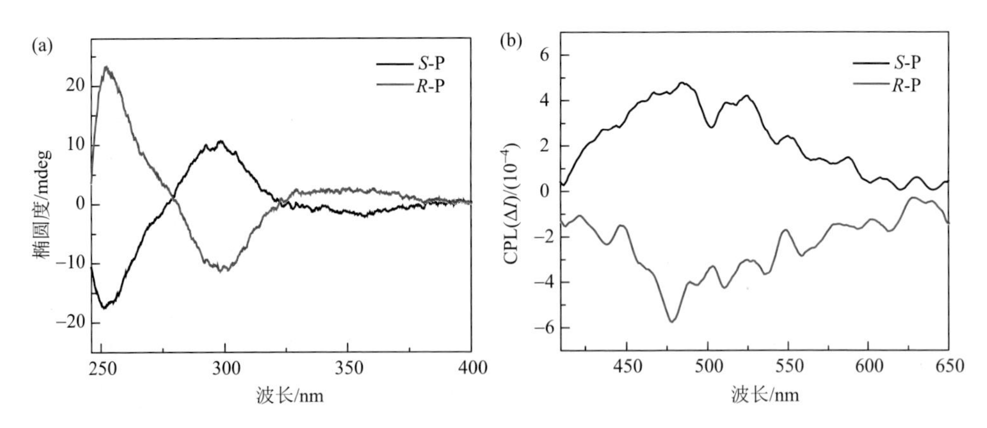

图 5-12　薄膜态的 CD 光谱（a）和光致 CPL 光谱（b）[21]

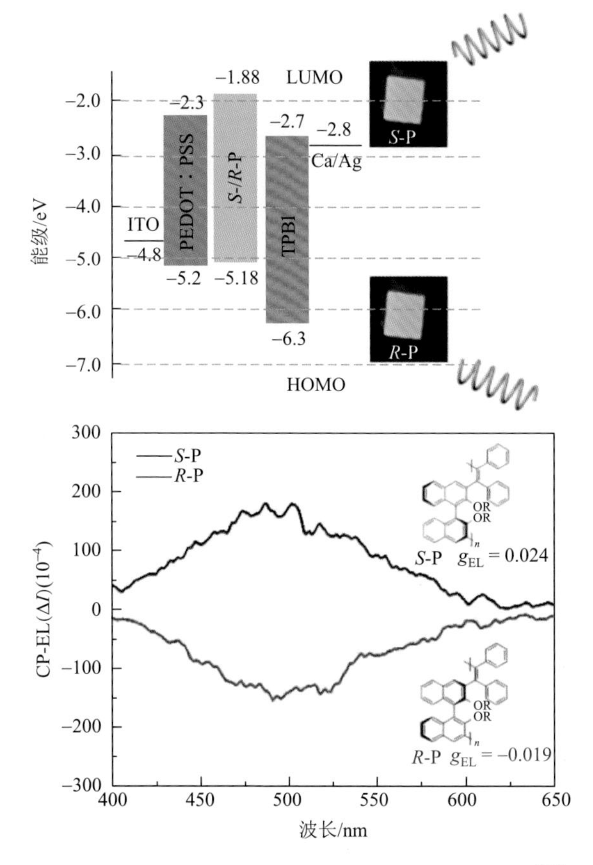

图 5-13　CP-OLED 器件结构和电致 CP-EL 光谱[21]

5.3　基于侧链中心手性的 AIE 高分子

基于侧链中心手性 AIE 高分子在高分子侧链引入手性中心，通过高分子主链和 AIE 骨架发光体协同作用，在聚集体形成过程中，侧链中心手性传递至非手性 AIE 发光体，实现手性信号放大效应。2021 年，张海良课题组[23]以具有 AIE 特性的氰基二苯乙烯作为发光基团，在其尾端修饰胆甾醇手性基团，通过 AIBN 诱导其进行自由基聚合得到一系列不同碳链长度的手性侧链型液晶聚合物 PMC*m*CSChol（*m* 为间隔基团长度，*m* = 6、8、10，图 5-14）。探究柔性间隔基团长度对 PMC*m*CSChol 的相结构和光物理性质的影响。PMC*m*CSChol 均表现出典型的 AIEE 性质（图 5-15）和较高的固态荧光量子产率，聚合物的固态荧光量子产率随柔性间隔基团长度的增加而增加，最高可达 15.3%。其 CD 光谱表明（图 5-16），在聚集态时，通过液晶的手性传递，胆甾醇基手性成功转移至氰基二苯乙烯荧光基团上被放大。聚合物在 SmC*薄膜中表现出强烈的 CPL 信号。聚合物的 CPL 性能强烈地依赖于柔性间隔基团长度，柔性间隔基团越长，聚合物的不对称因子 g_{lum} 值越大，最大可达−0.037（图 5-17）。

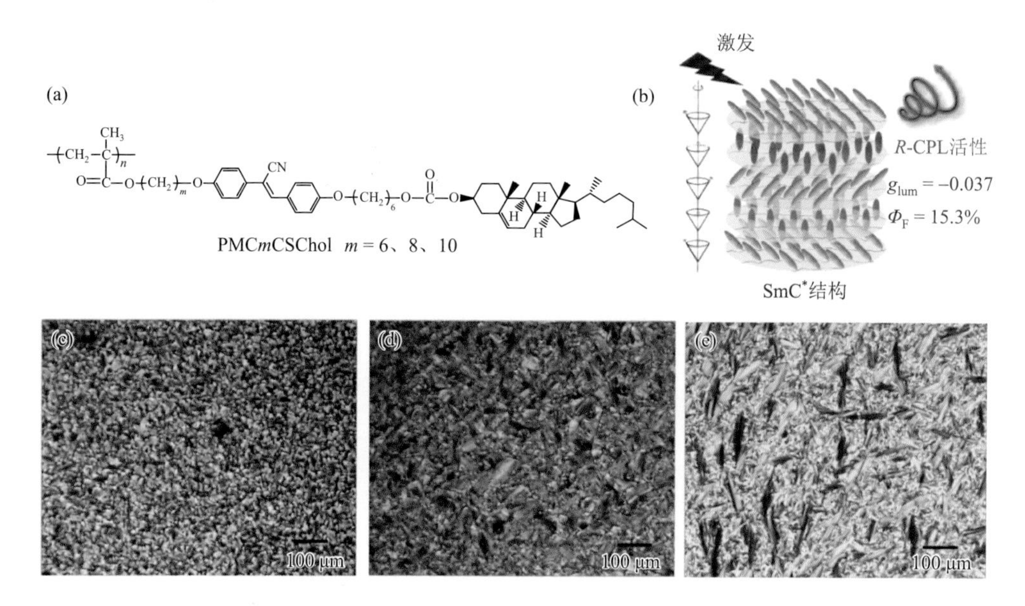

图 5-14 （a）PMCmCSChol 分子的化学结构式；（b）PMCmCSChol 在 SmC*相时的 CPL 发射示意图；（c）PMC10CSChol 在 170℃时的 POM 图；（d）PMC8CSChol 在 175℃时的 POM 图；（e）PMC6CSChol 在 185℃时的 POM 图[23]

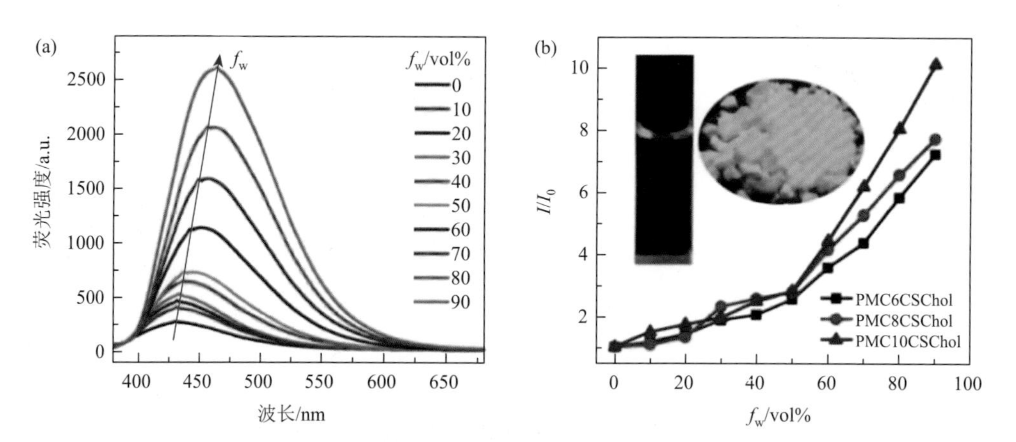

图 5-15 （a）PMC10CSChol 在不同比例的 THF/H_2O 溶液体系中的荧光光谱（浓度 1×10^{-5} mol/L）；（b）PMCmCSChol（m = 6, 8, 10）荧光强度随水含量变化的趋势图（λ_{ex} = 350 nm）[23]

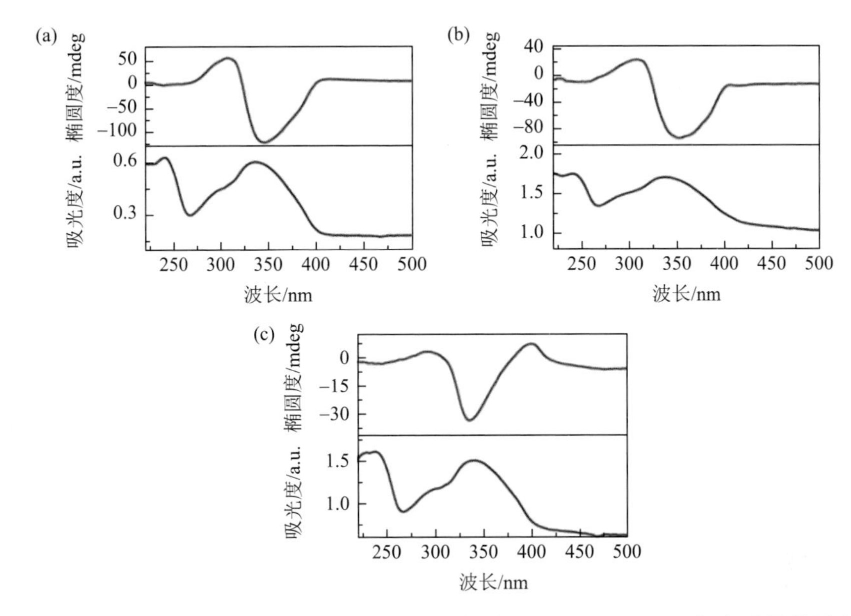

图 5-16　PMC10CSChol（a）、PMC8CSChol（b）和 PMC6CSChol（c）液晶薄膜态的 CD 光谱[23]

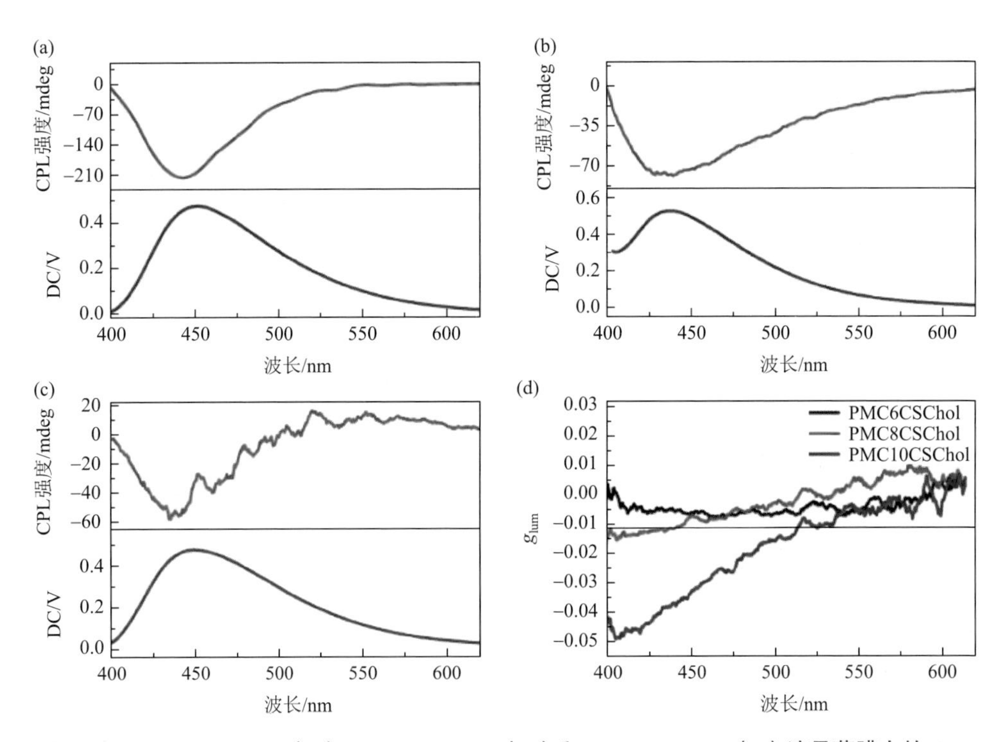

图 5-17　PMC10CSChol（a）、PMC8CSChol（b）和 PMC6CSChol（c）液晶薄膜态的 CPL 光谱；（d）PMC*m*CSChol 不对称因子 g_{lum}（λ_{ex} = 350 nm）[23]

唐本忠和李冰石课题组[24, 25]开发了一系列以 TPE 基团为主轴，具有侧链手性基团的手性 AIE 高分子材料。2018 年，他们以含叠氮单元的 TPE 为发光团和单体，通过 Cu(Ⅰ)催化点击反应与含手性丙氨基酸酯单体，合成得到 AIE 骨架的手性聚三唑高分子（图 5-18，TPE-L-丙氨酸）[24]。TPE-L-丙氨酸展示出典型的 AIE 特性。通过原子力显微镜（AFM）、透射电子显微镜（TEM）和扫描电子显微镜（SEM）等方法探究了 TPE-L-丙氨酸溶液在不同水含量（f_w）情况下的形貌变化。结果表明，形成的纳米结构经历了从囊泡、“珍珠项链”到螺旋纳米纤维和微米纤维的形态转变（图 5-19）。通过荧光显微镜（FM）观测到 TPE-L-丙氨酸的微米聚集体，原位可视化揭示了手性高分子的自组装过程。该手性高分子虽然在 THF 溶液态无 CPL 信号，但其聚集薄膜态显示出较高荧光发射强度、圆二色性（AI-CD）和良好的聚集诱导圆偏振发光（AI-CPL，$g_{lum} = 0.0045$）。2020 年，唐本忠和李冰石课题组进一步以含叠氮 TPE 的单体（发光团）作为主链，在其侧链引入 L-苯基丙氨酸及其酯化物为手性基元，通过点击聚合反应制备了侧链含有手性苯基丙氨酸与其酯的两种 AIE 骨架手性高分子（图 5-20）[25]。将手性(1*S*, 2*S*)-环己烷-1, 2-二胺和(1*R*, 2*R*)-环己烷-1, 2-二胺（Chxn）加入含羧酸聚合物中，通过分子间多重氢键作用，它们能够形成主客体的聚合物组装体。形成的主客体组装体不仅表现出明显的 AIE 特性，还具有强的 CD 和 CPL 信号。尤其是(1*S*, 2*S*)-Chxn 与

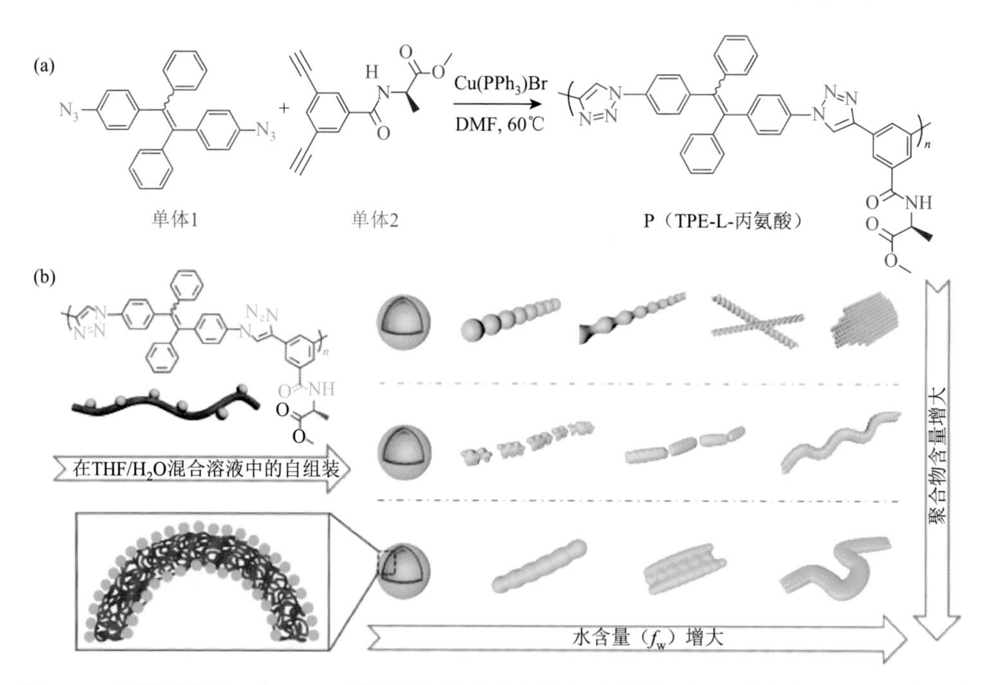

图 5-18　手性高分子 P（TPE-L-丙氨酸）的合成路线（a）及其不同 f_w 浓度（THF/H_2O）下自组装和形态转变（b）[24]

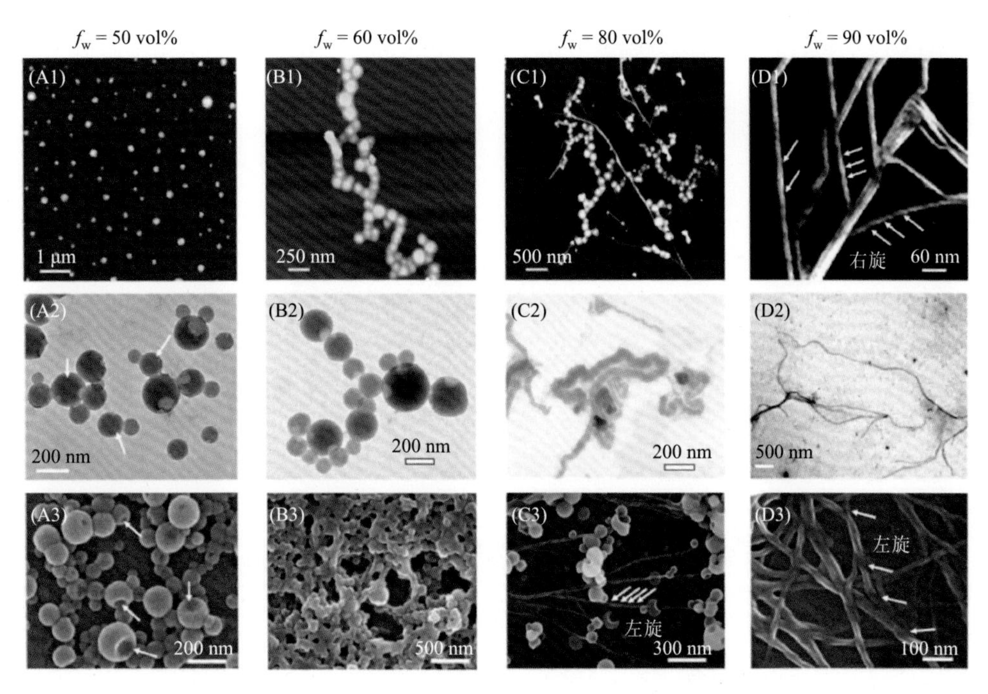

图 5-19　AIE 骨架手性高分子 P（TPE-L-丙氨酸）（1.0×10^{-5} mol/L）在 THF/H_2O 溶液的 AFM（A1～D1）、TEM（A2～D2）和 SEM（A3～D3）图像

f_w：5∶5（A1～A3）；4∶6（B1～B3）；2∶8（C1～C3）；1∶9（D1～D3）[24]

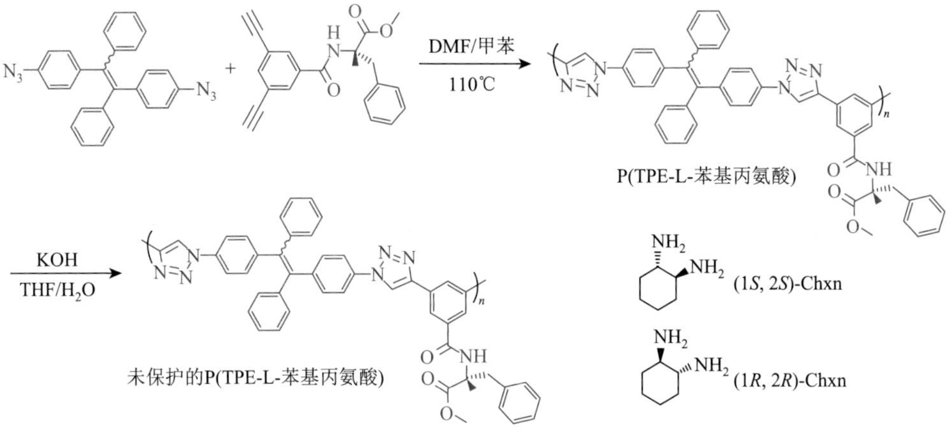

DMF/甲苯 110℃　P(TPE-L-苯基丙氨酸)　KOH THF/H_2O　未保护的P(TPE-L-苯基丙氨酸)　(1*S*, 2*S*)-Chxn　(1*R*, 2*R*)-Chxn

图 5-20　手性高分子 P（TPE-L-苯基丙氨酸）/酯合成与结构式[25]

P(TPE-L-苯基丙氨酸)形成自组装超分子体系，可形成规则的螺旋纤维排列和强 CPL 发射信号（图 5-21）。研究还观察到在自组装过程中，手性侧基通过氢键作用促进手性诱导从侧链转移至主链，且氢键作用越强，侧链手性诱导主链发光体产生的 CPL 信号越强（g_{lum} 分别为 0.0025、0.0075 和 0.018）。侧链结构细微调整导致分子间氢键相互作用方式细微变化，进一步引起自组装过程发生调整，使 AIE 骨架手性高分子排列更加有序，聚合物 CPL 信号显著放大。

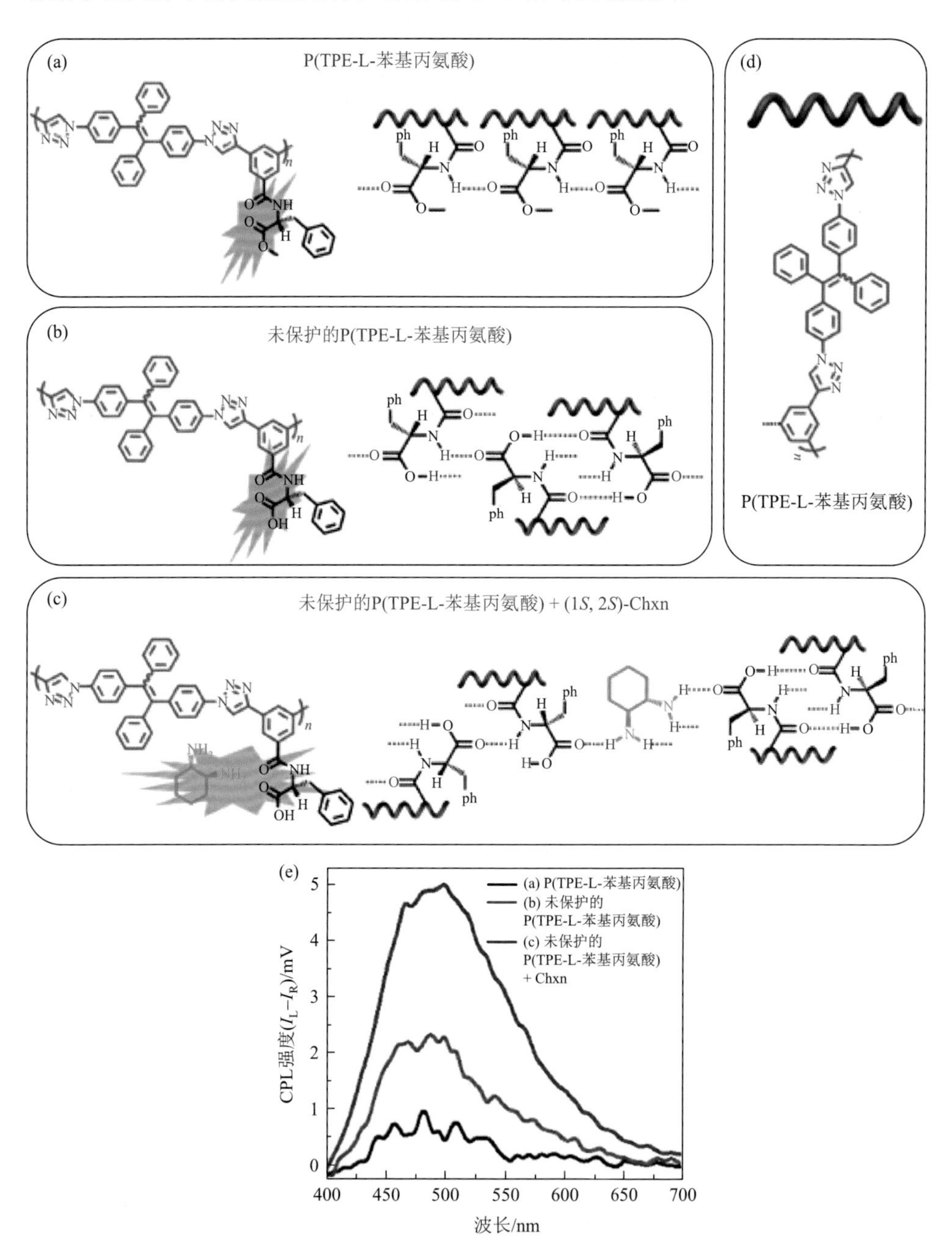

图 5-21　手性聚合物 P（PET-L-苯基丙氨酸）的氢键形成示意图及各体系 CPL 光谱[25]

2020 年，邓建平课题组[26]报道了一种含 TPE 基团非手性炔基单体，与手性单体共聚形成手性螺旋高分子（图 5-22）。由于 TPE 基团的 AIE 特性，该 TPE-单体在 THF/H_2O 混合溶液体系中随水含量的变化表现出典型的 AIE 特性[图 5-23（a）]。以该单体制备的高分子同样具有 AIE 性能，以及独特的、依赖状态变化的刺激响应 CPL 特性：该螺旋聚合物在 THF 溶液中没有 CPL 信号[图 5-23（b）]，而聚合物所制备的固体薄膜发射较强的圆偏振光[图 5-23（c）和（d），$|g_{lum}| = 3.6\times10^{-2}$，$\lambda_{em} = 500$ nm]。他们首先通过带有苯丙氨酸的手性炔单体与非手性荧光炔单体（TPE-单体）的共聚获得手性荧光聚合物 PA-TPE-Ala。遗憾的是，聚合物主链的螺旋手性并不能有效地转移到荧光侧链，因此，所制备的手性荧光聚合物在溶液状态下不具有 CPL 发射特性。将聚合物制备成薄膜后，手性聚合物链通过自组装而发生有序排列，薄膜具有增强的科顿效应及 CPL 活性。

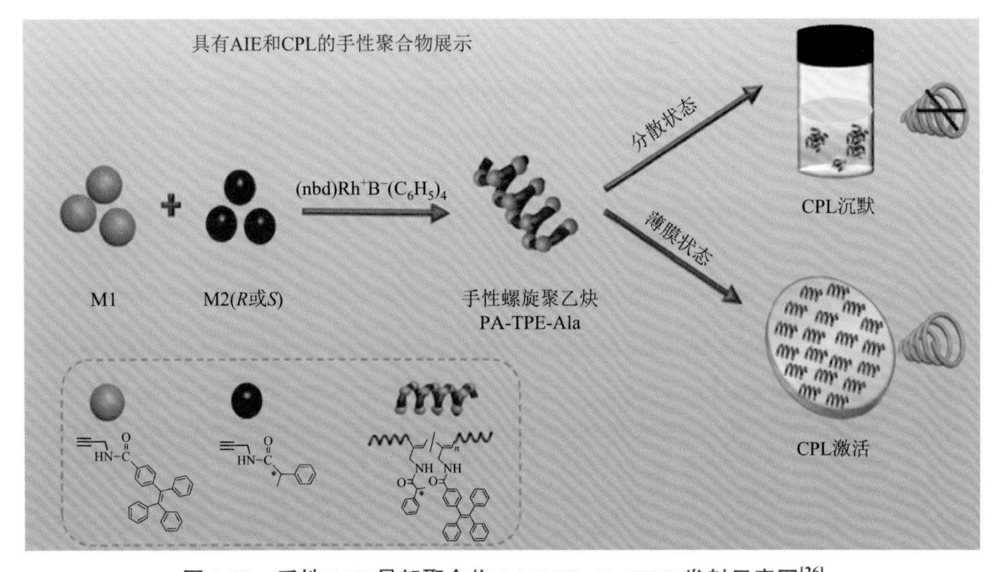

图 5-22　手性 AIE 骨架聚合物 PA-TPE-Ala CPL 发射示意图[26]

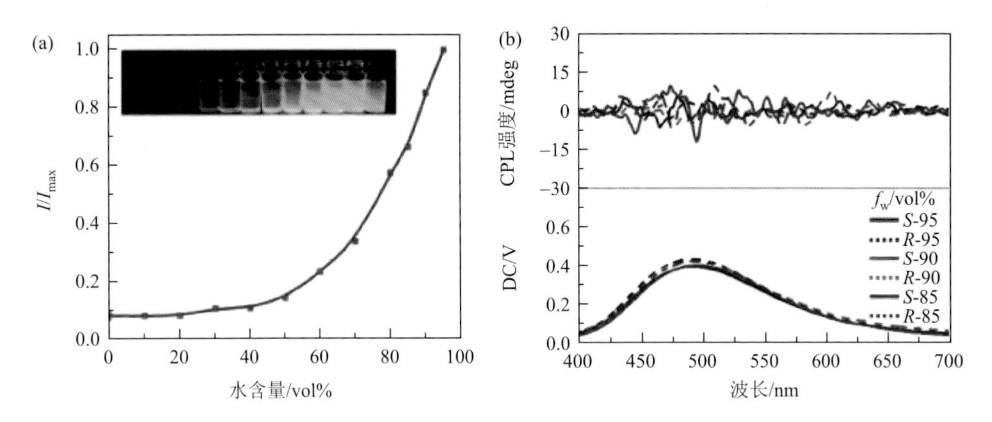

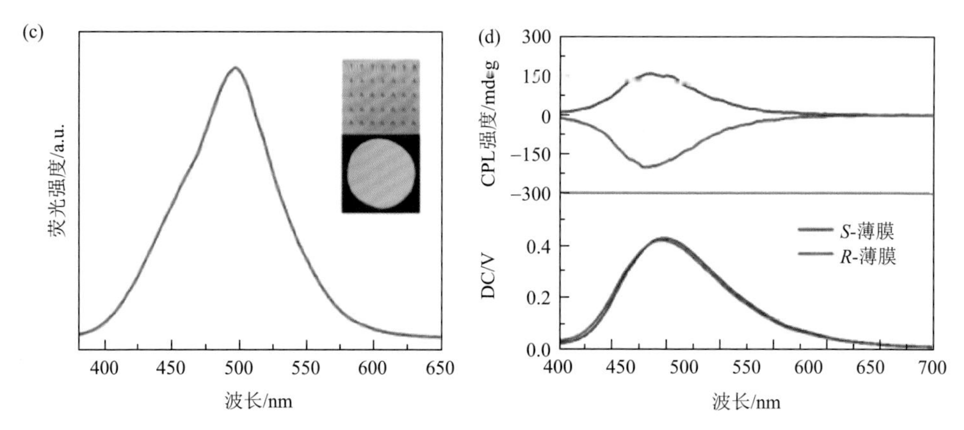

图 5-23 （a）PA-TPE-Ala 荧光强度随水含量变化的趋势图（插图：365 nm 紫外灯照射的荧光照片）；（b）在 THF/H_2O 混合溶液中 CPL 光谱；（c）PA-TPE-Ala 复合膜的荧光光谱（插图：日光和紫外光照射下复合膜数码照片）；（d）PA-TPE-Ala 复合膜的 CPL 光谱[26]

5.4 手性 AIE 组装超分子聚合物

功能分子可以利用多种分子间相互作用，以及它们的协同作用或多重作用进行超分子自组装，聚合形成超分子聚合物。这类超分子聚合物显示出多种特性，如光学、磁性、介晶性和宏观特性等[27]。在自组装过程中，分子间通过非共价键相互作用，如氢键、配位作用、金属-金属作用、主客体相互作用、电荷转移相互作用、π-π 相互作用等进行定向有序组装，形成不同尺寸的组装结构。其中，Au-Au[28]、Pd-Pd[29]和 Pt-Pt[30]金属相互作用，广泛应用于制备具有独特光化学性质和介观行为的聚合物线性金属阵列，受到普遍关注[31]。

Haino 课题组致力于开发平面 Pt(Ⅱ)配合物的自组装形成的超分子螺旋组装，且表现出优异的磷光性能。2015 年，该课题组[32]借助分子间偶极-偶极相互作用，通过中性铂络合物的自组装来开发尺寸有序的铂阵列，合成了具有自组装双（苯基异噁唑基）苯乙炔配体的 Pt(Ⅱ)苯基联吡啶配合物 *S*-**1** 和 *R*-**1**，并通过 Pt-Pt、π-π 堆积和偶极-偶极相互作用形成超分子聚合物（图 5-24）。*S*-**1** 在氯仿溶液中，其吸收光谱显示聚集态相比于离散态，在长波长 675 nm 处出现了一个新的吸收峰，这归结于金属-金属-配体电荷转移（metal-metal-to-ligand charge transfer，MMLCT），且有一个长波长区对应的荧光发射（λ_{ex} = 790 nm）。这证明 Pt 中心的金属-金属相互作用导致了 *S*-**1** 的堆叠，形成超分子聚集体。但是 *S*-**1** 在氯仿中只显示微弱的 CD 信号，可能来自氯仿的溶剂效应与自组装过程相互竞争，限制了在氯仿溶液中形成的组装体的尺寸，形成的超分子聚合物为非螺旋组装体。而以甲苯为溶剂，*S*-**1** 高度聚合成螺旋高分子，手性侧链之间的紧密堆积，分子具有 AIEE 的性质。如图 5-25 所示，MMLCT 吸收和发射带表明 *S*-**1** 通过 Pt-Pt、π-π 堆积和偶极-偶极相互作用进行定向组装。*S*-**1** 在组装前并不产生 CD 信号和 CPL 信号，但超分子形成的过程中，在 MMLCT 吸收带产生明显的 CD 信号逐渐增大（$g_{abs} = 0.002$），并发射强 AI-CPL 信号（$g_{lum} = 0.01$）。

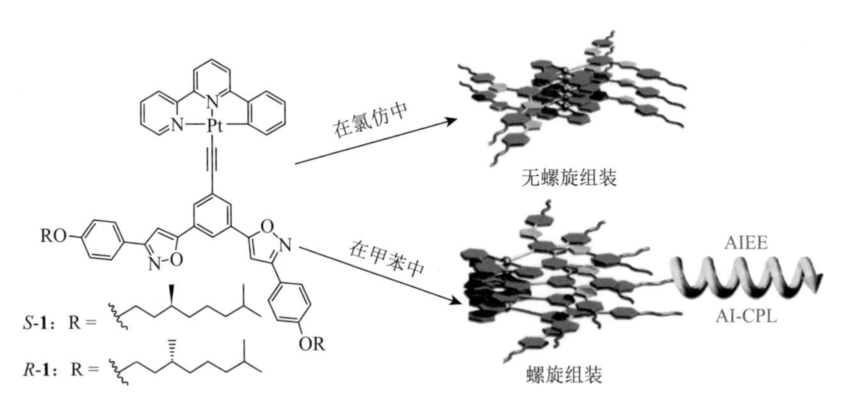

图 5-24 *S*-1 和 *R*-1 的结构及其在氯仿和甲苯中组装行为示意图[32]

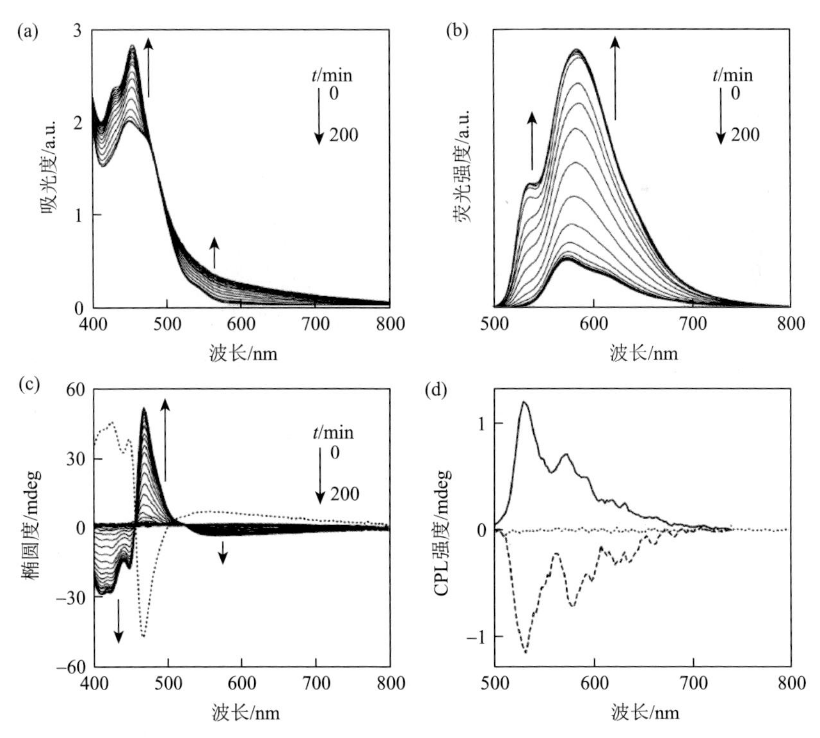

图 5-25 （a）*S*-1 的紫外-可见吸收光谱；（b）*S*-1 的荧光发射光谱；（c）*S*-1 的 CD 光谱（实线）和 *R*-1 组装后的相应 CD 光谱（虚线）；（d）*S*-1 组装前（点状线）、组装后（实线）和 *R*-1 组装后（虚线）的 CPL 光谱（均在甲苯溶液中测得）[32]

2019 年，Kawai 课题组[33]以具有 AIE 骨架的 TPE 为分子核，合成了一对带有氢键和四个氨基酸支链的手性分子 L/D-**1** 和非手性分子 **2**（图 5-26），通过 TPE 平面的 CH-π 堆积和酰胺基团的分子间氢键进行螺旋自组装制备手性超分子聚合物。L-**1** 在 THF 中的紫外-可见吸收光谱显示，随着时间变化，333 nm 处的吸收峰逐渐红移，直至 4.5 h 后吸收峰在 338 nm 处，这是由于具有扭曲构象的 L-**1** 单体分子通过调节机械刺激被定量转化为超分子聚合物。无机械刺激时，L-**1** 只有微弱的绿光荧光（λ_{em} = 500 nm），随着时间延长，荧光光谱发生蓝移（λ_{em} = 455 nm），荧光强度放大 500 倍（图 5-27），这归因于手性超分子聚合物形成，而 L-**1** 中丙氨

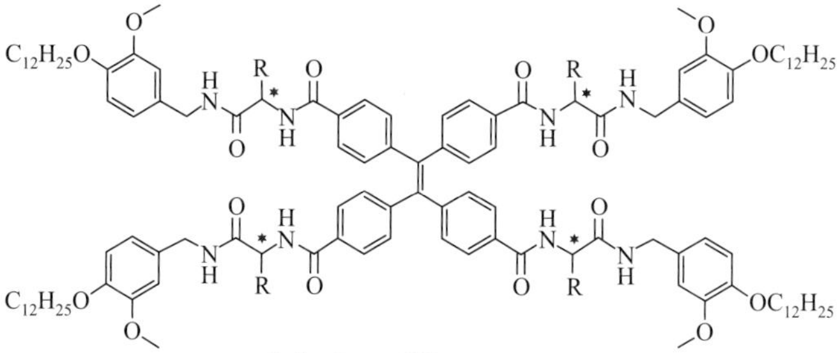

L-**1**：R = —CH_3
D-**1**：R = —CH_3
2：R = —H

图 5-26　化合物 L/D-1 和 2 的结构[33]

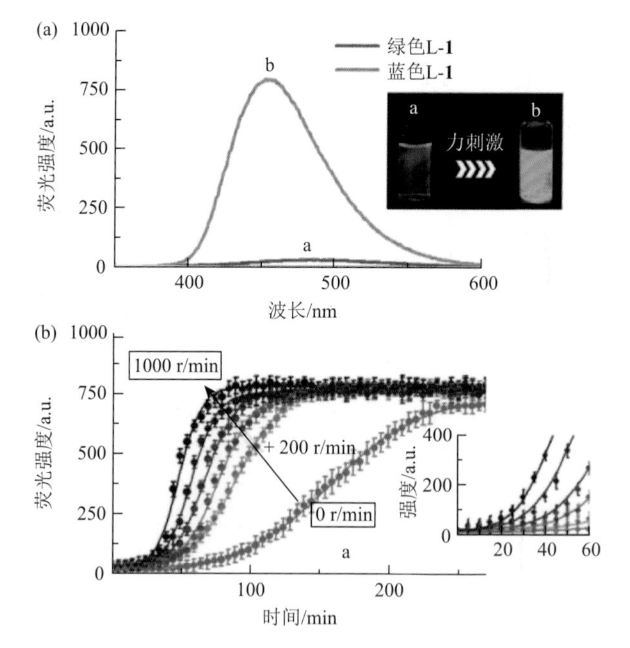

图 5-27　（a）L-1 的荧光光谱（在 THF 中）；（b）不同转速下 L-1 的荧光强度随时间变化图[33]

酸部分的酰胺基团之间存在分子内氢键，限制了超分子聚合物的快速生长。通过提高搅拌速度，超分子聚合反应时间缩短，发光强度在90～155min内达到最大值。

未搅拌时，CD光谱无科顿效应，1000 r/min搅拌速度下，在275 nm和325 nm处出现CD信号，并随时间延长显著增强[图5-28（a）]。通过顺时针与逆时针搅拌下的CD光谱均相同，表明通过机械刺激加速超分子聚合的过程中诱导了超分子螺旋结构。CPL光谱[图5-28（b）]表现与CD光谱相似的性质，在搅拌后达到最强的CPL发射（λ_{em} = 455 nm，g_{lum} = $\pm 2.2\times10^{-2}$）。AFM表明手性超分子聚合过程需要足够的机械刺激时间来形成分子间氢键和CH-π堆积的螺旋分子排列（图5-29）。

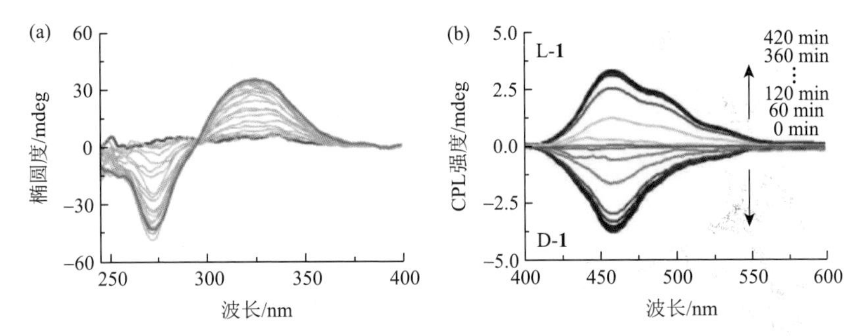

图5-28 （a）L-1的CD光谱；（b）L-1的CPL光谱（$c = 2.5\times10^{-5}$ mol/L）[33]

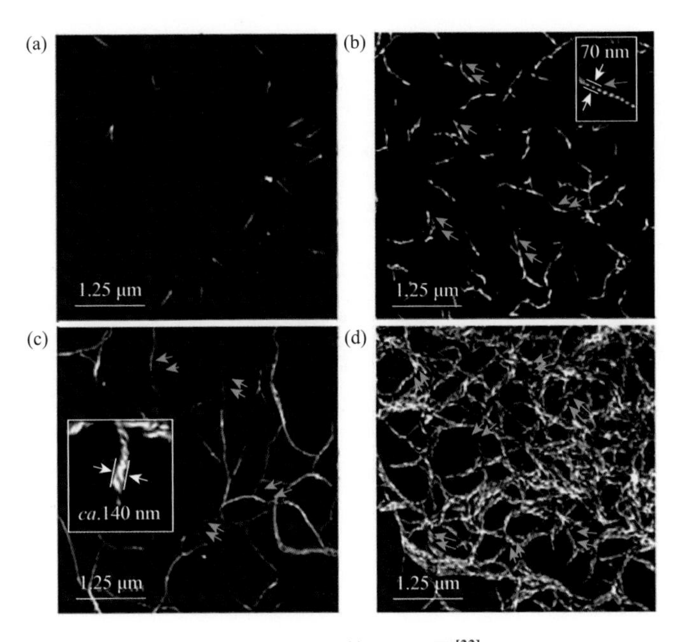

图5-29 L-1的AFM图[33]

在THF中，$c = 2.5\times10^{-5}$ mol/L，搅拌速度1000 r/min，（a）20 min；（b）60 min；（c）120 min；（d）240 min

手性超分子聚合物形成机理研究显示，纳米棒状的线型分子在初始状态下未形成螺旋状排列，在一定的机械刺激后，纳米棒长成纤维结构并形成螺旋分子排列（图 5-30）。

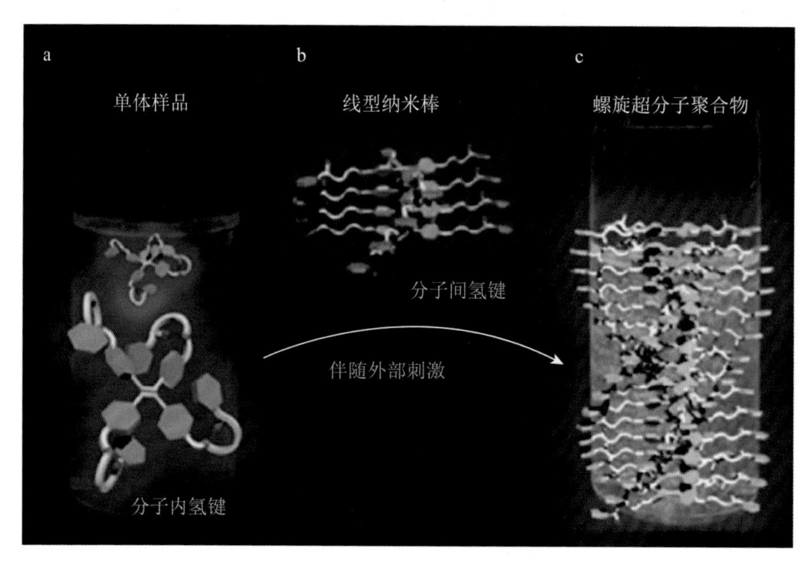

图 5-30 L-1 和 D-1 的手性超分子聚合机理[33]

2021 年，汪峰课题组[34]合成了一对具有 AIE 骨架的对映体(*R*/*S*)-**1**，并通过分子间氢键相互作用促进形成新型的具有 CPL 特性的超分子聚合物（图 5-31）。相比于极性介质 $CHCl_3$（$\lambda_{abs} = 377$ nm），(*R*)-**1** 在非极性介质甲基环己烷（MCH）溶液中，溶剂体系颜色呈黄色且吸收光谱出现 11 nm 的蓝移（$\lambda_{abs} = 366$ nm）和一个低能量的肩峰，归属于非极性介质中双氰基单元的聚集诱导平面化[35]。如图 5-32 所示，在室温(*R*/*S*)-**1** 稀溶液时显示出较强的具有镜像对称的 CD 信号，且不受线偏振光的影响。随着温度升高，CD 信号减弱为 0，再降至 298 K 时手性信号恢复至原有水平，这主要是因为热能提供了超分子聚合物体系解离成单体的驱动力。单体和聚集体（图 5-33）荧光光谱表明，在单体状态下（氯仿溶液）几乎无荧光发射（$\lambda_{em} = 450$ nm，$\Phi_F = 0.07\%$），而超分子聚合态发射出明亮的黄绿色荧光（$\lambda_{em} = 550$ nm，$\Phi_F = 48.4\%$），这主要来源于超分子聚合物中非辐射速率（k_{nr}）的降低（在 MCH 中，$k_{nr} = 6.17 \times 10^7 s^{-1}$；在氯仿中，$k_{nr} = 9.99 \times 10^9 s^{-1}$）和超分子聚合物体系中二氰基发色团的旋转受到抑制。而 MCH 中(*R*)-**1** 的荧光发射强度在 358 K 时下降，这进一步证明了超分子聚合物体系会在加热时解离成单分子，(*R*/*S*)-**1** 在氯仿中无 CPL 信号，而在 MCH 溶剂中具有明显的强 CPL 信号（$\lambda_{em} = 550$ nm，$g_{lum} = |7.35 \times 10^{-3}|$），在低浓度溶液下具有激发态手性。此外，(*R*/*S*)-**1** 薄膜态显示

出更强的 CPL 信号（$g_{lum} = |3.80\times10^{-2}|$），这表明超分子聚集有助于 CPL 信号的增强效应。

2022 年，陈传峰课题组[36]设计并合成了一对酰胺基团修饰的手性双羟基[6]-芳烃（*P*/*M*-BH6），将它们分别与两个发光客体（BG 和 YG）通过主客体络合制备了具有 CPL 性质的超分子聚合物（图 5-34）。所制备的线型超分子聚合物可进

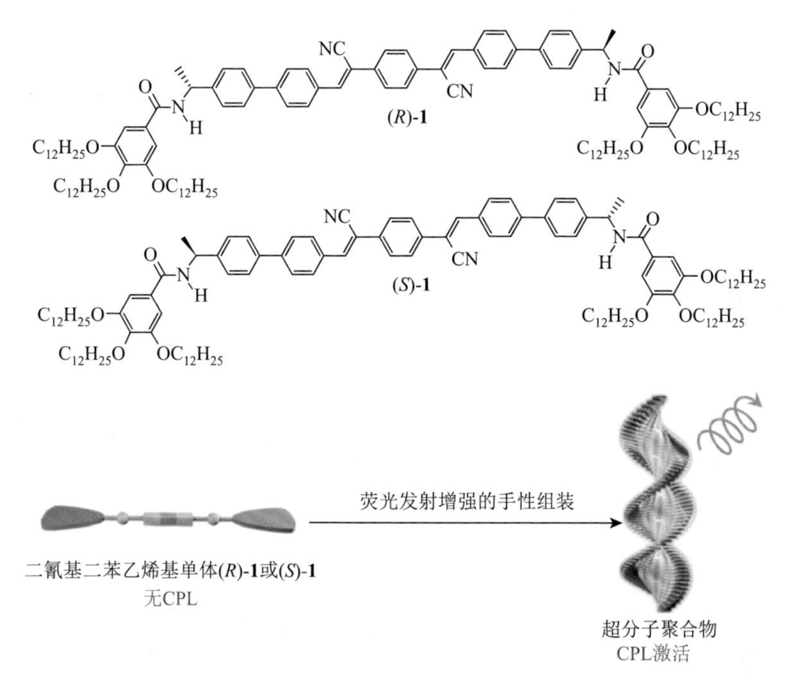

图 5-31　(*R*/*S*)-1 的结构和手性超分子聚合物组装示意图[34]

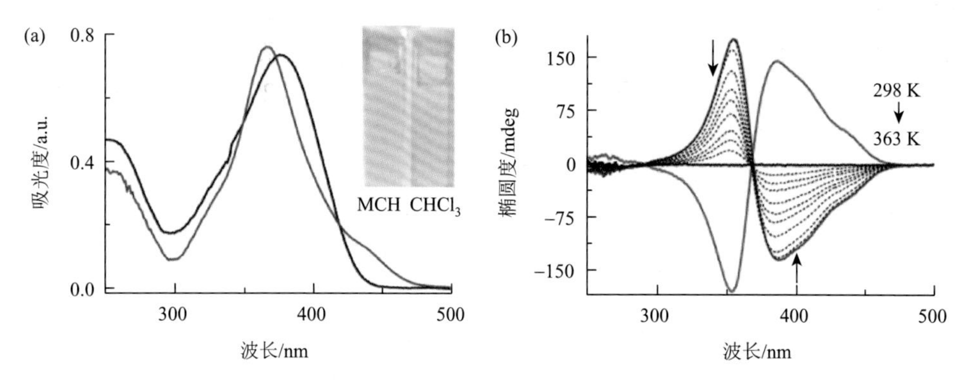

图 5-32　（a）在 $CHCl_3$（黑线）和 MCH（蓝线）中(*R*)-1 的紫外-可见吸收光谱（$c = 0.01$ mmol/L，10 mm 比色皿），插图：(*R*)-1 在日光下的照片；（b）(*R*)-1（蓝线）和(*S*)-1（红线）的 CD 光谱（$c = 0.01$ mmol/L，10 mm 比色皿）[34]

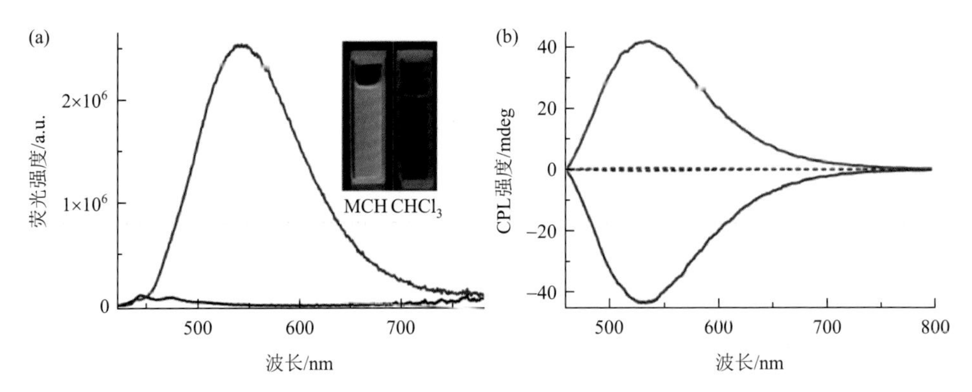

图 5-33　（a）在 $CHCl_3$（黑线）和 MCH（蓝线）中(*R*)-1 的荧光光谱（*c* = 0.01 mmol/L，10 mm 比色皿），插图：(*R*)-1 在 365 nm 紫外灯下的照片；（b）(*R*)-1（蓝线）和(*S*)-1（红线）在 $CHCl_3$（点状线）和 MCH（实线）的 CPL 光谱（*c* = 0.01 mmol/L，10 mm 比色皿）[34]

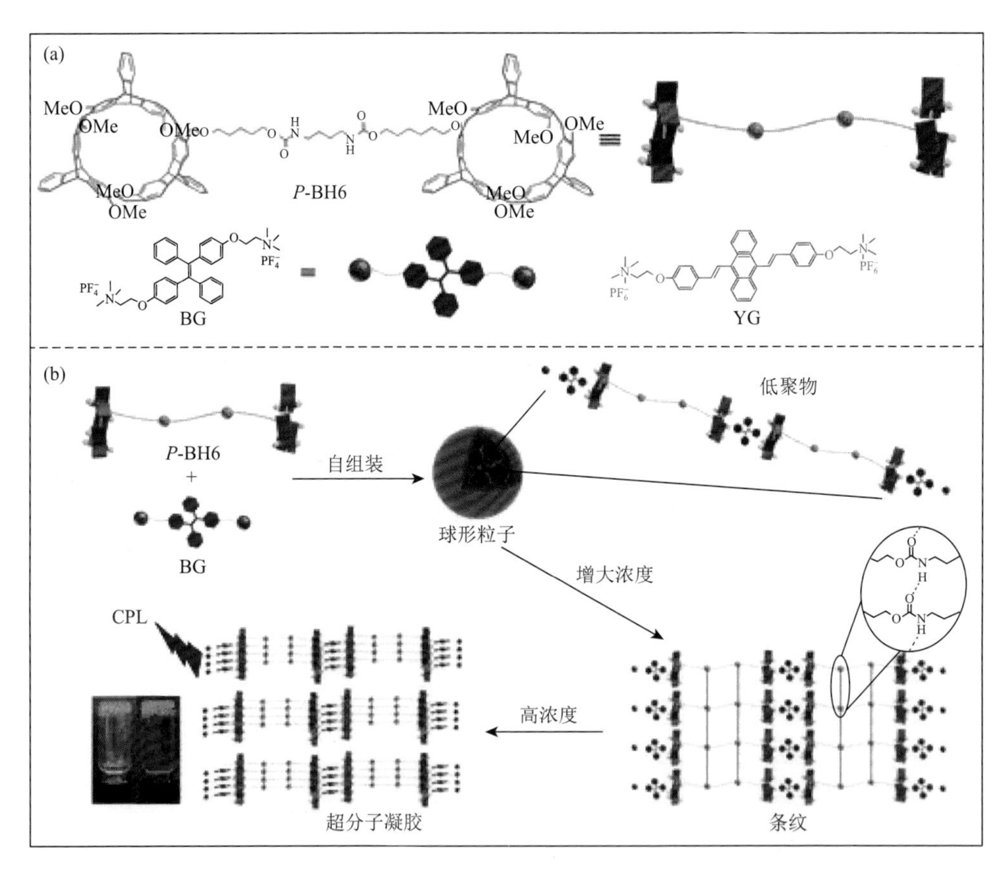

图 5-34　（a）*P*-BH6、BG 和 YG 的化学结构；（b）BG@*P*-BH6 基于主客体和氢键相互作用的超分子聚合原理图，插图为超分子凝胶 BG@*P*-BH6 在自然光和 365 nm 紫外光下的照片[36]

一步自组装成具有聚集态增强发射的超分子凝胶。其主客体复合物的 CD 光谱显示，非手性的 BG 和 YG 与 *P*/*M*-BH6 在 $CH_3CN/CHCl_3$（1∶1，*v*/*v*）混合溶液中表现出诱导的手性信号（350～450 nm），并且在 BG 和 YG 与 *P*/*M*-BH6 的混合溶液中，随着温度和非手性客体浓度的增加，其 CD 信号也逐渐增强（图 5-35）。同时手性超分子聚合物凝胶还实现了由手性大环芳烃向非手性客体的手性转移诱导 CPL 性质。通过调节两种荧光染料的比例，简单便捷地实现具有白光发射的手性超分子凝胶的制备（图 5-36），其$|g_{lum}|$值约为$\pm1.3\times10^{-3}$。该工作为制备具有高g_{lum}值和可调控的主客体 CPL-活性凝胶材料提供了一个可靠的策略，同时也对构筑手性大环芳烃超分子材料具有重要的启示作用。

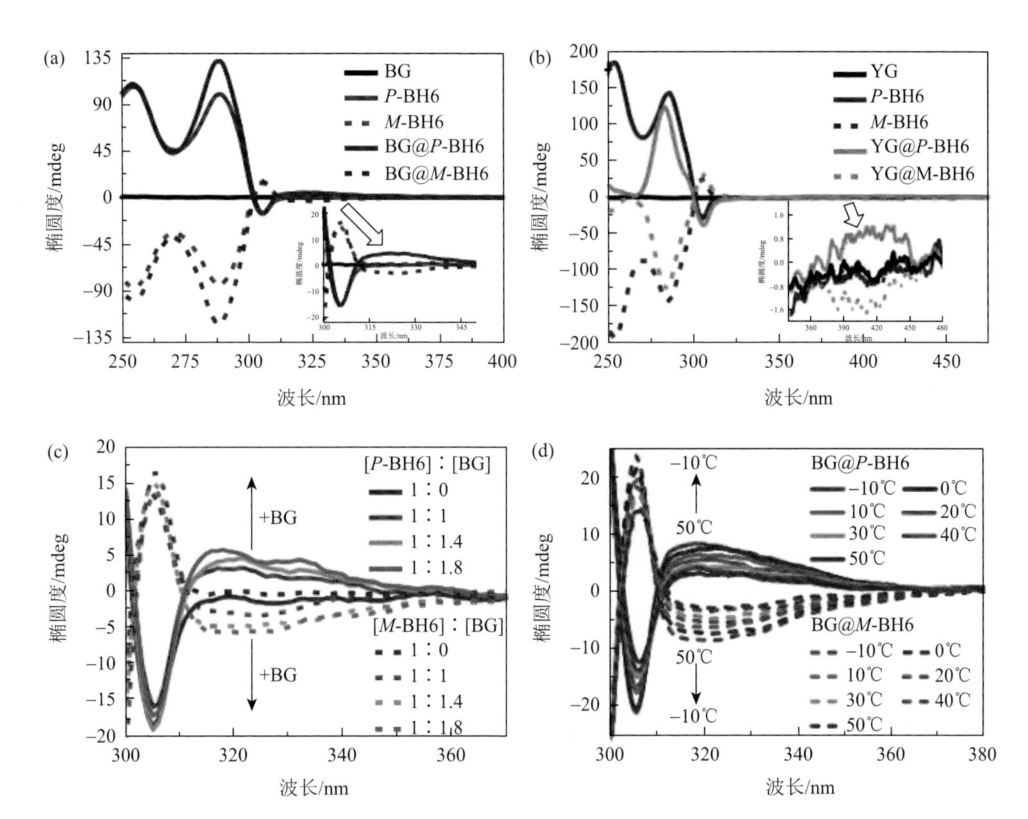

图 5-35 （a）在 $CH_3CN/CHCl_3$（1∶1，*v*/*v*）中手性主体 *P*/*M*-BH6、客体 BG 和络合物 BG@*P*/*M*-BH6 的 CD 光谱，插图为 300～350 nm 放大的 CD 光谱，[*P*/*M*-BH6] = [BG] = [BG@*P*/*M*-BH6] = 0.02 mmol/L）；（b）在 $CH_3CN/CHCl_3$（1∶1，*v*/*v*）中手性主体 *P*/*M*-BH6、客体 YG 和络合物 YG@*P*/*M*-BH6 的 CD 光谱，插图为从 340～480 nm 放大的 CD 光谱，[*P*/*M*-BH6] = [YG@*P*/*M*-BH6] = 0.04 mmol/L；（c）在 $CH_3CN/CHCl_3$（1∶1，*v*/*v*）中 BG@*P*/*M*-BH6 随着 BG 浓度变化的 CD 光谱；（d）在 $CH_3CN/CHCl_3$（1∶1，*v*/*v*）中 BG@*P*/*M*-BH6 随着温度变化的 CD 光谱[36]

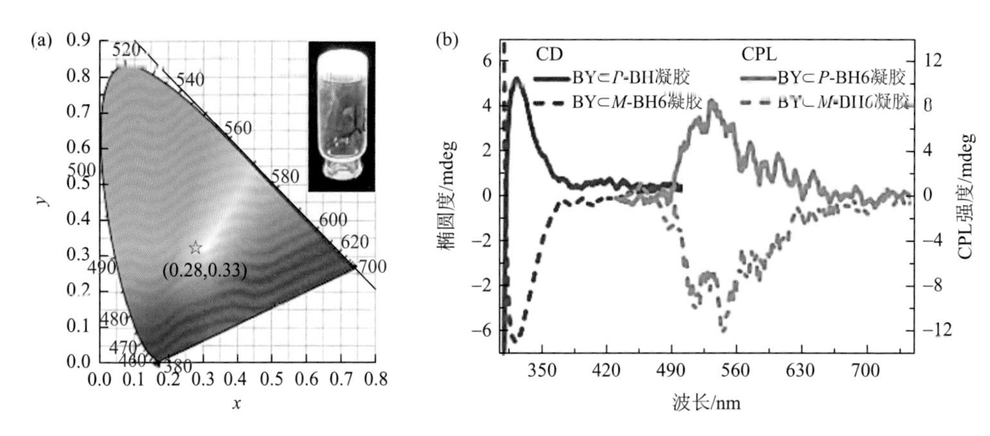

图 5-36 （a）手性三元超分子凝胶的 CIE 色度图，插图为凝胶 BY@*P*-BH6 在 365 nm 紫外光下的白色发射；（b）手性三元超分子凝胶的 CD 和 CPL 光谱[36]

传统的具有 AIE 特性和 CPL 特性的材料由于热稳定性差而限制其实际应用价值。2021 年，苏州大学杨永刚课题组以手性低分子量凝胶剂[L(D)-18Val11PyBr]作为自组装模板，将含有四苯乙烯的双（三乙氧基硅烷）（BTSTPE）和四乙氧基硅烷（TEOS）进行超分子模板聚合，制备了扭曲杂化二氧化硅胶束（图 5-37）[37]。所制备的二氧化硅复合材料（TS-L 和 TS-D）在粉末状态表现出强的聚集诱导

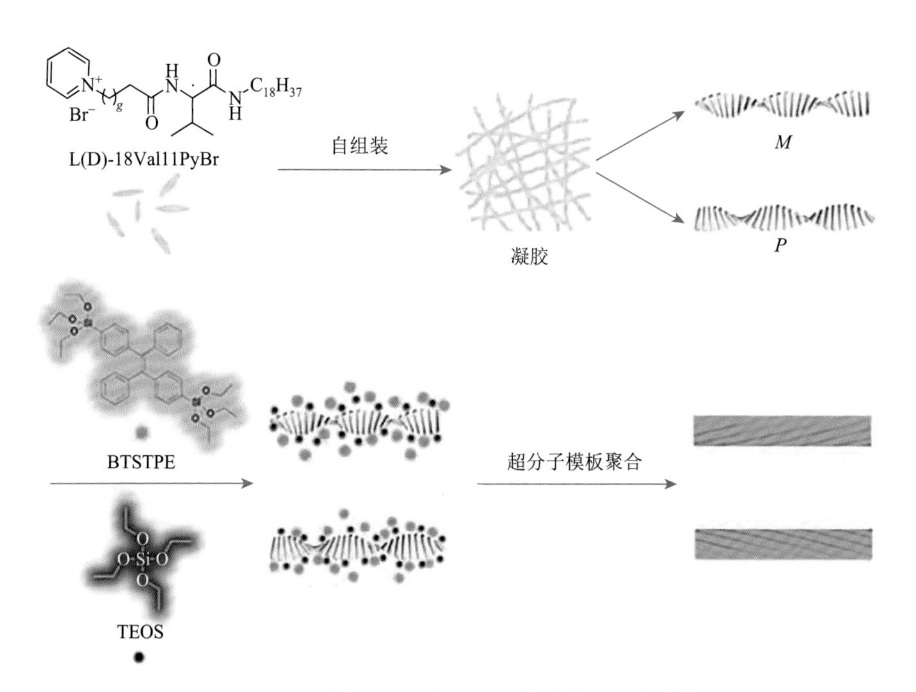

图 5-37 手性有机-无机杂化硅的制备原理图[37]

发光性质[图 5-38（b）]，L 型和 D 型的复合材料的固态荧光量子产率分别达到 17.0%和 13.7%。该二氧化硅胶束的 CD 光谱显示，非手性 BTSTPE 发光染料在其对应吸收波长位置表现出强的 CD 信号，这表明杂化胶束在分子水平上具有手性[图 5-38（a）]，意味着 L(D)-18Val11PyBr 手性通过自组装过程转移到非手性染料 BTSTPE。他们进一步探究了 TS-L 和 TS-D 的 CPL 光谱，TS-L 和 TS-D 在 520 nm 处表现出镜像的 CPL 信号，其 g_{lum} 值分别达到 $+1.2\times10^{-3}$ 和 -0.3×10^{-3}［图 5-38（c）和（d）］。此外，它们在 525℃依然具有很高的热稳定性，这些特性使其在 CPL 激光领域具有广阔的应用前景。

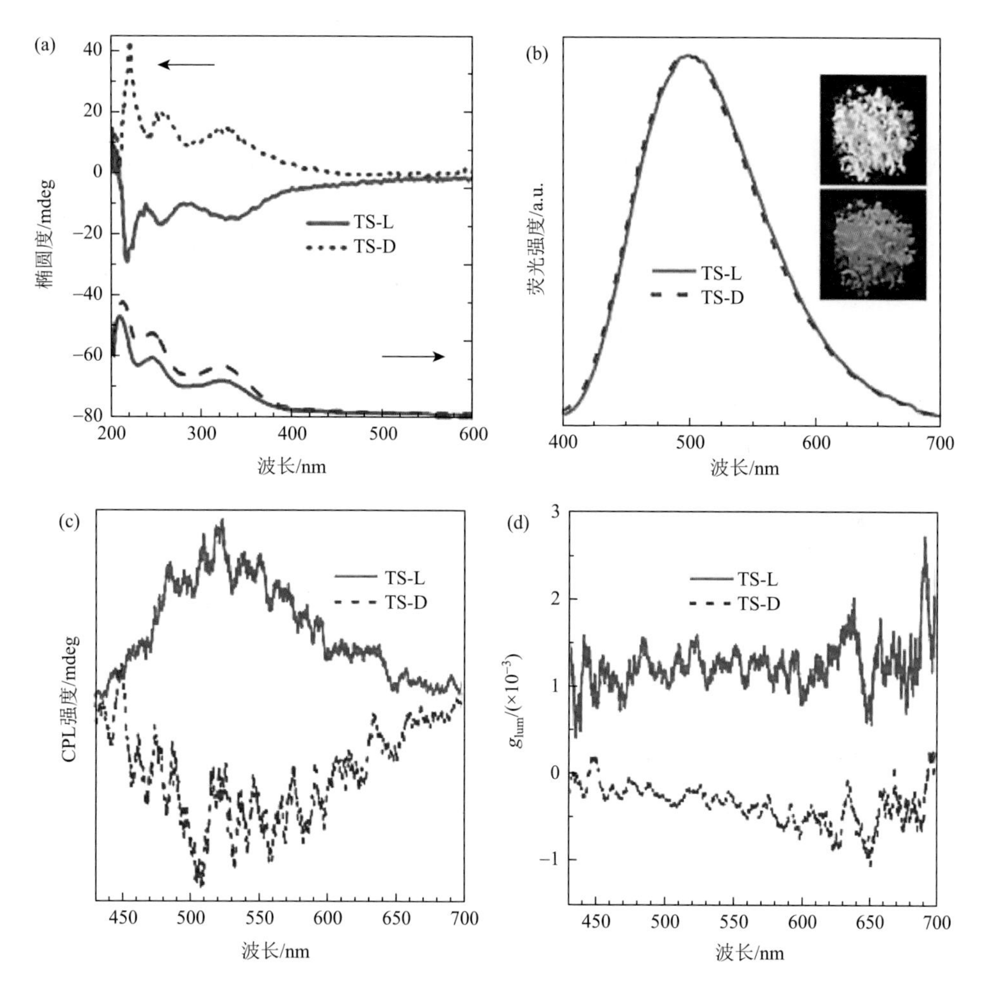

图 5-38　二氧化硅复合材料 TS-L 和 TS-D 的 CD 光谱（a）、在粉末状态的荧光图谱（b）、CPL 光谱（c）和 g_{lum} 光谱（d）[37]

5.5 总结

相比于传统的手性有机小分子，将含不同类别 AIE 骨架基团引入结构规整、排列有序的手性高分子骨架结构中，高分子共轭结构内电荷传递过程可促进手性诱导机制，在聚集诱导效应协同调控下，可实现更为有效的手性信号放大。另外，在手性共轭高分子中引入不同的给体与受体基团，通过电子诱导效应，调控手性高分子带隙能级，可实现可发射整个可见光区域手性高分子 AI-CPL 材料。手性 AIE 高分子在热稳定性和可加工方面显著优于小分子体系，具有更大的应用潜力，但相关研究方兴未艾，其手性传递和放大机理较小分子体系更为复杂，需要更多的研究投入到这一领域中。

参考文献

[1] Eyring H，Liu H. Caldwell D. Optical rotatory dispersion and circular dichroism. Chem Rev，1968，68：525-540.

[2] Riehl J P，Richardson F S. Circularly polarized luminescence spectroscopy. Chem Rev，1986，86：1-16.

[3] 王克让，李小六. 圆二色谱的原理及其应用. 北京：科学出版社，2017.

[4] Luo Q，Hou C，Bai Y，et al. Protein assembly：versatile approaches to construct highly ordered nanostructures. Chem Rev，2016，116：13571-13632.

[5] Zhao X，Zang S Q，Chen X. Stereospecific interactions between chiral inorganic nanomaterials and biological systems. Chem Soc Rev，2020，49：2481-2503.

[6] Kane-Maguire L A P，Wallace G G. Chiral conducting polymers. Chem Soc Rev，2010，39：2545-2576.

[7] Albano G，Pescitelli G，Bari L D. Chiroptical properties in thin films of π-conjugated systems. Chem Rev，2020，120：10145-10243.

[8] Zhang L，Wang H X，Li S，et al. Supramolecular chiroptical switches. Chem Soc Rev，2020，49：9095-9120.

[9] Hu R，Leung N L C，Tang B Z. AIE macromolecules：syntheses，structures and functionalities. Chem Soc Rev，2014，43：4494-4562.

[10] Hong Y，Lam J W Y，Tang B Z. Aggregation-induced emission. Chem Soc Rev，2011，40：5361-5388.

[11] Chen Y，Lu P，Yuan Y，et al. Preparation and property manipulation of high efficiency circularly polarized luminescent liquid crystal polypeptides. J Mater Chem C，2020，8：13632-13641.

[12] Wencel D J，Panossian A，Leroux F R，et al. Recent advances and new concepts for the synthesis of axially stereoenriched biaryls. Chem Soc Rev，2015，44：3418-3430.

[13] Lin H，Danishefsky S J. Gelsemine：a thought-provoking target for total synthesis. Angew Chem Int Ed，2003，42：36-51.

[14] Galliford C V，Scheidt K A. Pyrrolidinyl-spirooxindole natural products as inspirations for the development of potential therapeutic agents. Angew Chem Int Ed，2007，46：8748-8758.

[15] Zhang J，Huo X，Xiao J，et al. Enantio- and diastereodivergent construction of 1, 3-nonadjacent stereocenters bearing axial and central chirality through synergistic Pd/Cu catalysis. J Am Chem Soc，2021，143：12622-12632.

[16] Wang Y，Li Y，Liu S，et al. Regulating circularly polarized luminescence signals of chiral binaphthyl-based conjugated polymers by tuning dihedral angles of binaphthyl moieties. Macromolecules，2016，49：5444-5451.

[17] Geng Z，Zhang Y X，Zhang Y，et al. Amplified circularly polarized electroluminescence behavior triggered by helical nanofibers from chiral co-assembly polymers. Angew Chem Int Ed，2022：e202202718.

[18] Zhang S，Sheng Y，Wei G，et al. Aggregation-induced circularly polarized luminescence of an (*R*)-binaphthyl-based AIE-active chiral conjugated polymer with self-assembled helical nanofibers. Polym Chem，2015，6：2416-2422.

[19] Wang Z Y，Liu S，Wang Y X，et al. Tunable AICPL of (*S*)-binaphthyl-based three-component polymers *via* FRET mechanism. Macromol Rapid Commun，2017，38：1700150.

[20] Wang Z Y，Fang Y Y，Tao X Y，et al. Deep red aggregation-induced CPL emission behavior of four-component tunable AIE-active chiral polymers via two FRET pairs mechanism. Polymer，2017，130：61-67.

[21] Yang L，Zhang Y，Zhang X，et al. Doping-free circularly polarized electroluminescence of AIE-active chiral binaphthyl-based polymers. Chem Commun，2018，54：9663-9666.

[22] Ma J，Wang Y，Li X，et al. Aggregation-induced CPL response from chiral binaphthyl-based AIE-active polymers via supramolecular self-assembled helical nanowires. Polymer，2018，143：184-189.

[23] Chen Y D，Lu P，Li Z Y，et al. Side-chain chiral fluorescent liquid crystal polymers with highly efficient circularly polarized luminescence emission in a glassy-state SmC^* film. Polym Chem，2021，12：2572-2579.

[24] Liu Q M，Xia Q，Wang S，et al. *In situ* visualizable self-assembly，aggregation-induced emission and circularly polarized luminescence of tetraphenylethene and alanine-based chiral polytriazole. J Mater Chem C，2018，6：4807-4816.

[25] Liu Q M，Xia Q，Xiong Y，et al. Circularly polarized luminescence and tunable helical assemblies of aggregation-induced emission amphiphilic polytriazole carrying chiral L-phenylalanine pendants. Macromolecules，2020，53：6288-6298.

[26] Lu N，Gao X，Pan M，et al. Aggregation-induced emission-active chiral helical polymers show strong circularly polarized luminescence in thin films. Macromolecules，2020，53：8041-8049.

[27] Stupp S I，Palmer L C. Supramolecular chemistry and self-assembly in organic materials design. Chem Mater，2014，26：507-518.

[28] Chen Y，Cheng G，Li K，et al. Phosphorescent polymeric nanomaterials with metallophilic $d^{10}\cdots d^{10}$ interactions self-assembled from $[Au(NHC)_2]^+$ and $[M(CN)_2]^-$. Chem Sci，2014，5：1348-1353.

[29] Mayoral M J，Rest C，Stepanenko V，et al. Cooperative supramolecular polymerization driven by metallophilic Pd···Pd interactions. J Am Chem Soc，2013，135：2148-2151.

[30] Krikorian M，Liu S，Swager T M. Columnar liquid crystallinity and mechanochromism in cationic platinum(Ⅱ) complexes. J Am Chem Soc，2014，136：2952-2955.

[31] Xiang H F，Cheng J H，Ma X F，et al. Near-infrared phosphorescence：materials and applications. Chem Soc Rev，2013，42：6128-6185.

[32] Ikeda T，Takayama M，Kumar J，et al. Novel helical assembly of a Pt(Ⅱ) phenylbipyridine complex directed by metal-metal interaction and aggregation-induced circularly polarized emission. Dalton Trans，2015，44：13156-13162.

[33] Lee S，Kim K Y，Jung S H，et al. Finely controlled circularly polarized luminescence of a mechano-responsive supramolecular polymer. Angew Chem Int Ed，2019，58：18878-18882.

[34] Yin Y K，Chen Z，Han Y F，et al. Chiral supramolecular polymerization of dicyanostilbenes with emergent

circularly polarized luminescence behavior. Org Chem Front，2021，8：4986-4993.

[35] An B K，Gierschner J，Park S Y. Gierschner π-conjugated cyanostilbene derivatives：a unique self-assembly motif for molecular nanostructures with enhanced emission and transport. Acc Chem Res，2012，45：544-554.

[36] Guo Y，Han Y，Du X S，et al. Chiral bishelic[6]arene-based supramolecular gels with circularly polarized luminescence property. ACS Appl Polym Mater，2022，4：3473-3481.

[37] Li M，Wang Y，Cai X，et al. Preparation of twisted organic-inorganic hybrid silica bundles with circularly polarized luminescence by supramolecular templating polymerization. Mater Lett，2021，300：130177.

第6章 基于手性 AIE 分子的圆偏振发光液晶

6.1 手性液晶简介

液晶（liquid crystals，LCs）是物质介于晶体和液态之间的特殊存在状态，它兼具晶体的长程有序性和液体的流动性。液晶的长程有序使其具有各向异性的光学性质，而流动性则使其对外加电场、磁场和机械刺激产生分子构象的变化。有序性和流动性是液晶作为柔性材料在光电材料、光学显示等诸多领域应用的重要技术基础。液晶的有序性包括取向有序和空间有序。液晶的有序是指液晶分子为降低排除体积，增加彼此间范德华作用而形成的独特的棒状、盘状、砖状或锥状液晶形态（图 6-1）；而液晶的流动性则与液晶分子的构象改变、旋转和平移运动相关。液晶形态结构取决于液晶基元中连接刚性核的柔性链间隔的相互作用及与溶剂分子间的作用，基于此特点，液晶又可以分为热致液晶和溶致液晶[1-4]。热致液晶随温度升高发生由各向异性的晶相向各向同性的液相转变，而溶致液晶则随温度和浓度都会出现相应的相转变。

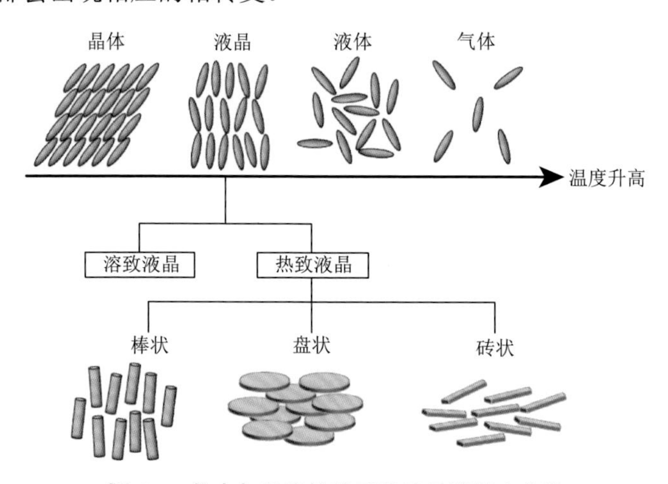

图 6-1　物态与温度的关系及液晶的基本分类

液晶体系中至少有两个层次的手性。第一个层次是分子层次的手性，来源于分子构型或构象。绝大多数情况下，构型手性是固定的，而构象手性则是变化的。当然也有特例，例如，带有位阻大的取代基的联二萘酚和联苯体系，由于分子间作用力和空间位阻效应表现出固定的构象手性。液晶在分子层次的手性，绝大部分是由于分子具有中心手性、轴手性或面手性等结构手性而产生的[5, 6]。第二个层次的手性来自分子间通过长程的位阻效应取向排列形成的超分子手性。分子层次的手性并非超分子手性形成的必要条件，一些非手性分子在外部环境诱导下可以产生超分子组装结构。目前已报道的手性液晶体系的手性一部分来源于液晶分子本身的固有手性；另一部分则来源于外加手性剂诱导下液晶分子形成的手性排列。

6.2 几类手性液晶

具有螺旋结构的几类手性液晶主要有以下几种。

6.2.1 手性向列相

手性向列相（chiral nematic phase）液晶也称为胆甾相液晶，因为首先在胆甾醇的酯和卤化物的液晶中观察到，故而得名。这类液晶分子平行排列成层状结构，层内分子与向列相相似，故而得名向列相。但分子的手性立体中心和手性刚性结构使分子很难形成完美的平行排列，分子在平行排列的过程中呈倾斜位错，不具有典型层状结构。相邻两层分子沿分子长轴方向取向，依次规则地扭转一定角度，层层累加而形成螺旋面结构，称为手性向列相或胆固醇相（N^*）。如图 6-2（a）所示，以 N^* 表示手性介晶基元。

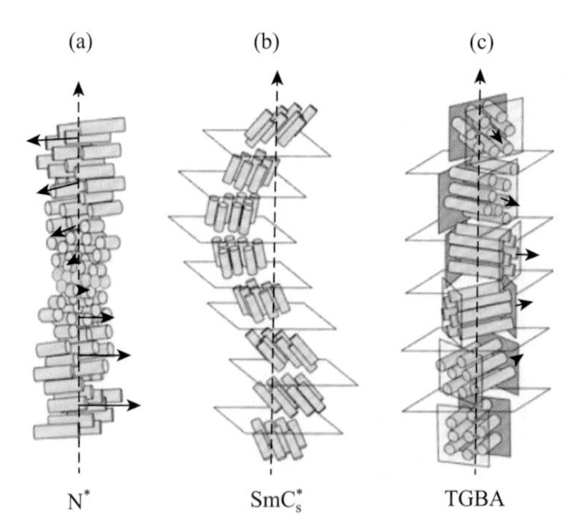

图 6-2 手性向列相液晶（a）、近晶相液晶（b）和扭曲晶界相中的螺旋排列（c）[3]

6.2.2　近晶相

近晶相（smectic phase）结构是所有液晶中分子排列最接近晶体结构的一类，包括近晶相 A（SmA）、近晶相 B（SmB）、近晶相 C（SmC）等多种晶相[图 6-2（b）]。这类液晶中，棒状分子通过官能团间相互作用形成垂直于分子的长轴方向的平行层状结构，分子的长轴垂直于片层平面。在层内，分子排列保持着大量二维固体有序性，分子运动仅限于本层内，而难以在垂直于层片方向流动。

6.2.3　扭曲晶界相

扭曲晶界相存在于胆甾相或近晶相液晶中，当分子发生扭曲、变形时，则会产生扭曲晶界相[TGBA，图 6-2（c）]。超分子的螺旋通常是垂直于层状平面的，这对于非倾斜的向列型（nematic）的结构毫无影响，而对于平行于层状结构的螺旋形成则存在一定影响。

6.3　圆偏振发光液晶

当超分子螺旋结构的螺距与入射光波长相当时就会产生干涉现象，材料选择性地反射具有一定波长的光。自然界中有很多这样的例子，例如，甲壳虫的甲壳就是由天然的胆甾结构液晶分子组成，如图 6-3 所示，壳表面在非偏振光或左旋圆偏振光照射下显示亮绿色，而在右旋偏振光照射下绿色则消失，呈棕色。在光学显微镜观测下，壳表面由直径为 10 μm 的六边形单元结构组成；在激光共聚焦显微镜下，六边形结构具有螺旋特征。胆甾型液晶织构导致甲壳虫选择性地反射

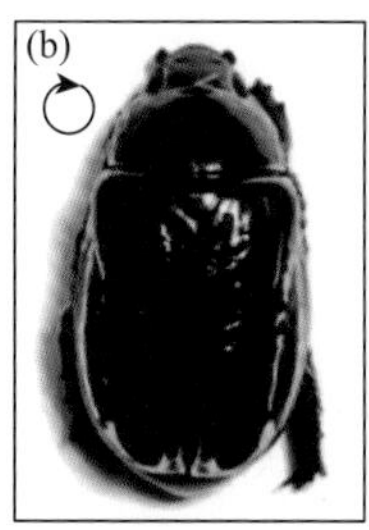

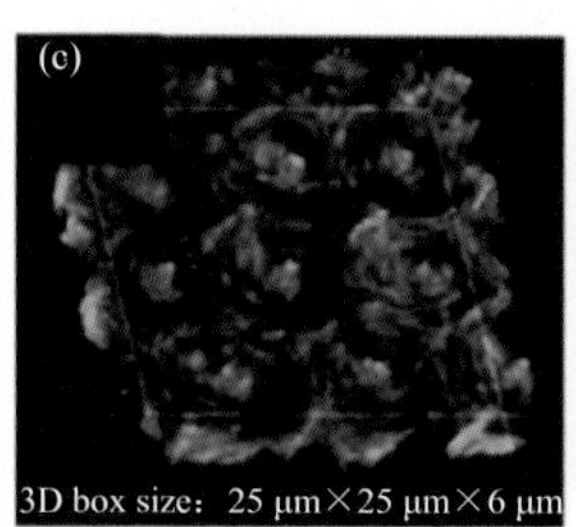

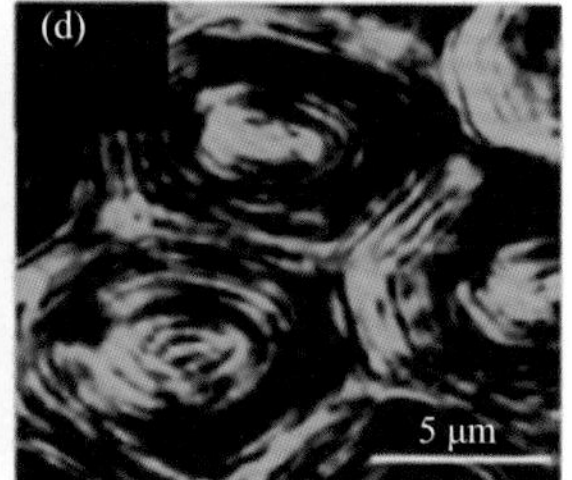

图 6-3　甲壳虫的甲壳在自然光（a）、左旋偏振光（b）照射下显示不同的颜色；（c，d）左右旋偏振光下的激光共聚焦显微镜下的高分辨的甲壳虫外壳的 3D 图片[7]

不同颜色的光，使其甲壳呈现多色的结构色。类似的例子还有萤火虫屁股的发光，也是由于具有圆偏振发光结构所致[7]。当圆偏振发光液晶分子具有光子带宽时，可以作为光子材料，制备可调制激光等器件。

以传统的液晶分子制备显示器件往往发光较弱，需要背光源提高显示亮度。如图 6-4 所示[8]，背光源发射的光先后经过偏振片、晶体管阵列、液晶层、彩色滤光片；为获得圆偏振光、实现立体显示还需要配备偏振片，最终只有较少一部分光透射到显示屏，这样的显示器存在能效低、全角显示受限等不足。而发光液晶分子在发光强度方面具有绝对优势，可以有效解决传统液晶分子发光不强、能效较低的问题。具有圆偏振发光特性的液晶体系在应用中还可以省去偏振片，更易与其他器件集成，在高效立体显示器件中具有得天独厚的优势。因此，具有较高不对称因子和荧光量子产率的圆偏振液晶材料，是制备节能型全角立体显示器的理想材料。

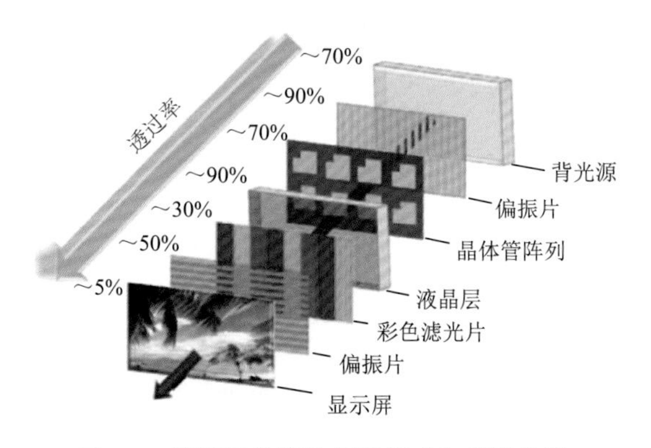

图 6-4　薄膜晶体管液晶的组成和能效关系

以传统发光分子为构筑基元的分子往往具有平面共轭结构，在溶液状态下具有较强的荧光，而在聚集时发生 π-π 堆叠后则发生荧光猝灭。AIE 分子所具有的聚集态下发光增强特性为解决这一问题提供了新的途径。用 AIE 分子替代传统的发光分子，可以大大提升原有液晶体系的发光效率，降低对背光源的依赖。基于 AIE 分子体系的手性发光液晶分子的设计主要分为以下两种类型：①分子结构中兼具手性发光基元和液晶基元的一元分子体系；②手性 AIE 发光基元与非手性商业液晶分子掺杂的多元分子体系。

6.4 基于手性 AIE 分子的一元圆偏振发光液晶体系

在 AIE 发光基元中引入手性和液晶基元，则可赋予产物分子圆偏振发光和液晶特性。胆固醇是天然的手性源和液晶分子，具有周期性螺旋结构，是常用的构筑超分子组装结构的手性基元和液晶基元[9, 10]。将其作为手性中心修饰 AIE 分子骨架，可以制备手性 AIE 液晶分子。胆固醇形成的螺旋结构同时又是一维的光子结构，其能带宽度由重复单元的尺寸决定，可以通过调节重复单元的尺寸，实现对能带宽度的调节。基于胆固醇修饰的 AIE 分子主要包括四苯乙烯类和氰基二苯乙烯两大类。

6.4.1　基于四苯乙烯的圆偏振发光液晶体系

四苯乙烯是常用的制备发光液晶的 AIE 发光基元，将四苯乙烯与液晶基元通过柔性链间隔连接起来是制备 AIE 液晶分子的常用策略[11-13]。未掺杂的手性四苯乙烯液晶体系较少，而且普遍存在手性信号较弱等问题。路佳华课题组通过寡聚烷基链连接四苯乙烯和胆固醇取代基，利用长烷基链的柔性连接、胆固醇分子的液晶特性和手性协同作用诱导四苯乙烯分子手性组装特性和液晶特性，制备了具有圆偏振发光特性的胆固醇双取代四苯乙烯[图 6-5（a）]。该分子在 50℃左右形成胆甾相液晶。分子在室温薄膜状态具有较强的 CD 吸收和 CPL 信号，随着温度升高到超过 50℃，分子螺距变大，CD 和 CPL 信号均消减，薄膜态的不对称因子 g_{lum} 为 10^{-2}，遗憾的是液晶态[图 6-5（b）]没有产生有效的手性放大[14]。

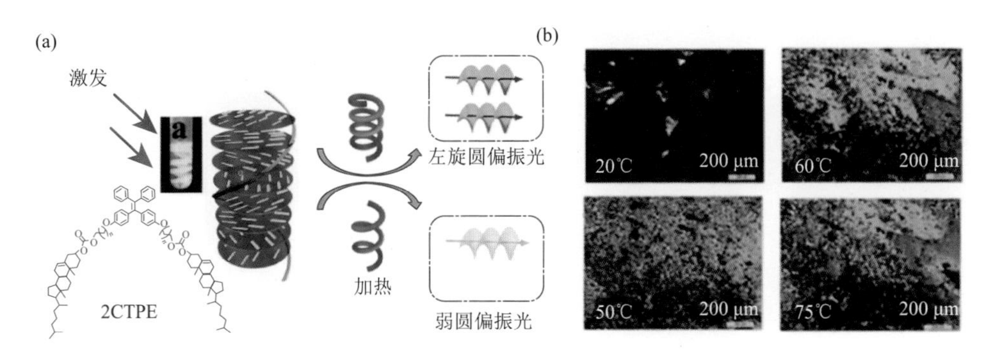

图 6-5　胆固醇双取代四苯乙烯液晶分子（a）及不同温度下相转变行为（b）

6.4.2　基于氰基二苯乙烯的圆偏振发光液晶体系

氰基二苯乙烯是典型的 AIE 分子骨架，经过胆固醇修饰的氰基二苯乙烯衍生物可兼具 AIE 特性、手性液晶特性和 CPL 特性。唐本忠课题组将胆固醇分子分别通过酯基和酰胺基与氰基二苯乙烯的苯环相连，制备了两种氰基二苯乙烯衍生物 DPCE-ECh 和 DPCE-ACh。利用胆固醇、4-氰基二苯乙烯和柔性烷基链三部分结构的协同作用构筑了棒状液晶分子[图 6-6（a）][15]。两种分子的圆偏振发光性质不仅与液晶基元和发光基元的分子结构相关，而且与二者间的柔性链结构及分子的分散态结构密切相关[图 6-6（b）]。

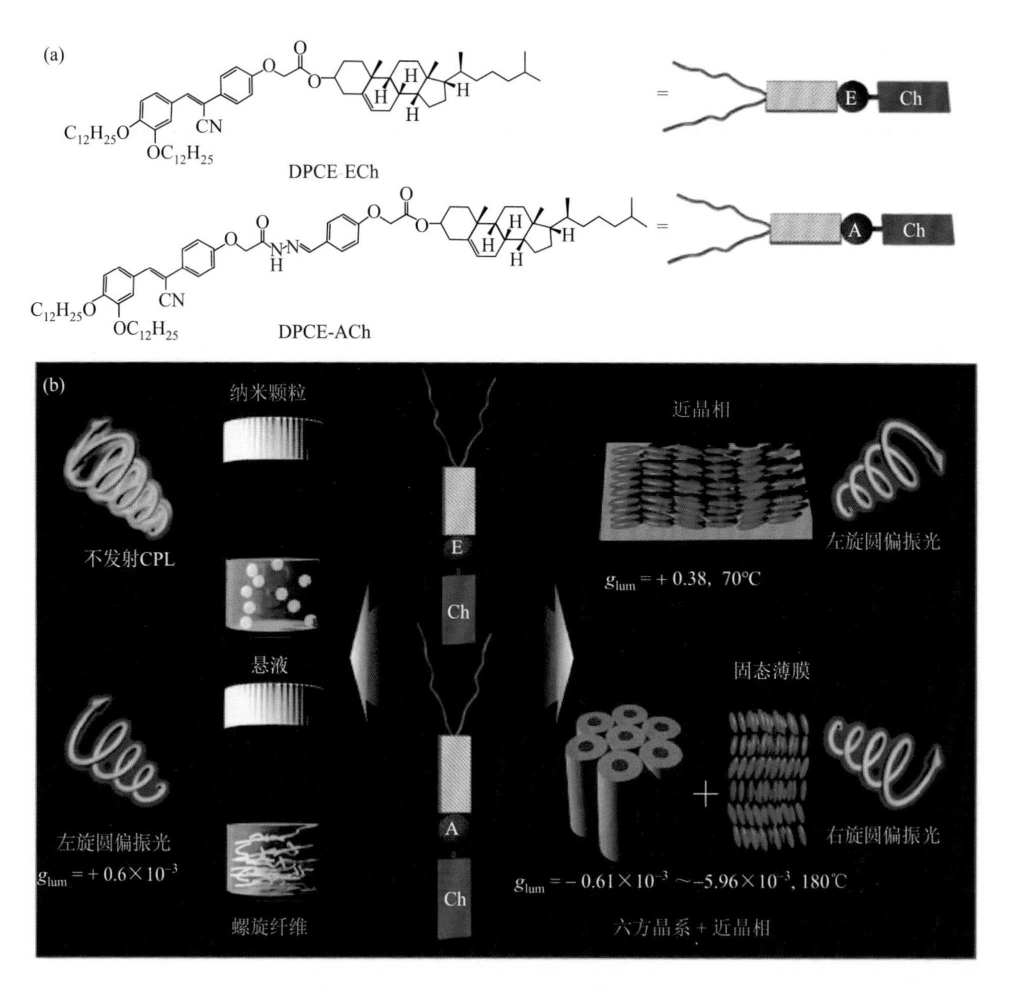

图 6-6 DPCE-ECh 和 DPCE-ACh 的分子结构（a）、组装示意图及不同分散态下的组装形态和所对应的不对称因子 g_{lum}（b）

DPCE-ECh 分子在不良溶剂中以纳米颗粒形式存在，不具有圆偏振发光特性；而 DPCE-ACh 在不良溶剂中组装成右手螺旋纤维[图 6-7（c）插入的 SEM 图]，随着不良溶剂比例增大，CD 信号增强[图 6-7（a）]；分子在 60%的不良溶剂含量[图 6-7（c）荧光照片对应 AIE 效应的拐点]具有最大不对称因子 g_{abs}（2.8×10^{-3}）[图 6-7（b）]。分子在不良溶剂下产生圆偏振发光信号，在 80%的不良溶剂含量时具有最大为 6×10^{-4} 的不对称因子 g_{lum}[图 6-7（d）]。分子 DPCE-ACh 在 174℃

形成近晶相液晶织构[图 6-8]，分子进行六方柱状堆积，不对称因子 g_{lum} 提高近 10 倍；分子 DPCE-ECh 也形成近晶相，70℃退火处理的薄膜不对称因子 g_{lum} 高达 0.38。在近晶相时分子形成超分子螺旋结构，分子的螺旋轴平行于基底排列而与光轴垂直时产生布拉格反射，使圆偏振发光信号显著增强[图 6-8（b）和（c）]。

张海良和袁勇杰等通过寡聚乙烯链将胆固醇取代基引入氰基二苯乙烯的一端而与光轴垂直，制备了胆固醇单取代的具有多种液晶态和不同光学性质的氰基二苯乙烯液晶分子 NO_2-CS-C_6-Chol[图 6-9（a）]。随体系温度升高，分子具有晶相、近晶相 SmC*、胆甾相和各向同性相结构[图 6-9（b）][16]。

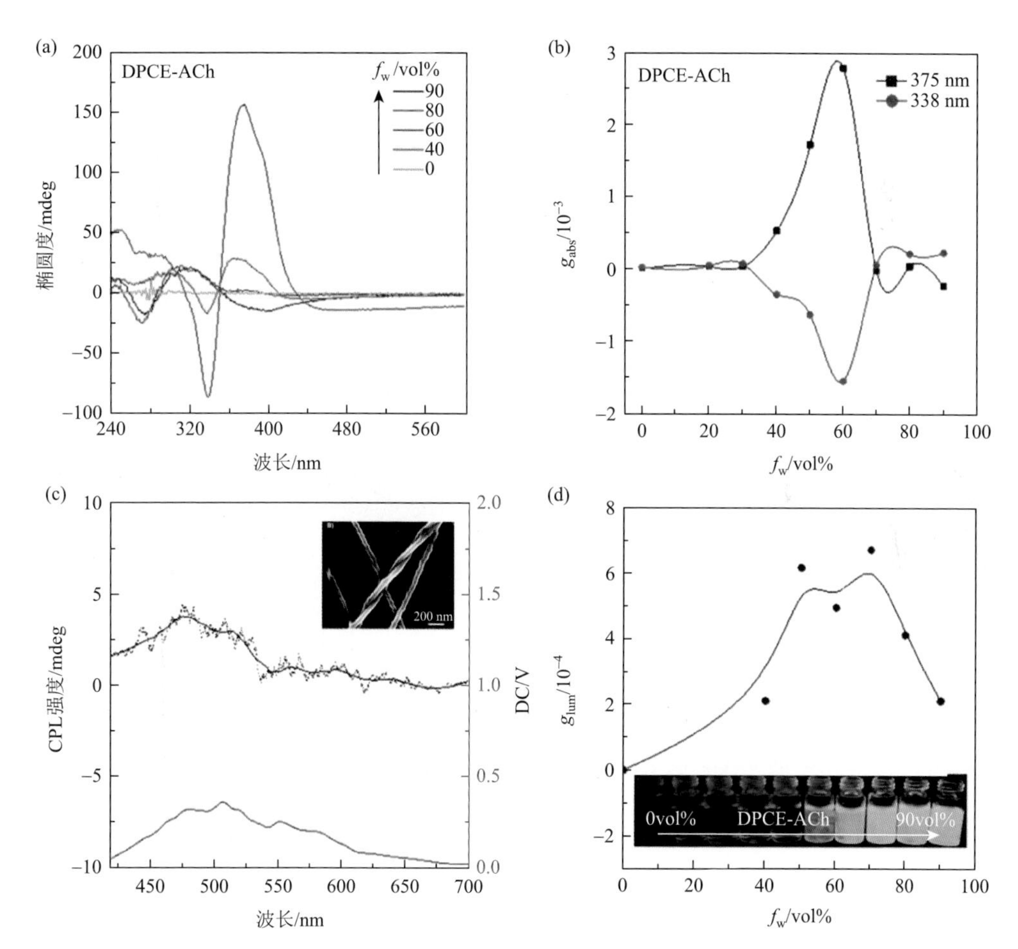

图 6-7　（a）DPCE-ACh 在不同比例 THF/水（f_w）混合溶液中 CD 光谱；（b）DPCE-ACh 在不同比例 THF/水混合溶液中的不对称因子 g_{abs}；（c）DPCE-ACh 在 THF/水（f_w = 60%）中的 CPL，插图为分子形成的螺旋纤维 SEM 图像；（d）DPCE-ACh 在 THF/水（f_w = 40%～90%）中的不对称因子 g_{lum}（浓度：5×10^{-5} mol/L），插图为不同水含量的荧光照片

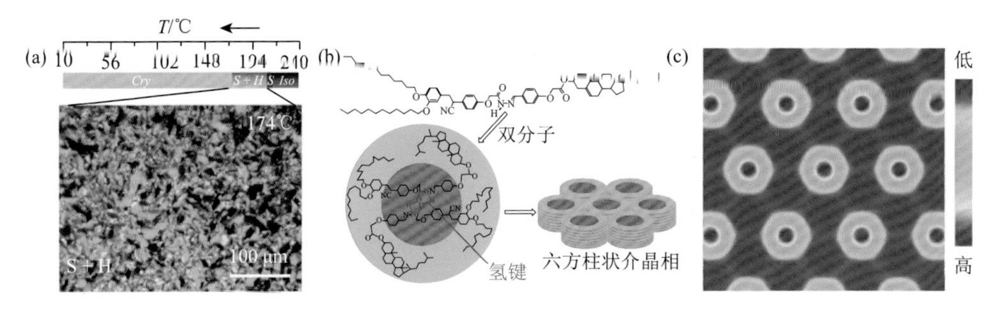

图 6-8 （a）DPCE-ACh 的相转变温度和 174℃形成近晶相/六方柱状混合的液晶织构的偏光显微镜照片；（b）DPCE-ACh 的六方柱状结构堆积模型；（c）分子形成的盘状液晶排列的电子密度重构图

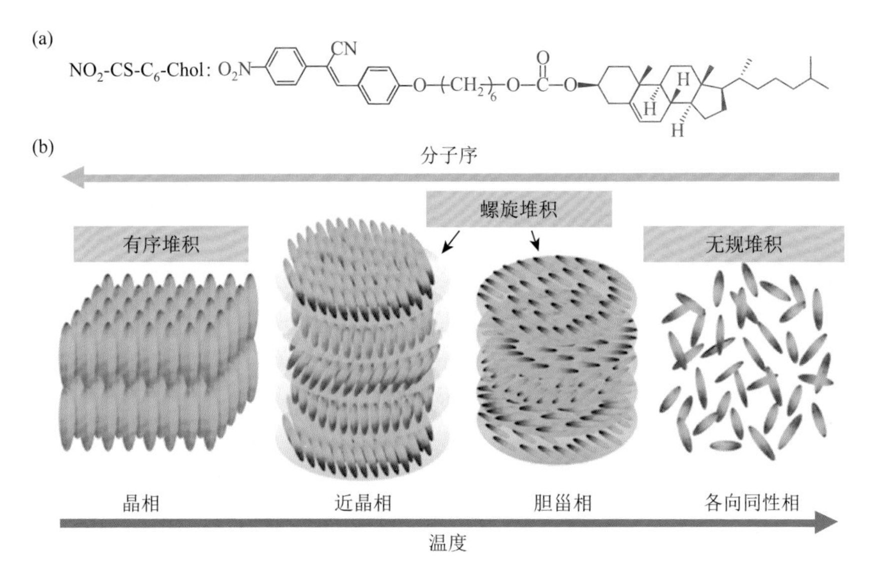

图 6-9 （a）胆固醇取代氰基二苯乙烯分子的化学结构；（b）分子在不同温度下的晶相、近晶相、胆甾相和各向同性相结构示意图

分子具有典型的 AIE 特性，随着 THF/水混合溶液中水的比例增加，荧光增强，分子在 THF 溶液中不发光，而在粉末状态分子发射黄色荧光（图 6-10）。分子在室温下形成晶态薄膜（相态 A），在加热到 170℃和 155℃后在液氮中快速退火，分别形成近晶相 SmC^*（相态 B）和胆甾相（相态 C）两种液晶相，分子在三种相态下的光学性质具有显著差别（图 6-11）。室温晶态下分子发射黄色荧光，但不具有圆偏振特性；两种液晶相中分子发射黄绿色荧光，具有优异的圆偏振发光特性，近晶相 SmC^*不对称因子 g_{lum} 为−0.028，胆甾相不对称因子 g_{lum} 为−0.13。该研究提出了不改变分子结构实现圆偏振发光调节的新思路，通过调节退火温度来调节分子的相态，实现对分子圆偏振发光性质的调节。

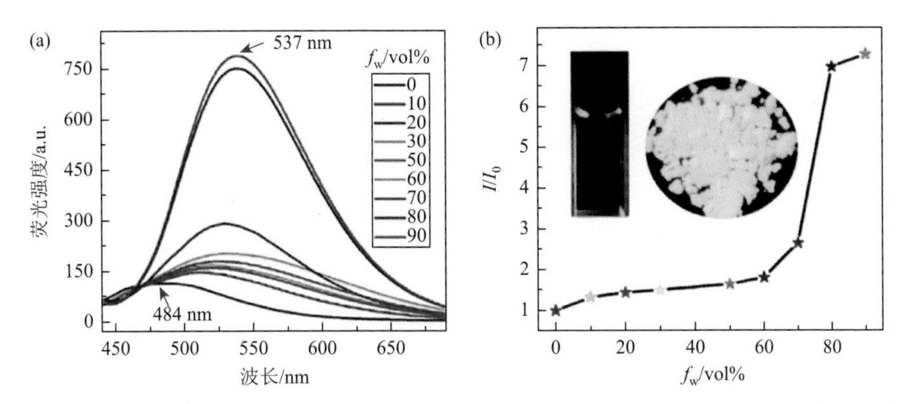

图 6-10　（a）NO_2-CS-C_6-Chol 在不同比例 THF/水中的荧光光谱；（b）不同水含量溶液的荧光强度变化，插图为 365 nm 激发波长的紫外灯下，分子在 THF 溶液和粉末状态分子的荧光照片

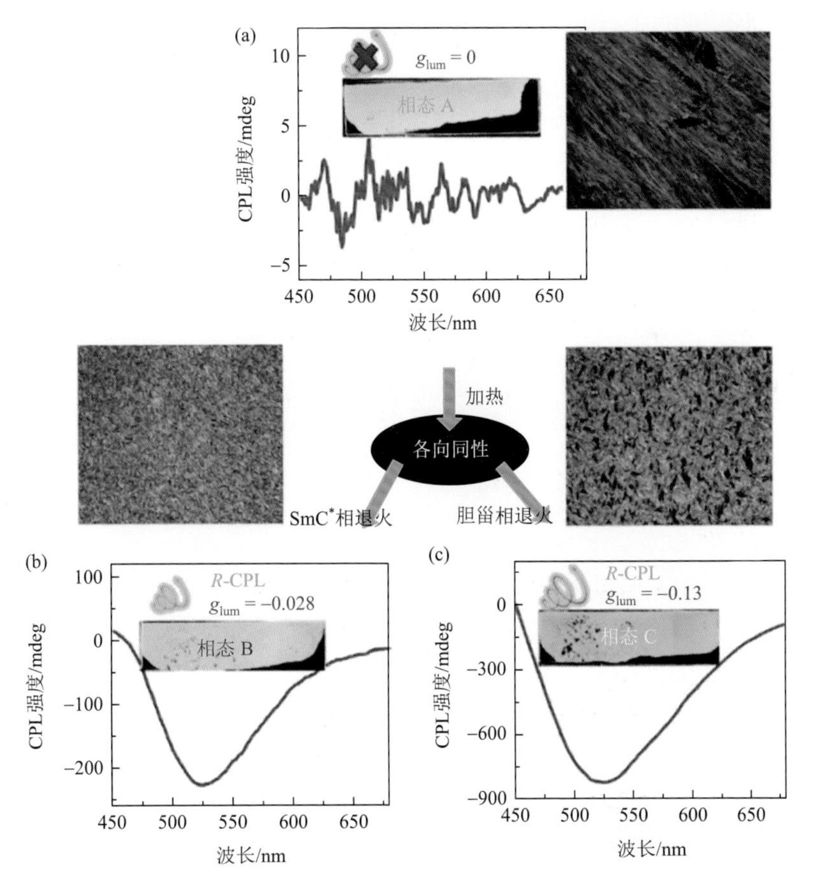

图 6-11　分子 NO_2-CS-C_6-Chol 在晶相（a）、近晶相退火后（b）和胆甾相退火处理后（c）的圆偏振发光谱、荧光照片和液晶织构

余振强课题组以胆固醇作为手性液晶基元，通过烷氧键和寡聚乙烯链连接到氰基二苯乙烯的两端，制备了几种氰基二苯乙烯寡聚体（图 6-12）[17]。分子不仅具有优异的聚集增强荧光（aggregation enhanced emission，AEE）特性，还具有圆偏振发光液晶性质（图 6-12）。几种分子在不同的相变温度下退火，形成具有不同织构的 α 相和 β 相液晶（图 6-13），在 α 和 β 两种相态下退火得到的粉末具有不同的荧光量子产率，即 α-5C 为 17.9%，α-8C 为 30.3%，β-5C 为 73.7%和 β-8C 为 48.4%，只有 β 相液晶下分子具有最佳的圆偏振发光特性[图 6-14（a）]。

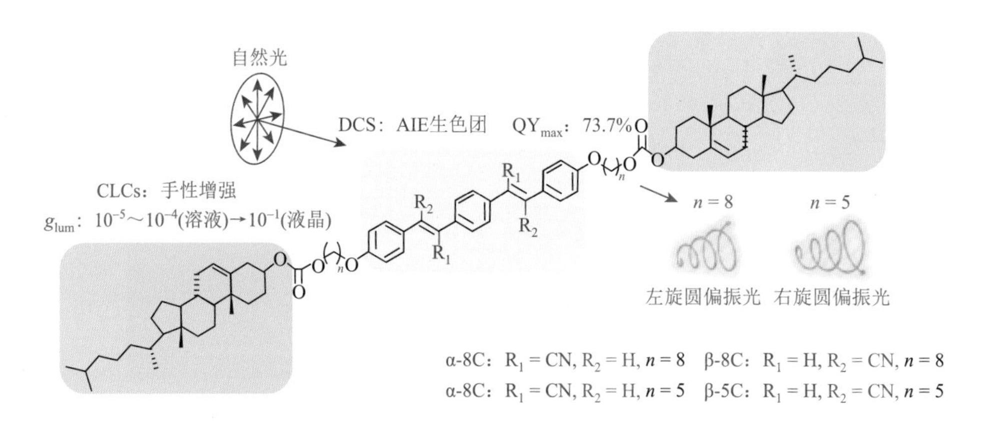

图 6-12　胆固醇取代氰基二苯乙烯二聚体的分子结构

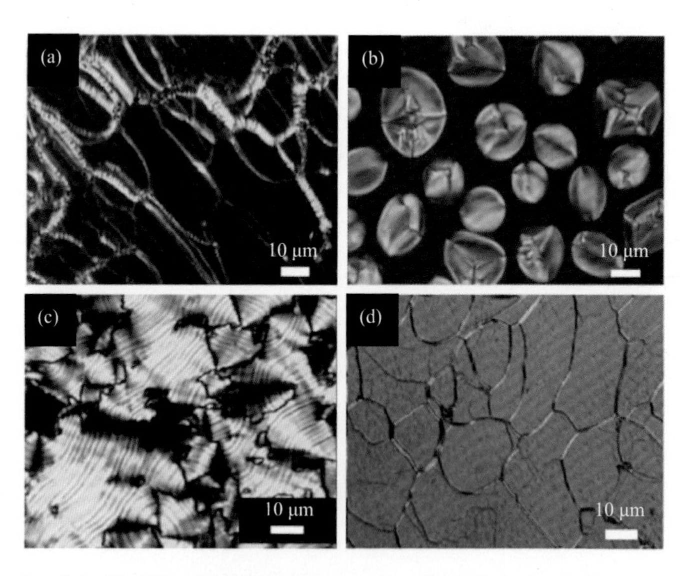

图 6-13　胆固醇取代氰基二苯乙烯寡聚体 α-5C（a）、α-8C（b）、β-5C（c）和 β-8C（d）的液晶织构

分子的圆偏振发光方向随寡聚乙烯的奇偶数目不同具有不同的旋转方向，当烷基链的数目为 5 时，分子发射右旋圆偏振发光，而当烷基链的数目为 8 时，分子发射左旋圆偏振光[图 6-14（b）]。分子 β-8C 在液晶态时的不对称因子 g_{lum} 为 0.11。

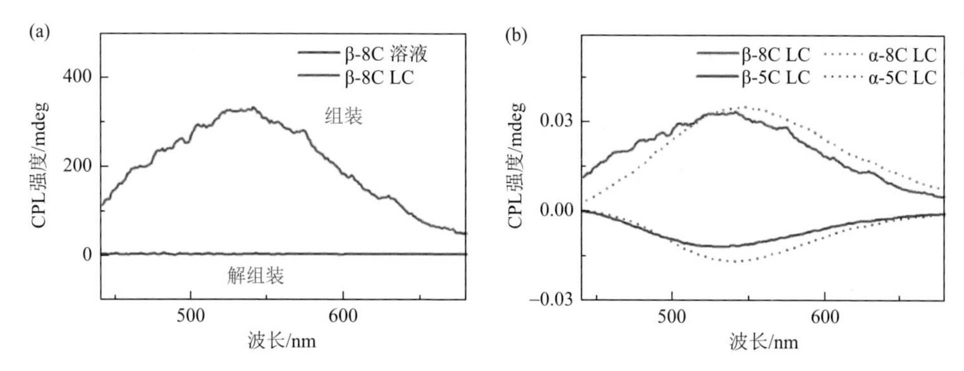

图 6-14　胆固醇取代氰基二苯乙烯二聚体的四种衍生物的 CPL 谱

总体来讲，一元手性液晶分子体系的设计合成，要同时考虑手性基元和液晶基元两方面结构的协同作用，分子结构较为复杂，合成路径繁琐。而且液晶分子相变温度较高，不利于实际应用，难以满足商品化的市场需求。而将手性 AIE 分子作为手性掺杂剂与商业液晶共混，可以更加简单有效地利用液晶实现超分子体系的手性传递和放大，构筑具有圆偏振发光特性的超分子体系，这一方法可以避免复杂的分子合成，实现手性圆偏振发光液晶体系的制备。

6.5　基于掺杂的 AIE 液晶体系

液晶的手性传递和放大作用已有大量文献报道。以 Akagi 为代表的研究团队对商品化液晶掺杂体系进行了系统研究，利用手性双取代聚炔和联二萘在液晶相中的手性放大作用制备具有圆偏振发光性质的液晶体系。随着手性 AIE 分子的研究不断深入，液晶的手性传递和放大策略在基于 AIE 分子体系的圆偏振发光性质的研究中彰显独特的优势。利用这一策略，将具有中心手性、轴手性的小分子或聚合物 AIE 分子与商业液晶或荧光染料分子进行掺杂，组成二元或三元掺杂体系，可以简单有效地实现具有圆偏振发光特性的室温液晶体系的制备，使体系 g_{lum} 值获得显著提升，极具应用潜力。这些基于 AIE 分子的掺杂体系中，手性 AIE 分子既是手性诱导剂，也是发光分子，通过 AIE 分子与液晶分子、荧光染料的协同作用，利用液晶分子的手性传递和放大作用，制备具有圆偏振发光特性的手性液晶超分子体系。

6.5.1 基于轴手性 AIE 分子/液晶的掺杂体系

联二萘酚（1, 10-bi-2-naphthol，BINOL）是一类重要的 C_2 对称性分子，分子内旋转受限具有轴手性构型。联二萘酚也是典型的 AIE 分子骨架，以联二萘酚为基本手性骨架进行官能团修饰是制备轴手性 AIE 化合物常用的方法。联二萘酚衍生物虽然兼具 AIE 特性和手性，但目前报道的具有圆偏振发光特性的分子体系，手性信号普遍较弱，g_{em}（g_{lum}）小于 10^{-2}。联二萘酚衍生物作为手性掺杂剂与液晶组成掺杂体系有效实现手性传递和放大，使 g_{em} 数量级提高 10 倍到 100 多倍。

Akagi 课题组以联二萘衍生物作为手性掺杂剂与向列相液晶分子 PCH302 和 PCH304 进行掺杂，制备了手性向列相液晶[18]。该研究中采用独特的双层液晶盒，将上述手性向列相液晶与手性双取代聚乙炔衍生物 (*R*)-PA1 分别注入双层液晶盒的两个室内，通过调节手性聚乙炔的温度制备了具有选择性反射波长的圆偏振发光液晶分子体系。如图 6-15 所示，25℃时液晶盒中的液晶分子为左旋联二萘诱导

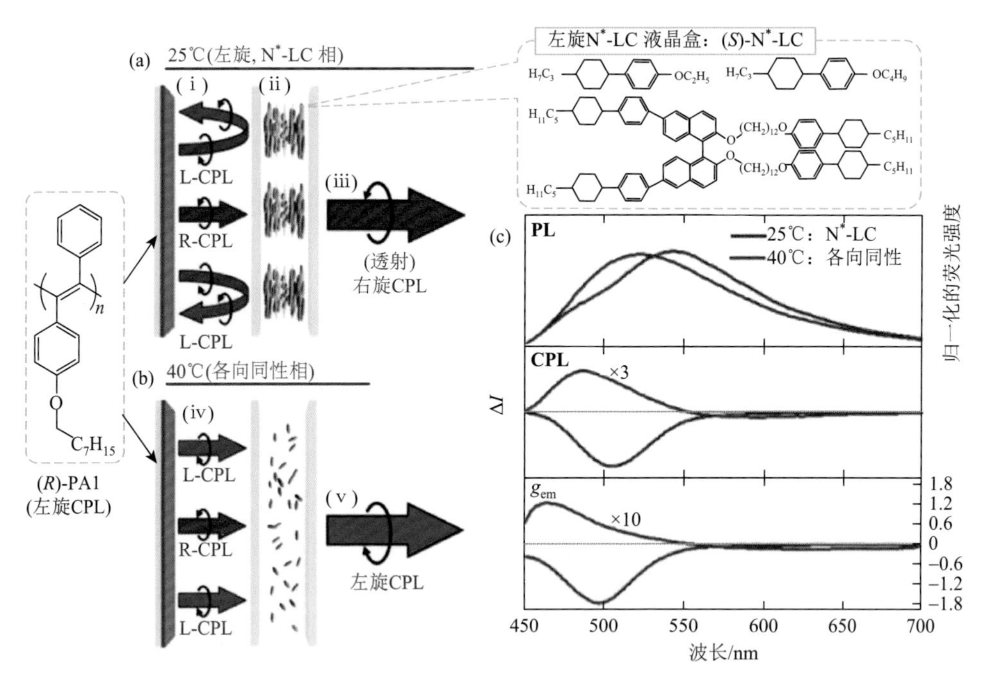

图 6-15 （a）基于双取代聚乙炔/手性向列相液晶的手性方向可调型圆偏振发光液晶盒设计原理示意图，25℃时液晶盒中(*R*)-PA1 分子发射以左旋圆偏振光为主导的圆偏振光，液晶分子为手性向列相，选择性地反射左旋圆偏振光，只透射出右旋圆偏振光，实现选择性放大右旋圆偏振光信号；（b）40℃时液晶盒内液晶呈各向同性，液晶盒不具有选择性反射特性，液晶盒透射左旋占主导的圆偏振光；（c）25℃和 40℃时液晶掺杂体系的 PL 光谱、CPL 光谱和 g_{em}

的手性向列相，(*R*)-PA1 分子主要发射左旋圆偏振光，液晶分子选择性地反射左旋圆偏振光，只透射出右旋圆偏振光，实现右旋圆偏振光信号的放大；40℃时液晶盒内液晶呈各向同性，不具有选择性反射时透射左旋占主导的圆偏振光，实现左旋圆偏振光信号的放大。室温下获得的右旋圆偏振光的不对称因子 g_{lum} 为 1.77，而在 40℃时发射的左旋圆偏振光的 g_{lum} 为 1.46×10^{-1}。

该课题组进一步采用高温液晶分子 PCH3E02 和 PCH3E04[图 6-16（a）][19]，采用双层液晶盒的设计优化以上手性液晶掺杂体系[图 6-16（b）]，在温度分别升高到 120℃和 60℃后，均获得方向可调的圆偏振光信号。该手性液晶体系性质稳定，多次加热-冷却处理，圆偏振光信号依然具有很好的重现性。

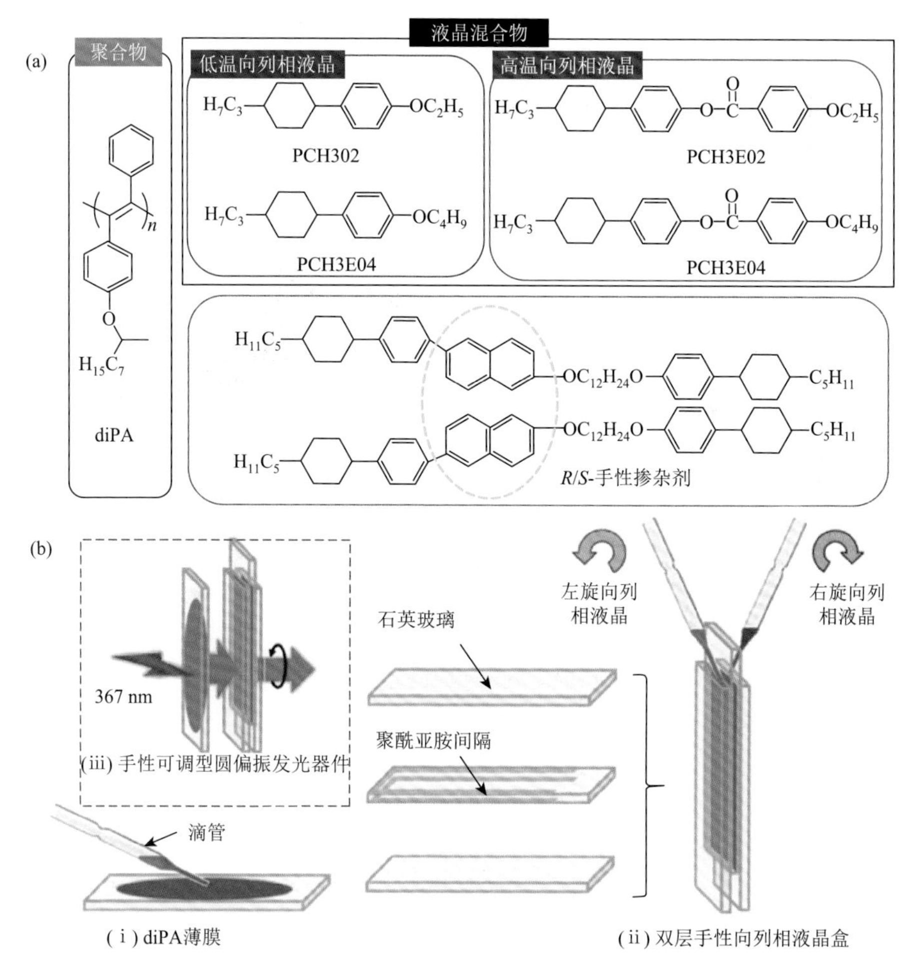

图 6-16 （a）基于双取代聚乙炔/手性向列相液晶的组成；（b）双层液晶盒的设计（液晶盒采用聚酰亚胺薄膜间隔，厚度约为 35 μm）

为验证该策略的可靠性，分别以左旋[图 6-17（a）]/右旋[图 6-17（b）]掺杂剂和聚炔、液晶分子组成两个手性超分子液晶掺杂体系，对其选择性发射圆偏振光性能进行测试。二者在 127℃和 60℃下都具有完全镜像可调的圆偏振发光和 g_{lum} 信号，两个体系手性方向完全相反，多次升降温后依然具有稳定可调的圆偏振发光性质。

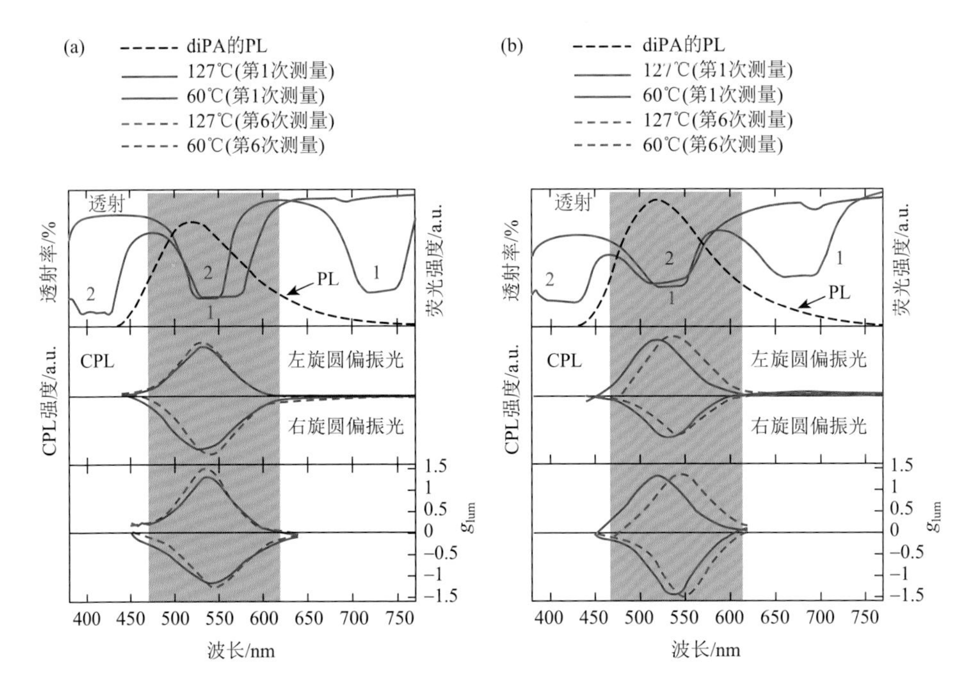

图 6-17　多次升/降温后双层液晶盒体系的 *R*-手性掺杂剂（a）、*S*-手性掺杂剂（b）的荧光和透射光谱，CPL 光谱和不对称因子 g_{lum}

段鹏飞课题组将联二萘衍生物（*R*-1/*S*-1）掺杂到非手性向列相液晶分子 SLC717 中[20]，使手性发光分子的 g_{lum} 提升三个数量级。在上述掺杂体系中进一步加入八乙基卟啉 PtOEP，所组成的三元共混体系的上转化荧光和上转化圆偏振光获得同步提高（图 6-18）。

S-1 掺杂所诱导的手性液晶体系，圆偏振发光的不对称因子 g_{lum} 随掺杂比例增加在 0.05～0.2 范围内变化图[图 6-19（a）]，*R*-1/SLC717 和 *S*-1/SLC717 具有互为镜像的圆偏振发光光谱，*S*-1/SLC717 具有正吸收（左旋），而 *R*-1/SLC717 具有负吸收（右旋），两种分子与液晶掺杂后分别诱导左旋、右旋的手性向列相[图 6-19（b）]。分子在溶液、液晶相中的圆偏振发光光谱具有相反的螺旋方向，在液晶相中产生更为显著的手性放大[图 6-19（c）]。这主要归因于两个分子体系不同的手性源，

溶液中分子的圆偏振光特性主要取决于分子本体的手性特征，而液晶中的圆偏振发光光谱的手性旋转方向则由手性分子所诱导的手性向列相液晶分子的排列决定，手性液晶分子在偏光显微镜下观测形成典型的指纹织构，如图 6-19（d）所示。

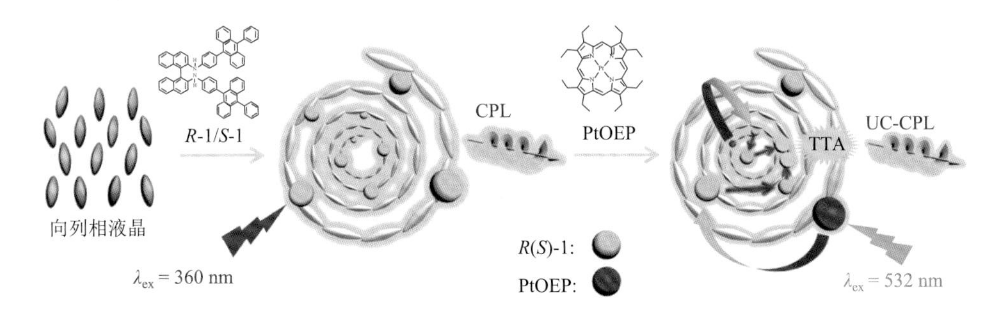

图 6-18　以 *R*-1/*S*-1 和 PtOEP 作为手性掺杂剂诱导 SLC717 液晶形成上转化圆偏振发光特性的手性向列相液晶

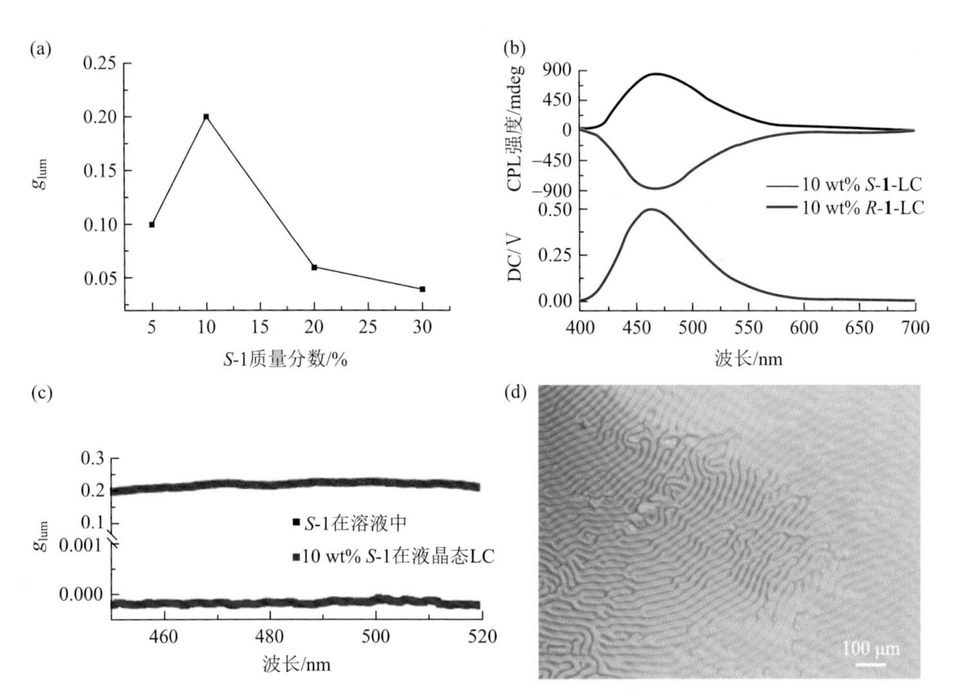

图 6-19　（a）圆偏振发光不对称因子 g_{lum} 随 *S*-1 不同掺杂比的变化趋势（激发波长为 360 nm）；（b）*R*-1/*S*-1 掺杂比为 10 wt%时分别形成的左右旋圆偏振信号（激发波长为 360 nm，$|g_{lum}| = 0.2$）；（c）*S*-1 在溶液和液晶中具有方向相反的不对称因子 g_{lum}（甲苯溶液，10^{-5} mol/L）；（d）10 wt%掺杂比下的手性液晶的偏光显微镜照片

成义祥课题组以联二萘酚为原料合成出衍生物 *R*/*S*-BINOL-CN 分子[图 6-20（a）][21]，该分子在良溶剂或加入不良溶剂的混合液中几乎没有圆偏振光信号，而以 50%的比例将分子与溴化钾进行压片，可以观察到具有镜像分布的圆偏振光信号，不对称因子 g_{lum} 为 2×10^{-3}。将两种手性分子分别以 0.3 wt%～3 wt%的掺杂比与手性商业性液晶 E7 进行掺杂，成功制备出具有手性向列相液晶织构的圆偏振发光体系，并使不对称因子 g_{lum} 提高一个数量级[图 6-20（b）～（d）]。掺杂体系不对称因子 g_{lum} 的大小与手性掺杂比相关，在 0.5 wt%～2.0 wt%的掺杂比范围内，不对称因子 g_{lum} 随掺杂比的升高而增大，进一步增加掺杂比至 3 wt%，不对称因子 g_{lum} 反而下降。增加掺杂比可以更有效地实现手性传递和放大，但掺杂比超过手性分子在液晶中的饱和度时则出现相分离，不利于手性向列相液晶的形成，导致不对称因子 g_{lum} 下降。液晶中掺杂体系具有不同于溴化钾共混体系的手性旋转方向，这可能是由于手性分子在液晶中形成更为规则的手性结构，而在溴化钾片中则更容易形成无规聚集，二者聚集方式不同导致了两种共混体系的圆偏振光信号的截然相反。

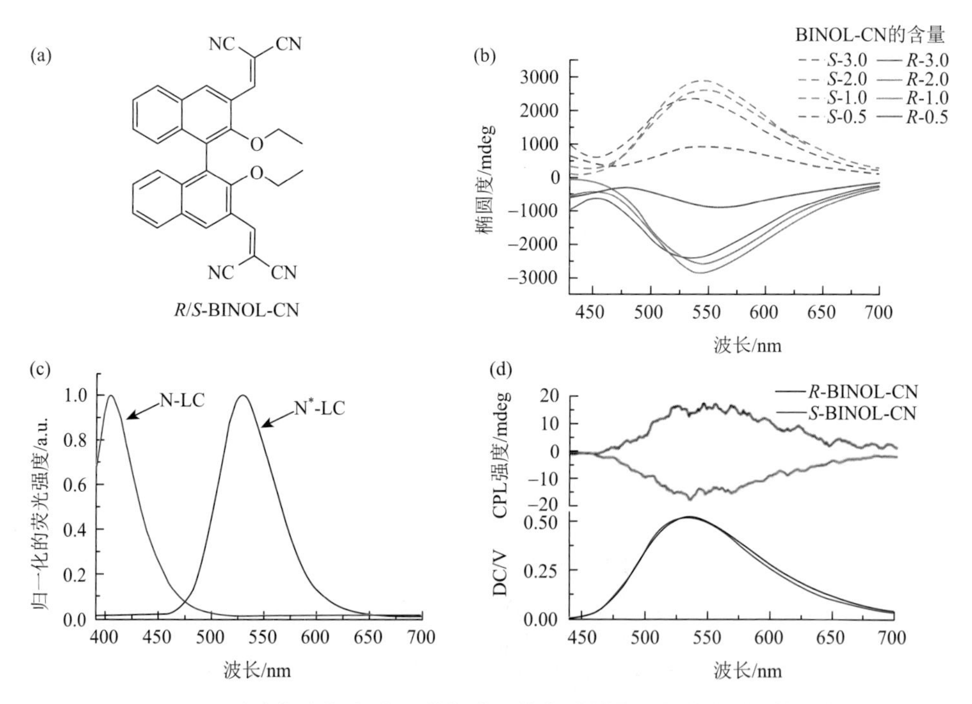

图 6-20 BINOL-CN 对映体结构（a）及其与液晶掺杂后的圆二色谱（b）、荧光光谱（c）和圆偏振发光光谱（d）

成义祥课题组进一步在二元共混体系的基础上掺杂发光分子，构筑由手性诱导剂/小分子液晶/AIE 发光分子组成的圆偏振发光三元液晶共混体系，体系的 g_{lum} 值达到 1.36，如图 6-21 所示[22]。以具有 AIE 特性的手性联二萘酚（*R*/*S*-BINOL-CN）的 **1**（客体）作为手性诱导剂，掺杂到商业性非手性液晶 E7（主体）中，诱导其形成手性向列相液晶；只掺杂客体 **1** 的手性液晶混合体系在 350 nm 波长处有 CD 吸收，对应于手性分子和液晶形成的超分子共组装体系；再进一步掺杂客体 **2**（图 6-21 中四种不同类型的 AIE 荧光分子），获得三元共组装超分子体系，掺杂体系具有较宽的液晶相温度范围，清亮点在 53℃。

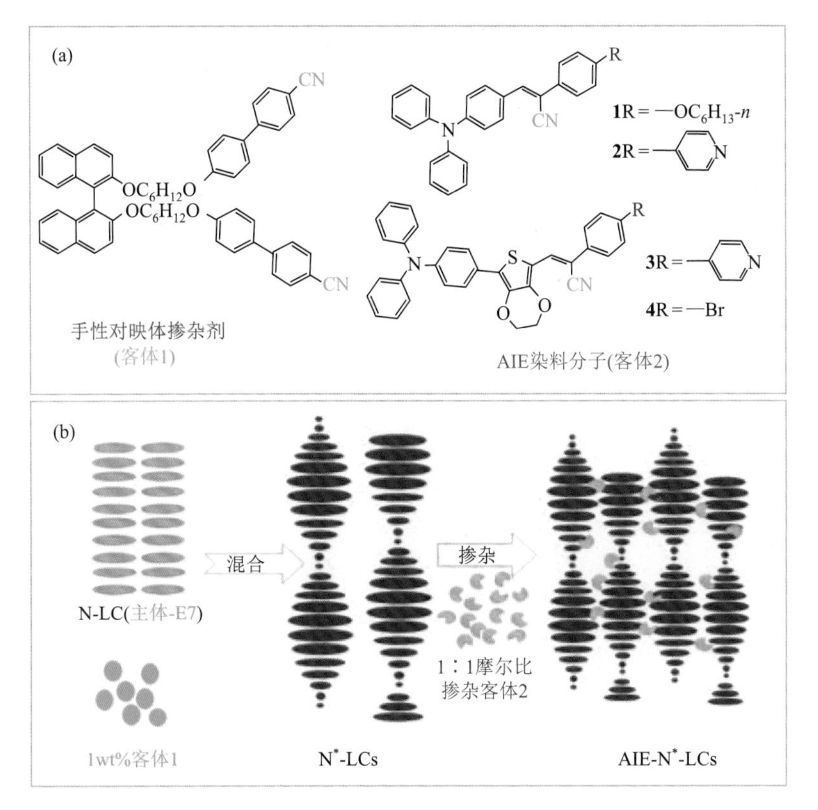

图 6-21 由手性对映体掺杂剂（客体 1）、液晶分子和 AIE 染料分子（客体 2）组成的三元共混体系（a）及掺杂模型（b）

液晶分子 E7 与客体分子 **1** 掺杂后形成典型的指纹织构[图 6-22（b）]，再进一步掺杂客体 **2**（图 6-21 中的 AIE 染料分子）后形成新的特征性指纹织构[图 6-22（c）～（f）]。指纹织构的形成主要基于 E7 分子的氰基和客体分子之间的偶极作用及 π-π 相互作用。

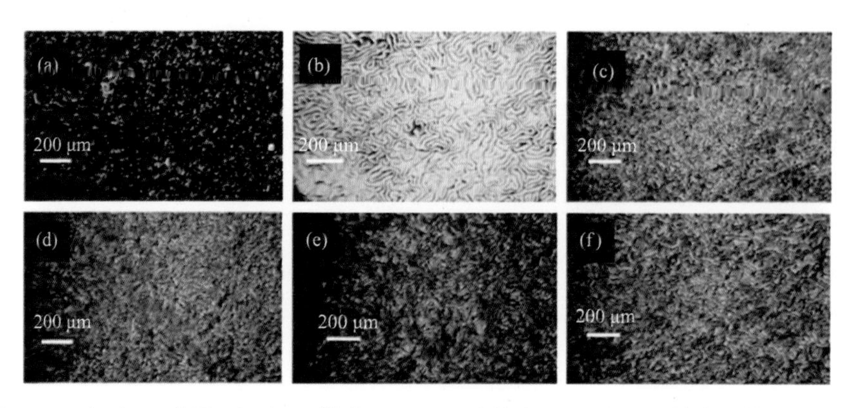

图 6-22 （a）E7 分子，（b）E7 掺杂 1 wt% *R*-客体分子 **1**，以及再掺杂客体 2.1（c）、客体 2.2（d）、客体 2.3（e）和客体 2.4（f）形成的液晶结构

二元掺杂体系在 400 nm 波长处发射蓝紫色荧光，而三元掺杂体系随掺杂的客体分子 **2** 的荧光发射波长不同，覆盖了 500～620 nm 的波长范围，荧光颜色从蓝色、绿色、橙红色到橙色（图 6-23）。

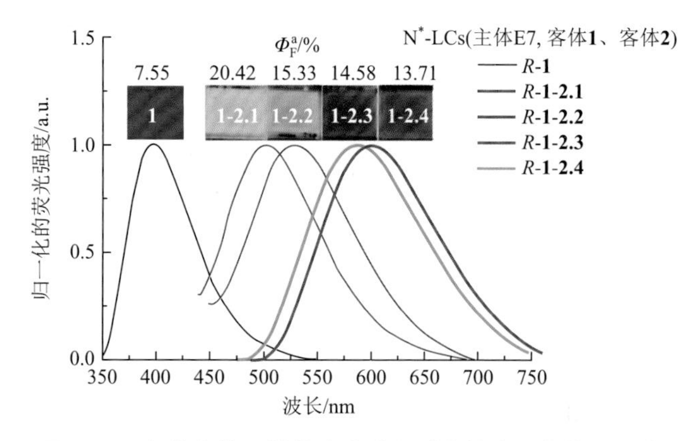

图 6-23 各掺杂体系的荧光光谱和对应的液晶盒荧光照片

E7 中掺杂客体分子 1（**1**）、掺杂客体分子 **1**/AIE 荧光分子 **1**（*R*-**1-2.1**）、掺杂客体分子 **1**/荧光分子 **2**（*R*-**1-2.2**），掺杂客体分子 **1**/荧光分子 **3**（*R*-**1-2.3**）和掺杂客体分子 **1**/荧光分子 **4**（*R*-**1-2.4**），非取向液晶盒，激发波长 365 nm

如图 6-24（a）所示，三元掺杂体系除了保持二元掺杂体系在 350 nm 处的 CD 吸收峰，在 440～480 nm 波长处出现新的吸收峰，主要来源于客体分子 **2** 与手性液晶相作用形成新的胆固醇相。三元掺杂体系的 CPL 发射峰发生明显红移，不对称因子 g_{lum} 获得显著提升，高达 1.41［图 6-24（b）］。这主要归因于极性的氰基与联二萘酚间的偶极作用和液晶分子 E7 的二苯基间的 π-π 作用，形成更有效放大分子手性的三相超分子液晶体系。

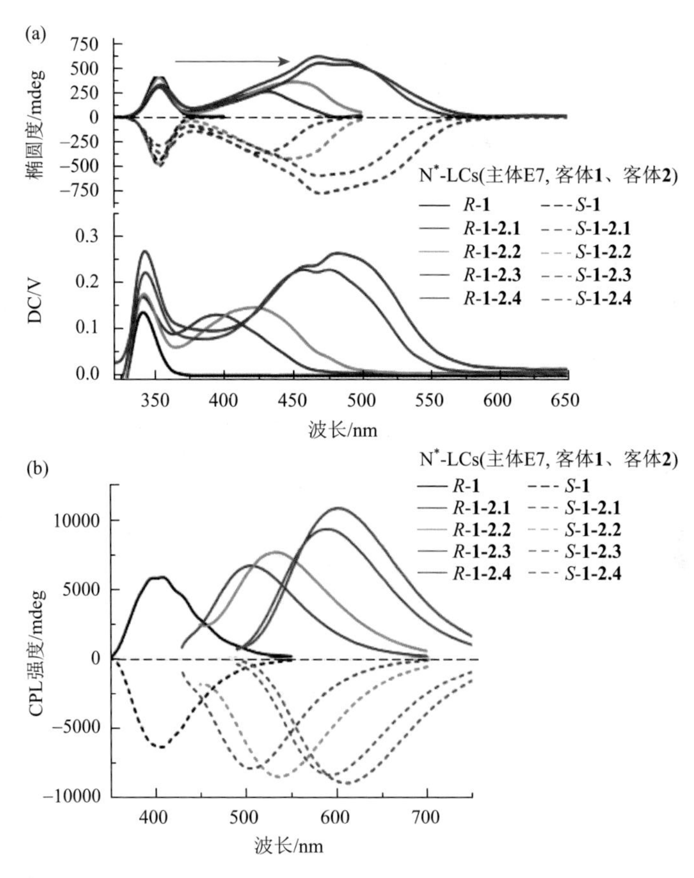

图 6-24　不同掺杂比下三元共混体系的圆二色谱（a）和圆偏振发光光谱（b）

成义祥课题组首次报道了采用非手性液晶高分子与 AIE 手性掺杂剂协同作用的三元掺杂共混体系。如图 6-25 所示，以手性联二萘作为手性添加剂（客体 **1**）与 5CB 液晶组成手性液晶体系 CLCs，再进一步在体系中掺杂非手性液晶荧光聚合物（客体 **2**）组成三元超分子液晶体系 PD-CLCs[23]，使体系的圆偏振发光特性获得显著提升。

(a)

R/S-AD

手性的AIE掺杂剂
客体**1**

LC-PPE

非手性液晶荧光聚合物
客体**2**

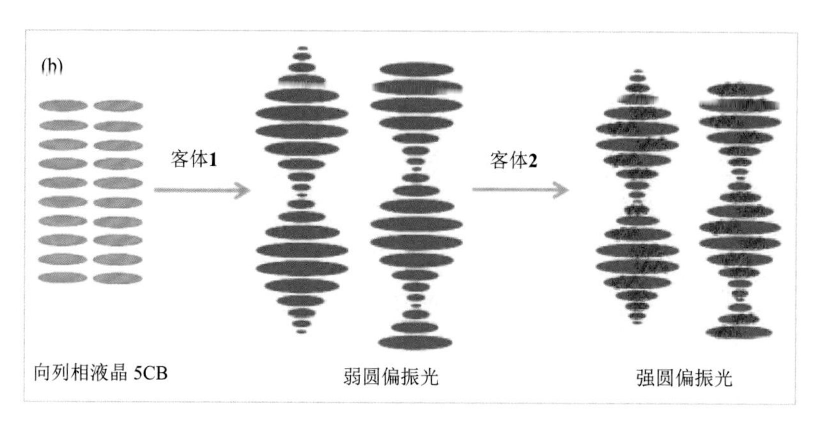

图 6-25　轴手性 AIE 分子/非手性发光液晶高分子的分子结构（a）及其与商用液晶小分子 5CB 组成的三元共混体系的作用示意图（b）

如图 6-26（a）所示，5CB 液晶与不同掺杂比的手性掺杂剂组成的二元体系有镜像的圆偏振光信号，分子在 615 nm 处对应最大发射峰，来自手性 AIE 掺杂剂分子的发射。不对称因子 g_{em} 最大可分别达 0.16、−0.17［图 6-26（b）］。

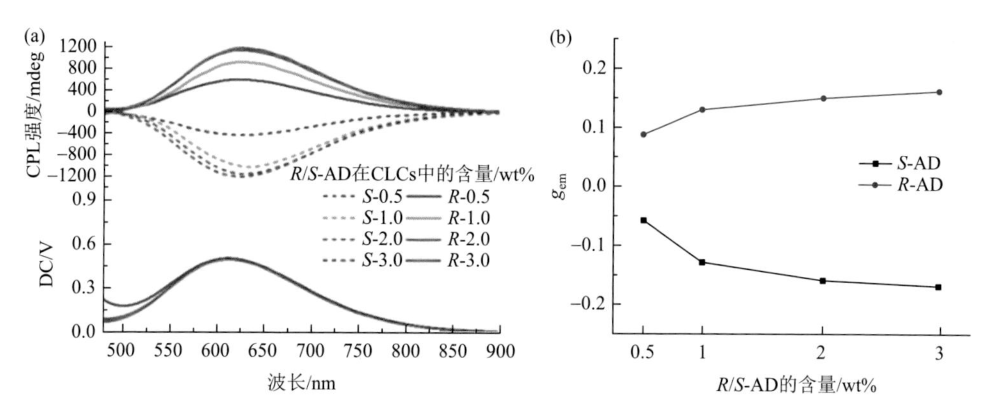

图 6-26　手性诱导剂 *R*/*S*-D 与 5CB 组成的手性液晶体系 CLS 的 CPL 光谱（a）和不对称因子 g_{em}（b）

两个三元掺杂体系 PD-CLCs-1 和 PD-CLCs-2，如图 6-27（a）和（b）的荧光光谱所示，在 437～447 nm 处有最大荧光峰，对应的是发光高分子的发射峰。手性 AIE 分子由于掺杂比较少，其 615 nm 处的发射峰不明显。两个掺杂体系在 447 nm 处具有最强圆偏振光发射峰［图 6-27（c）和（d）］和最高不对称因子 g_{em}。通过优化非手性发光液晶高分子的掺杂比，三元体系的不对称因子 g_{em} 提升到 0.97/−0.92，远高于二元体系的 0.76/−0.43［图 6-27（e）和（f）］。

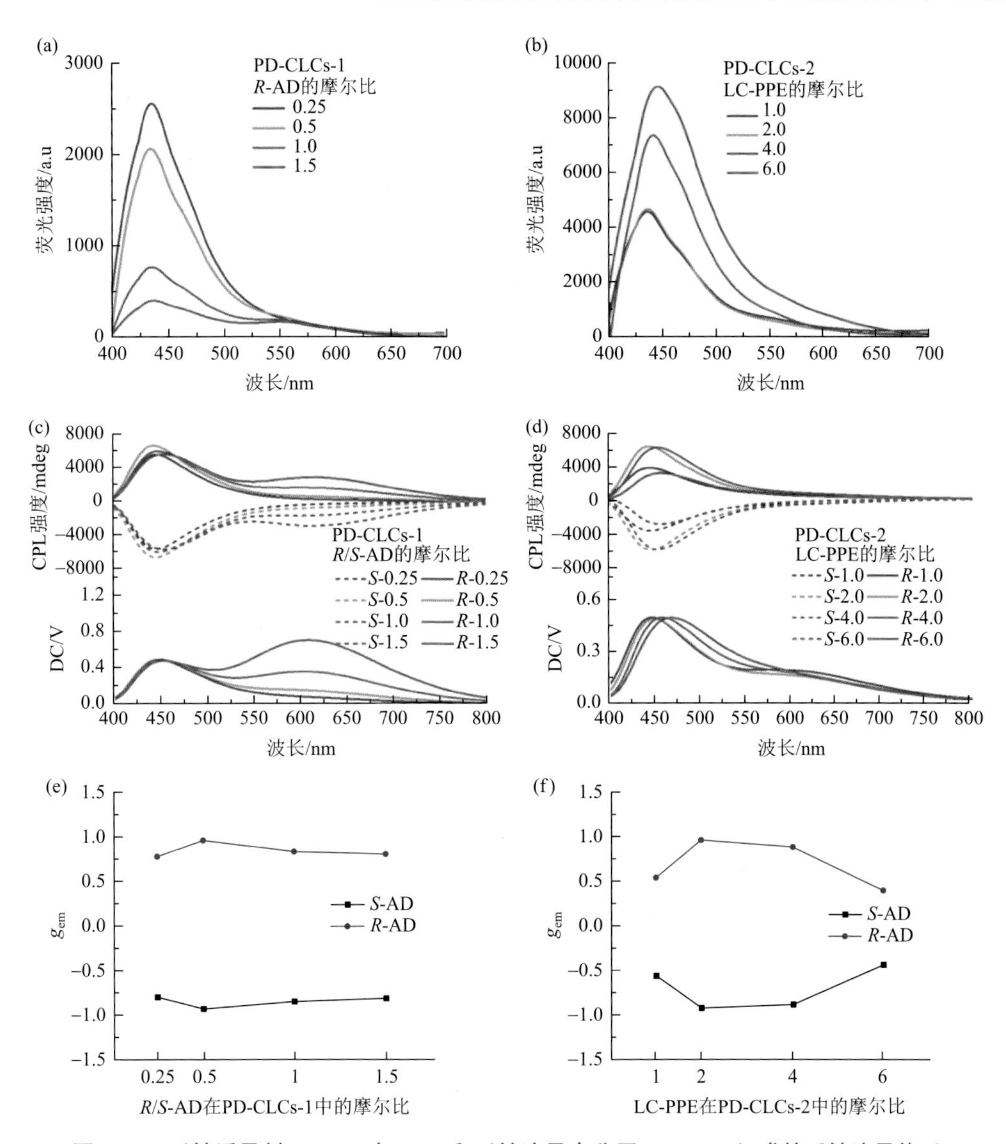

图 6-27　手性诱导剂 *R*/*S*-AD 与 5CB 和手性液晶高分子 LC-PPE 组成的手性液晶体系 PD-CLCs-1（5CB 掺杂 1.0 wt% LC-PPE 和 0.25～1.5 摩尔比的 *R*/*S*-AD）和 PD-CLCs-2（5CB 掺杂 1.0 wt% *R*/*S*-AD 和 1.0～6.0 摩尔比的 LC-PPE）的荧光光谱（a，b）、CPL 光谱（c，d）及不对称因子 g_{em}（e，f）

成义祥课题组进一步设计合成了三元液晶掺杂体系，以四种具有不同取代烷基的手性联二萘分子分别作为客体分子 A（A1～A4），以非手性发射红色荧光的 AIE 分子 PBCy 作为客体 B，将两种客体分子掺杂到液晶分子 E7（N-LC）中，制备了圆偏振光液晶的三元掺杂体系（图 6-28）[24]。客体分子 A3 作为能量的给体和手性诱导剂，客体 PBCy 作为能量的受体和荧光发射分子。具有 D-A 结构的 PBCy 从手性掺杂剂给体分子获取能量，发射超强红色圆偏振光信号，红色圆偏振荧光信号在液晶分子中通过分子间 FRET 过程进一步放大。客体 A 本身具有 AIE 性质，THF 溶液中发光极弱（量子产率为 1.35%，激发波长为 450 nm），加入不良溶剂后分子发射峰红移，500 nm 处荧光显著增强（量子产率为 4.69%）。在 THF 溶液中，PBCy 在 620 nm 处具有弱荧光发射（量子产率为 1.32%，激发波长为 450 nm），加入不良溶剂正己烷后，荧光也显著增强。

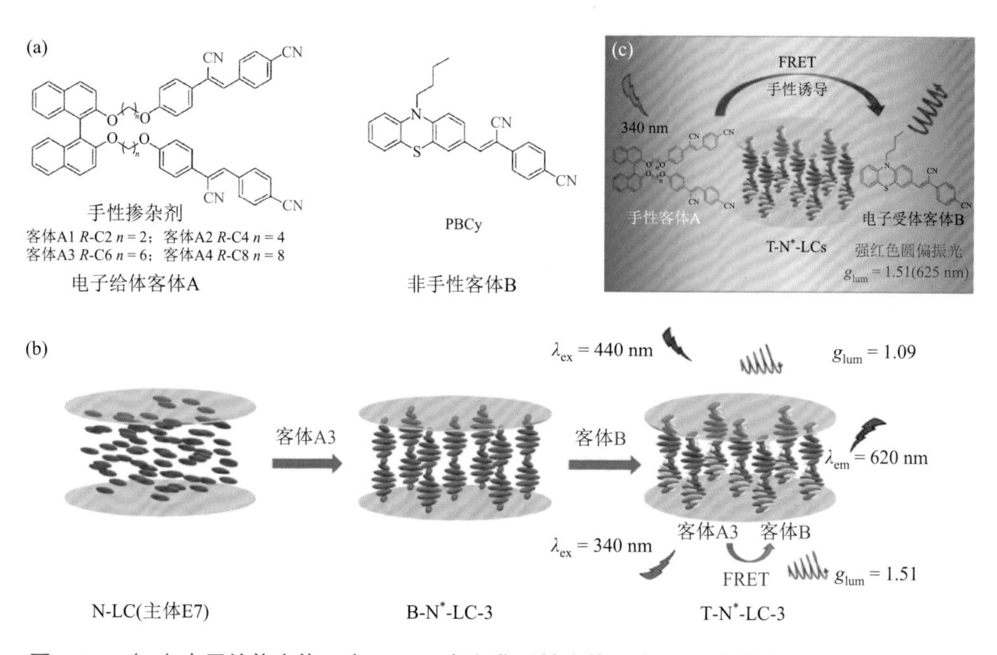

图 6-28 （a）电子给体客体 A（A1～A4）和非手性客体 B（PBCy）的分子结构；（b）客体分子 A3 与主体 E7 组成的二元掺杂体系 B-N*-LC-3 和三元掺杂体系 T-N*-LC-3；（c）手性给体 A-非手性受体 B 在液晶介质通过 FRET 过程产生强的红色 CPL 发射

两种客体分子与 E7 分子具有良好的相容性，1 wt%的客体 A3 即可诱导 E7 分子产生手性向列相 B-N*-LC-3[图 6-29（a）]，而进一步掺杂受体 B 的三元掺杂体系形成典型的指纹状织构[图 6-29（b）]。客体 A3（能量给体）的荧光光谱与 PBCy（能量受体）的吸收光谱几乎完全重合，满足客体 PBCy 作为能量受体接收给体 A3 释放的能量的条件。二者在溶液中或液晶介质中均可通过 FRET 进行能量转移。液晶介质中，随着掺杂比增加，PBCy 从 460 nm 发射弱蓝色荧光逐渐红移到 620 nm 发射强红色荧光，荧光量子产率提高到 16.26%，证实客体 A3 分子和 PBCy 之间存在能量转移（图 6-30）。

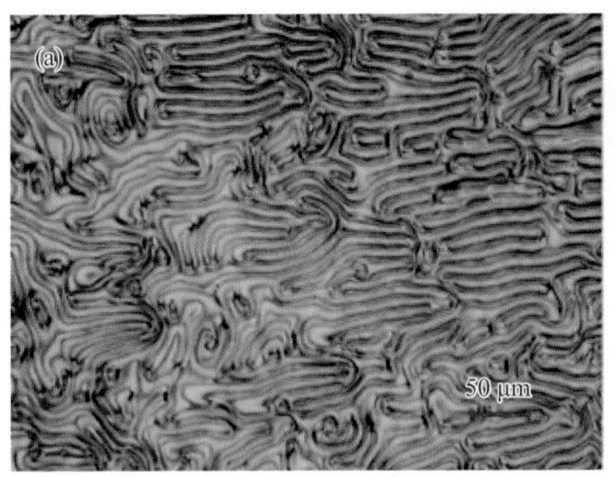

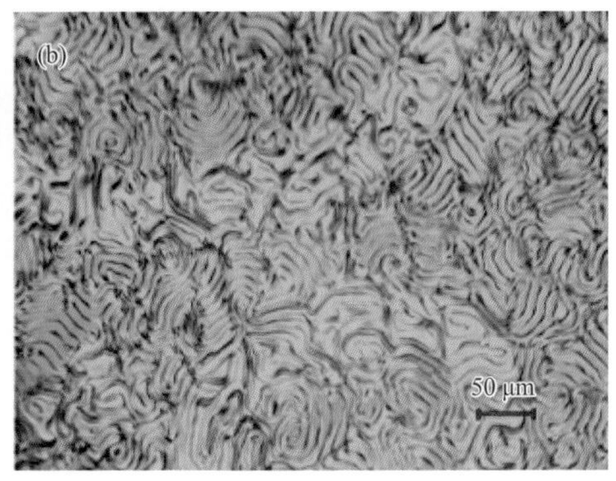

图 6-29　二元掺杂体系 B-N*-LC-3（a）和三元掺杂体系 T-N*-LC-3（b）的偏光显微镜照片（标尺为 50 μm）

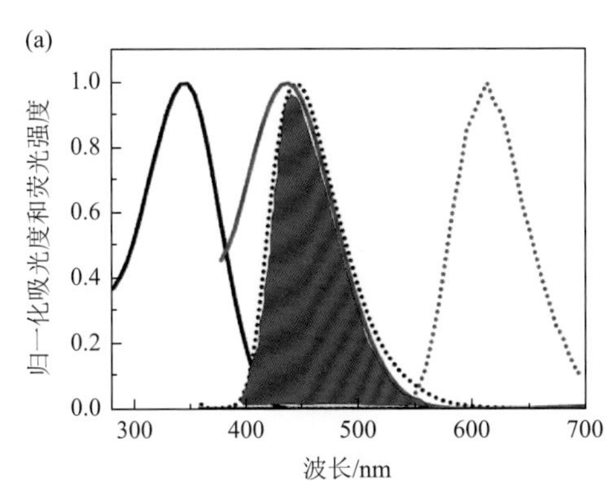

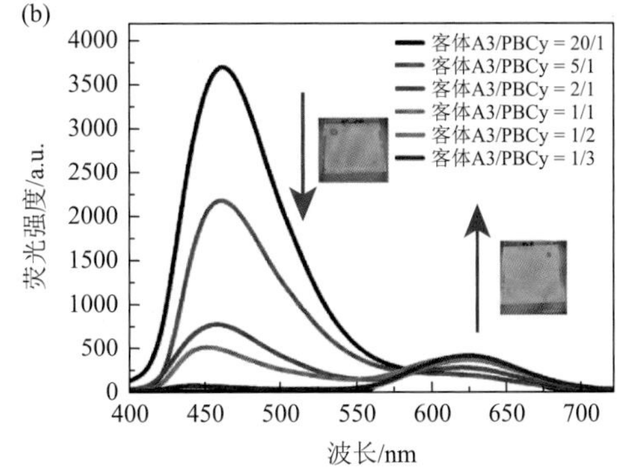

图 6-30　（a）归一化的客体分子 A3（黑线）的吸收（实线）、发射（虚线）及 PBCy（红线）的吸收（实线）和发射（虚线）光谱；（b）不同组成比例的三元掺杂体系客体分子 A3/PBCy/T-N*-LCs（E7）的荧光光谱，插图为客体分子 A3 和 A3/PBCy 在液晶池中的荧光照片

如图 6-31（a）所示，将客体 A3 和客体 B 以最佳比例 1∶1 进行掺杂得到二元掺杂体系，其 CD 光谱在 320 nm 处出现最大吸收峰，对应客体 A3 的吸收，进一步掺杂客体 B，在 476 nm 处出现新的吸收峰，对应 PBCy 的吸收。二元掺杂体系在 460 nm 处具有圆偏振光发射峰[图 6-31（b）]，不对称因子 g_{lum} 为 1.09，对应的是客体分子 A3 的发射峰，进一步掺杂客体分子 B 的三元体系在 625 nm 处出现新的发射峰，对应于 PBCy 的发射峰，说明非手性能量受体分子 PBCy 可以接收给体分子 A3 的能量和手性诱导，产生圆偏振光信号。该三元掺杂体系产生最大的不对称因子 g_{lum} 为 1.51。通过改变客体 A 的烷基链长度可以实现对圆偏振光信号的调节，随着掺杂剂 A 的烷基链长度增加，三元掺杂体系客体分子 A 和 B 间的能量转移降低。

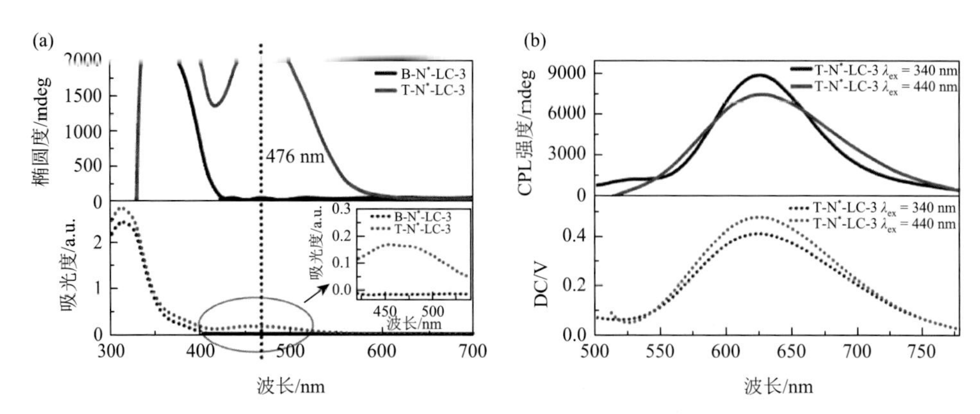

图 6-31 （a）B-N*-LCs（黑线）和 T-N*-LCs（红线）的 CD 和 UV 光谱；（b）T-N*-LCs 在 340 nm（黑线）和 440 nm（红线）激发波长处的 CPL 光谱

6.5.2 基于中心手性 AIE 分子/液晶的掺杂体系

成义祥课题组将具有 D-A 性质的三种 AIE 对映体[*R*-1、*R*-2 和 *R*-3，图 6-32（a）]分别与商业性液晶分子 E7 共混，获得手性向列相液晶分子，通过调节溶剂类型可以实现对分子发光波长的调节[25]。三种分子中，*R*/*S*-1 和分子 *R*/*S*-2 分别具有线型或近线型的构象，而分子 *R*/*S*-3 由于萘环上两个取代基形成较小的二面角，具有扭曲构象。

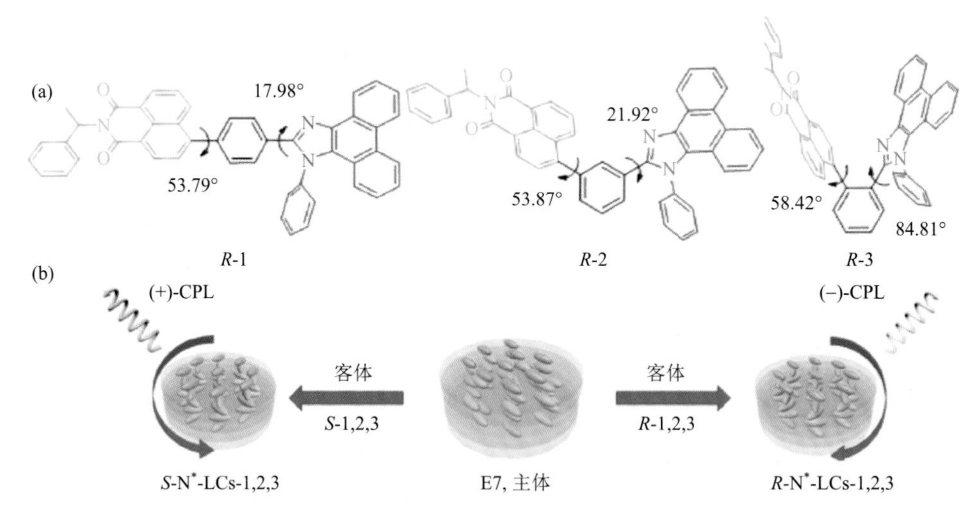

图 6-32 （a）具有 D-A 性质的三种 AIE 对映体（*R*-1、*R*-2 和 *R*-3）；（b）AIE 对映体 *R*/*S*-1,2,3 与 E7 组成的手性液晶体超分子体系示意图

前两种分子可以更有效地诱导液晶分子形成手性排列[图 6-33（b）和（c）]，而扭曲构象的分子 *R*/*S*-3 则手性诱导和传递能力较弱，无法形成手性向列相液晶[图 6-33（d）]。

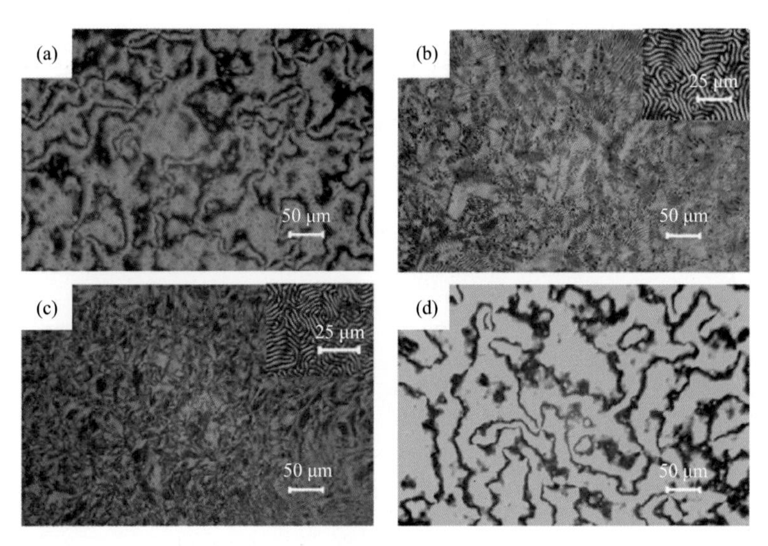

图 6-33　E7 掺杂前（a）及其与 AIE 对映体 *R*-1（b）、*R*-2（c）和 *R*-3（d）掺杂后的织构的偏光显微镜照片

30℃，采用取向液晶盒

如图 6-34（a）所示，320 nm 处的科顿效应对应于 E7 的吸收，三种对映体均可诱导液晶分子 E7 产生镜像的 CD 信号，其 CD 吸收强度顺序为 N^*-LCs-2＞N^*-LCs-1＞N^*-LCs-3。350～450 nm 波长处的 CD 信号则来自 AIE 分子的电荷转移，吸收强度遵循 N^*-LCs-1＞N^*-LCs-2＞N^*-LCs-3 的规律。CD 的吸收除受液晶的手性排列影响，还受分子间的电子耦合效应影响，其中 *R*/*S*-1 分子产生最强的电子耦合效应。如图 6-34（b）所示，三种对映体都可以诱导 E7 分子产生镜像的圆偏振发光信号，前两个分子体系均具有更高的不对称因子（N^*-LCs-1：g_{lum} = + 0.91/–0.9，N^*-LCs-2：g_{lum} = + 0.86/–0.8）。

成义祥课题组在四苯乙烯骨架上引入 1, 8-萘二甲酰亚胺取代基制备了 D-A 型手性 AIE 分子，分子的手性中心位于 1, 8-萘二甲酰亚胺上的 *R*/*S*-*α*-甲基苯基胺[图 6-35（a）][26]。*R*-5 具有显著的分子内电荷转移特性，随着溶剂极性增强分子的荧光具有明显的红移。DFT 计算表明，*R*-4/*R*-5 分子在激发态和基态的电子云分布少有重叠，分子 *R*-5 比 *R*-4 多一个苯环连接 D-A 结构，所增加的苯环破坏了分子的共轭，促进了基态电荷的分离[图 6-35（b）]。因此，*R*-5 的激发态的电子云密度完全集中在四苯乙烯骨架，而 *R*-4 基态电子云密度则全部集中在 1, 8-萘二甲酰亚胺上。

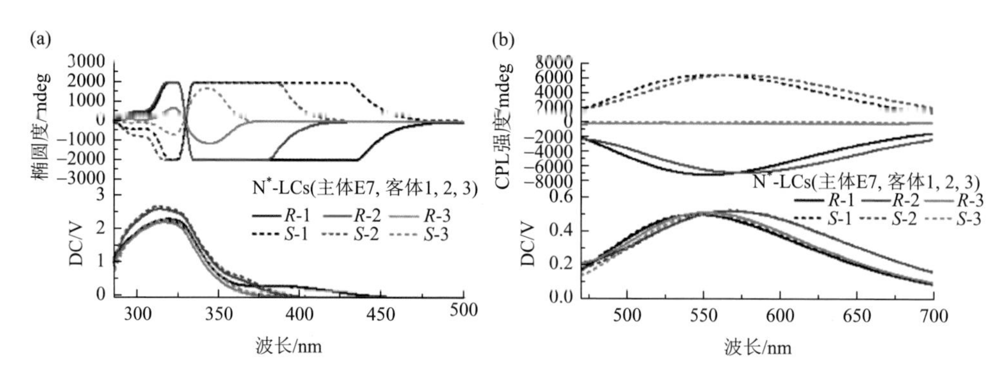

图 6-34 ***R*/*S*-1, 2, 3 和 E7 组成的手性向列相液晶分子的 CD 光谱（a）及 CPL 光谱（b）**

30℃，采用非取向液晶盒，激发波长为 365 nm

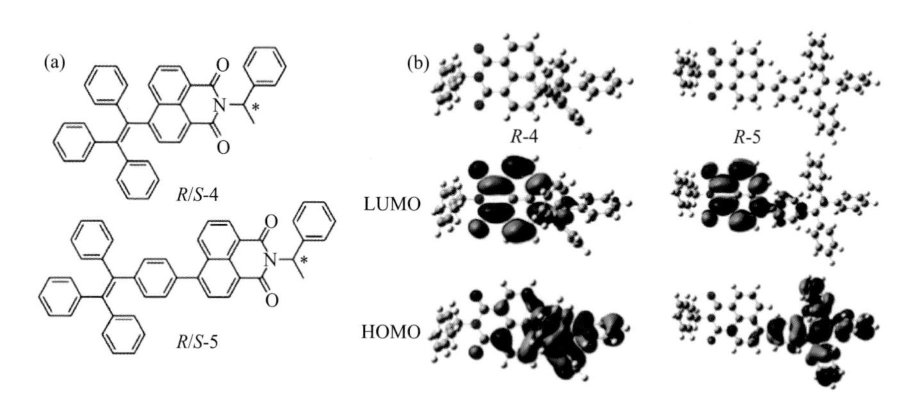

图 6-35 **（a）D-A 型四苯乙烯分子 *R*/*S*-4 和 *R*/*S*-5；（b）DFT 计算的 *R*-4 和 *R*-5 的电子分布**

作为手性发光型掺杂剂与 5CB 共混，*R*-4 与 5CB 共混具有 436 nm 和 530 nm 两个荧光峰，分别来自 5CB 和 AIE 分子的发射，液晶盒显示蓝色荧光；而 *R*-5 分子只有在 522 nm 处一个较宽的荧光峰，液晶盒发黄绿色荧光（图 6-36）。*R*/*S*-5 与

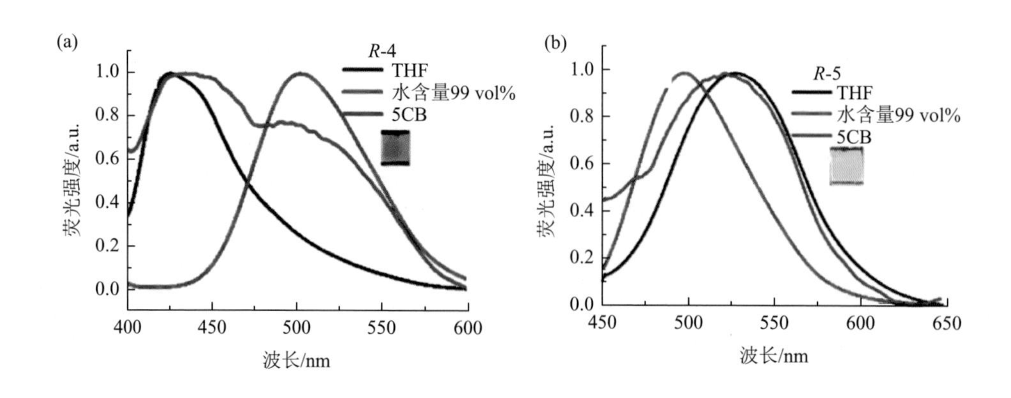

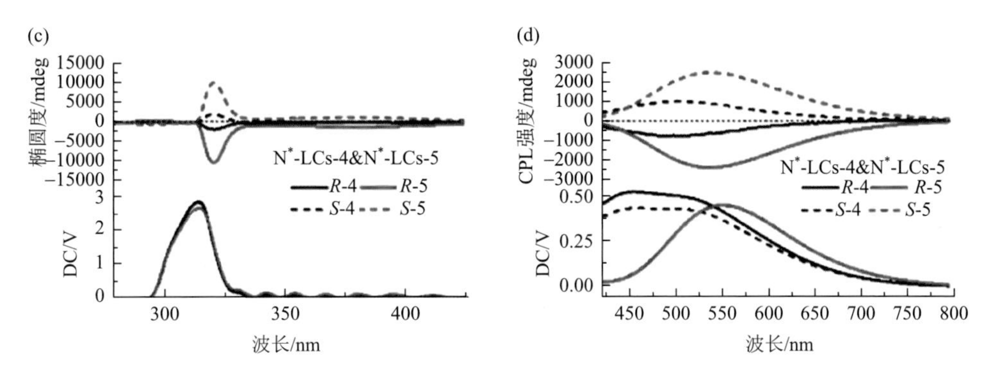

图 6-36 分子 *R*-4 和 *R*-5 在不同分散态下的荧光光谱（a，b）、圆二色谱（c）和圆偏振发光光谱（d）

（a）和（b）中插图是掺杂后液晶盒的荧光照片

5CB 液晶组成的共混体系具有更高的荧光量子产率（15.3%），而 *R*/*S*-4/5CB 共混体系的量子产率只有 5.6%。*R*/*S*-4/5CB 共混体系具有更强的 CD 和 CPL 信号（$g_{lum} = 0.37$），而 *R*/*S*-5/5CB 共混体系则稍逊（量子产率为 5.6%，$g_{lum} = 0.10$）。

6.5.3 基于非手性 AIE 分子/手性液晶的掺杂体系

唐本忠课题组将非手性 AIE 液晶分子 TPE-PPE（图 6-37）与手性液晶分子掺杂，通过手性液晶分子诱导可以赋予 AIE 液晶分子圆偏振光特性。将其掺杂到具有右手螺旋的手性向列相商业液晶 CB15 分子中，通过调节 AIE 分子的掺杂比制备出具有不同选择性反射波长和 AIE 特性的手性向列相液晶超分子体系[27]。

当掺杂比为 0.5%时，发光超分子液晶体系与原液晶分子具有近乎相同的反射荧光峰，在日光下显示相同的色彩，而且掺杂前后二者的圆二色谱都具有负吸收。通过向手性液晶分子掺杂 AIE 液晶分子所制备的几种发光液晶体系，不对称因子都可以达到 10^{-1} 的数量级，最高不对称因子可达到 0.4 以上。唐本忠课题组还进一步探索了共混液晶体系在显示器方面的应用，本书第 7 章中有更详细的应用方面的介绍。

对选择性反射波长在 570～620nm 处的 3 号发光液晶共混体系通以直流电场，去掉电场后液晶具有与基底平行的取向，液晶同时发射左右旋的圆偏振光，再次通入 60V 直流电场，左右旋偏振光强度相等，发光液晶体系的不对称因子接近零。在太阳光下，由于右手螺旋结构产生布拉格反射，发光液晶显示黄色；而在紫外光激发下透射的右旋圆偏振光穿透优选偏振片显示绿色荧光；通以直流电场后，螺旋结构发生扭曲，形成垂直于基底的排列，布拉格反射消失，在太阳光下和紫外灯激发下都难以观察到圆偏振光。

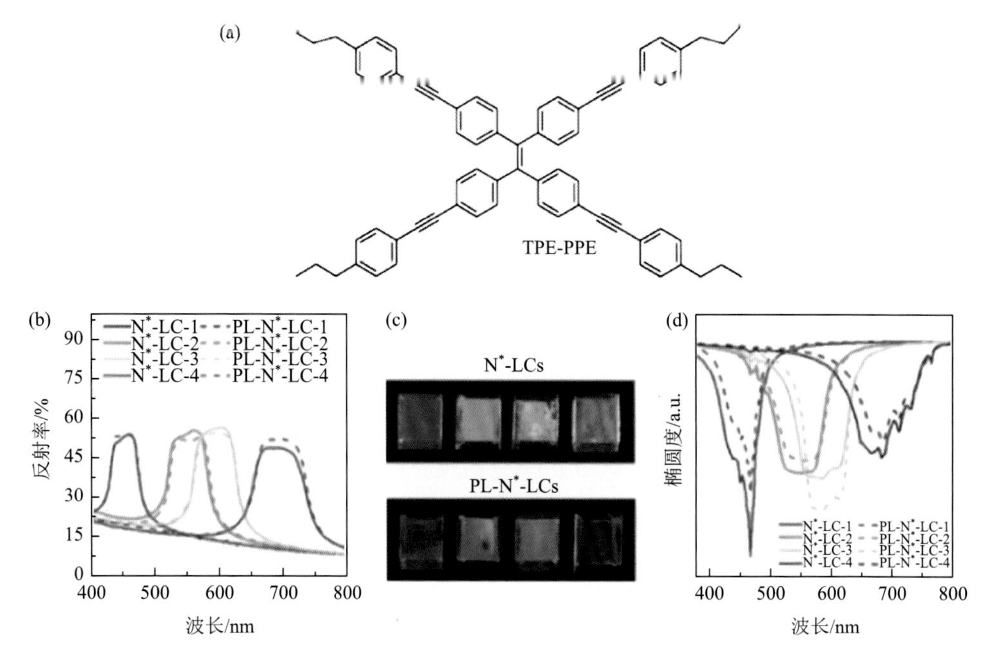

图 6-37 （a）TPE-PPE 的分子结构；TPE-PPE/CB15 组成的掺杂体系的反射光谱（b）及掺杂后日光下液晶盒的照片（c）和圆二色谱（d）

6.5.4 基于手性 AIE 聚合物分子的液晶掺杂体系

手性 AIE 聚合物液晶体系的研究相对较少，多数聚合物分子本体的圆偏振发光不对称因子比较小，需要通过液晶掺杂提高其圆偏振光特性。在第 5 章手性 AIE 高分子中介绍了张海良课题组以氰基二苯乙烯作为液晶生色团，引入谷氨酸聚合物侧链，制备了具有圆偏振发光性质的液晶寡聚合物[28]。所获得的单体和聚合物在溶液中均不产生 CD 和 CPL 信号，而与 5CB 共混，单体和聚合物均产生显著的 CD 和 CPL 信号，而且聚合物较单体产生更为显著增强的 CD 和 CPL 信号。谢鹤楼课题组以胆固醇修饰四苯乙烯作为聚甲基丙烯酸侧链，合成了具有 AEE 特性的聚合物（图 6-38）[29]。

该研究系统比较了聚合物及其单体的不同手性光学性质及与5CB 掺杂后的手性放大效应。单体和聚合物本体均有 CD 吸收，但不具有圆偏振发光特性。在与 5CB 液晶掺杂后，单体和聚合物与 5CB 液晶掺杂后二者具有近乎相同的荧光量子产率，均可诱导 5CB 形成手性向列相或近晶相[图 6-39（b）插入的液晶织构]，均具有圆偏振发光特性[图 6-39（d）]。聚合物掺杂的体系的手性传递和放大效果明显优于单体掺杂的体系，其不对称因子 g_{abs} 高出单体掺杂体系一个数量级（聚合物和单体掺杂的 g_{abs} 分别为 6.5×10^{-2} 和-9×10^{-3}），不对称因子 g_{lum} 更是显著优于单体/5CB 的掺杂体系，高达 0.45。

PT-Chol

图 6-38 胆固醇取代四苯乙烯分子结构

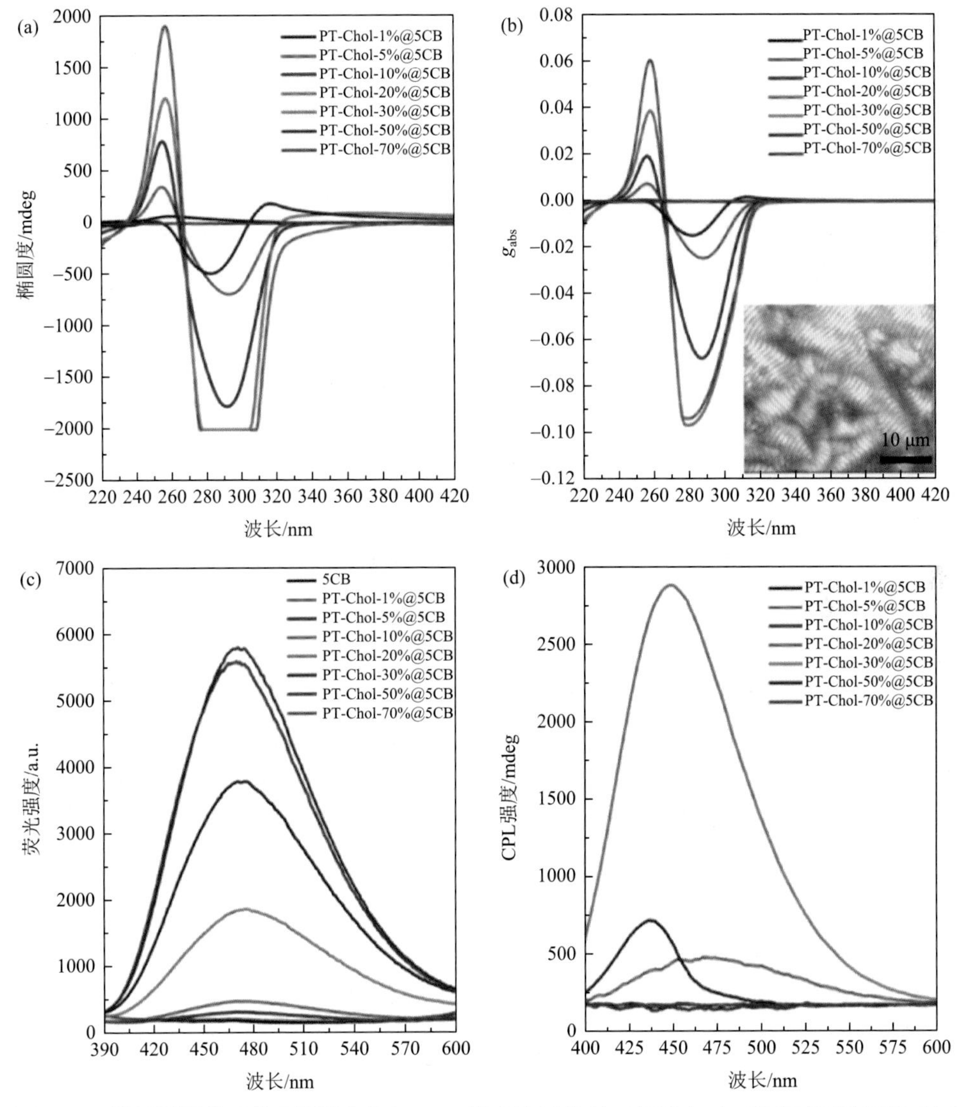

图 6-39 胆固醇取代四苯乙烯聚合物与 5CB 掺杂体系的圆二色谱（a）、基态不对称因子（b）（插图为 10 wt%掺杂比下液晶的织构）、荧光光谱（c）和圆偏振发光光谱（d）

李红坤和杨永刚课题组采用具有反应活性的丙烯酸介晶基元与不同比例的四苯乙烯掺杂后进行光聚合，制备了具有圆偏振发光性质的聚合物液晶薄膜，最大不对称因子 g_{lum} 达到 0.58[30]。如图 6-40 所示，采用商品化的液晶分子 C6M 和 RM105 作为反应活性的向列相液晶介质，以商品化的手性分子 R5011 和 S5011 作为手性掺杂剂，以四苯乙烯分子作为荧光染料掺杂在液晶介质中诱导液晶分子形成胆甾相。以 C6M 和 BDK 作为光引发剂，通过原位光聚合把上述胆甾液晶分子交联起来，分别制备了 *R*-TPE-CLC（R5011 掺杂）和 *S*-TPE-CLC（S5011 掺杂）聚合物液晶薄膜。聚合物的液晶薄膜形成的超分子螺旋结构对入射光形成布拉格反射，随日光照射时间不同，高分子液晶薄膜显示从红色到紫色等多个波长的反射颜色。通过控制手性掺杂剂的比例可以调控液晶薄膜颜色[图 6-41（a）]，聚合物的液晶薄膜的紫外-可见光扩散反射光谱如图 6-41（b）所示，波长范围为 420～657 nm，对应日光下高分子液晶薄膜从紫色到红色多种波段颜色。这些不同颜色的形成源自液晶中形成的超螺旋结构形成的布拉格反射。随着手性掺杂剂比例增加，反射波长出现 657～421 nm 的蓝移。

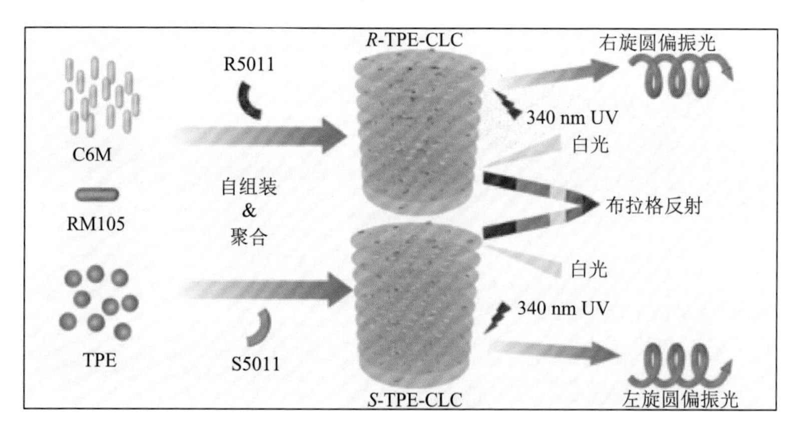

图 6-40 以 C6M、RM105、TPE 组成的光交联聚合物产生圆偏振光信号的原理图

根据 $\lambda = np$ 公式（λ 为波长，p 为螺距，n 为重复单元数目）推算，手性向列相液晶的螺距从 444 nm 下降到 284 nm，因此产生不同的布拉格反射效果。紫外灯激发下，不同掺杂比的聚合物液晶薄膜均发射蓝色荧光，与聚集态四苯乙烯衍生物荧光颜色一致，说明聚合物液晶薄膜的荧光发射主要来自四苯乙烯衍生物的贡献[图 6-41（a）]。

扩散反射 CD 光谱（图 6-42）显示，*R*-TPE-CLC 薄膜具有正信号，而 *S*-TPE-CLC 具有负信号，相同比例掺杂的两种手性剂分子诱导液晶分子产生镜像 CD 信号，说明聚合物薄膜的手性特征完全来自手性掺杂剂R5011和S5011诱导的手性向列相液晶。二者的圆偏振发光光谱也同样具有镜像对称特征，在 485 nm 处具有最大发射波长，发射峰波长与荧光光谱的最大发射峰一致（图 6-43）。但随掺杂比增加，两种掺杂体系的发射峰强度变化不明显，不对称因子 g_{lum} 也无明显改变。这说明 R5011 和 S5011 作为手性诱导剂，仅决定掺杂体系的手性信号的方向，而不决定手性信号的强度。将聚合物液晶薄膜研磨至微米颗粒进行扫描电子显微镜研究，发现部分区域依然保持长程有序的螺旋状特征结构。由于有序性在研磨过程中被破坏，聚合物液晶薄膜 CD 和 CPL 信号较研磨前显著下降，圆偏振发光不对称因子 g_{lum} 降为 0.037，接近于各向同性介质中光交联所制备的聚合产物水平。黄陟峰课题组报道了同样的发现，当超分子螺旋结构被破坏时，分子的手性光学性质显著下降。可见，超分子液晶聚合物薄膜的长程有序结构是导致高不对称因子 g_{lum} 的主要原因[31, 32]。

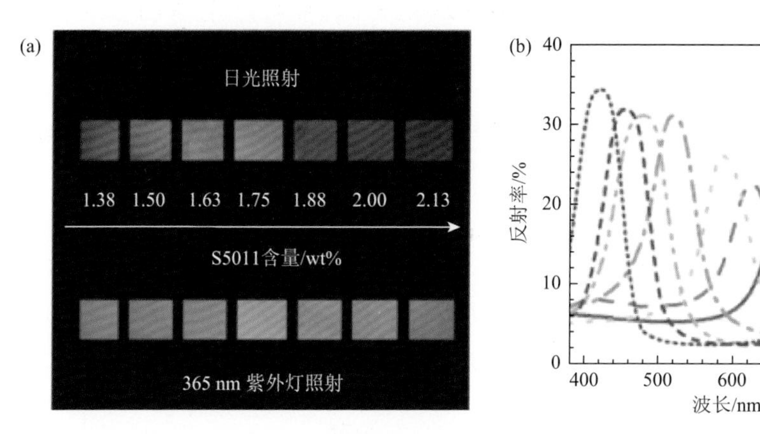

图 6-41　S5011 四苯乙烯/液晶的原位光聚合物液晶膜在日光下和紫外光下的照片（a）及紫外-可见光扩散反射光谱（b）

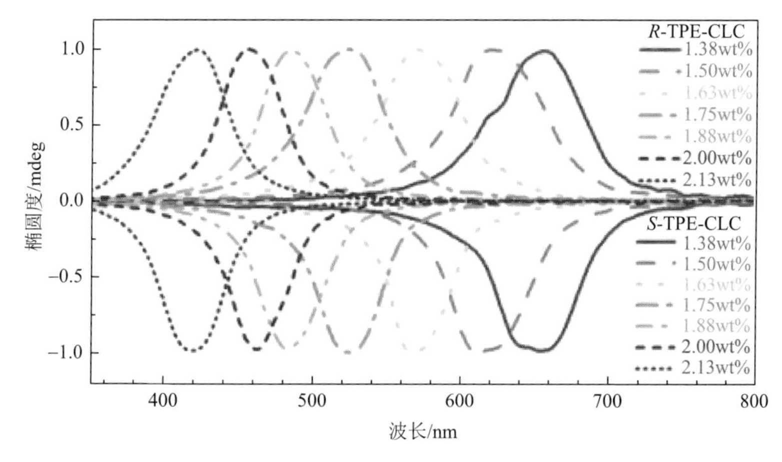

图 6-42　归一化的不同比例 R/S5011 掺杂的 *R*-TPE-CLC（正吸收）和 *S*-TPE-CLC（负吸收）扩散反射 CD 光谱

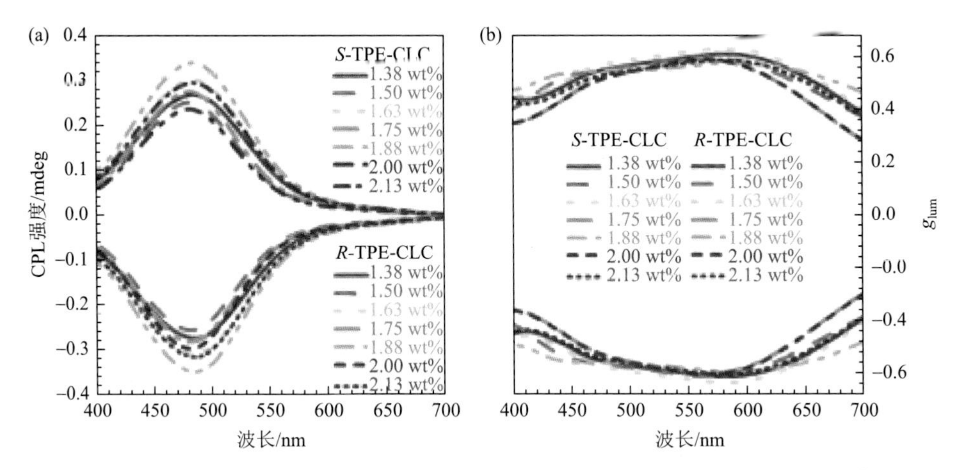

图 6-43　掺杂不同比例 R/S5011 的 *R*/*S*-TPE-CLC 的 CPL 谱（a）和 g_{lum}（b）

6.5.5　液晶与手性诱导剂分子的共组装机理研究

众所周知，液晶分子比普通溶剂产生更优异的手性传递和手性放大作用，但关于液晶介质中分子的手性传递和放大机理，目前尚未全面揭示。多数研究中对手性分子/液晶形成的超分子组装结构的描述仅限于图示，缺少直接的实验证据。为揭示液晶介质中的手性传递和放大规律，李冰石课题组采用具有胆固醇取代基的四种 TPE 衍生物作为手性诱导剂与 5CB 液晶分子组成掺杂体系（图 6-44），制备了手性向列相液晶，并从分子尺度、纳米尺度、微米尺度的手性光学性质系统揭示其手性传递和放大规律[33]。

图 6-44　胆固醇取代的四苯乙烯分子

胆固醇取代基和 TPE 骨架的连接方式和连接位置均对 5CB 分子中的手性传递和放大效果都具有重要影响，酯基连接在对位具有最佳的手性放大效果，其不对称因子在 2 wt%的掺杂比时达到 0.4。偏光显微镜研究结果显示，当掺杂比低于

1 wt%时，手性 AIE 分子不足以产生足够的手性传递和放大，难以诱导液晶形成手性排列；而当掺杂比大于 1 wt%时，指纹织构逐渐形成，而且随掺杂比增加，手性分子产生更大的扭矩，胆甾结构的螺距逐渐变小，从 1 wt%时的 20.7 μm 减小到 4 wt%时的 3.5 μm（图 6-45）。

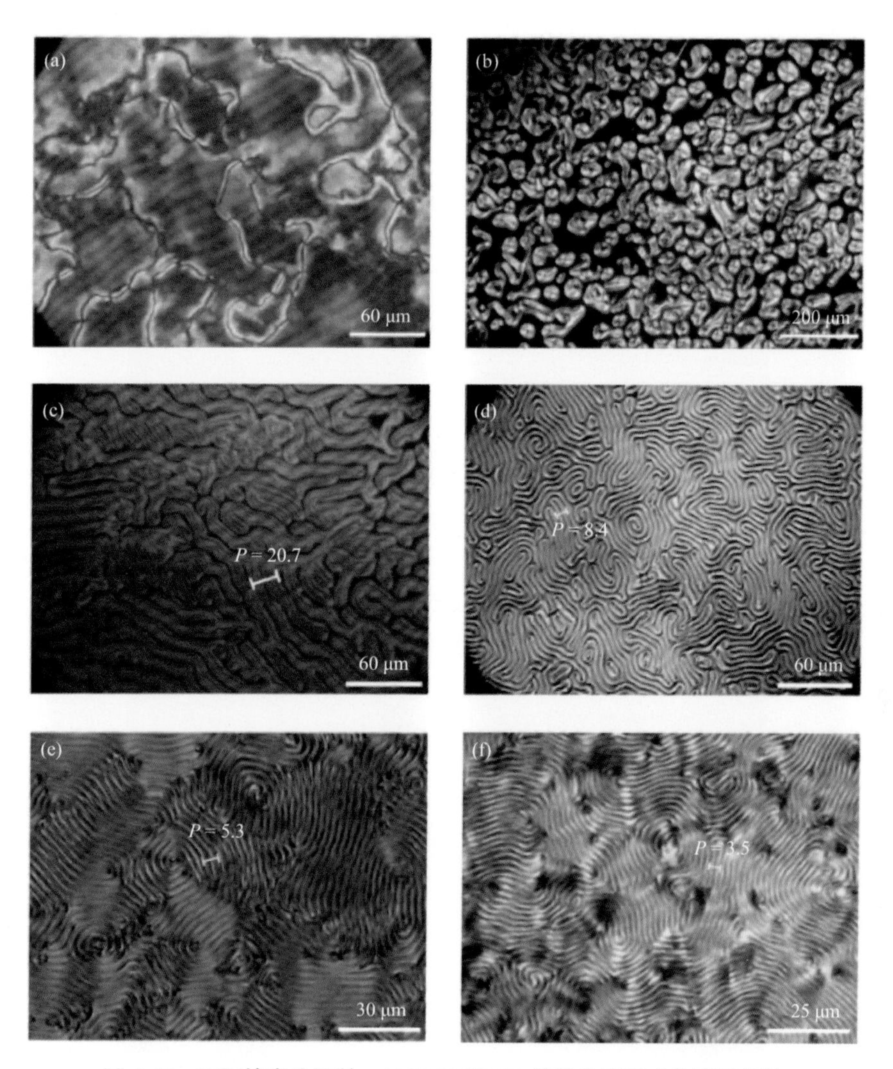

图 6-45 不同掺杂比下的 *p*-TPE-NC/5CB 掺杂体系形成的液晶织构

（a～f）胆固醇取代四苯乙烯分子的掺杂比依次为 0 wt%、0.5 wt%、1 wt%、2 wt%、3 wt%、4 wt%

原子力显微镜结果进一步揭示了手性诱导剂和液晶分子之间的相互作用机理。未掺杂时，手性四苯乙烯组装形成纳米超螺旋纤维，而与 5CB 共混后，5CB

以纳米超螺旋纤维为手性模板包覆在其表面形成串珠状或棒状结构（图 6-46）。理论模拟表明，几种四苯乙烯衍生物形成的纳米螺旋纤维具有不同大小的空腔结构，5CB 分子的苯环端可以插入螺旋空腔或完全进入螺旋空腔，与四苯乙烯分子共组装成串珠状结构或棒状结构，放大其手性。串珠状结构的形成与 TPE 分子的自组装结构的形成和特点密切相关，烷氧基取代及酰胺基取代的分子在对位连接时，分子形成超螺旋纤维结构，具有空腔结构，有利于 5CB 分子插入形成串珠状结构；而间位烷氧基取代时，分子形成的超螺旋纤维的空腔结构具有更大的空间，将 5CB 完全包裹进去，形成螺距更小的棒状结构，更有效放大分子手性。

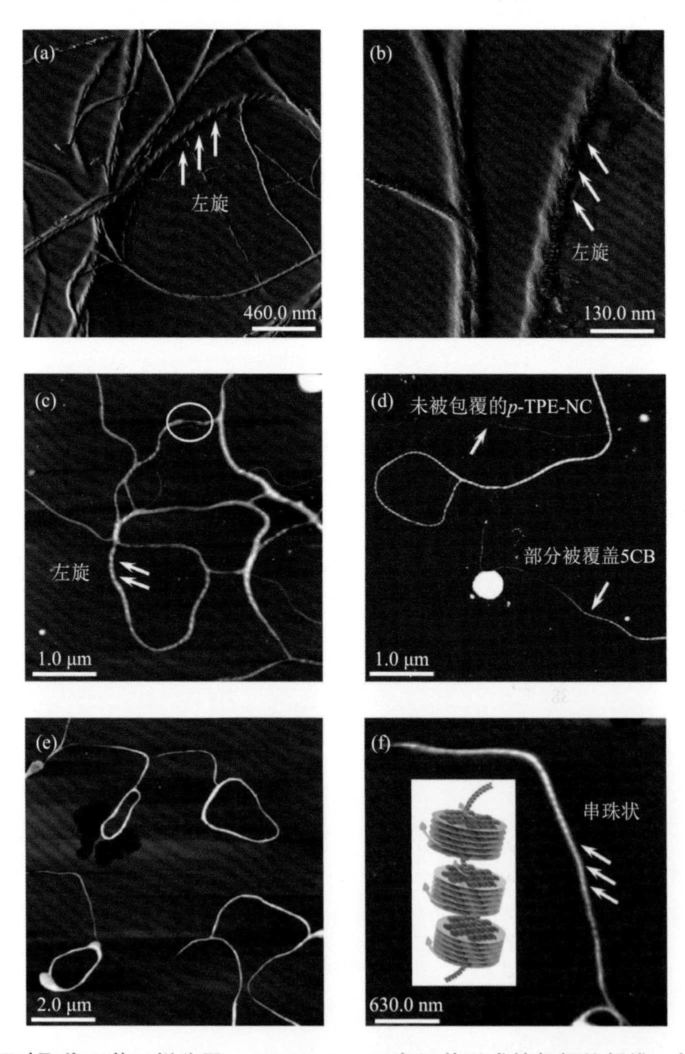

图 6-46　胆固醇取代四苯乙烯分子 *p*-TPE-NC/5CB 自组装形成的超螺旋纤维，与 5CB 共混形成的串珠状结构的原子力显微镜图

6.6 总结

基于手性 AIE 分子体系的圆偏振发光液晶体系的研究方兴未艾，相比于传统的圆偏振发光液晶材料，基于手性 AIE 分子的圆偏振液晶材料具有诸多优势和潜力。例如，将含不同类别 AIE 特征基团引入结构规整、排列有序的手性小分子/高分子骨架结构中，所制备的分子可以同时作为手性诱导剂和荧光分子，用于圆偏振发光液晶体系的制备。又如，在手性共轭分子体系中引入不同的给体与受体基团产生电子诱导效应，则可进一步调控手性分子的能级及带隙宽度，实现全波长发射范围的圆偏振发光材料的制备。

参考文献

[1] Demus D，Goodby J，Gray G W，et al. Handbook of Liquid Crystals. Weinheim：Wiley-VCH，1998.

[2] Collings P J，Hird M. Introduction to Liquid Crystals. London：Taylor & Francis，1997.

[3] Tschierske C. Amphotropic liquid crystals. Curr Opin Colloid Interface Sci，2002，7：355-370.

[4] Seddon J M，Templer R H. Poly morphism of lipid-water system//Lipowsky R，Sackmann E. Handbook of Biological Physics. Amsterdam：Elsevier，1995.

[5] Lemieux R. Chirality transfer in ferroelectric liquid crystals. Acc Chem Res，2001，34：845-853.

[6] Lunkwitz R，Tschierske C，Langhoff A，et al. Formation of smectic and columnar liquid crystalline phases by cyclotriveratrylene（CTV）and cyclotetraveratrylene（CTTV）derivatives incorporating calamitic structural units. J Mater Chem，1997，7：1713-1721.

[7] Chen W，Ma K，Duan P，et al. Circularly polarized luminescence of nanoassemblies via multi-dimensional chiral architecture control. Nanoscale，2020，12（38）：19497-19515.

[8] Zhao D，He H，Gu X，et al. Circularly polarized luminescence and a reflective photoluminescent chiral nematic liquid crystal display based on an aggregation-induced emission luminogen. Adv Opt Mater，2021，9：2100489.

[9] Chen H，Fan Y，Yu X，et al. Light-gated nano-porous capsules from stereoisomer-directed self-assemblies. ACS Nano，2021，15（1）：884-893.

[10] Yu X，Chen H，Shi X，et al. Liquid crystal gelators with photo-responsive and AIE properties. Mater Chem Front，2018，2（12）：2245-2253.

[11] Liu Y，You L H，Lin F X. Highly efficient luminescent liquid crystal with aggregation-induced energy transfer. ACS Appl Mater Inter，2019，11（3）：3516-3523.

[12] Bui H T，Kim J，Kim H J. Advantages of mobile liquid-crystal phase of AIE luminogens for effective solid-state emission. J Phys Chem C，2016，120（47）：26695-26702.

[13] Guo L X，Xing Y B，Wang M，et al. Luminescent liquid crystals bearing an aggregation-induced emission active tetraphenylthiophene fluorophore. J Mater Chem C，2019，7（16）：4828-4837.

[14] Ye Q，Zhu D，Zhang H，et al. Thermally tunable circular dichroism and circularly polarized luminescence of tetraphenylethene with two cholesterol pendants. J Mater Chem C，2015，3（27）：6997-7003.

[15] Song F，Cheng Y，Liu Q，et al. Tunable circularly polarized luminescence from molecular assemblies of chiral

AIEgens. Mater Chem Front，2019，3（9）：1768-1778.

[16] Chen Y，Lu P，Gui Q，et al. Preparation of chiral luminescent liquid crystals and manipulation effect of phase structures on the circularly polarized luminescence property. J Mater Chem C，2021，9（4）：1279-1286.

[17] Wu Y，You L，Yu Z，et al. Rational design of circularly polarized luminescent aggregation-induced emission luminogens（AIEgens）：promoting the dissymmetry factor and emission efficiency synchronously. ACS Mater Lett，2020，2（5）：505-510.

[18] San Jose B，Yan J，Akagi K. Dynamic switching of the circularly polarized luminescence of disubstituted polyacetylene by selective transmission through a thermotropic chiral nematic liquid crystal. Angew Chem Int Ed，2014，53（40）：10641-10644.

[19] Yan J，Ota F，San Jose B，et al. Chiroptical resolution and thermal switching of chirality in conjugated polymer luminescence via selective reflection using a double-layered cell of chiral nematic liquid crystal. Adv Funct Mater，2017，27（2）：1604529.

[20] Sang Y，Han J，Zhao T，et al. Circularly polarized luminescence in nanoassemblies：generation，amplification，and application. Adv Mater，2020，32（41）：1900110.

[21] Li X，Li Q，Wang Y，et al. Strong aggregation-induced CPL response promoted by chiral emissive nematic liquid crystals(N*-LCs). Chem Eur J，2018，24（48）：12607-12612.

[22] Li X，Hu W，Wang Y，et al. Strong CPL of achiral AIE-active dyes induced by supramolecular self-assembly in chiral nematic liquid crystals(AIE-N*-LCs). Chem Commun，2019，55（35）：5179-5182.

[23] Liu K，Shen Y，Li X，et al. Strong CPL of achiral liquid crystal fluorescent polymer via the regulation of AIE-active chiral dopant. Chem Commun，2020，56（84）：12829-12832.

[24] Yao K，Shen Y，Li Y，et al. Ultrastrong red circularly polarized luminescence promoted from chiral transfer and intermolecular Förster resonance energy transfer in ternary chiral emissive nematic liquid crystals. J Phys Chem Lett，2021，12（1）：598-603.

[25] Li Y，Shen Y，Liu K，et al. Tunable AI-CPL behavior by regulation of microstructure of AIE-active isomers through chiral emissive liquid crystals. Dyes Pigments，2021，186：109001.

[26] Li Y，Liu K，Li X，et al. The amplified circularly polarized luminescence regulated from D-A type AIE-active chiral emitters via liquid crystals system. Chem Commun，2020，56（7）：1117-1120.

[27] Zhao D，He H，Gu X，et al. Circularly polarized luminescence and a reflective photoluminescent chiral nematic liquid crystal display based on an aggregation-induced emission luminogen. Adv Opt Mater，2016，4（4）：534-539.

[28] Chen Y，Lu P，Yuan Y，et al. Preparation and property manipulation of high efficiency circularly polarized luminescent liquid crystal polypeptides. J Mater Chem C，2020，8（39）：13632-13641.

[29] Luo Z W，Tao L，Zhong C，et al. High-efficiency circularly polarized luminescence from chiral luminescent liquid crystalline polymers with aggregation-induced emission properties. Macromolecules，2020，53（22）：9758-9768.

[30] Ni B，Li Y，Liu W，et al. Circularly polarized luminescence from structurally coloured polymer films. Chem Commun，2021，57（22）：2796-2799.

[31] Lau W，Yang L，Bai F，et al. Weakening circular dichroism of plasmonic nanospirals induced by surface grafting with alkyl ligands. Small，2016，12：6698-6702.

[32] Deng J，Fu J，Ng J，et al. Tailorable chiroptical activity of metallicnanospiral arrays. Nanoscale，2016，8：4504.

[33] Xia Q，Meng L，He T，et al. Direct visualization of chiral amplification of chiral aggregation induced emission molecules in nematic liquid crystals. ACS Nano，2021，15（3）：4956-4966.

基于手性 AIE 体系的应用研究

7.1 圆偏振发光器件简介

目前基于手性 AIE 分子体系的应用研究主要包括光电器件、显示器件及分子识别三个方面。光电器件以新型有机发光二极管（organic light emitting diode，OLED）为主要应用器件。OLED 是新一代将电能转化为光能的有机半导体器件，在显示器方面具有重要的应用，也是未来显示器的重要发展方向。电致发光 OLED 的原理可以简单概括为，外电场作用下的电子和空穴分别被注入或发射到发光层，通过库仑力结合形成激子；发光层的激子在返回基态过程中以荧光的形式释放能量。如果发光层所发射的荧光具有圆偏振性，则所制备的 OLED 为圆偏振-有机发光二极管（circular polarized-organic light emitting diode，CP-OLED）。圆偏振发光材料不仅在防眩光显示、光数据存储、光学识别传感器、量子计算、自旋电子学有重要应用，而且在 OLED、CP-OLED 及立体显示等领域都具有重要应用，是制备 CP-OLED 的重要材料。

7.2 圆偏振光产生原理

以传统的 OLED 材料作为发光层，一方面需要配备线性偏振器和偏振调节器来产生圆偏振光（图 7-1）[1]，材料发射的光在通过偏振调节器后将会有 50%的亮度损失。另一方面，传统 OLED 发光材料不可避免地受到 ACQ 效应的影响，器件的发光效率进一步降低。以上两方面因素导致传统显示器普遍存在发光能效不足的问题。如果发光材料自身可以发射圆偏振光，CP-OLED 的制备则可省去偏振片，有效提高材料的发光效率和亮度，节省能耗，同时器件还具有结构简单、制备成本低及易与其他光电器件集成等优势。

CP-OLED 的组成如图 7-2 所示，评估其性能通常依据两项重要指标，即作为 OLED 发光器件的性能和圆偏振光致发光活性。优异的 OLED 器件性能包括高发光效率、低滚降率、高亮度及长寿命。而圆偏振光致发光活性则主要考察材料的电致发光不对称因子 g_{EL}，其定义与光致发光不对称因子一致，计算方法相同。

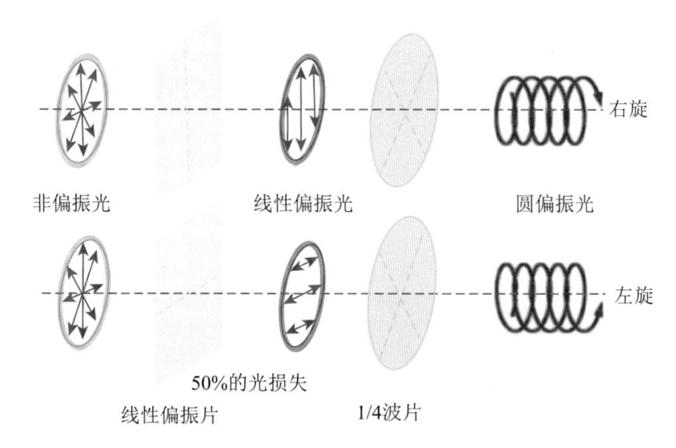

图 7-1 圆偏振光产生的原理示意图

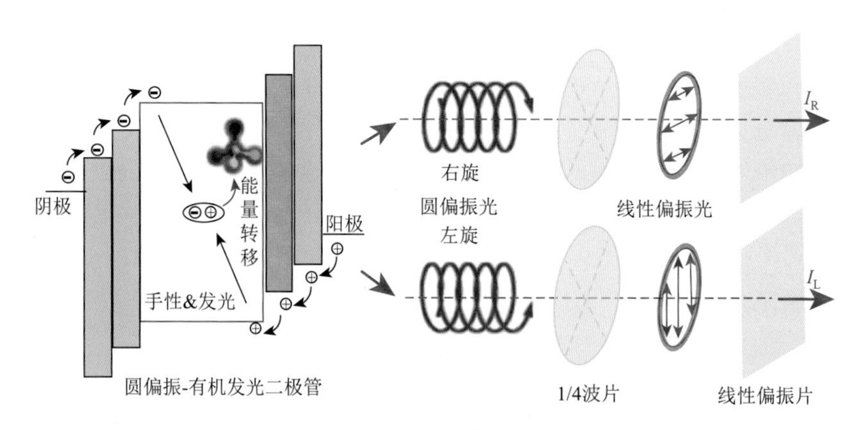

图 7-2 CP-OLED 的组成示意图

7.3 圆偏振发光器件性能的测量原理

CP-OLED 的电致发光不对称因子 g_{EL} 的测量如图 7-3 所示[1]，在 OLED 和检测器间放置偏振调节器和线性偏振器，前半个周期的测量中二者的轴与偏振调节器的快速传播方向分别成 45°或 135°角。OLED 器件的手性发光层，在电场激发下发射出不同强度的左右旋圆偏振光，通过偏振调节器和线性偏振器后，所发射的左旋圆偏振光被调制成线偏振光被检测器采集。后半个周期测量中，将线性偏振器迅速旋转 90°，CP-OLED 所产生的右旋圆偏振光经线性偏振器后被收集器收集。将两次检测的左右旋偏振光强度值代入不对称因子的公式，即可计算其电致发光不对称因子 g_{EL}。

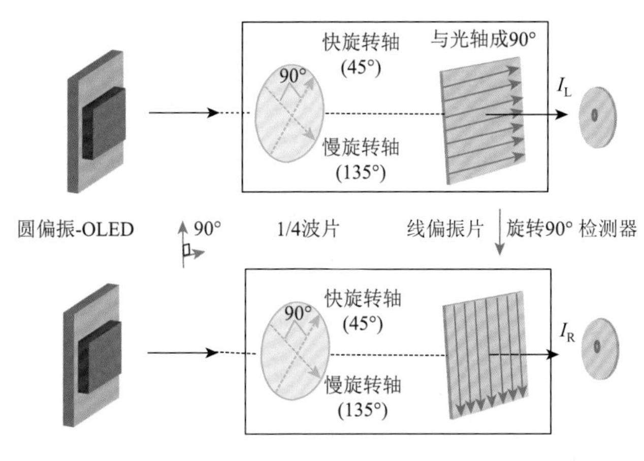

图 7-3 CP-OLED 的测量示意图

7.4 圆偏振发光材料分类

目前 CP-OLED 的制备主要基于三大类材料，第一类是由手性发光高分子或非手性发光高分子与手性添加剂组成的共混体系；第二类是手性金属配合物，如 Eu-配合物、Ir-配合物、Pt-配合物和 Zn-配合物；第三类是有机发光小分子，尤其是具有热活化延迟荧光（thermally activated delayed fluorescence，TADF）性质的小分子体系，具有较小的三线态和单线态能级差，具有无金属、低成本、高效率等显著优势。

7.4.1 高分子体系圆偏振发光材料

制备基于高分子材料 CP-OLED 的常用策略是在非手性共轭高分子侧链上修饰手性侧基，或在非手性共轭聚合物中掺杂手性染料。基于手性共轭高分子的 CP-OLED 是研究相对较早的体系，通过手性侧基的引入诱导高分子形成手性排列。1997 年，Meijer 课题组报道了第一个以带有手性侧基的聚对苯撑乙烯为发光层的 CP-OLED，其电致发光不对称因子 g_{EL} 为-1.7×10^{-3}[2]；Chen 课题组将手性高分子进行取向和热退火处理，获得具有胆甾结构和高不对称因子（$g_{EL} = 0.35$）的电致发光材料，但可惜电流效率只有 0.94 cd/A[3]。2017 年，Nuzzo 等报道了具有给体-受体结构的新型手性聚芴类高分子作为发光层的 CP-OLED，g_{EL} 可达-0.8。

经退火处理所制备的CP-OLED器件具有80 cd/m^{2}的最大发光亮度和4.46 lm/W的发光效率[4]。分子经退火处理后，形成各向异性的胆甾状织构，不仅有效加速了光子在发光层的传递，而且对材料的光散射和折光指数的调节也存在重要影响。Meijer等对烷基取代的共轭共聚物进行类似的退火处理，揭示了退火后烷基链长度对分子形成胆甾状结构的影响，但器件在发光效率方面不尽如人意，距离实际应用仍然有相当大的差距[5]。

制备基于非手性共轭高分子CP-OLED的主要方法是进行手性小分子掺杂。这一方法避免了冗长复杂的高分子合成，同时将可用于制备OLED器件的高分子类型涵盖了共聚物掺杂体系。在早期的研究中，常采用较大尺寸的手性分子，如多聚糖类和二芳基化合物等作为手性诱导剂与高分子进行掺杂，但效果不尽理想，不对称因子通常为10^{-3}～10^{-2}，难以与手性共轭高分子相比[6, 7]。2013年，Campbell等采用手性掺杂法以螺烯作为手性掺杂剂与发光高分子9, 9-二辛基芴和苯并噻二唑共聚物掺杂制备了CP-OLED。53%掺杂比的掺杂薄膜具有镜像的CD和CPL信号，而且不对称因子g_{lum}高达0.5，以掺杂薄膜制备的CP-OLED器件性能达到相应的基于手性共轭高分子制备的器件水平[8]。该课题组在2019年进一步报道了通过调节发光层厚度实现CP-OLED不对称因子g_{EL}的反转[9]。Kim课题组报道了采用以手性联二萘衍生物作为手性掺杂剂与交替型共聚物发光高分子共混，制备了不对称因子g_{EL}高达1.13的CP-OLED，该研究系统探讨了影响g_{EL}和g_{lum}的因素。通过溶液处理法制备的器件，最大亮度达到4000 cd/m^2，最大电流效率为4.46 cd/A，遗憾的是电流效率差强人意，难以满足实际应用[10]。2018年，Yu课题组以共聚物为目标分子探讨了发射层位置对g_{EL}的影响。研究发现，当空穴阻挡层或电子注入层的厚度稍有增加时，发射层向阳极迁移使g_{EL}显著增加；但厚度增加超过临界值时，发光层迁移到空穴阻挡层，则g_{EL}显著下降。这是因为阻挡层不发射偏振光使整个器件发光减弱。这一研究提出了通过调节阻挡层的位置实现对CP-OLED的g_{EL}调节的研究思路[11]。

7.4.2 金属配合物体系圆偏振发光材料

第二类典型的CP-OLED分子体系以过渡金属配合物为发射层的CP-OLED，通常具有较高的$|g_{EL}|$值，但亮度和效率相对较低。而且，这些金属配合物通常以稀有金属为主要原料，制备成本较高。2015年，Bari等报道了基于手性配合物Eu(III)对映体的CP-OLED，其不对称因子$|g_{EL}|$最高可达0.75，但外量子效率EQE_{max}只有$4.2\times10^{-3}\%$[12]。该课题组进一步制备了基于手性配合物Eu(III)的第二代CP-OLED，并系统揭示减少阴极层厚度可导致$|g_{EL}|$增加。例如，当阴极铝层只有6 nm时，CP-OLED在595 nm波长处获得高达−1.0的g_{EL}；同时该课题组还建

立数学模型进一步解释复合区位置对 g_{EL} 的影响，揭示了复合带接近阴极使 g_{EL} 提高的规律[13]。Fuchter 等报道了发射磷光配合物的 CP-OLED 的不对称因子 g_{EL} 为 0.38，但器件的最大亮度仅为 230 cd/m^2，最大电流效率只有 0.52 cd/A，距离实际应用依然有很大差距[14]。总体来讲，无论是基于高分子体系，还是基于过渡金属配合物体系的 CP-OLED，都具有相对较高的不对称因子$|g_{EL}|$（10^{-3}～1），同时也存在普遍低于 25%的器件荧光外量子效率和亮度不足的问题。

7.4.3 有机小分子体系圆偏振发光材料

第三类典型的 CP-OLED 分子体系以有机小分子发光体系作为发射层，开发相对较晚。这类分子具有结构简单、量子效率高和衍生物容易制备等特点，同时又具有无金属、成本低和高性能等金属配合物不具有的优势，是未来 OLED 的重要发展方向。但传统的有机发光材料的发光仅限于单线态激子的跃迁，按照量子力学理论，只有 25%的电子跃迁能量转化为单线态，而其余的 75%则转换为三线态。所以，理论上荧光分子只能有最高 25%的能量转化为光能，而绝大部分能量则以非辐射的形式从三线态损耗掉。因此，多数荧光分子并不适合作为制备 OLED 的材料，磷光材料虽然可以实现隙间的跃迁，但多数以敏感且昂贵的稀有金属为主体的化合物，量子效率也不理想。2015 年，Hasobe 等报道了一对具有镜像的 CD 和 CPL 的螺烯衍生物，量子效率达到 25%，遗憾的是在 OLED 方面的性能差强人意[15]。

TADF 类材料是近几年发展起来的有机电致发光材料，具有其他光电材料难以匹敌的优势。TADF 材料的三线态和单线态激子之间具有极低的能带差，在热激发下可以进行隙间可逆穿越，理论上具有 100%的内量子效率[16-19]。三线态和单线态的能带差与分子的最高占据轨道和最低未占轨道之间的能带差成正比，因此针对分子 TADF 性质的设计常采用的策略是在分子中构筑电子给体-受体结构，以降低三线态和单线态的能带差。而在 TADF 分子中引入手性取代基，诱导非手性发光基团产生手性构象，则可以赋予分子 CPL 特性。Adachi 首先报道了具有 TADF 性质的材料在高效 OLED 方面的应用研究[20]。Pieters 等报道了基于手性联二萘酚的 TADF 材料，溶液状态时具有 CPL 特性，具有 9.1%的外量子效率，但不具有 CP-EL 特性[21]。陈传峰课题组报道了基于芳香亚酰胺类的 TADF 材料。通过将 1, 2-二氨基环己烷引入非手性芳香亚酰 TADF 材料成功制备对映体，并首次报道了基于 TADF 的具有 CP-EL 性质的掺杂型 CP-OLED。该 CP-OLED 只需要 0.06 eV 的启动电压，即可达到高达 98%的荧光量子产率。基于此对映体的 CP-OLED 分别具有高达 19.7%和 19.8%的外量子效率，在 520 nm 波长处的不对称因子 g_{EL} 分别为-1.7×10^{-3} 和 2.3×10^{-3}[22]。

TADF 材料虽然理论上具有 100%的荧光量子产率，但与传统荧光材料相似，也同样受 ACQ 效应困扰。TADF 材料需要分散在主体材料中以克服 ACQ 效应，所以基于 TADF 的 OLED 通常需要精准控制掺杂过程来有效防止浓度猝灭效应。然而掺杂提高发光亮度的同时，也伴随发光效率的下降，这也是 TADF 材料实际应用中一个棘手的问题。AIE 分子独特的聚集态发光增强性质为有效解决 ACQ 问题提供了新思路，将 TADF 与 AIE 性质相结合可以有效解决荧光效率不足的问题，在发光强度和效率方面大幅度提高器件的性能[23-26]。二者的结合为制备更节能、更高效的 CP-OLED 器件性能提供了新思路：在分子的设计中遴选高效的可发射圆偏振光的 AIE 分子作为发光骨架，引入 TADF 结构进一步降低器件能耗。Yasuda 等采用将 AIE 性质与 TADF 性质相结合的策略，制备出具有 AIE 和 TADF 性质的硼烷分子，所制备的 OLED 器件具有黄色到红色强荧光发射，固态薄膜状态下材料的荧光量子产率高达 97%，以此材料制备的非掺杂的 OLED 的外量子效率高达 11%[26]。

基于手性 AIE 分子和 TADF 的 CP-OLED 器件虽然起步较晚，但其独特的优势在众多 OLED 器件中不容小觑，其自身可发射圆偏振光，不需要偏振调节器，而且在固态下保持较高发光强度，即使在非掺杂状态下依然具有优异的光学性能，有效避免了传统发光材料固态下因 ACQ 效应导致的发光强度下降的问题，因此这类分子往往具有较高不对称因子和荧光量子产率。基于这些独特的光学性质，手性 AIE 分子无疑是制备更节能、更高效的 CP-OLED 显示器发射层的理想材料。本章将重点介绍具有手性 AIE 和 TADF 性质的分子在圆偏振发光材料领域的应用研究。

手性 AIE 分子除作为发光层材料用于 OLED 和 CP-OLED 的制备，在手性分子识别方面也具有重要的潜在应用，这一应用在药物分析、鉴定及提纯等领域具有重要的意义。基于分子 AIE 特性和手性分子特异性作用制备的化学传感器和生物探针，与传统的核磁共振谱、圆二色谱分析等手段相比，采用基于手性 AIE 分子的荧光光谱检测具有更为显著的快速、便捷等优势，具有良好的应用前景。本章也将对相关应用的研究进展进行介绍。

7.5 手性 AIE 分子在 CP-OLED 制备的应用研究

7.5.1 基于联二萘-TADF 小分子体系的 CP-OLED 制备

联二萘作为目前最重要的一类 C_2 对称性分子，其手性来源于两个萘环分子的旋转受限。联二萘分子作为手性基元广泛用于手性小分子和主链手性高分子合成。联二萘是重要的手性骨架，具有稳定的手性构型和有效的手性诱导，同时也是典型的 AIE 分子基元，是手性分子 AIE 研究中的代表性分子。

唐本忠课题组与马东阁课题组合作，巧妙地将 AIE 和 TADF 结合起来，设计合成了一系列具有 TADF 和 AIE 性质，具有绿色到黄色等多色荧光发射的手性联二萘型对映体，而且未掺杂型分子比掺杂型具有更为优异的电致圆偏振发光性质（图 7-4）[27]。这几种分子具有扭曲平面构型，均具有 AIE 特性[图 7-5（a）和（b）]；由于联二萘的轴手性特征，分子具有镜像的 CD 和 CPL 信号，在固态下发出亮黄色荧光[图 7-5（c）]。由于存在扭曲分子内电荷转移（twisted intramolecular charge transfer，TICT）效应，可以通过调节外部溶剂的极性实现三种分子聚集态下的多色荧光发射[图 7-5（c）]。

几对对映体分子具有互为镜像的 CD 和 CPL 光谱，将这些联二萘衍生物分别作为发光层制备未掺杂型器件，具有最高 3.5%的外量子效率和 0.09 的不对称因子$|g_{EL}|$。而掺杂型 CP-OLED 器件，具有最高可达 9.3%的外量子效率和 0.027 的不对称因子$|g_{EL}|$。两种 CP-OLED 相比，采用未掺杂的 AIE 分子制备的 CP-OLED 发光层具有更显著的优势，器件显示出更小的效率滚降和更高的 g_{EL} [图 7-6（a）和（b）]。掺杂后外量子效率由 3.5%提高到 9.3%，基于掺杂的薄膜具有黄绿色的电致发光特性和高达 2948 cd/m^2 的亮度，其不对称因子 g_{EL} 可达到 10^{-2} 的数量级（图 7-6）。

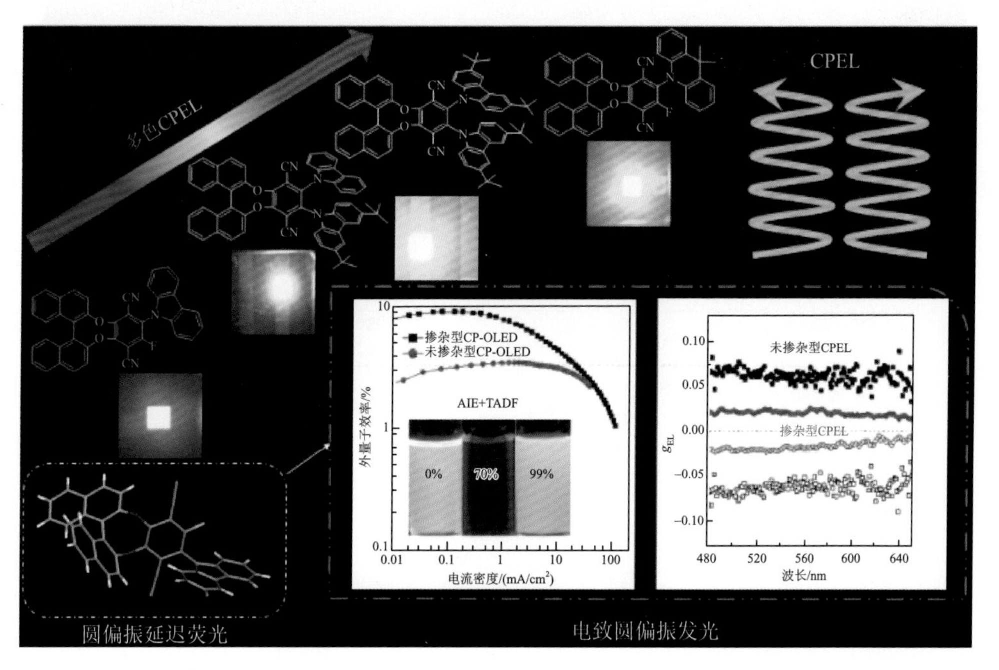

图 7-4　基于联二萘分子骨架的具有 AIE 和 TADF 性质的电致圆偏振发光分子的设计

CPEL：圆偏振电致发光

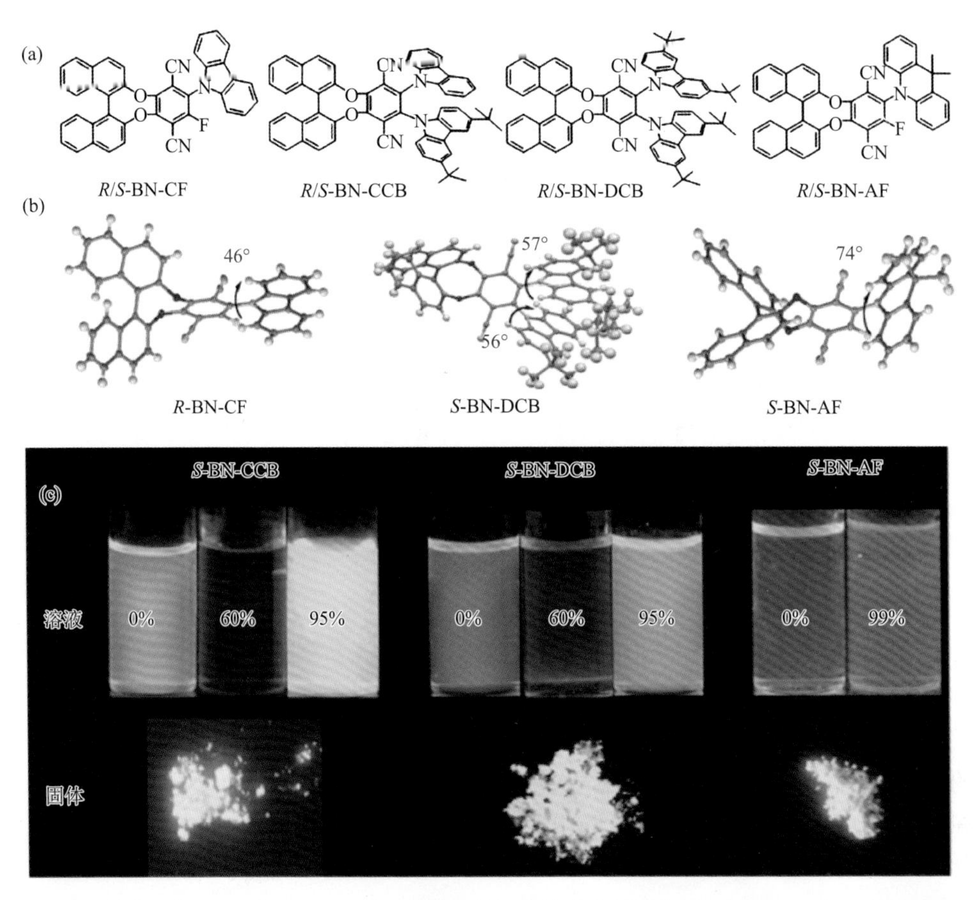

图 7-5 （a）几类用于制备 CP-OLED 的联二萘衍生物的分子结构；（b）*R*-BN-CF、*S*-BN-DCB、*S*-BN-AF 的晶体结构；（c）分子 *S*-BN-CCB、*S*-BN-DCB 和 *S*-BN-AF 在良溶剂、不良溶剂中及固体状态的荧光照片

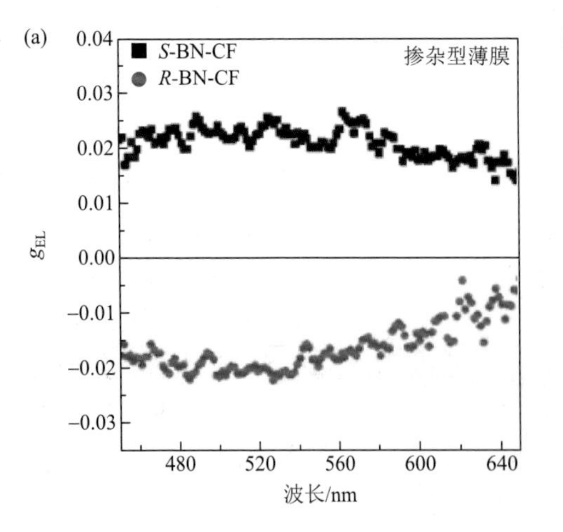

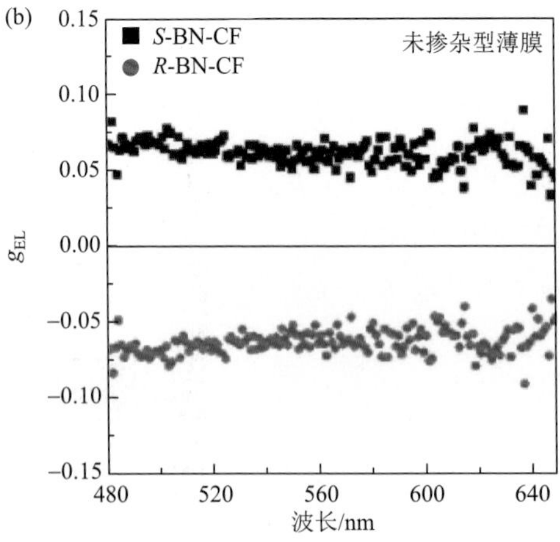

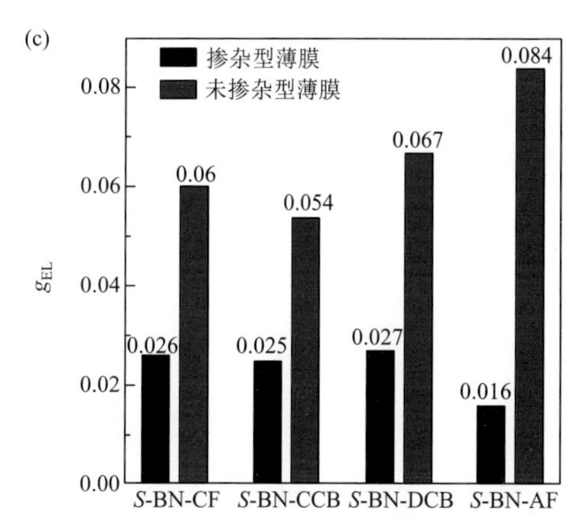

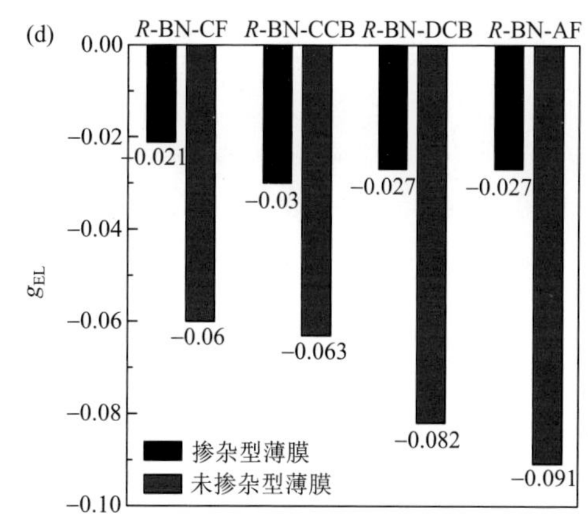

图 7-6　联二萘衍生物 *R/S*-BN-CF 在掺杂时（a）和未掺杂薄膜态（b）的电致发光不对称因子；*S* 型（c）和 *R* 型（d）的联二萘衍生物掺杂型和未掺杂型器件电致发光不对称因子

成义祥课题组通过共价键将四苯乙烯与联二萘类衍生物连接起来，合成了对映体 *S*/*R*-**1**[28]。如图 7-7 所示，*R*/*S*-**1** 两种分子均具有 AIE 特性，并具有镜像对称的 CPL 特性。此 CP-OLED 器件具有 10^{-3} 的不对称因子$|g_{EL}|$。以 *S*/*R*-**1** 作为发光层制备的未掺杂型 CP-OLED 器件的组成如图 7-7（c）所示。两种器件在 4～8 V 的驱动电压范围内都具有稳定的电致发光性能和较高的发光亮度（312～1000 cd/m^2），完全可以满足固态显示的实际应用（一般在 100～1000 cd/m^2）。分子具有镜像的 CP-EL 发射曲线，电致发光的不对称因子分别为 3.2×10^{-3} 和-3.2×10^{-3}。

针对联二萘分子体系效率不足的问题，成义祥课题组在联二萘分子中引入主-客体（D-A）型取代基，制备了具有手性 AIE 性质和 TADF 性质的两类圆偏振发光分子 *R*/*S*-**2** 和 *R*/*S*-**3**（图 7-8）。只有 *R*/*S*-**2** 分子具有 CD 和 CPL 特性，而 *R*/*S*-**3** 分子则不具有。前者的联二萘分子骨架与电子受体呫酮通过共价键锁定，而后者则处于自由转动状态。两种分子在不良溶剂中均具有 AIE 特性，在薄膜状态下具有 TADF 特性。以 *R*/*S*-**2** 作为发光层制备的非掺杂型 CP-OLED 器件，其组成结构如图 7-8（a）所示，两种未掺杂的有机发光二极管开启电压分别为 3.1 V/3.0 V，具有 2726 cd/m^2/4212 cd/m^2 的最大亮度和 0.23 cd/A/0.38 cd/A 的最佳电流效率，最大外量子效率分别为 0.12%/0.22%[29]。当 *R*/*S*-**2** 与 TCTA（4, 4′, 4″-三-9-咔唑三苯基胺，4, 4′, 4″-tri-9-carbazolyltriphenylamine）掺杂后，所制备的二极管在发光亮度和外量子效率方面都大幅提升[图 7-8（b）]。进一步将常用的红绿光材料 CBP（4, 4′-二咔唑-1, 1′-联苯，4, 4′-dicarbazolyl-1, 1′-biphenyl）作为主体材料与 *R*/*S*-**2** 掺杂，利用其较高的三线态能级（2.6 eV）来阻断客体分子三线态激子形成。四个掺杂型器件分别对应 10 nm、15 nm、20 nm 和 25 nm 的厚度。所制备的掺杂型 CP-OLED 器件发射橙红色荧光，在 3.3～4.0 V 启动电压下，最大发光亮度可达 40470 cd/m^2，外量子效率可达 4.1%。以对映体分子 *R*/*S*-**3** 制备的 CP-EL 的不对称因子 g_{EL} 分别为-0.9×10^{-3}/1.0×10^{-3}。

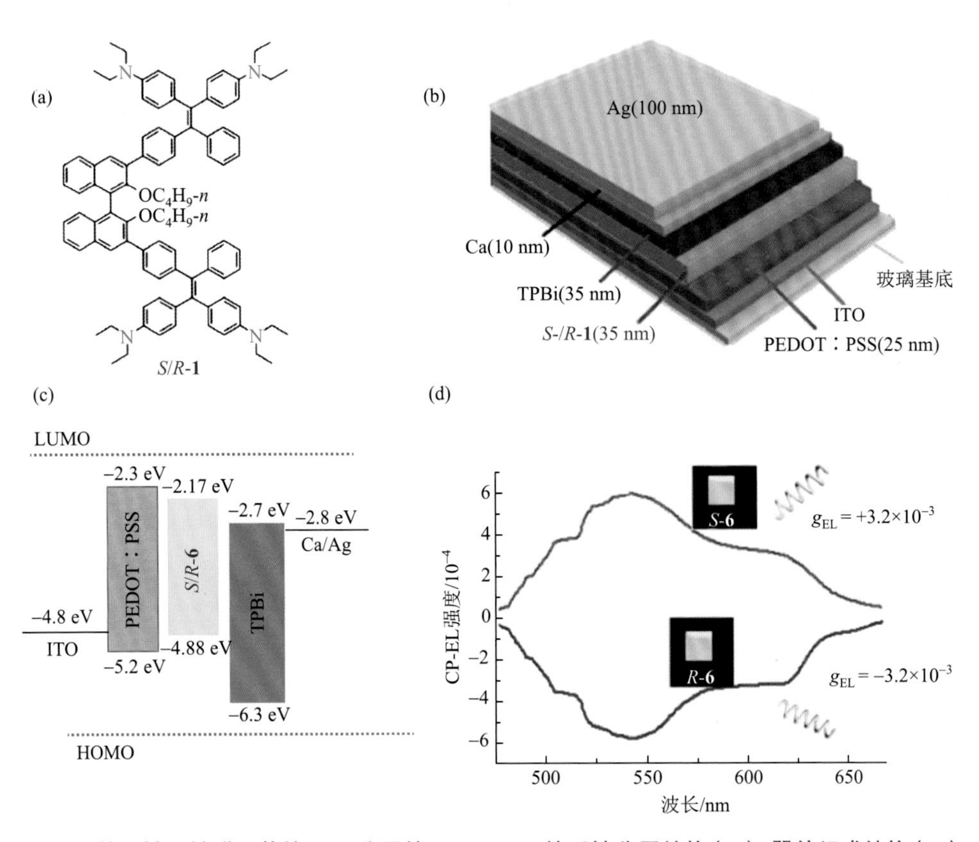

图 7-7　基于轴手性联二萘的 AIE 分子的 CP-OLED 的手性分子结构（a）、器件组成结构（b）、能级结构（c）及 CP-EL 不对称因子（d）

手性受体　给体

手性受体　给体

R = CH_2OCH_3

R/*S*-**2**　　*R*/*S*-**3**

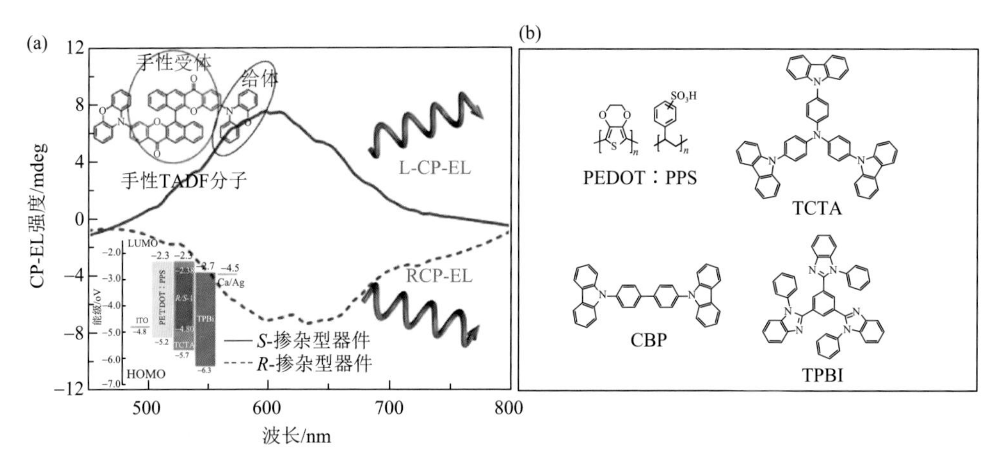

图 7-8　（a）基于 D-A 型具有 TADF 性质的掺杂型 CP-EL 器件的组成和 CP-EL 谱；（b）所涉及 CP-EL 器件材料的分子结构式

咔唑作为电子给体，具有极高的三线态能级，而氰基吡啶作为电子受体则具有良好的电子转移能力。黄维课题组将氰基吡啶和咔唑引入联二萘分子，设计合成了具有 TADF 性质的 D-A 型联二萘衍生物[30]。分子具有较好的共轭性、可溶性和热稳定性，通过简单的一锅法即可制备完成，产率为 80%，非常容易提高量产。由于联二萘的手性特征，对映体分子具有镜像的 CD 和 CPL 信号（图 7-9）。在溶液状态下，分子 *R*/*S*-CPDCz 的不对称因子 g_{EL} 分别为 3.4×10^{-4} 和 -3.0×10^{-4}，*R*/*S*-CPDCB 的不对称因子 g_{EL} 分别为 3.2×10^{-4} 和 -2.1×10^{-4}。两种材料通过溶液旋涂法制备的薄膜具有更高的不对称因子 g_{EL}，分别为 3.7×10^{-4} 和 -3.3×10^{-4} 和 5.8×10^{-4} 和 -4.0×10^{-4}。这是因为在溶液状态下，分子处于彼此分隔状态，没有形成有效的分子手性放大；而制备成旋涂的薄膜后，分子聚集态下形成取向位错，有效放大分子手性，使薄膜具有更高的不对称因子。

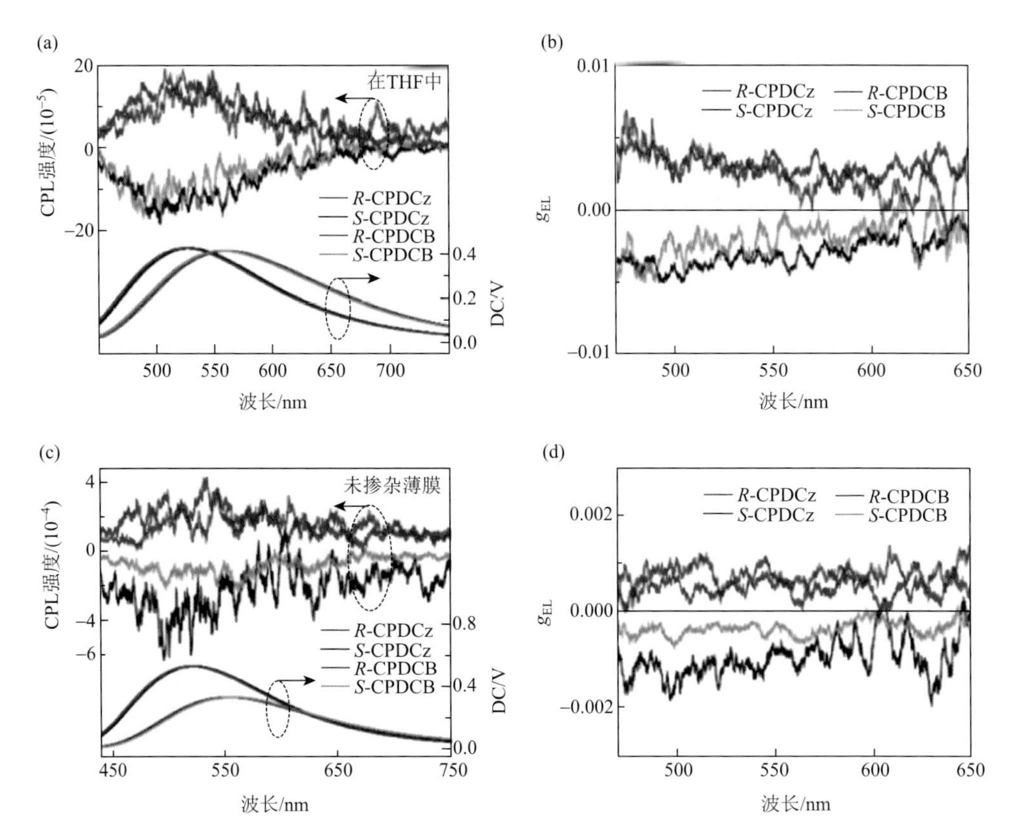

图 7-9　基于 D-A 型具有 TADF 性质的联二萘酚的分子 *R*/*S*-CPDCz 和 *R*/*S*-CPDCB 的分子结构及其 CPL 光谱（a，c）和不对称因子 g_{EL}（b，d）

在器件薄膜的制备环节，黄维课题组不仅采用了应用较广的真空沉积法，还探索了溶液法，系统比较了这两种方法所制备的器件在性能方面的特点。采用真空沉积法和溶液法制备的 CP-OLED 器件的组成如图 7-10 所示，二者相比，以溶液法制备的 CP-OLED 器件具有更为简单的结构组成。这两种方法制备的器件具有相似的电致发光曲线，但 *R*/*S*-CPDCB 由于额外的四个丁基取代基产生给电子效应，比 *R*/*S*-CPDCz 具有更高的 HOMO 能级和荧光量子产率，所以相应器件具有更优异的性能。以真空沉积法制备为例，以 *R*/*S*-CPDCB 为发射层的器件具有更大的电流效率（39.5 cd/A）、发光效率（30.3 lm/W）和 12.4%的外量子效率；以溶液法制备的器件也有高达 10.6%的外量子效率。真空沉积法制备的器件的不对称因子 g_{EL} 分别为 $6\times10^{-4}/-8.6\times10^{-4}$，而溶液法制备的器件的不对称因子 g_{EL} 则高出近一个数量级（$3.5\times10^{-3}/-3.9\times10^{-3}$）。采用溶液法制备的薄膜不仅具有成本低、制备简单的显著优势，同时在器件性能方面也具有较大优势。这一探索为 CP-OLED 器件的制备提出了一个极具发展潜力的途径。

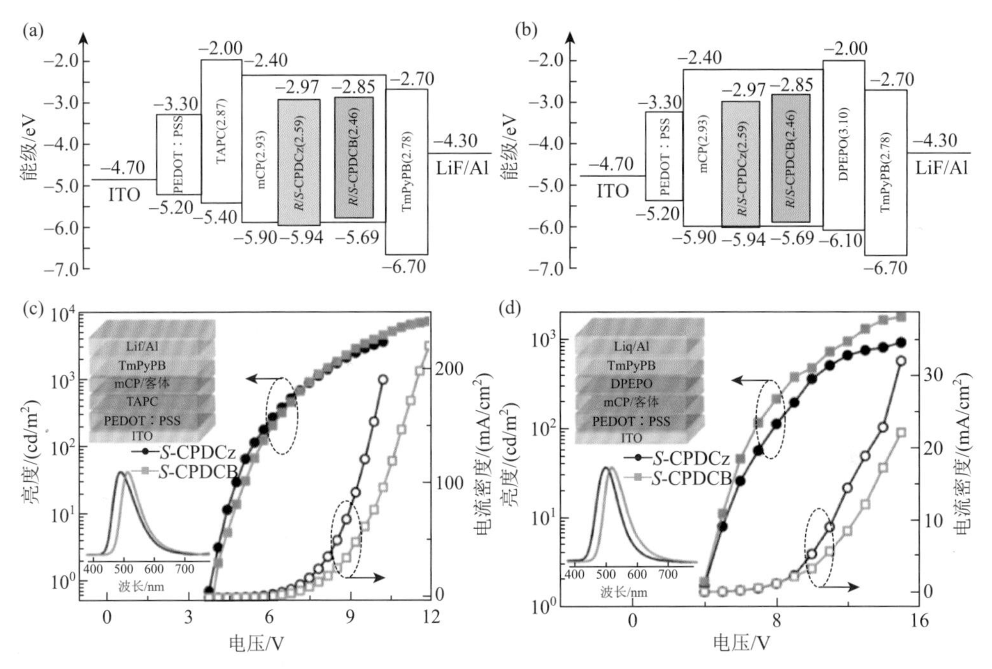

图 7-10 S-CPDCz 和 S-CPDCB 作为 CP-OLEDs 发射层制备的器件的材料的能级图：（a）真空沉积法制备，（b）溶液法制备；电流密度-亮度-电压曲线：（c）真空沉积法制备，（d）溶液法制备。（c）、（d）插图为电致发光光谱和器件组成结构

郑佑轩课题组将手性联二萘酚骨架与 TADF 骨架氰基二苯基胺相结合设计合成了具有 CPL 和 TADF 性质的分子(*R*/*S*)-OBN-DPA（图 7-11）[31]。该分子具有典型的 AIE 特征，溶液状态和薄膜状态下，对映体分子在 450 nm 波长处均具有镜像的 CD 吸收，主要来源于 TADF 骨架的吸收，这说明 D-A 型分子结构通过分子内电荷转移将 OBN 的手性有效传递给氰基二苯基胺 TADF 骨架。对映体分子 CD 的不对称因子在 10^{-3} 数量级，分子的 CPL 也具有完美的镜像特征。

以未掺杂对映体为发射层制备的 CP-OLED 器件组成能级图如 7-11 所示，两种器件均在 560 nm 处发射黄绿色荧光，具有相似的电致发光性能，以(*R*)-OBN-DPA 为发射层的器件 D-ND(*R*)具有 3.6 V 的启动电压，亮度超过 16000 cd/m^2，最大电流效率为 16.8 lm/W（图 7-12）。以(*S*)-OBN-DPA 为发射层的器件 D-ND(*S*)也达到了 15161 cd/m^2 的发光亮度和 22.7 cd/A 的电流效率。D-ND(*R*)的 g_{EL} 为 2.9×10^{-3}，而基于 D-ND(*S*)的 g_{EL} 为-2.2×10^{-3}。

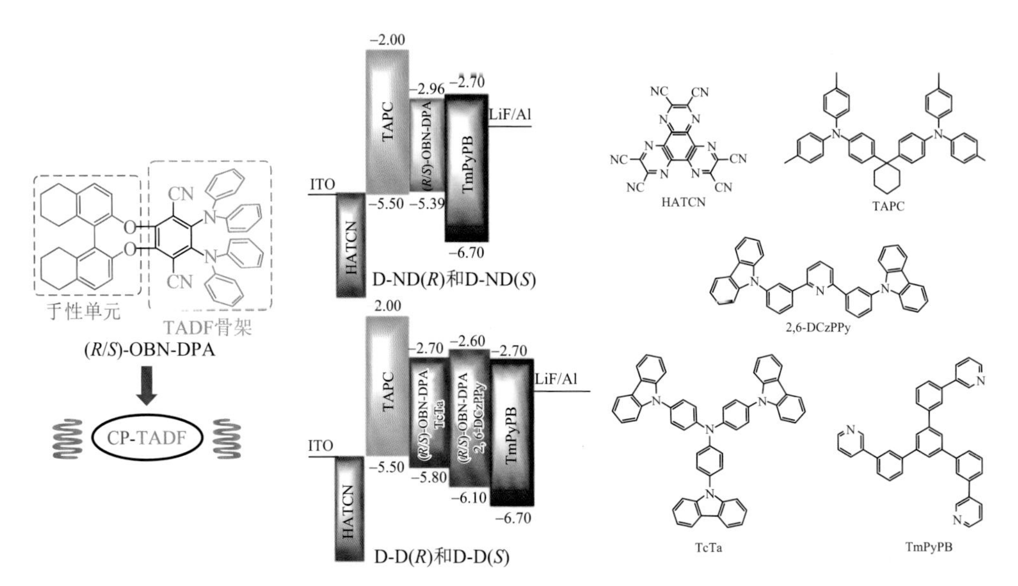

图 7-11　(*R*/*S*)-OBN-DPA 的分子结构，非掺杂型 CP-OLED 器件 D-ND(*R*)、D-ND(*S*)和掺杂型 D-D(*R*)、D-D(*S*)的组成结构，以及制备所用掺杂分子的结构

掺杂 10 wt% 2, 6-DCzPPy 的(*R*)-OBN-DPA 薄膜具有 84.67%的高荧光效率，如图 7-13 所示。与未掺杂型相比，掺杂型在荧光亮度和电流效率方面具有更大提升，而且具有更小的电流滚降，在 100 cd/cm^2 和 1000 cd/cm^2 亮度时均达到 11.5%的外量子效率。该以(*R*/*S*)-OBN-DPA 制备的掺杂型 CP-OLED 的不对称因子 g_{EL} 分别为 $+2.3\times10^{-3}$ 和 -1.8×10^{-3}，具有超过 25000 cd/cm^2 的亮度及分别为 12.3%、12.4%的外量子效率，是目前已报道的基于手性有机发光分子的 CP-OLED 的最佳水平。该掺杂器件的优异性能主要归因于以下四个因素：第一个因素，掺杂分子具有纳秒级的瞬时荧光寿命（$t_p = 10.8$ ns）和微秒级的延迟荧光寿命（$t_d = 13.5$ μs），较短的 TADF 寿命更有利于阻断三线态间及单线态与三线态间的湮灭过程，使器件具有更低的效率滚降。第二个因素，

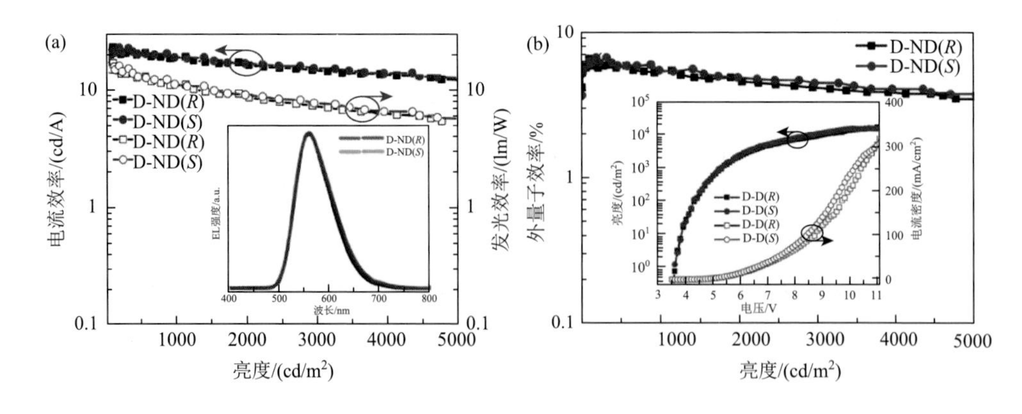

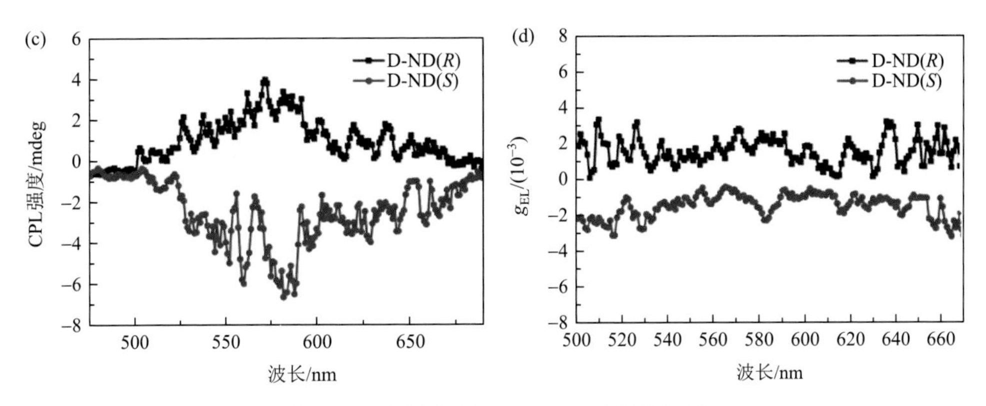

图 7-12　未掺杂型 CP-OLED 的性能测试

（a）电流效率/发光效率-亮度曲线，插图为 6 V 时的电致发光光谱；（b）外量子效率-亮度曲线，插图为电流密度-电压曲线；（c）CP-EL 谱；（d）不对称因子 g_{EL}-波长谱

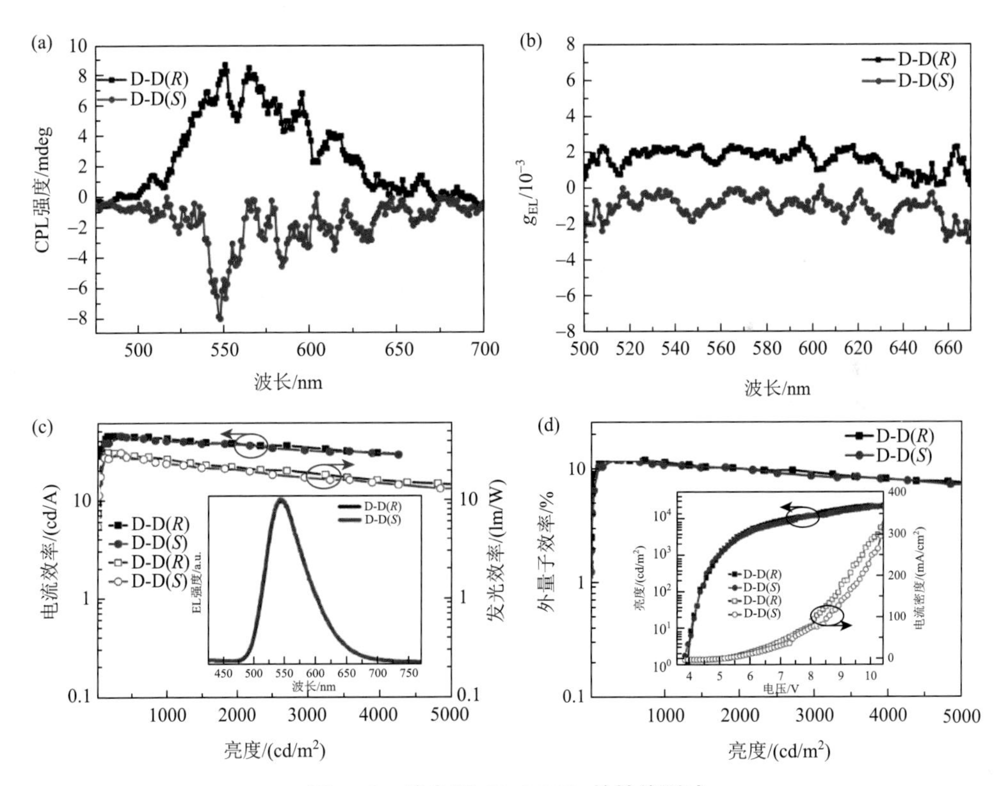

图 7-13　掺杂型 CP-OLED 的性能测试

（a）CP-EL 谱；（b）不对称因子 g_{EL}-波长谱；（c）电流效率/发光效率-亮度曲线，插图为 6 V 时的电致发光光谱；（d）外量子效率-亮度曲线，插图为电流密度-电压曲线

八氢化联二萘周边的取代基可以有效抑制分子聚集导致的三线态间的湮灭效应。第三个因素，未掺杂和掺杂后的薄膜分别具有 78.59%和 84.67%的荧光量子产率，可以有效抑制分子的荧光自猝灭效应。第四个因素，掺杂型器件采用双发射层，可以更有效地拓宽发射层中载流子所在的复合区，减少载流子聚集，抑制激子猝灭，提高效率。

2019 年成义祥课题组报道了以芘为电子给体，1, 8-萘酰亚胺为电子受体的 D-A 型的芘取代 1, 8-萘酰亚胺对映体[图 7-14（a）][32]。该分子不仅具有芘的强发光特性，同时萘酰亚胺的扭曲结构有效避免了芘分子因 π-π 堆积产生 ACQ 效应；D-A 型结构赋予分子良好的电荷载流性。对映体分子在聚甲基丙烯酸甲酯薄膜中分散，具有镜像的 CPL 信号，随掺杂浓度增加，CPL 信号逐渐增强，在薄膜本体中具有

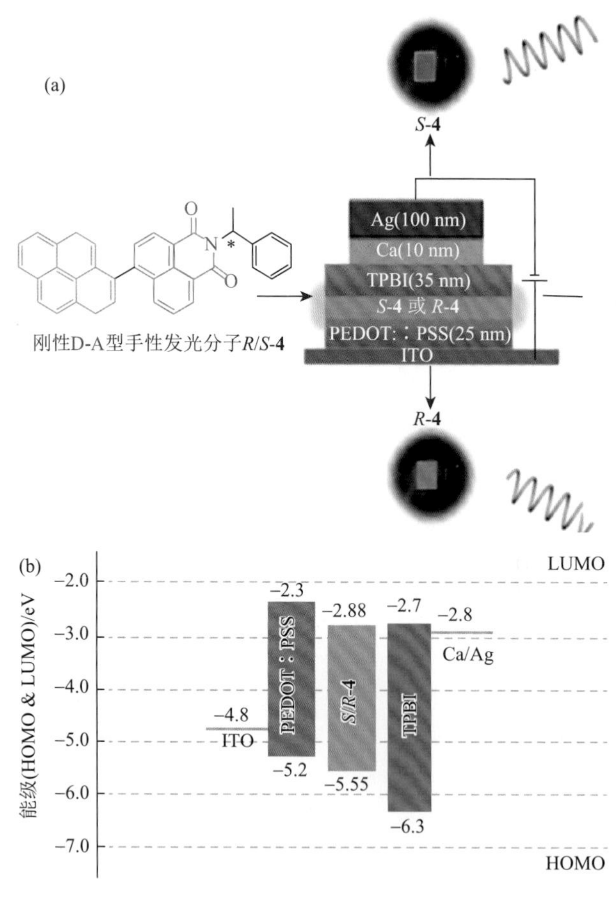

图 7-14 （a）基于芘和 1, 8-萘酰亚胺的 D-A 型分子结构；（b）CP-EL 器件中相关材料的能级分布

最强 CPL 信号。以该对映体制备的 CP-EL 器件组成如图 7-14（b）所示，器件中发光层的制备采用溶液旋涂法涂附在 PEDOT∶PSS 层，三种厚度的 CP-EL 电致发光层分别为 25 nm、35 nm 和 45 nm。该 CP-EL 器件的启动电压只有 6.9 V，最大发光亮度 L_{max} 分别达到 19575 cd/m^2/18411 cd/m^2[图 7-15（a）和（c）]，最大电流效率分别达到 2.8 cd/A/3.2 cd/A，不对称因子 g_{EL} 分别为 $2.15\times10^{-3}/-2.23\times10^{-3}$，非掺杂下 g_{EL} 分别为 $+2.15\times10^{-3}/-2.23\times10^{-3}$。

该 CP-EL 器件的电流效率和外量子效率随发光层厚度增加先增加，在发光层厚度增加到 45 nm 后，则开始下降[图 7-15（b）和（d）]。发光层的厚度对器件功效具有双重效应：一方面，过厚的电致发光层意味着电子具有更长的输运距离和更大的能量损耗，传输到复合层的电子数目会下降。而另一方面过薄的发光层则限制了载流子的浓度，导致不均衡的载流子分布和较低的电流效率。因此，发光层的厚度需要综合考虑两种效应对器件功效的影响进行选择。

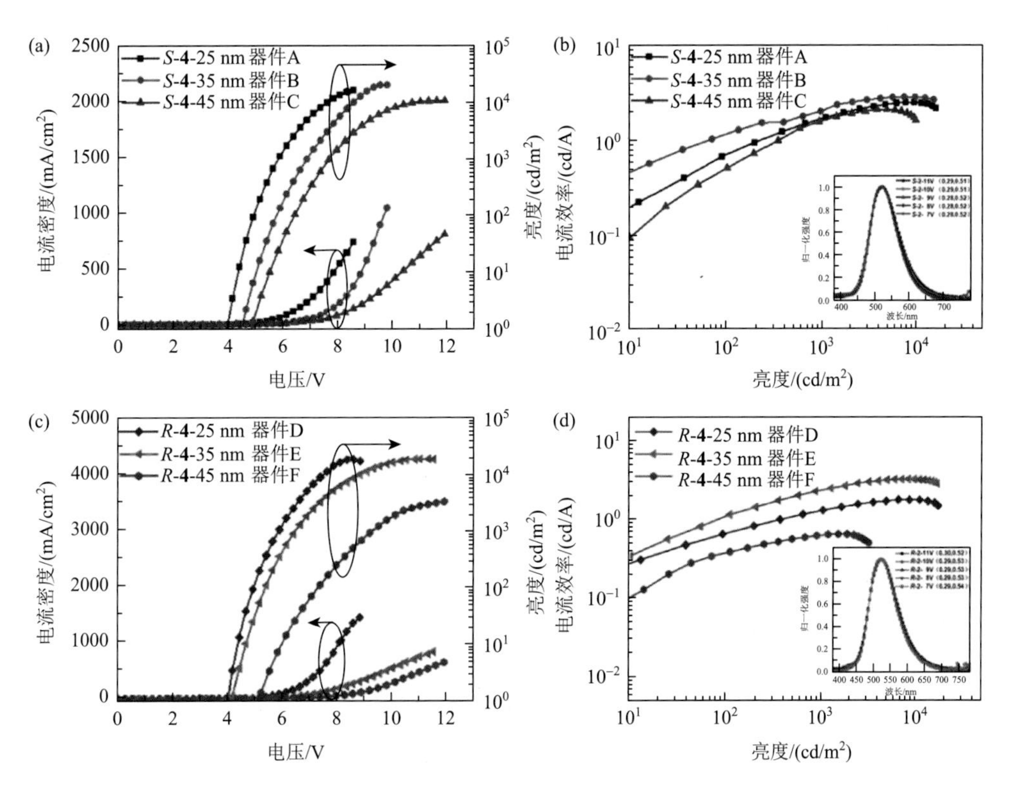

图 7-15　以 *S*-4 和 *R*-4 为发光层的 CP-EL 器件的电流密度-电压图（a，c）和电流效率-亮度图（b，d）

Pieters 课题组将咔唑引入联二萘酚，设计合成了几种具有 TADF 和 AIEE 性质的手性联二萘化合物（图 7-16）[33]，并首次采用顶层作为发射层制备 CP-OLED。绝大多数研究中 CP-OLED 的制备以底层作为发光层，在 ITO 玻璃上沉积发射层，以顶层作为发光层，无论是在器件稳定性还是高效性方面都更为理想，也更容易实现与其他器件的集成，但在器件制备方面无疑具有更大挑战。

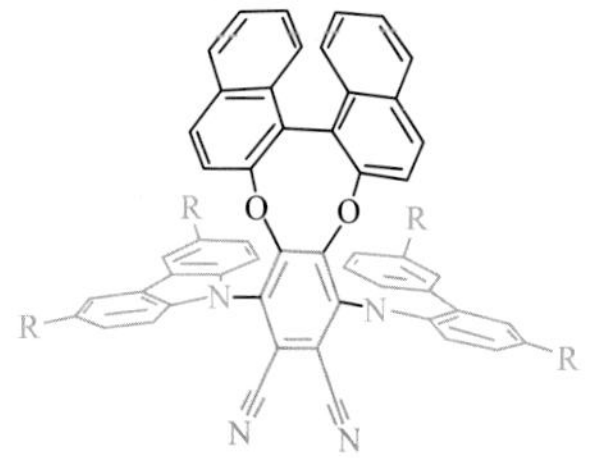

B1(R = H); B2(R = *t*-Bu); B3(R = Ph)

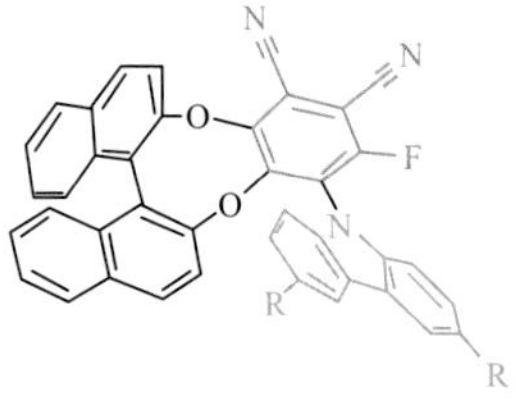

C′1(R = H);C′2(R = *t*- Bu);C′3(R = Ph)

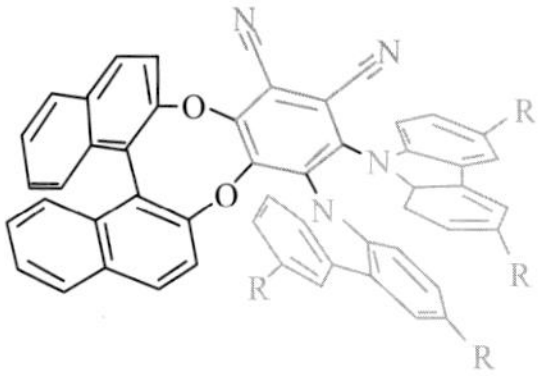

C1(R=H); C2(R= *t*-Bu); C3(R = Ph)

化合物	$\lambda_{abs\ SO\rightarrow S1}$/nm	$\lambda_{cm\ max}$/nm	Φ_F(固态)	τ_{PF}/ns	τ_{DF}/μs	$\Delta E_{sr}^{a)}$/meV	$g_{abs}\times10^3$(at $\lambda_{abs\ max}$)	$g_{lum}\times10^3$(at $\lambda_{cm\ max}$)
B1	345	469	7	8	10	310(54)	1.1	2.1
B2	358	490	16	23	45	180(51)	1.0	1.6
B3	364	506	18	22	39	160(17)	1.0	0.2
B4	370	516	30	43	16	100(22)	1.0	<0.1
C′1	375	481	29	10	6	280(13)	0.9	1.1
C′2	393	504	46	12	19	130(53)	0.8	1.0
C′3	395	510	42	11	17	110(9)	0.9	1.1
C1	380	493	25	11	18	220(136)	<0.1	<0.1
C2	396	511	31	11	40	110(70)	<0.1	<0.1
C3	400	519	47	15	22	100(75)	0.7	0.7

a）括号外数据是实验测量值，括号内数据是理论计算值。

图 7-16　咔唑取代联二萘衍生物的化学结构和化学性质

采用顶层发光层与手性掺杂剂 *R*/*S*-C′3 集合起来制备的 OLED 器件（图 7-17），具有绿色荧光发射，电流密度-电压-亮度（*J*-*V*-*L*）特征曲线具有典型的二极管整流器性质和低漏电流（≤1 μA/cm^2），在 11 V 电压下亮度达到 6000 cd/m^2，电流效率达到 2.5 cd/A，在 500～1000 cd/m^2 亮度范围内外量子效率为 0.8%。作

为手性发光材料，最大不对称因子$|g_{lum}|$为 1.2×10^{-3}；作为 CP-OLED，$|g_{EL}|$为 1.0×10^{-3}。

(a)

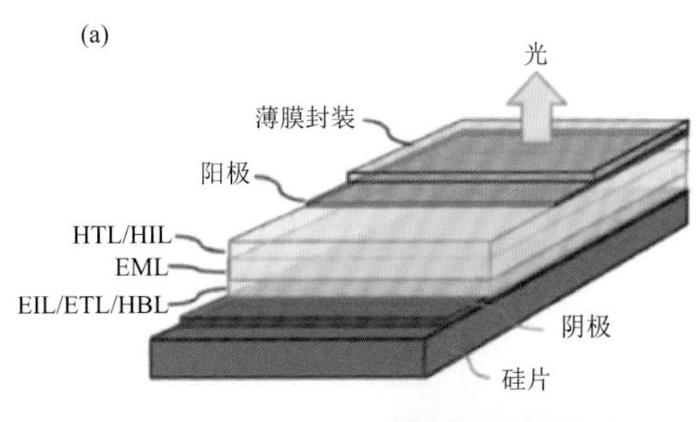

层	材料	厚度/nm
阴极	Al-Cu/TiN	200/7
EIL	Ca	10
ETL	Bphen	20
HBL	AlQ3	5
EML	mCP+%C′3-*S*或-*R*	30
HTL	STTB	5
HIL	STTB：F4TCNQ	26
阳极	Ag	15
封装层	SiO/Al_2O_3	80/25

(b)

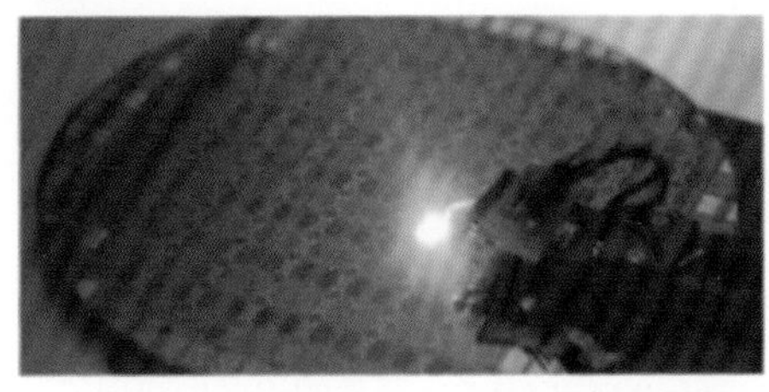

图 7-17　（a）以 *R*-C′3 和 *S*-C′3 作为手性掺杂剂，采用顶层为发光层设计的 CP-OLED；（b）8 in 硅片流程层面处理的单个 CP-OLED 的测试

1 in = 2.54 cm

7.5.2　基于联二萘高分子体系的 CP-OLED 制备

基于手性 AIE 高分子发光体系的 CP-OLED 研究开展相对较少。成义祥课题组设计合成了 3, 3′-位联二萘的高分子[34]，并以其作为发光层制备无手性掺杂、无取向层的 CP-OLED[图 7-18（a）和（b）]。*S*/*R*-P 的 g_{lum} 分别为 1.1×10^{-3}、-1.3×10^{-3}，所制备的 CP-OLED 器件在 512 nm 处发射绿色荧光，两个器件的 *J-V-L* 曲线如图 7-18（c）所示，导通电压分别为 6.0 V/5.7 V 时，最大亮度分别为 1669 cd/m^2/1270 cd/m^2。两个器件分别具有 0.926 cd/A/0.833 cd/A 的最大电流效率和 0.390 lm/W/0.422 lm/W 的发光效率，不对称因子 g_{EL} 为 0.024 的 CP-EL，启动电压和最大亮度分别为 6.0 V/5.7 V 和 1669 cd/m^2/1270 cd/m^2。两个器件所达到的亮度完全满足实际应用的要求（一般为 100～1000 cd/m^2），最大电流效率为 0.926 cd/A，亮度为 383 cd/m^2；在电流效率为 0.825 cd/A 时依然可以达到 1007 cd/m^2 的亮度，这意味着电流的滚降率只有 10.9%。该器件所达到的电流效率可以媲美于文献中以铂配合物为代表的磷光分子。

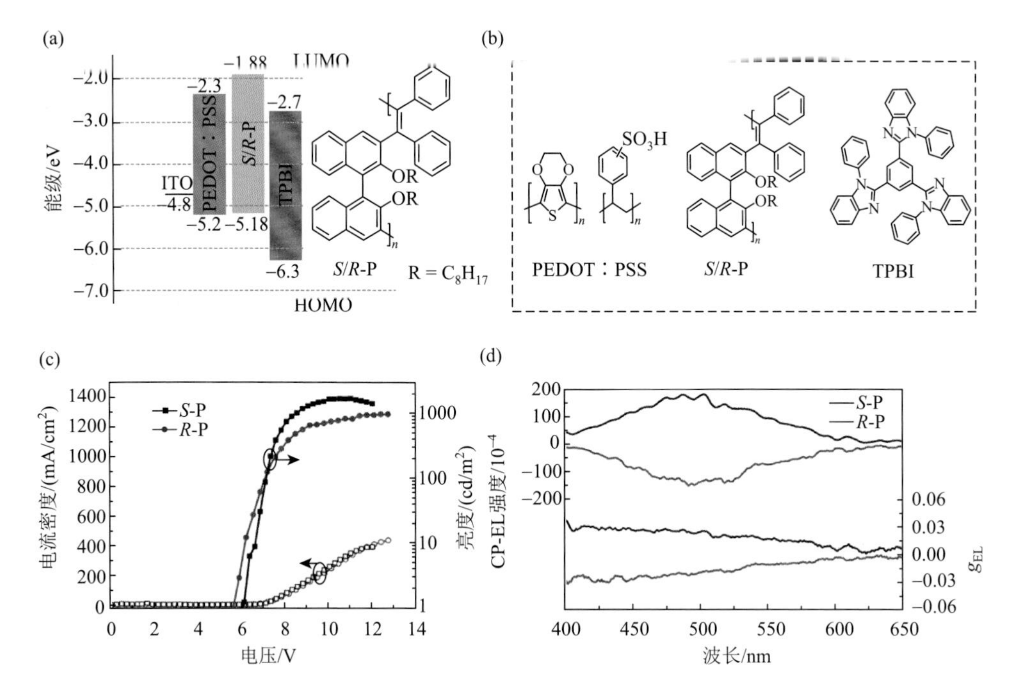

图 7-18 以 ***S*/*R*-P** 为发光层的 CP-OLED 器件的组成能级图（a），器件组成部分的分子化学结构（b），电流密度-电压-亮度图（c），以及电致发光圆偏振光谱（d）

7.6 手性 AIE 分子在液晶显示中的应用

赵东宇等将 AIE 分子作为发光源与手性液晶分子掺杂，构筑了具有 CPL 特性的二元手性 AIE 分子体系，并探索了 AIE 分子在圆偏振液晶显示方面的应用。非手性 AIE 液晶分子 TPE-PPE（图 7-19）与手性向列相商业液晶 CB15 分子掺杂，

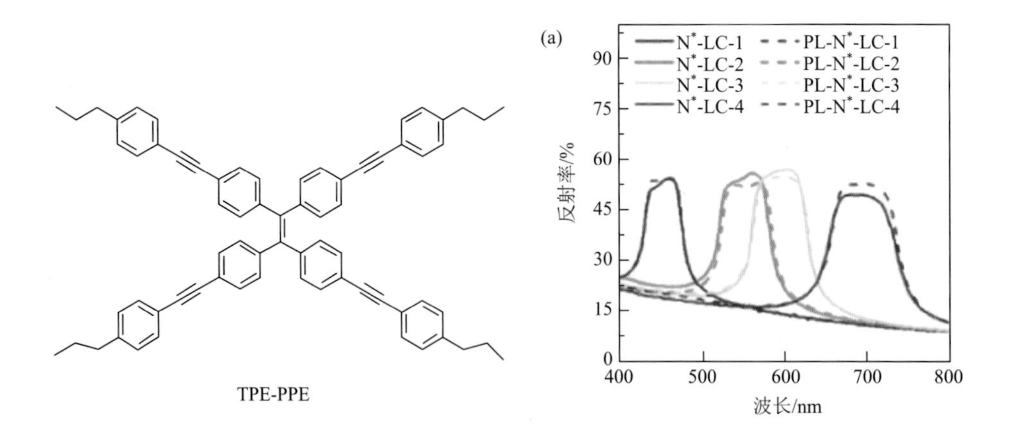

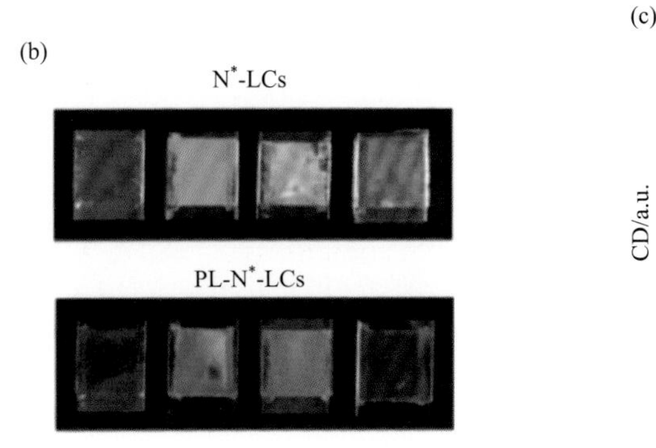

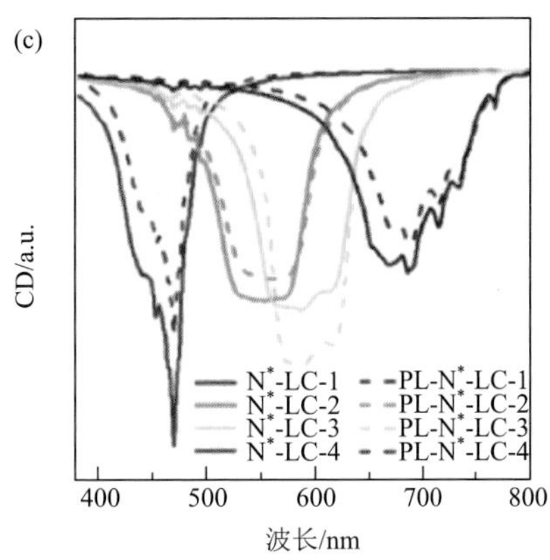

图 7-19　分子 TPE-PPE 的手性向列相液晶的反射谱（a），日光下液晶分子的颜色（b）和圆二色谱（c）

通过手性液晶分子诱导赋予 AIE 液晶分子 CPL 特性，制备出具有 AIE 特性的手性向列相液晶超分子体系[35]。

当掺杂比为 0.5 wt%时，发光超分子液晶体系与未掺杂的液晶分子具有近乎相同的反射荧光峰，在日光下显示相同的色彩，而且掺杂前后二者的圆二色谱在吸收强度和方向上都保持一致的负吸收（图 7-20）。通过向手性液晶分子掺杂 AIE 液晶分子所制备的几种混合配比的二元发光液晶体系，不对称因子 g_{lum} 都可

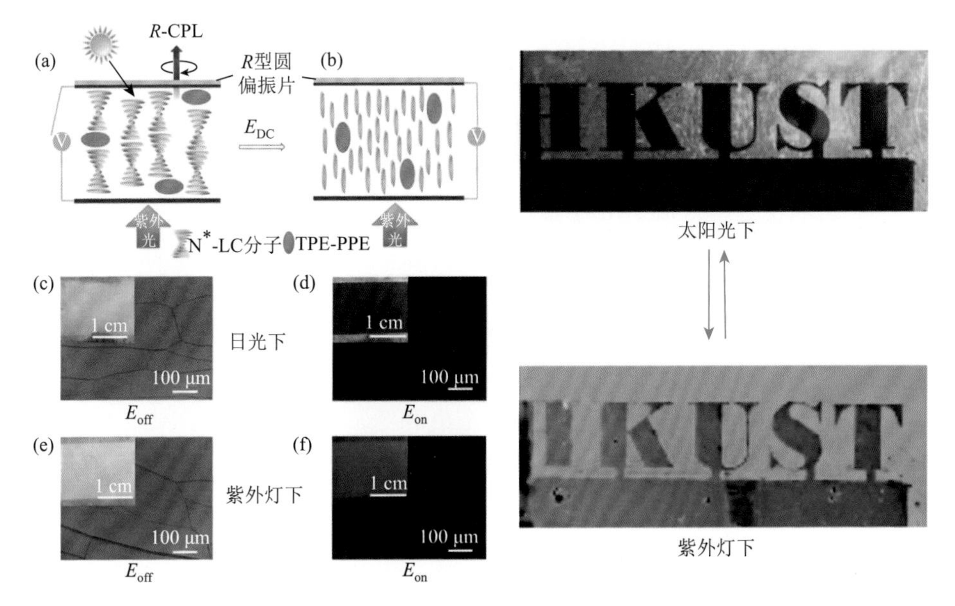

图 7-20　液晶分子与 *R* 型圆偏振片叠加在通入直流前（a）和通入直流后（b）分子取向排列示意图；日光下通电前（c）和通电后（d）及紫外灯照射下通电前（e）和后通电后（f）的光学显微镜图片；刻有 HKUST 字样的液晶显示器在通电 60 V 时的反射荧光图片

以达到 0.1 的数量级，最高不对称因子 g_{lum} 可以达到 0.4 以上。对发光液晶共混体系通以直流电场，液晶具有与基底平行的取向，液晶同时具有左右旋的圆偏振光；再次通入直流电场，发光液晶体系的不对称因子接近零。在太阳光下，基于右手螺旋结构的布拉格反射，发光液晶显示黄色；而在紫外光激发透射的右旋圆偏振光穿透偏振片显示绿色荧光；通以直流电场后，螺旋结构发生扭曲，布拉格反射消失，在太阳光下和紫外灯激发下都难以观察到反射光（图 7-20）。

依据上述选择性荧光反射和发射原理，在 ITO 玻璃上刻蚀 HKUST 图案，利用该超分子体系所制备的反射式发光手性向列型液晶显示设备，可实现在阳光直射或黑暗处显示，不仅节约了背光源，而且省去了彩色滤波片。这一研究为未来节能显示器的研制提供了新途径。

7.7 手性 AIE 分子在分子识别中的应用

7.7.1 基于四苯乙烯类分子的手性分子识别应用

手性识别在不对称合成和手性药物分离提纯中具有重要意义。常用的研究手段包括核磁共振谱、高效液相色谱、圆二色谱和荧光光谱法。其中，采用荧光光谱进行手性分子识别具有高效、高灵敏度和低成本等优点，是进行手性识别最为便捷的手段。利用手性 AIE 化合物通过便捷的荧光分析确定对映体绝对构型和对映体过量比例，对药物分析和提纯具有重要意义。

郑炎松课题组系统研究了手性 TPE 衍生物和氰基二苯乙烯衍生物在手性化合物识别中的应用。该课题组在四苯乙烯骨架上引入双取代的 1-氨基-2-羟基-1, 2-二苯基-乙烷取代基，合成 AIE 手性探针分子[(1*S*, 2*R*)/(1*R*, 2*S*)-**5**，图 7-21][36]。该分子对手性羧酸类分子具有识别作用，由于具有双取代氨基，对二元手性羧酸具有更好的识别作用。该分子与 D-二对甲基苯甲酰酒石酸（D-**6**）作用生成沉淀，发射强荧光；而与 L 型的对映体作用则保持溶液状态，无荧光发射，二者的荧光强度比值 I_1/I_2 为 25［图 7-21（a）］。

分子对手性羧酸的识别效果受溶液浓度和溶剂类型的影响。还是以分子与 D-**6** 的作用为例，当其在氯仿溶液的浓度从 5×10^{-4} mol/L、8×10^{-4} mol/L 提高到 1×10^{-3} mol/L，分子与其对映体分子混合后的荧光强度比值从 25、95 增加到 160［图 7-21（b）］。而以氯仿/正己烷混合溶液作为溶剂，在更低的浓度时即可进行手性识别。如图 7-21（c）所示，氯仿与正己烷的比例为 1∶2 时，浓度从 10^{-4} mol/L 降到 10^{-5} mol/L，荧光强度比值从 2.1 增加到 31，再从 31 降为 1.7；而当氯仿与正己烷的比例为 1∶4 时，分子 **5** 对分子 **6** 的识别在 10^{-6} mol/L 时即可实现，当溶

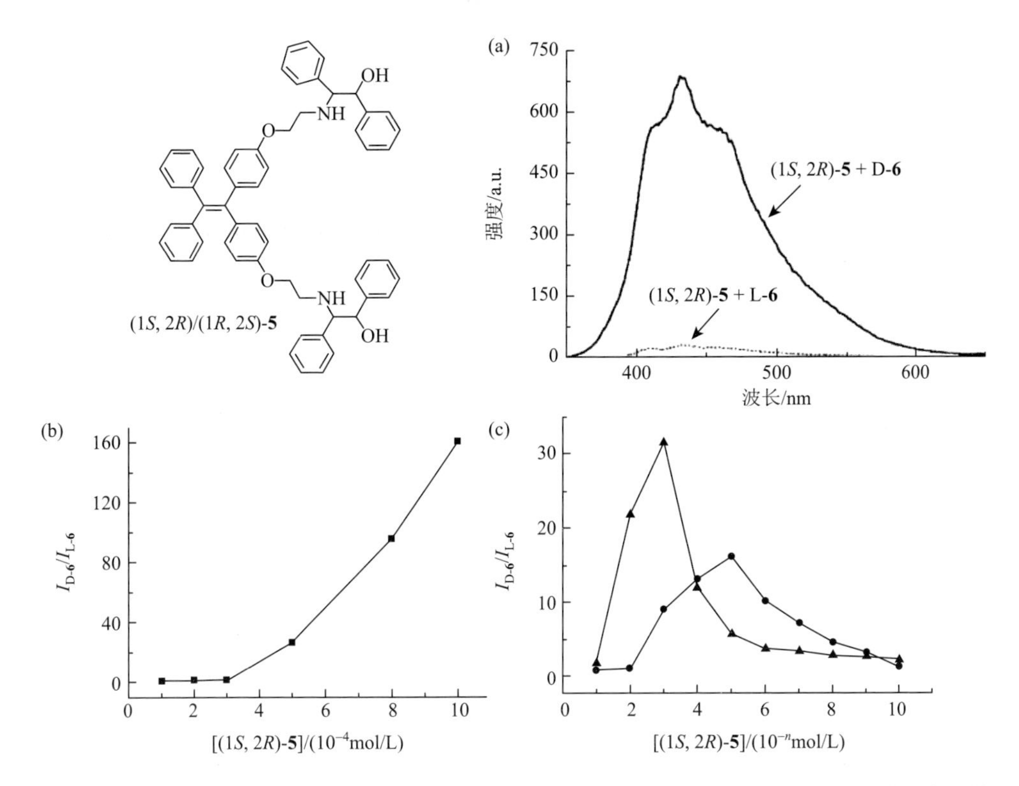

图 7-21 AIE 手性探针分子(1*S*, 2*R*)/(1*R*, 2*S*)-5 的结构式及其与 D/L-6 作用（氯仿溶液）产生的显著荧光响应（a），与 D/L-6 作用（氯仿溶液）荧光强度的比值随溶液浓度的变化（b）；（c）在氯仿/正己烷混合溶液，分子(1*S*, 2*R*)/(1*R*, 2*S*)-5 在不同浓度下与 D/L-6 作用荧光强度的比值变化，▲曲线对应 *x* 轴的浓度 *n* = 5，●曲线对应 *x* 轴的浓度 *n* = 6

液浓度从 10^{-5} mol/L 降到 10^{-6} mol/L，荧光强度比值先是从 1 升到 16，再从 16 降到 1.2。这一结果说明 AIE 手性分子对手性分子的识别是基于溶剂与 AIE 分子及 AIE 分子与待测物的协同作用实现的，溶剂类型和浓度的改变对以上两种作用都具有重要影响，通过优化二者可以实现对手性分子的最佳识别效果。

郑炎松课题组通过四苯乙烯与环己二胺反应得到四苯乙烯衍生物 *R*/*S*-**7**［图 7-22（a）］，该分子对手性羧酸、手性胺、两性的氨基酸及中性的手性醇对映体都产生不同的荧光响应[37]，可以对手性胺、氨基酸和手性醇分子进行检测。例如，2-氯马来酸对映体使分子(*R*, *R*)-**7** 的荧光不同程度地增强，具有显著性差异；同样，马来酸分子的对映体也可以与分子(*R*, *R*)-**7** 作用，使其发生不同程度的聚集，产生显著的荧光响应差异。二者的荧光强度差别肉眼即可识别。利用这一特点分别以(1*S*, 2*S*)-**7** 和(1*R*, 2*R*)-**7** 对马来酸对映体分子进行手性滴定，可以确定对映体中某种构型的百分比［图 7-22（b）］。

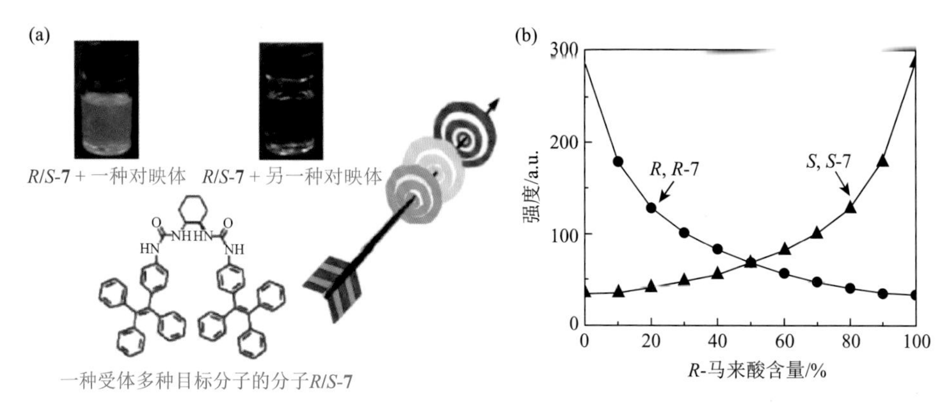

图 7-22 （a）AIE 探针分子 7 的结构式和对手性对映体识别的荧光差异性响应及对多种手性分子识别能力；（b）AIE 探针 R/S-7 对马来酸的手性识别及通过手性滴定确定对映体混合物中某一构型的百分含量

郑炎松课题组采用 1, 2-二苯基-1, 2-二氨基乙烷分子与氯取代四苯乙烯分子反应得到手性对映体分子 **8**，两种分子对手性酸均具有识别作用[38]。分子 **8** 对樟脑磺酸具有最为显著的荧光差异性响应，二者强度比值达到 14.6[图 7-23（a）]。分子 **8** 对 D/L-氨基酸分子也具有不同的荧光响应，分子 **8** 对 L/D-组氨酸对映体产生的荧光响应差异达 5.8 倍[图 7-23（b）]。同时，分子对精氨酸、谷氨酸、脯氨酸等其他类型氨基酸也可以产生不同的荧光响应。据此可以利用分子 **8** 实现对于手性羧酸和手性氨基酸分子的便捷检测。利用对映体分子 **8** 与待测分子 *R*/*S* 对映体混合物作用，测定混合溶液的荧光强度可以准确测定对映体各构型的含量。

如图 7-23（c）所示，分子 **8** 与 *R*-马来酸作用形成均匀的悬液导致荧光增强，而与 *S*-马来酸作用，溶液则保持透明溶液状态，荧光无明显改变。对映体分子 **8** 对手性羧酸和氨基酸的识别主要基于分子间不同的非共价键的作用模式，导致分子形成不同的聚集体[图 7-23（d）]。扫描电子显微镜结果揭示前者共组装形成规则的纳米颗粒，而后者则无法形成规则的纳米结构[图 7-23（d）插图]。利用这一性质可以准确测定待测对映体中各构型的含量，对于实现高通量手性药物分析和检测具有重要意义。

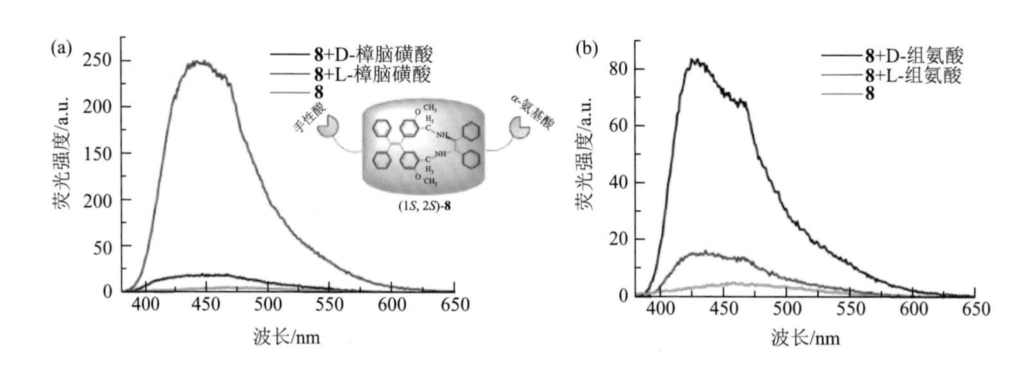

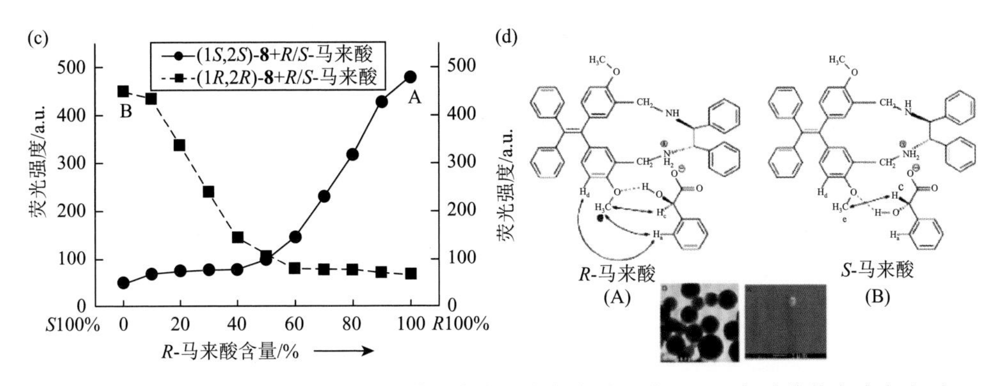

图 7-23　分子(1*S*, 2*S*)-8 对 D/L-樟脑磺酸的荧光响应（a），对 D/L-组氨酸的荧光响应（b）；（c）(1*S*, 2*S*)-8/(1*R*, 2*R*)-8 在确定氯化马来酸对映体含量的手性滴定方面的应用；（d）(1*S*,2*S*)-8 与 D/L-马来酸对映体混合后形成的不同组装结构

郑炎松课题组进一步探索四苯乙烯类衍生物对手性胺类分子的识别作用。通过刚性结构链将四苯乙烯的苯环部分或全部锁定，合成三种苯环旋转受限的四苯乙烯衍生物[39]。这三种衍生物分别发射蓝色和绿色的荧光，其中苯环被全部锁定的分子在良溶剂中即可发射强荧光。而苯环被部分锁定的分子 **9**［图 7-24（a）］处于亚稳态，*P* 构型与 *M* 构型依然可以相互转化，在溶液中不具有 CD 吸收，但在乙酸溶液中与手性胺对映体混合 0.5 h 后，诱导本不具有 CD 吸收的手性胺分子产生镜像 CD 信号，从而实现对手性胺对映体的识别，并确定混合物中过量对映体的含量。例如，溶液中待测分子 **10** 与分子 **9** 的摩尔比为 10∶1 的条件下，混合液的 CD 随着加入对映体 *R*-**10** 或 *S*-**10** 呈线性变化，线性曲线可以作为标准曲线来测定，据此可以确定对映体中某异构型的过量百分比，该检测方法的绝对误差均小于 1.05%。

郑炎松课题组将带有环己烷取代基的手性胺引入四苯乙烯的四个苯环取代基的间位，合成手性 AIE 分子 *R*/*S*-**17**，该分子对多种手性羧酸都具有识别作用[40]。与手性胺连接的环己烷基之间虽然存在较强的空间位阻效应，但四苯乙烯双键上相连的苯环容易发生旋转偏离双键所在的平面，显著削弱环己烷基之间的排斥力；而在羧酸分子与手性胺发生酸碱中和反应后，则增强环己烷基的排斥作用，四苯乙烯上苯环的旋转也受到限制。不同类型羧酸对映体与胺基的中和反应导致四苯乙烯的苯环产生不同程度的旋转受限，使分子的荧光发生不同程度的蓝移，荧光颜色发生差异性改变。其检测原理如图 7-25 所示，黄色荧光分子 *R*/*S*-**17** 在加入 *R*/*S*-手性羧酸或 D/L-手性羧酸对映体后荧光颜色分别产生相应改变。

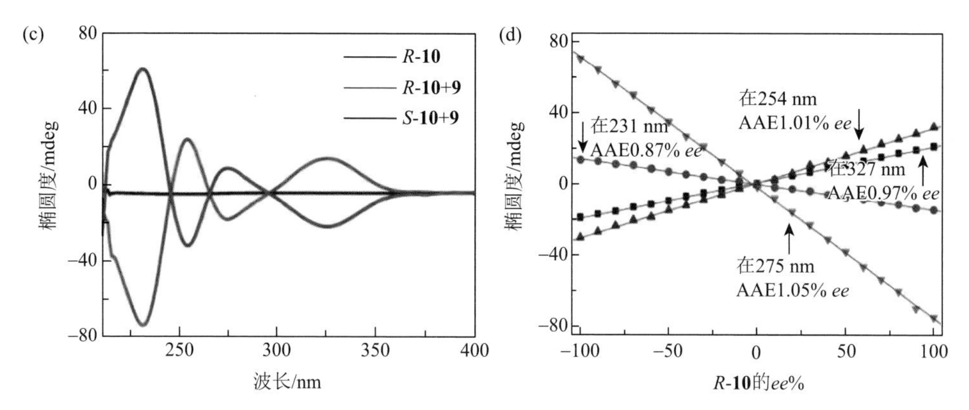

图 7-24 （a）部分锁住四苯乙烯分子结构的分子 9；（b）分子 9 可进行手性识别的不同类型手性胺 10～16；（c）手性胺对映体分子 10 与分子 9 混合前后的圆二色谱；（d）分子 9 与不同过量百分比含量对映体 *R*-10 混合液的圆二色谱

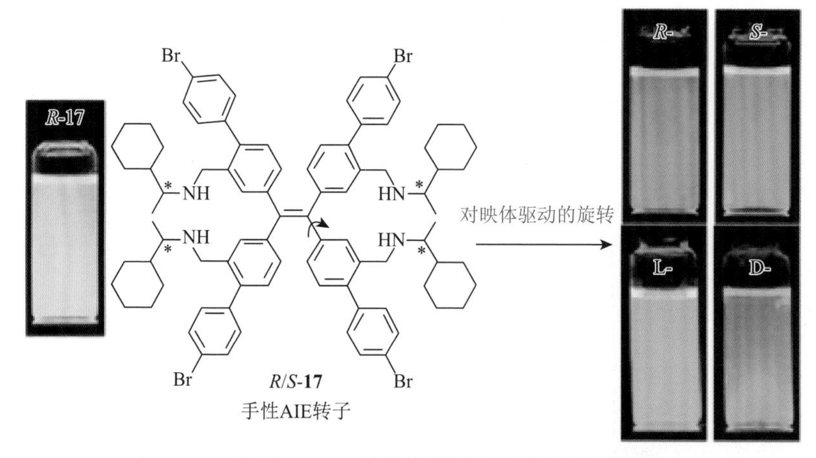

图 7-25 分子 *R*/*S*-17 的结构及可产生荧光识别的原理

当分子对对映体产生显著性的荧光差异，即可成为检测该对映体的荧光探针。如图 7-26 所示，*R*/*S*-**17** 对除 **18** 以外的 **19**～**30** 手性氨基酸分子产生显著性荧光差异响应，进行手性识别。而且通过 *R*/*S*-**17** 与待测对映体的协同作用可以准确测量待测物中过量手性对映体的百分含量。

(a)

HOOC COOH 18 19 20 21 22 23 24 25 26 27 28 29 R: Cl; 30 R: CH_3

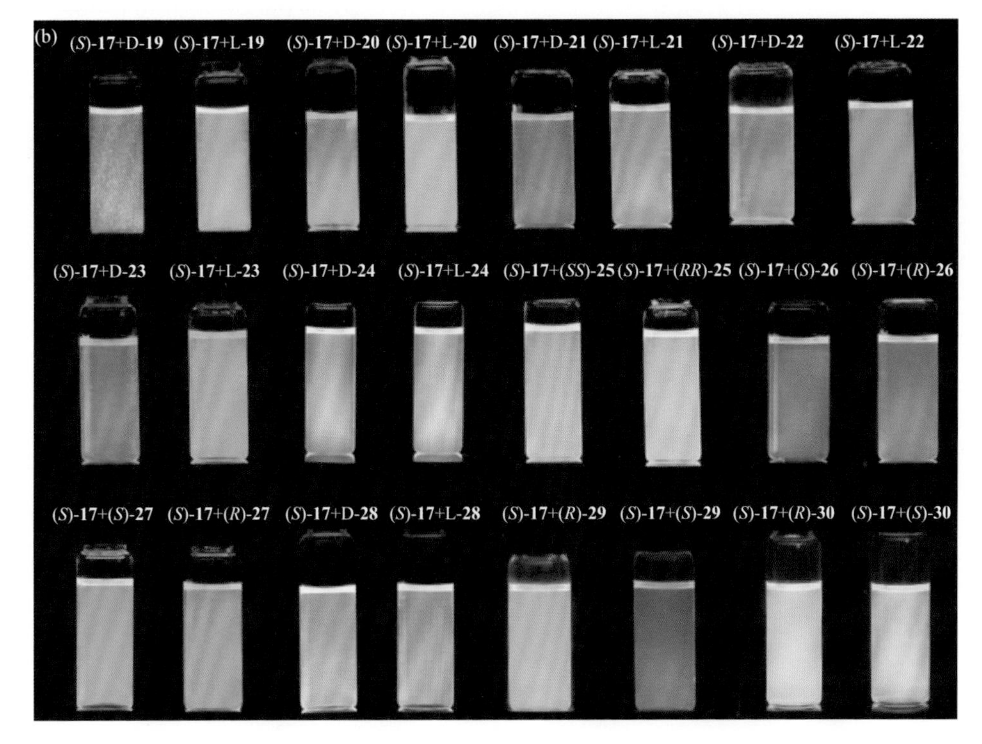

图 7-26 （a）分子 *R*/*S*-17 可进行手性识别的 *R*/*S*-羧酸或 D/L-羧酸对映体分子结构；（b）*R*/*S*-17 对手性羧酸对映体产生的差异性荧光颜色响应

7.7.2 基于氰基二苯乙烯的手性分子识别应用

基于氰基二苯乙烯的手性分子识别机理与四苯乙烯的分子体系类似，经过适当结构修饰的氰基二苯乙烯分子可以选择性地与对映体分子中的一种构型作用形成悬液，发射强荧光，而与另一分子反应则保持溶液状态，不发荧光。郑炎松课题组设计合成一系列苯基丙烯氰取代的酒石酸类新型手性 AIE 分子，其中 D/L-**31**（图 7-27）可以与多种手性胺对映体分子中的一种构型形成共组装结构，产生显著的荧光增强效应，而与另一种构型的分子作用则没有明显的荧光增强[图 7-27（a）和（b）]。利用这种分子与对映体分子间作用产生显著性的荧光响应差异，可以

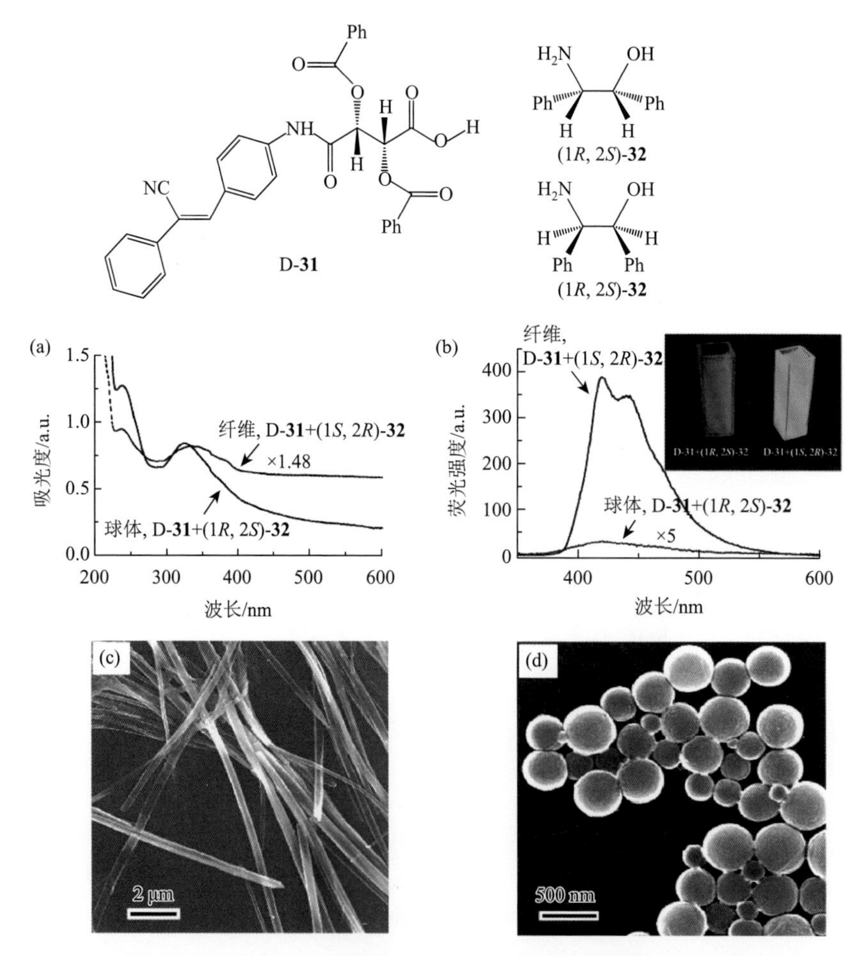

图 7-27 氰基二苯乙烯 D-31 分子与手性胺小分子对映体作用的紫外（a）和荧光（b）光谱；氰基二苯乙烯 D31 与(1*R*, 2*S*)-32（c）和(1*S*, 2*R*)-32（d）形成的共组装结构的 SEM 图

实现对不同类型手性胺对映体的识别[41]。电子显微镜研究结果显示 D-**31** 与对映体分子作用形成不同的共组装结构，分子(1*S*, 2*R*)-**32** 和 D-**31** 共组装形成纳米纤维结构[图 7-27（c）]，而(1*R*, 2*S*)-**32** 与 D-**31** 作用形成的是纳米球[图 7-27（d）]。纳米纤维具有高达 25%的荧光量子产率，而纳米球只有 0.43%的量子产率。对映体分子与 D-**31** 通过不同的堆积方式形成具有形态迥异、显著性荧光响应差异的共组装体，从而实现对对映体的检测。

郑炎松课题组进一步设计合成了 *α*-芳香基肉桂腈衍生物(1*R*, 2*R*)-**33**[图 7-28（a）]，该衍生物与(*S*)-**34** 或(*R*)-**35** 分子作用形成发强荧光的沉淀，而与(*R*)-**34** 或(*S*)-**35** 混合依然保持透明溶液状态，无明显的荧光强度变化[图 7-28（b）和（c）][42]。该分子与对映体 *R*/*S*-**34**、*R*/*S*-**35** 作用产生的荧光强度比值分别为 16865 和 261。该分子对手性羟基羧酸、马来酸、氯化马来酸、苯基乳酸四类手性对映体分子具有手性识别作用。除此之外，该分子还对 *α*-位非羟基取代的其他类型的羧酸，如甲基、烷氧基、氨基、酰氧基取代的羧酸，均产生差异性荧光响应。

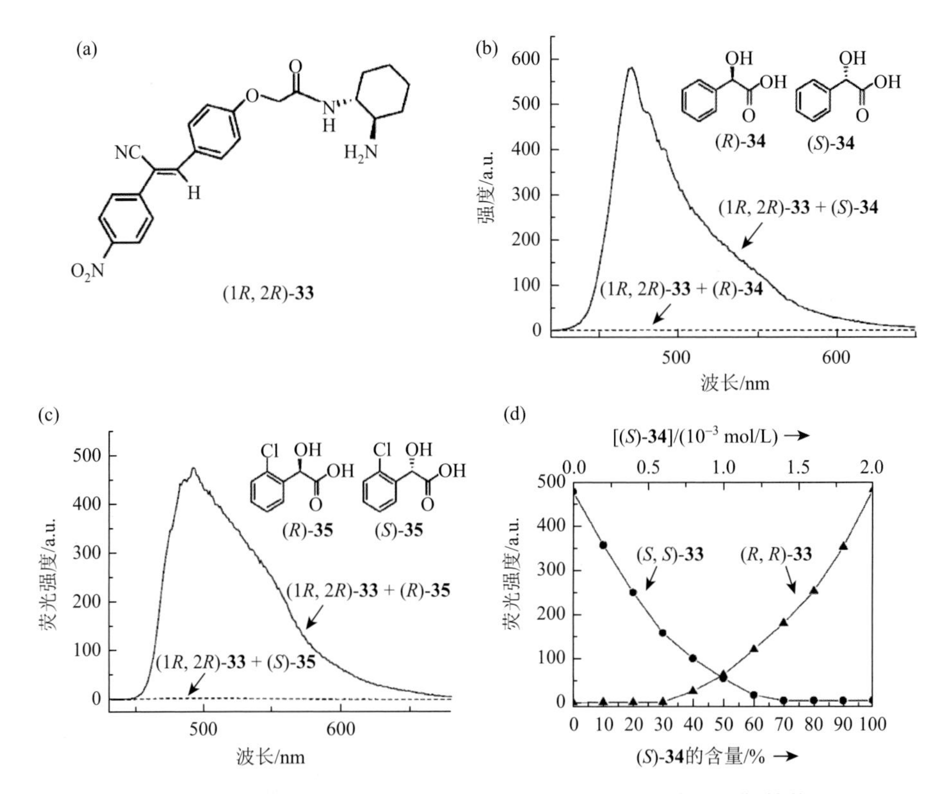

图 7-28　（a～c）*α*-芳香基肉桂腈衍生物(1*R*, 2*R*)-33 的结构（a）及其对 *α*-羟基苯乙酸[(*R*/*S*)-34,（b）]、邻氯 *α*-羟基苯乙酸对映体[(*R*/*S*)-35,（c）]的识别；（d）(*S*, *S*)/(*R*, 2*R*)-33 对 *α*-羟基苯乙酸对映体混合物[(*S*)-34]含量的滴定

郑炎松课题组设计合成对映体分子(1*R*, 2*S*)/(1*S*, 2*R*)-**36**（图 7-29）具有对手性羧酸分子的识别作用[43]。当等体积的 (1*S*, 2*R*)-**36** 和 D-**37** 的二氯甲烷溶液混合 0.5 h 后形成悬液，而当 (1*S*, 2*R*)-**36** 与 L-**37** 的混合溶液则始终保持透明溶液状态。同样条件下，(1*S*, 2*R*)-**36** 和(*S*)-**38** 混合后形成悬液，而(1*S*, 2*R*)-**36** 和(*R*)-**38** 的混合溶液则始终保持透明溶液状态。(1*S*, 2*R*)-**36** 与 D-**37** 作用荧光强度为 515，而与 L-**37** 的混合溶液荧光强度只有 2.6，二者荧光响应的显著差别通过肉眼即可识别。(1*S*, 2*R*)-**36** 和 D-**37** 的混合物荧光强度在小于 2.0×10^{-3} mol/L 的浓度范围随浓度呈线性变化，如图 7-29（a）所示。利用这一特点可以通过手性胺分子(1*R*, 2*S*)-**36**/(1*S*, 2*R*)-**36** 混合溶液测定对映体混合物中 D-**37** 的含量。

除利用 AIE 分子与待测对映体分子直接作用进行手性分子识别，郑炎松课题组还进一步引入凝胶分子，提高手性分子的差异性荧光响应。主要原理为，凝胶分子只与某种构型的待测对映体分子作用形成凝胶，而与另一种构型分子则形成沉淀或保持溶液状态，AIE 分子在溶液、悬液和凝胶中荧光强度存在显著性差异，在凝胶中具有最强荧光发射[44]。例如，凝胶分子 (1*S*, 2*R*)-**40** 与 α-羟基苯乙酸混合

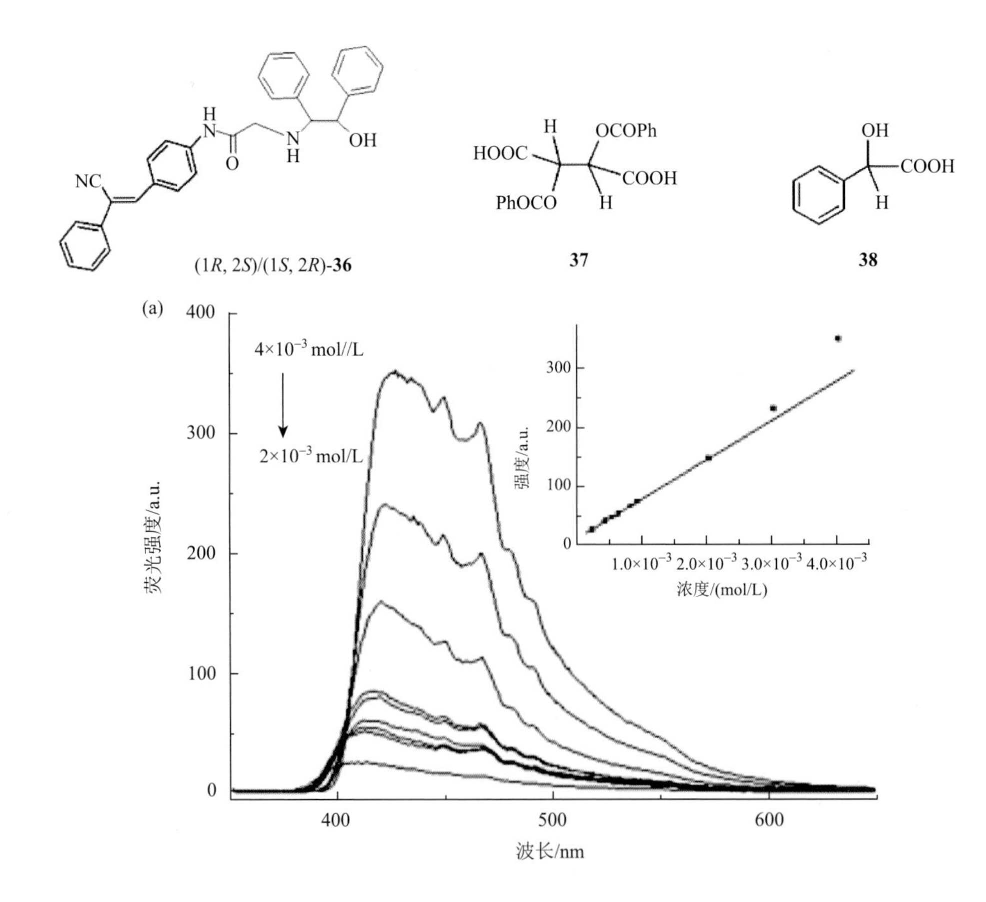

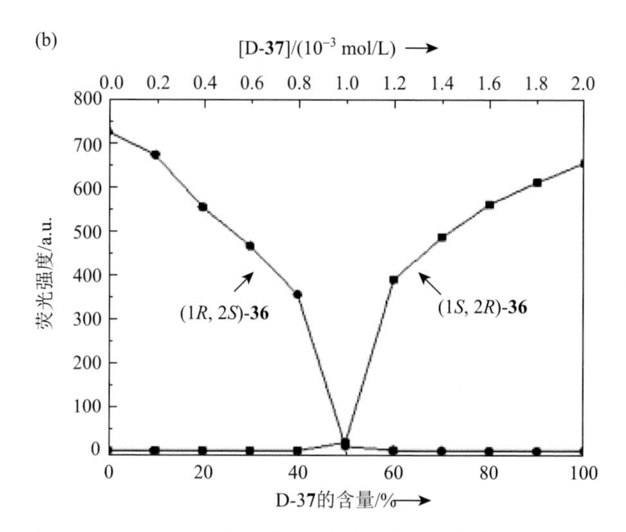

图 7-29　(a)AIE 分子(1*S*, 2*R*)/(1*R*, 2*S*)-36 与分子对映体 37 的荧光光谱，插图是[(1*S*, 2*R*)-36] = [D-37]，在浓度小于 2.0×10^{-3} mol/L 范围内荧光强度的变化；(b) (1*S*, 2*R*)/(1*R*, 2*S*)-36 和 D-37 混合溶液的荧光强度随对映体中 D-37 含量的变化，激发波长为 345 nm

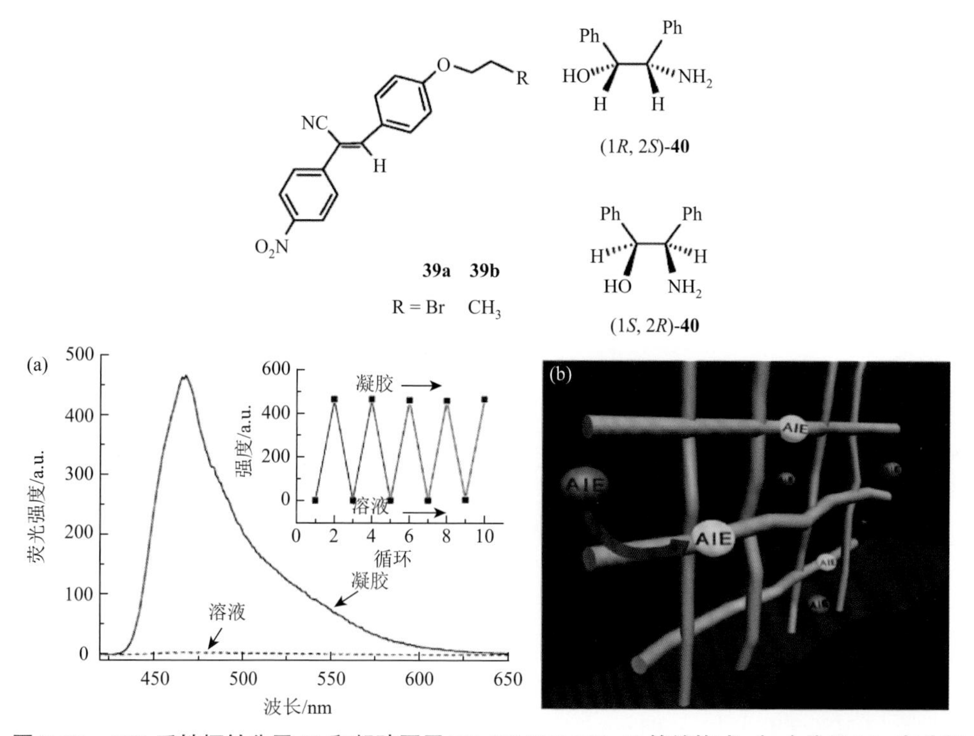

图 7-30　AIE 手性探针分子 39 和凝胶因子(1*R*, 2*S*)/(1*S*, 2*R*)-40 的结构式，(a) 分子 39a 在分子 α-羟基苯乙酸与对映体(1*S*, 2*R*)-40 形成的凝胶和溶液中的荧光光谱，通过加热和室温冷却实现凝胶和溶液的多次转化；(b) AIE 探针分子对手性凝胶网络的特异性识别示意图

并加热后，在室温下冷却数分钟即形成透明凝胶，溶液和凝胶均不发射荧光（图 7-30），而在加入 **39a** AIE 分子后，凝胶则发射强荧光，而溶液则依然无荧光发射，二者之间的荧光强度差别在 450 倍以上，肉眼即可分辨。而且，通过 44℃/室温之间的温度切换即可实现凝胶与溶液之间的可逆转化，具有荧光开关效应。分子 **39a** 与凝胶分子 **40** 的混合溶液对于手性羧酸类分子同样具有手性识别作用。二者的作用机理如图 7-30（b）所示，凝胶网络可以吸附 AIE 分子，限制分子的运动，更有效地阻断非辐射能量转移，使分子荧光显著增强。

7.8 手性 AIE 分子在探针分子的应用

赵娜课题组合成了氰基取代联二萘衍生物 BINOM-CN 和 BINOP-CN，二者均具有 AIE 和 CD 特性[45]。BINOP-CN 对铜离子有特异性识别作用，铜离子使其发生荧光猝灭。扫描电子显微镜结果表明，未加入铜离子时，两类分子都聚集成纤维结构，而加入铜离子后，铜离子诱导分子形成颗粒型聚集体（图 7-31）。

李冰石课题组报道了发射橙红色荧光的手性席夫碱类 AIE 化合物 **41** 对铜离子的特异性识别作用[46]。铜离子对手性席夫碱类分子的荧光具有相似的猝灭效应，

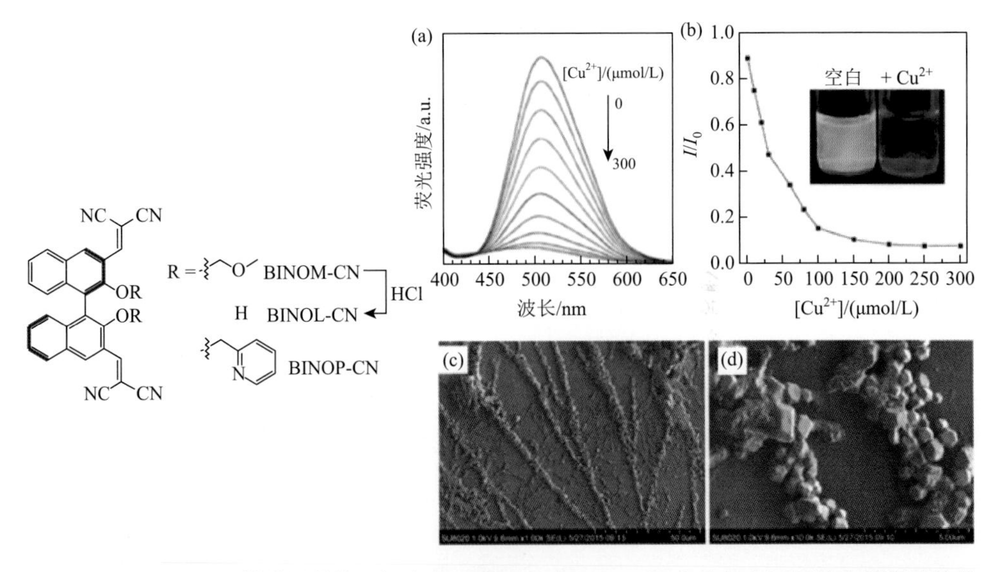

图 7-31 BINOP-CN 的分子结构，（a）BINOP-CN（10 mmol/L）中加入不同浓度铜离子的荧光光谱（DMSO/PBS）；（b）509 nm 处分子的发射峰随铜离子浓度的变化，插图为加入铜离子前后的荧光照片；（c）加入铜离子前分子组装成纤维结构的 SEM 图；（d）加入铜离子后分子形成颗粒状结构的 SEM 图

而且对铜离子具有特异性识别作用，加入铜离子后，橙红色荧光即发生荧光猝灭，肉眼即可识别，扫描电子显微镜揭示了分子由螺旋纤维到纳米颗粒的组装结构转变（图7-32）。

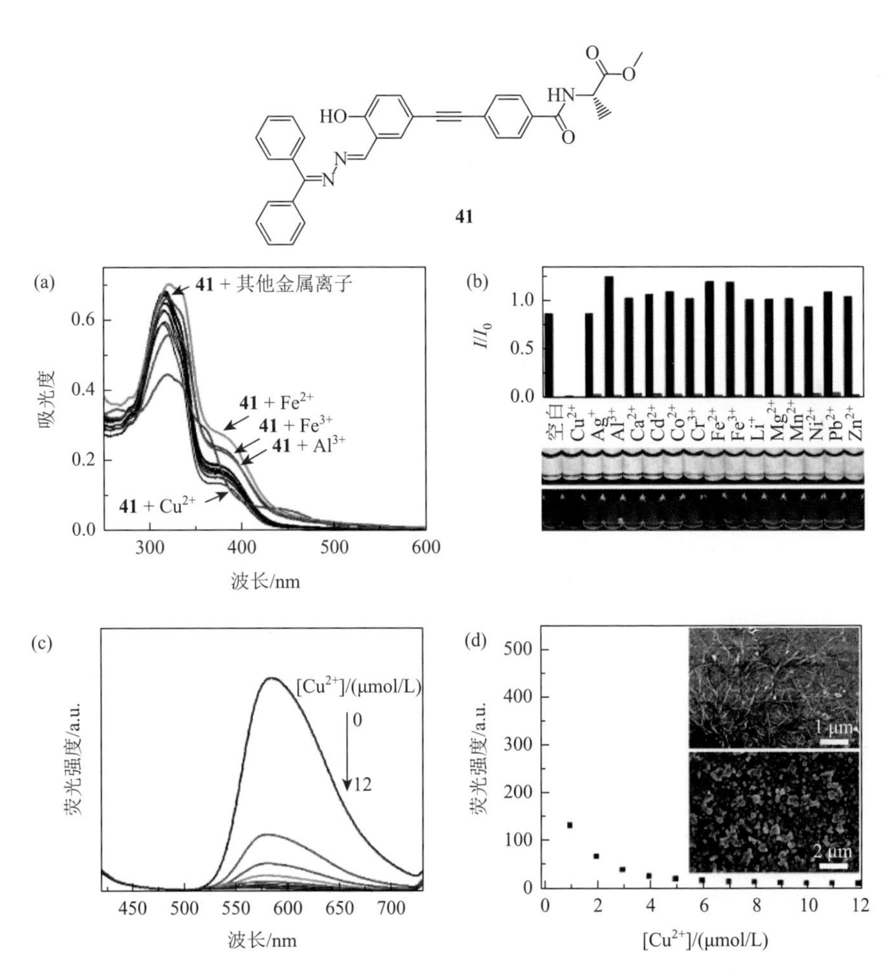

图7-32 氨基酸取代席夫碱类化合物分子结构式，(a)加入铜离子和其他对照组离子的紫外光谱；(b)铜离子对席夫碱类化合物的特异性荧光猝灭；(c)加入铜离子后的荧光光谱；(d)荧光光谱强度随铜离子浓度的变化，插图为加入铜离子前后的分子的组装结构

7.9 手性AIE分子在DNA分子检测中的应用

DNA是一类重要的生物分子，携带大量的遗传信息，对DNA分子进行识别和分析在遗传疾病的诊断和监测中具有重要意义。传统的DNA分析方法需要

进行寡聚核苷酸的标记，费时费力，检测成本较高。实现无标记的诊断方法一直是该领域发展的重要研究方向。基于 AIE 分子独特的发光性质，利用分子聚集诱导荧光增强实现无标记荧光检测，引起人们广泛的兴趣。在 AIE 分子骨架上修饰正电荷，AIE 分子与带负电的 DNA 通过静电作用发生聚集，启动分子的“荧光增强开关”，据此可实现对 DNA 分子的检测。郑炎松课题组采用大环锁定的 TPE 分子，在 *gem* 和 *cis* 分别修饰大环联铵，另一端苯环修饰上季铵盐，获得带正电的四苯乙烯分子[图 7-33（a）][47]。

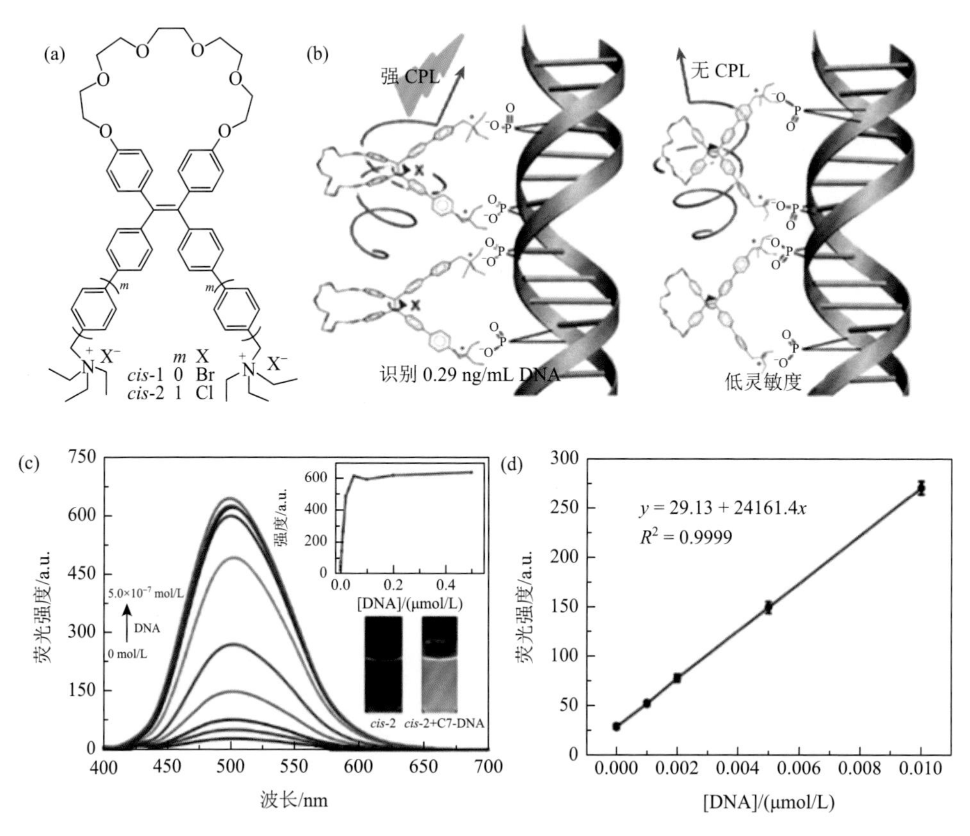

图 7-33 （a）大环锁定的两种四苯乙烯分子 *cis*-1、*cis*-2；（b）理论计算模拟的 *cis*-1/*cis*-2 构型的两种分子与 DNA 分子不同的作用模式对分子 CPL 性质的影响；（c）*cis*-2 构型分子加入不同浓度 DNA 后荧光强度变化；（d）荧光强度和 DNA 浓度之间的线性关系

当大环处于 *cis*-的环化位点时，分子与 DNA 作用可以更有效抑制四苯乙烯双键的旋转，二者形成的聚集体具有更高的荧光量子产率，也具有更为显著的 CD 和 CPL 增强。理论计算表明，*cis*-2 与 DNA 的大沟相结合，其双键的运动被有效锁住，而 gem 的取代位点则不能有效限制双键的旋转，难以诱导 CD 和 CPL 性质。

利用 *cis*-2 与 DNA 的定向结合这一特点，可以实现对 DNA 的识别。研究还发现，当 DNA 浓度小于 1.0×10^{-8} mol/L 时，荧光的强度与 DNA 浓度呈线性关系，据此可以对 DNA 浓度进行准确测量。其中 *cis*-2 对 DNA 的最低检测限可以达到 74 pmol/L，而且相对短链 DNA，分子对长链 DNA 具有更高的检测灵敏度。

7.10 总结与展望

AIE 分子的发展虽然只有短短的二十几年，但已取得了令人瞩目的成就。手性 AIE 分子作为其中的一个分支，虽然方兴未艾，但在近十年取得的成果也同样令人鼓舞。手性 AIE 分子在光电器件方面的巨大潜力还有待开发，相信经过众多科学工作者的共同努力，这一领域必将取得更加辉煌的成果。

参考文献

[1] Zhang D，Li Meng. Recent advances in circularly polarized electroluminescence based on organic light-emitting diodes. Chem Soc Rev，2020，49：1331-1343.

[2] Peeters E，Christians M P T，Janssen R A J，et al. Circularly polarized electroluminescence from a polymer light-emitting diode. J Am Chem Soc，1997，119（41）：9909-9910.

[3] Geng Y，Trajkovska A，Culligan S W，et al. Origin of strong chiroptical activities in films of nonafluorenes with a varying extent of pendant chirality. J Am Chem Soc，2003，125（46）：14032-14038.

[4] Nuzzo D D，Kulkarni C，Zhao B，et al. High circular polarization of electroluminescence achieved via self-assembly of a light-emitting chiral conjugated polymer into multidomain cholesteric films. ACS Nano，2017，11（12）：12713-12722.

[5] Kulkarni C，van Son M H C，Nuzzo D D，et al. Molecular design principles for achieving strong chiroptical properties of fluorene copolymers in thin films. Chem Mater，2019，31：6633-6641.

[6] Haraguchi S，Numata M，Li C，et al. Circularly polarized luminescence from supramolecular chiral complexes of achiral conjugated polymers and a neutral polysaccharide. Chem Lett，2010，38（3）：254-255.

[7] Watanabe K，Osaka I，Yorozuya S，et al. Helically π-stacked thiophene-based copolymers with circularly polarized fluorescence：high dissymmetry factors enhanced by self-ordering in chiral nematic liquid crystal phase. Chem Mater，2012，24（6）：1011-1024.

[8] Yang Y，da Costa R C，Smilgies D M，et al. Induction of circularly polarized electroluminescence from an achiral light-emitting polymer via a chiral small-molecule dopant. Adv Mater，2013，25（18）：2624-2628.

[9] Wan L，Wade J，Salerno F，et al. Inverting the handedness of circularly polarized luminescence from light-emitting polymers using film thickness. ACS Nano，2019，13（7）：8099-8105.

[10] Lee D M，Song J W，Lee Y J，et al. Control of circularly polarized electroluminescence in induced twist structure of conjugate polymer. Adv Mater，2017，29（29）：1700907.

[11] Jung J H，Lee D M，Kim J H，et al. Circularly polarized electroluminescence by controlling the emission zone in a twisted mesogenic conjugate polymer. J Mater Chem C，2018，6（4）：726-730.

[12] Zinna F，Giovanella U，Bari L D，et al. Highly circularly polarized electroluminescence from a chiral europium complex. Adv Mater，2015，27（10）：1791-1795.

[13] Zinna F，Pasini M，Galeotti F，et al. Design of lanthanide-based OLEDs with remarkable circularly polarized electroluminescence. Adv Funct Mater，2017，27（1）：1603719.

[14] Brandt J R，Wang X，Yang Y，et al. Circularly polarized phosphorescent electroluminescence with a high dissymmetry factor from pholeds based on a platinahelicene. J Am Chem Soc，2016，138（31）：9743-9746.

[15] Sakai H，Shinto S，Kumar J，et al. Highly fluorescent [7]carbohelicene fused by asymmetric 1, 2-dialkyl-substituted quinoxaline for circularly polarized luminescence and electroluminescence. J Phys Chem C，2015，119：13937-13947.

[16] Uoyama H，Goushi K，Shizu K，et al. Highly efficient organic light-emitting diodes from delayed fluorescence. Nature，2012，492（7428）：234-238.

[17] Imagawa T，Hirata S，Totani K，et al. Thermally activated delayed fluorescence with circularly polarized luminescence characteristics. Chem Commun，2015，51（68）：13268-13271.

[18] Feuillastre S，Pauton M，Gao L，et al. Design and synthesis of new circularly polarized thermally activated delayed fluorescence emitters. J Am Chem Soc，2016，138（12）：3990-3993.

[19] Zhang M Y，Li Z Y，Lu B，et al. Solid-state emissive triarylborane-based [2.2]paracyclophanes displaying circularly polarized luminescence and thermally activated delayed fluorescence. Org Lett，2018，20（21）：6868-6871.

[20] Adachi C. Third-generation organic electroluminescence materials. Jpn J Appl Phys，2014，53（6）：060101.

[21] Feuillastre S，Pauton M，Gao L，et al. Design and synthesis of new circularly polarized thermally activated delayed fluorescence emitters. J Am Chem Soc，2016，138：3990-3993.

[22] Li M，Li S H，Zhang D，et al. Stable enantiomers displaying thermally activated delayed fluorescence：efficient OLEDs with circularly polarized electroluminescence. Angew Chem Int Ed，2018，57（11）：2889-2893.

[23] Zhan X，Sun N，Wu Z，et al. Polyphenylbenzene as a platform for deep-blue OLEDs：aggregation enhanced emission and high external quantum efficiency of 3.98%. Chem Mater，2015，27（5）：1847-1854.

[24] Zhan X，Wu Z，Lin Y，et al. Benzene-cored AIEgens for deep-blue OLEDs：high performance without hole-transporting layers，and unexpected excellent host for orange emission as a side-effect. Chem Sci，2016，7（7）：4355-4363.

[25] Guo J，Li X，Nie H，et al. Achieving high-performance nondoped OLEDs with extremely small efficiency roll-off by combining aggregation-induced emission and thermally activated delayed fluorescence. Adv Funct Mater，2017，27（13）：1606458.

[26] Furue R，Nishimoto T，Park I S，et al. Aggregation-induced delayed fluorescence based on donor/acceptor-tethered janus carborane triads：unique photophysical properties of nondoped OLEDs. Angew Chem Int Ed，2016，55（25）：7171-7175.

[27] Song F，Xu Z，Zhang Q，et al. Highly efficient circularly polarized electroluminescence from aggregation-induced emission luminogens with amplified chirality and delayed fluorescence. Adv Funct Mater，2018，28（17）：1800051.

[28] Zhang X，Zhang Y，Zhang H，et al. High brightness circularly polarized organic light-emitting diodes based on nondoped aggregation-induced emission（AIE）-active chiral binaphthyl emitters. Org Lett，2019，21（2）：439-443.

[29] Wang Y，Zhang Y，Hu W，et al. Circularly polarized electroluminescence of thermally activated delayed fluorescence-active chiral binaphthyl-based luminogens. ACS Appl Mater Inter，2019，11（29）：26165-26173.

[30] Sun S，Wang J，Chen L，et al. Thermally activated delayed fluorescence enantiomers for solution-processed

circularly polarized electroluminescence. J Mater Chem C，2019，7（46）：14511-14516.

[31] Wu Z，Yan Z，Luo X，et al. Non-doped and doped circularly polarized organic light-emitting diodes with high performances based on chiral octahydro-binaphthyl delayed fluorescent luminophores. J Mater Chem C，2019，7（23）：7045-7052.

[32] Zhang X，Zhang Y，Li Y，et al. High brightness circularly polarized blue emission from non-doped OLEDs based on chiral binaphthyl-pyrene emitters. Chem Commun，2019，55（66）：9845-9848.

[33] Frédéric L，Desmarchelier A，Plais R，et al. Maximizing chiral perturbation on thermally activated delayed fluorescence emitters and elaboration of the first top-emission circularly polarized OLED. Adv Funct Mater，2020，30（43）：2004838.

[34] Yang L，Zhang Y，Zhang X，et al. Doping-free circularly polarized electroluminescence of AIE-active chiral binaphthyl-based polymers. Chem Commun，2018，54（69）：9663-9666.

[35] Zhao D，He H，Gu X，et al. Circularly polarized luminescence and a reflective photoluminescent chiral nematic liquid crystal display based on an aggregation-induced emission luminogen. Adv Opt Mater，2016，4（4）：534-539.

[36] Liu N N，Song S，Li D M，et al. Highly sensitive determination of enantiomeric composition of chiral acids based on aggregation-induced emission. Chem Commun，2012，48（40）：4908-4910.

[37] Xiong J B，Xie W Z，Sun J P，et al. Enantioselective recognition for many different kinds of chiral guests by one chiral receptor based on tetraphenylethylene cyclohexylbisurea. J Org Chem，2016，81（9）：3720-3726.

[38] Feng H T，Zhang X，Zheng Y S. Fluorescence turn-on enantioselective recognition of both chiral acidic compounds and α-amino acids by a chiral tetraphenylethylene macrocycle amine. J Org Chem，2015，80（16）：8096-8101.

[39] Xiong J B，Feng H T，Sun J P，et al. The fixed propeller-like conformation of tetraphenylethylene that reveals aggregation-induced emission effect，chiral recognition，and enhanced chiroptical property. J Am Chem Soc，2016，138（36）：11469-11472.

[40] Hu M，Yuan Y，Wang W，et al. Chiral recognition and enantiomer excess determination based on emission wavelength change of AIEgen rotor. Nat Commun，2020，11：161.

[41] Li D M，Zheng Y S. Single-hole hollow nanospheres from enantioselective self-assembly of chiral AIE carboxylic acid and amine. J Org Chem，2011，76（4）：1100-1108.

[42] Li D M，Zheng Y S. Highly enantioselective recognition of a wide range of carboxylic acids based on enantioselectively aggregation-induced emission. Chem Commun，2011，47（36）：10139-10141.

[43] Zheng Y S，Hu Y J，Li D M，et al. Enantiomer analysis of chiral carboxylic acids by AIE molecules bearing optically pure aminol groups. Talanta，2010，80（3）：1470-1474.

[44] Li D M，Wang H，Zheng Y S. Light-emitting property of simple AIE compounds in gel，suspension and precipitates，and application to quantitative determination of enantiomer composition. Chem Commun，2012，48（26）：3176-3178.

[45] Li N，Feng H，Gong Q，et al. BINOL-based chiral aggregation-induced emission luminogens and their application in detecting copper(Ⅱ) ions in aqueous media. J Mater Chem C，2015，3（43）：11458-11463.

[46] Huang G，Wen R，Wang Z，et al. Novel chiral aggregation induced emission molecules：self-assembly，circularly polarized luminescence and copper(Ⅱ) ion detection. Mater Chem Front，2018，2（10）：1884-1892.

[47] Yuan Y X，Zhang H C，Hu M，et al. Enhanced DNA sensing and chiroptical performance by restriction of double-bond rotation of AIE *cis*-tetraphenylethylene macrocycle diammoniums. Org Lett，2020，22（5）：1836-1840.

关键词索引

Q

S

Y

Z

其　　他